AF610949

VOYAGE
EN ESPAGNE
ET
EN ALGÉRIE,
EN 1855,

PAR

M. BOUCHER DE PERTHES.

PARIS,

TREUTTEL et WURTZ, Libraires, rue de Lille, 19.
DERACHE, rue du Bouloy, 7, au premier.
DUMOULIN, Quai des Augustins, 13.
Vve DIDRON, rue St-Dominique-St-Germain, 23.

1859.

VOYAGE

EN ESPAGNE

ET EN ALGÉRIE.

1855.

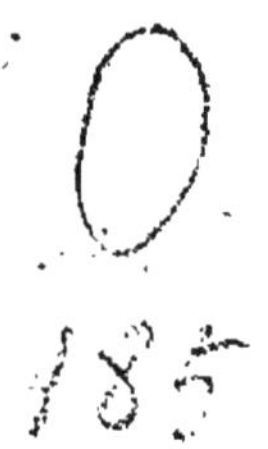

OUVRAGES DU MÊME AUTEUR :

Nouvelles, 1 vol. in-12.

Romances, Légendes et Ballades, 1 vol. in-12.

Chants armoricains ou Souvenirs de Basse-Bretagne, 1 vol. in-12.

Opinion de M. Cristophe, 1re partie. Sur la Liberté du commerce.

Opinion de M. Cristophe, 2e partie, suivi de son Voyage commercial et philosophique.

Opinion de M. Cristophe, 3e partie. M. Cristophe à la préfecture.

Opinion de M. Cristophe, 4e et dernière partie. Le dernier jour d'un homme.

Ces quatre parties forment ensemble un fort vol. in-12.

Satires, Contes et Chansonnettes, 1 vol. in-12.

Petit Glossaire, esquisses de moeurs administratives, 2 vol. in-12.

De la Création, essai sur l'origine et la progression des êtres, 5 vol. in-12.

Petites solutions des grands mots, 1 vol. in-12.

Antiquités celtiques et antédiluviennes, avec 106 planches représentant 2000 figures, 2 fort vol. in-8°.

Hommes et Choses, 4 vol. in-12.

Sujets dramatiques, 2 vol. in-12.

Emma ou quelques lettres de femme, 1 vol. in-12.

Voyage a Constantinople, 2 vol. in-12.

Voyage en Danemarck, en Suède, etc., 1 vol. in-12.

Voyage en Espagne et en Algérie, 1 vol. in-12.

SOUS PRESSE :

Voyage en Russie, 1 vol. in-12.

Ces divers Ouvrages se trouvent :

A PARIS, chez Treuttel et Wurtz, libraires, rue de Lille, 19.
——— chez Derache, libraire, rue du Bouloy, 7, au premier.
——— chez Dumoulin, Quai des Augustins, 13.
——— chez V. Didron, rue St-Dominique-St-Germain, 23.
A ABBEVILLE, chez P. Briez, imprimeur, et chez tous les Libraires.

VOYAGE
EN ESPAGNE
ET
EN ALGÉRIE,

EN 1855,

PAR

M. BOUCHER DE PERTHES.

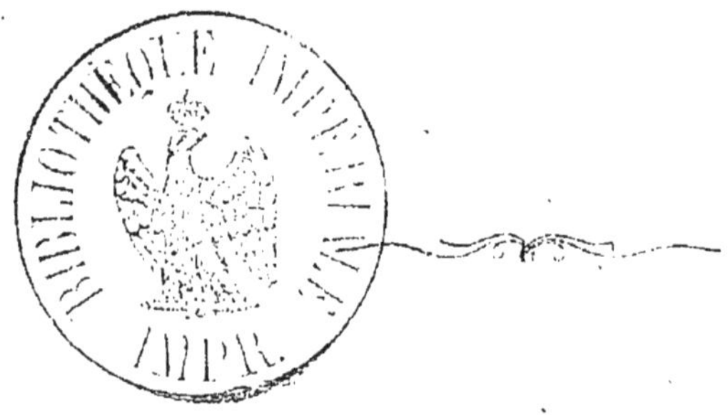

PARIS,

TREUTTEL et WURTZ, Libraires, rue de Lille, 19.
DERACHE, rue du Bouloy, 7, au premier.
DUMOULIN, Quai des Augustins, 13.
V^or DIDRON, rue St-Dominique-St-Germain, 23.

1859.

VOYAGE

EN ESPAGNE

ET EN ALGÉRIE.

1855.

CHAPITRE Ier.

—

Le château de Rambures.

—

En 1853, revenant de la mer Noire, j'avais gagné Vienne en traversant la Bulgarie, les Principautés danubiennes et la Hongrie. Mon but, en prenant cette route, était moins de voir une ville que je connaissais de longue date, que d'y rencontrer mon excellent ami, le baron de Hammer, le savant auteur de l'*Histoire des Ottomans*, et de tant d'autres beaux écrits.

Il m'avait promis de me rendre ma visite à Abbeville : il tint parole et, le 16 août 1855, il était chez moi.

Abbeville est bientôt vu, quoiqu'il ait aussi sa bibliothèque, son musée, son collége, ses hospices, ses monuments, parmi lesquels on met en première ligne

Saint-Vulfran, sa cathédrale, qui n'a jamais été finie, mais dont la façade est une des plus riches en sculptures qui soient en France. Malheureusement, la nef menace ruine, et ceux qui veulent connaître ce curieux spécimen de l'art gothique, n'ont qu'à se hâter.

M. de Hammer qui, comme tous les grands écrivains, a le sentiment du beau, admira ce portail et, ainsi que nous, il regretta l'abandon qu'on en a fait. Il est en grande partie l'ouvrage des Anglais, et une souscription pour le sauver aurait peut-être du succès en Angleterre. Nos voisins, au prix de quelques milliers de livres, ne seraient nullement fâchés de nous donner cette petite leçon de conservation.

La bibliothèque possède une bible dont elle est fière, non sans raison. Sauvée à grand'peine du vandalisme révolutionnaire, elle provient de l'abbaye de Saint-Riquier, à laquelle elle avait été donnée par Charlemagne. C'est un in-folio en parchemin violet, orné de curieuses vignettes, et écrit tout entier en caractères d'or et d'argent.

Parmi les autographes, il en est de Louis XI, adressés aux échevins d'Abbeville qu'il nomme ses bons amis : il avait alors besoin d'eux. On peut voir ces étranges lettres dans le volume de 1836 des *Mémoires de la Société d'Émulation de la Somme.*

Une collection précieuse que possède aussi la bibliothèque, est celle des œuvres des graveurs d'Abbeville. On sait que, notamment pendant le XVIIe siècle, cette ville a fourni une suite de graveurs qui ont acquis une juste célébrité. Mellan, Poilly, Daullé, Aliamet, Beauvarlet, Danzel, Dequevauviller, Levasseur, etc., étaient Abbevillois. On cite encore, parmi ses graveurs vivants, Augustin Bridoux, premier grand prix de Rome, et Emile Rousseau qui arrivera aussi au premier rang.

Abbeville a ses musées particuliers, que les étrangers, comme les habitants, sont toujours admis à visiter. La collection d'oiseaux de M. Duchesne de La Motte, celle de M. Baillon, sont très-riches. La serre de M. Foucques d'Émonville est véritablement féérique. J'en ai vu d'aussi grandes, mais je n'en ai pas rencontré de plus belle. Les étrangers veulent bien aussi venir chez moi; ils y voient quelques tableaux et une nombreuse collection de bahuts, de figures en bois, de bas-reliefs, de meubles du moyen-âge, enfin ma galerie d'instruments celtiques et antédiluviens (1).

Le temps que M. de Hammer pouvait donner à notre Picardie étant fort court, il fallait choisir dans nos environs ce qui méritait d'abord d'être vu. Mon choix ne fut pas douteux. Le 17, au matin, nous allâmes chercher ma nièce, Madame de Clermont-Tonnerre, à sa maison de Cambron, près Abbeville. De là, M. de Hammer, elle et moi, nous partîmes pour Rambures. J'avais écrit d'avance aux aimables propriétaires, M. le marquis et Madame la marquise de Fonteuille, pour être sûr de les trouver, car si le château est bon à voir, les maîtres ne le sont pas moins.

Quoique d'Abbeville à Rambures il n'y ait que quatre lieues et une très-belle route, notre cocher ayant voulu prendre au plus court, se perdit si bien que nous revenions sur nos pas, quand un honnête campagnard nous avertit de notre erreur. Ce retard me contrariait fort, car on nous attendait à déjeûner, et l'attente est pour moi une souffrance telle que je me suis imposé la loi de l'exactitude; mais la bonne volonté des chevaux, qui tenaient aussi au déjeûner, nous fit regagner le temps perdu.

(1) Voir l'ouvrage de l'auteur intitulé: *Antiquités celtiques et antédiluviennes,* 2 volumes in-8°. Paris 1847.

M. de Hammer fut frappé de l'aspect imposant du château. Construit en 11 ou 1200, il a été réparé avec autant de soins que de savoir par le marquis qui y retrouve les souvenirs de son antique famille.

S'il a fallu approprier l'intérieur à nos habitudes de confortable, l'extérieur est resté absolument ce qu'il était, et quand on en approche, on s'étonne de ne pas entendre retentir le cor des tourelles, et paraître sur le pont les hommes d'armes la dague au poing.

On n'y trouve aujourd'hui que des domestiques polis qui, au nom du maître, vous introduisent sous un péristyle où vous ont conduit une vaste esplanade et les ponts-levis jetés sur les fossés. On en a fait écouler l'eau pour la remplacer par une belle pelouse moins sujette aux grenouilles et aux exhalaisons marécageuses, genre de défense qui pouvait contribuer à garantir la place des assiégeants, mais non les assiégés des moustiques et de la fièvre. La fidélité aux traditions n'a donc pas été jusque là. J'ai entendu, dans leur respect pour la couleur locale, des amateurs s'en plaindre : il est vrai qu'ils n'habitaient pas le château.

Dans ses murs de dix-huit pieds d'épaisseur on a fait de jolies chambres qui présentent toutes un point de vue différent, moins beau pourtant que ceux que l'on a des tours et de la galerie. Là, des vitraux de couleurs diverses, répandant leur teinte rouge, jaune, blanche, verte, sur le paysage, produisent une suite d'effets vraiment fantastiques : les uns font croire à un incendie ; les autres, au givre et à la neige et, malgré la chaleur, on se sent frissonner.

La vue s'étend à dix lieues au moins, et l'œil plane à la fois sur la Picardie et la Normandie. A nos pieds, sont des bosquets qui entourent un des côtés du château ; dans le lointain, des forêts. Partout des bourgs, des villages, annoncent qu'on est ici dans la partie la plus fertile et la mieux peuplée de l'ancienne France.

Pour arriver à la plate-forme de la tour principale, il faut monter cent soixante-dix marches d'un escalier tournant, véritable chef-d'œuvre de maçonnerie, figurant un énorme limaçon, qui conduit du fond des souterrains à la cime de l'édifice.

Une descente plus large et faite en rampe, est destinée aux chevaux qu'on pouvait ainsi cacher dans le plus vaste de ces souterrains.

Au-dessous sont les cachots, dont on a fait des caves riches en excellents vins, et les oubliettes qui servent de glacière. On n'y jette plus de prisonniers, mais on en tire de fort bonnes glaces.

Je remarque avec étonnement que, sur quelques points de ces antiques prisons, se sont formées des stalactites, qu'on voit pendre des voûtes comme de celles des cavernes. Malheureusement, d'indiscrets visiteurs, pour emporter un échantillon du château, ont brisé une partie de ces curieuses concrétions.

Dans les appartements du premier étage sont de beaux meubles de la renaissance et des portraits très-précieux, parmi lesquels on distingue ceux des anciens seigneurs de Rambures. Le chartrier renferme des autographes du plus grand prix comme documents historiques, entre autres une lettre de Louis XVIII adressée au général Bonaparte, alors premier consul.

Dans le cabinet de la marquise sont des aquarelles, œuvres de la duchesse de Parme; cette princesse si remarquable par son savoir, sa grâce et son esprit. Nous y voyons aussi une charmante lithographie du duc de Bordeaux; le portrait du marquis de Juigné, père de Madame de Fontenille, et de très-beaux dessins, faits par elle, comme le portrait; car ce château, si noblement hospitalier, est aussi le temple des arts.

Nous y avons trouvé Madame et Mademoiselle de Repninq, que M. de Hammer avait connues à Vienne. Mademoiselle de Repninq a une voix fort belle : la marquise est également très-bonne musicienne. Après la promenade, on fit de la musique. On voit que cette journée fût bien employée.

De retour à Abbeville, M. de Hammer voulut visiter notre salle de spectacle. Ce n'est ni Saint-Charles, de Naples, ni Covent-Garden, de Londres, ni l'Opéra : c'est tout bonnement une petite salle assez proprette. En raison du voisinage, Paris nous envoie de temps en temps ses acteurs, et, ce soir-là, il y avait bon spectacle.

Je voulais conduire mon noble hôte à Boulogne, pour assister au débarquement de la reine d'Angleterre, qu'on y attendait le 19 août, mais il avait, à Paris, un rendez-vous pour ce même jour avec quelques membres de l'Institut. Esclave de ses engagements, il n'y pouvait manquer. Je fus donc, à mon grand regret, obligé de le laisser partir.

Je lui donnai rendez-vous au bal que Paris offrait à la reine. Depuis longtemps j'avais renoncé à ces fêtes, mais je ne voulais pas perdre un seul des instants que je pourrais passer avec mon aimable voyageur ; il fut donc convenu que nous nous retrouverions à ce bal, qui devait avoir lieu, le 23 août, à l'Hôtel-de-Ville.

CHAPITRE II.

Boulogne-sur-Mer. — La reine d'Angleterre.

J'avais vu en 1844, la reine d'Angleterre venant au Tréport visiter Louis-Philippe. J'étais curieux d'assister à la contre-partie de cette scène historique.

Tout ce qui arrive est écrit, dit l'Arabe; mais si l'on avait prédit à la reine Victoria, quand elle embrassait, au Tréport, Louis-Philippe, roi, que dix ans après elle embrasserait, à Boulogne, Louis-Napoléon, empereur, ceci de la même joue et du même cœur, et, dans l'une et l'autre circonstance, aux applaudissements des deux nations, elle aurait probablement envoyé le prophète à Bedlam.

Le 19 août, jour annoncé pour le débarquement, je me lève à trois heures du matin, et à trois heures et demie j'étais à la gare, où de nombreux amateurs, poussés vers Boulogne par le même désir, attendaient l'heure du départ. On faisait queue au bureau des billets, et quoi qu'on eût annoncé un convoi supplémentaire, bien des gens craignaient de ne pas partir.

Je parviens à me placer. J'ai pour voisin un employé du chemin de fer et, en face, un adolescent qui pouvait, si j'en juge à ses formes arrondies, être une adolescente, mais la curiosité est permise aux jeunes filles, et notre costume est un moyen plus sûr d'arriver.

Nous fûmes trois heures en route, au lieu d'une heure et demie qu'on met d'ordinaire; mais ce convoi s'arrêtait à toutes les stations. Partout, on se précipitait pour avoir des places, et le plus souvent on n'en trouvait pas. Alors il fallait voir le désespoir des malheureux laissés sur la route, notamment des femmes: on eut pu croire qu'on les abandonnait dans les déserts du Sahara, tant leurs lamentations étaient poignantes. On disait que la reine devait débarquer à neuf heures. En manquant ce convoi, on risquait d'arriver trop tard.

Nous étions sur la voie qu'elle devait suivre pour gagner Paris. Dans toutes les stations, les employés étaient en grande tenue, et chaque entrée de gare ressemblait à un reposoir: ce n'était que caisses d'orangers, pots de giroflées et guirlandes de roses, le tout entremêlé de drapeaux tricolores. Je n'en avais jamais tant vu.

A Étaples, je reconnus la Canche et la place où, surpris par la mer, je n'avais dû la vie qu'à la vigueur de mon cheval.

Je vois aussi la plage sablonneuse où je m'asseyais au soleil pour écrire mes premières impressions géologiques. Oui, dès cette époque, 1812, évoquant l'homme du déluge, je rêvais l'*archéo-géologie*.

Je retrouve ensuite ces dunes et cette plage qui précèdent Boulogne où, plus d'une fois, j'avais, avec mon vieil ami le général Gourgaud, alors simple lieutenant, officier d'ordonnance, mis mon cheval au galop, pour suivre l'empereur pêle-mêle avec tant de personnages historiques, Ney, Lauriston, Vandamme, Duroc, Caulincourt, Rovigo, Decrès, Lemarois, etc., etc., et bien d'autres que la mort a frappés, sans oublier le mamelouck Roustan, depuis devenu légitimiste et marchand de cachemires.

Arrivé à Boulogne, j'admire l'arc-de-triomphe en style ogival, en bois, entièrement doré et entouré de massifs de fleurs. Il est sept heures; le monde commence à circuler. Je rencontre à chaque pas des Abbevillois, mais pas un seul Boulonnais. Ils sont chez eux, ils savent que la reine, qui ne commande pas à la marée, ce qu'on ignore ailleurs, ne peut arriver avant midi, ils n'ont donc pas besoin de se lever de si bonne heure.

Je vais à l'extrémité de la jetée. En rade, sont trois vaisseaux de ligne anglais de cent à cent vingt canons, et six autres bâtiments de guerre à hélice ou à voiles. La mer est basse; les baigneurs sont obligés d'aller la chercher au loin. Je suis à la place où j'avais vu, en 1811, périr avec cent dix personnes, un corsaire qui avait manqué la passe, et où je manquai rester moi-même, en essayant de lui porter secours.

Un bateau pêcheur, placé au bas de la jetée de gauche, a élevé sa voile comme pour la faire sècher, mais, en réalité, pour cacher la vue de la rade aux promeneurs que leur mauvaise étoile a conduits de ce côté, et les forcer à louer à haut prix un des canots qui sont amarrés là. La spéculation se fourre partout.

Je vais faire une visite au maire, M. Adam, très-affairé comme on peut le croire. M. Adam était maire de Boulogne lors du débarquement de Louis-Napoléon, et c'est lui-même qui le conduisit à la citadelle. Depuis, M. Adam avait donné sa démission. Lorsqu'arrivé au pouvoir[1], Louis-Napoléon vint à Boulogne, M. Adam, pensant que sa présence lui rappellerait un souvenir peu agréable, ne se présenta pas avec le conseil municipal dont il était encore. Napoléon le fit appeler, et, quelque temps après, la mairie étant devenue vacante, il l'y nomma; M. Adam était donc en ce moment chargé de faire à la reine et à l'empereur les honneurs de la ville. J'aime ce trait.

Je vois défiler plusieurs régiments. On leur donne ordre d'occuper les hauteurs qui bordent la côte vers le lieu dit *la Barraque de l'empereur*, et de s'y échelonner. Cette escalade au pas de course présentait un beau spectacle militaire.

Une tente ouverte et deux fauteuils avaient été préparés pour l'entrevue de la reine et de l'empereur, à vingt pas du point de débarquement. Autour étaient les ambassadeurs, le préfet, le sous-préfet, des officiers de toute arme et de toutes nations, le maire et les autorités locales qui avaient bien voulu m'admettre dans leurs rangs. Nous attendîmes longtemps sous un soleil brûlant, mais les accords de la musique militaire nous font prendre patience.

Ce qui nous occupait aussi, était la variété des costumes: les habits verts, brodés, dont on a décoré les administrations financières, y étaient en majorité. Les officiers anglais, en rouge, en gris, en bleu, en cuirasses, s'y faisaient remarquer par l'excentricité de leur tournure et surtout par des chapeaux, les plus étranges qui jamais aient coiffé tête humaine.

Bientôt une petite scène, une conspiration en miniature que je voyais depuis un instant s'organiser silencieusement, et cela au nez de toutes les autorités et de toutes les polices, attira mon attention. Les conjurées étaient deux femmes; des hommes n'auraient jamais eu cette audace.

Près de la tente, à trois pas de la place où la reine doit s'asseoir en face de l'empereur, étaient deux cantinières appartenant à un des régiments échelonnés derrière l'enceinte; à leurs manières de chattes, aux regards qu'elles échangeaient entr'elles, à leurs allées et venues, je m'étais aperçu tout d'abord qu'un simple hasard ne les avait pas conduites là et qu'elles méditaient quelque chose. Mais quoi? Était-ce une supplique qu'elles voulaient présenter? Elles n'avaient à la main, ni à la ceinture, ni à leur chapeau, aucune espèce de papier.

Tout d'un coup le bruit se répand que la reine arrive et qu'elle va paraître. C'était une fausse alerte: mais nos deux femmes y furent prises. Croyant que l'instant de la mise en scène est venu, l'une d'elles se rapproche du fauteuil destiné à la reine, s'étend sur les marches de l'estrade près de l'endroit même où Sa Majesté devait poser le pied, et là gesticulant beaucoup, prétend qu'elle se trouve mal.

Sa figure contrastait avec son évanouissement: c'était une grande gaillarde, assez belle, aux yeux noirs, à la peau brune, et supérieurement découplée. La foule des fonctionnaires qui se pressait autour de la tente ne permettait qu'à ceux du premier rang de voir ce qui se passait. Les uns n'y prenaient pas garde; d'autres, croyant à ses grimaces, ne doutaient pas qu'elle ne fût malade.

De son côté, l'autre femme jouait son rôle; elle offrait de l'eau à sa compagne, mais son verre commençait à s'épuiser, et le verre d'eau était ici de rigueur. Sentant bien qu'elle s'était trop hâtée, elle allait et venait assez inquiète sur les suites, mais ne se décidant pas encore à emmener la soi-disant malade qui ne paraissait pas d'ailleurs disposée à s'en aller.

Le préfet, le comte de Tanlay, à côté de qui j'étais, devina le premier où tendait cette comédie. Il faisait preuve en ceci de perspicacité : il n'en avait pas, comme moi, suivi l'exposition, et je ne lui en avais pas dit un mot. En étudiant les mouvements de ces femmes, j'avais fini par m'intéresser à leur œuvre. Elles l'avaient montée et conduite avec un vrai talent ; le succès en était assuré si un malheureux hasard ne venait pas déranger l'ingénieuse combinaison. Leur mise pittoresque et inconnue en Angleterre ne pouvait manquer d'attirer l'attention de la reine, et l'évanouissement devait la toucher. Or, calculez où cela conduisait l'habile cantinière : huit jours après, son nom retentissait d'un bout de l'Europe à l'autre et, deux mois plus tard, aux extrémités du monde. Sa lithographie tirée à plusieurs millions d'exemplaires couvrait les murailles et figurait dans toutes les revues illustrées, puis dans tous les almanachs. Dès-lors le fait appartenant à l'histoire, la poésie s'en emparaît ; l'Académie française le donnait pour sujet d'un poëme, et l'Académie de peinture pour celui d'un tableau : où en trouver un plus vaste et plus de circonstance ? Voyez-vous la reine et l'empereur, entourés de tous leurs officiers, penchés sur une jeune fille agonisante. Saisissez-vous ce contraste des costumes ; la riche parure de la reine à laquelle on aurait eu soin de mettre une couronne sur la tête, et la modeste tunique de la vierge militaire. Remarquez ce yacht encore au quai, ce trône, cet échappé de mer et la ville couverte de drapeaux. Quelle scène ! quelle toile ! Oui, ceci eût fait la fortune d'un peintre et la réputation d'un poète ! C'étaient deux académiciens de plus. Et j'aurais, ennemi du génie, étouffé ces chefs-d'œuvre au berceau ? Non, mille fois non ; c'eût été manquer à l'art et à la confraternité littéraire.

Mais chacun son état. Je faisais mon métier d'homme

de lettres : M. de Tanlay dut remplir son devoir de préfet. Laisser mystifier un empereur et une reine, et avec eux l'Europe entière, avait bien aussi quelques inconvénients. Il y a des bavards au régiment comme partout, et les langues des cantinières ne sont pas plus engourdies que celles des nonnes. D'ailleurs, quel succès n'a pas fait d'envieux, surtout quand l'auteur est une femme. Si l'œuvre eut été brillante, la critique eut été sévère. M. le préfet eut donc raison, et d'autant mieux qu'il l'eut ici sans scandale. Faire emporter une femme aurait produit sur les spectateurs, qui ignoraient les détails, une impression fâcheuse et eut certainement mécontenté les soldats, qui tiennent à leur cantinière, comme les Turcs à leur marmite. Il s'y prit plus adroitement. Il lui dit : « Ma bonne, je ne vous chasse pas, vous pouvez rester où vous êtes, mais il me semble que vous seriez mieux ailleurs, c'est de l'air qu'il vous faut, et là vous êtes entourée et étouffée. »

Cependant la malade faisait la sourde oreille et sa compagne aussi. Alors le préfet donna ordre d'appeler un médecin. Elles ne s'attendaient pas à ce dénouement. La guérison fut immédiate, et nos deux commères s'éloignèrent au plus vite.

Le canon et bientôt la fusillade de tout le corps d'armée placé sur les hauteurs annoncent l'approche de la reine. Depuis une heure l'empereur, en uniforme de général avec un cordon bleu et l'ordre de la Jarretière, était arrivé suivi d'un nombreux état-major, parmi lequel on distinguait le maréchal Baraguay-d'Hilliers et le colonel Fleury, dans son brillant uniforme des guides. La voiture qui devait recevoir la reine était derrière la tente : on veut la faire avancer, les chevaux s'y refusent, et se cabrent à chaque mouvement qu'on essaie de leur faire faire : on les croirait ensorcelés.

On parvient enfin à découvrir qu'un gravier s'est introduit dans la boîte d'une roue. On veut l'ôter, on n'y peut réussir.

Cependant la reine approche. L'empereur a laissé sa suite. Il tourne à cheval autour de la voiture, il s'impatiente: il y avait de quoi. Les choses n'en vont pas mieux, au contraire. On détèle, on envoie chercher d'autres chevaux avec une nouvelle voiture, mais quand seront-ils prêts? La réception allait être gâtée: le tout pour un misérable caillou. Enfin la roue cède et le gravier s'en va; on s'empresse de réatteler et l'honneur du cocher est sauf.

Déjà le yacht royal était à quai. La reine, ses enfants, le prince Albert, des matelots à chaperon rouge, que je prenais pour des dames d'honneur, des généraux, des officiers, des valets tout brillants d'or, groupés sur ce magnifique bateau, formaient un coup-d'œil splendide.

Autre incident! Nonobstant les mesures les mieux prises, le pont qui devait joindre le yacht royal au quai, était trop court, et voilà l'empereur s'avançant d'un côté et la reine de l'autre, séparés par un abîme. Il était trop large pour le franchir. L'eut-il été moins, il était peu convenable de voir une reine d'Angleterre entrant en France en sautant. Il fallut changer le yacht de place, et là encore ce pont véritablement périlleux, ne dépassait pas de six pouces le bord du quai. La moindre secousse pouvait envoyer à la mer et l'empereur et la reine. A quoi pourtant tiennent les pompes, les grandeurs et le repos des États? à une petite pierre, à une planche de six pouces trop courte.

Enfin l'empereur put arriver jusqu'à la reine, l'embrasser cordialement, justement comme l'avait fait Louis-Philippe, lui offrir le bras et la conduire sous la tente, absolument comme au Tréport.

La reine me parut engraissée, sans être beaucoup changée. Seulement le type anglais de sa figure s'était prononcé. Le prince Albert portait le grand cordon de la Légion d'honneur; il était un peu vieilli, mais toujours bel homme. Le prince royal et d'autres enfants de la reine, tous charmants, suivaient. Elle ne fit que traverser la tente, et monta immédiatement en voiture pour gagner la gare où l'attendaient les dames de la ville.

Je voulus m'y rendre, le pont était obstrué par les troupes qui défilaient; je n'y pus parvenir.

Comme dédommagement, j'allai voir les navires venus à la suite de Sa Majesté, parmi lesquels était son yacht de promenade. Jamais on n'a fait de navire plus léger et plus élégant. La figure des matelots, dans leur costume de fête, et tournant les câbles en chantant avec un flegme tout britannique, n'était pas la moindre curiosité du bord. Les mousses s'y faisaient remarquer par leur gentillesse. Le grand yacht qui avait amené la reine était déjà en mouvement pour aller se remettre en rade: c'est un magnifique bâtiment, mais j'aime mieux le petit.

L'aspect du pont, avec ses bateaux pavoisés, celui de la rade, que sillonnaient des centaines d'embarcations de toute dimension, couronnaient ce vaste et brillant ensemble. La voile noire du pêcheur, qui devait, sous ce soleil ardent, être sèche depuis bien des heures, seule y faisait tache. Elle y était toujours narguant le public, masquant la vue et pourvoyant ainsi à la recette des malins bateliers.

La ville était pavoisée aux couleurs de France et d'Angleterre. On criait: *Vive la Reine! Vive l'Empereur!*

J'étais accablé de fatigue. Je n'avais, pour nourriture, pris de tout le jour qu'une tasse de café. Dès que le convoi impérial eut quitté la gare, je m'efforce d'en approcher, et j'y parviens. Je veux prendre mon billet, le bureau n'est pas ouvert. Cependant la foule arrive, chacun craint de n'avoir pas de place. La queue se forme comme à nos grandes représentations théâtrales, mais elle était vingt fois trop longue pour l'espace où elle prétendait se déployer. Alors une lutte s'engage ; les poussées, les bourrades, les coups de coude, la font dégénérer bientôt en un véritable combat : la meilleure place échoit au meilleur poing. Mais cette meilleure place nul n'est sûr de la garder : tel qui, par des prouesses dignes d'Hercule, est arrivé près du bureau et tend déjà la main pour recevoir son billet, se trouve, par un revirement subit, rejeté au dernier rang.

De ce combat général, il résultait de petits conflits particuliers. On voyait sur les ailes, hors de la mêlée, des groupes d'hommes qui, après s'être injuriés ou frappés dans la grande bataille, se demandaient des explications en petit comité. Quelques-uns y continuaient à s'apostropher, en se menaçant du poing. D'autres, plus habitués aux usages, échangeaient leur carte.

Gardez-vous de croire que les individus se ruant ainsi les uns sur les autres appartenaient aux dernières classes. Non, ce train n'avait que des premières : c'étaient des propriétaires, des magistrats, des administrateurs, des ecclésiastiques, et jusqu'à des femmes qui, elles aussi, se jetant dans la mêlée, excitaient leurs maris, leurs fils, leurs frères, à ne pas lâcher prise, et qui les accablaient de reproches, s'ils n'avaient pu se maintenir au premier rang. On ne peut s'imaginer combien, en France, l'amour du combat est épidémique ; on s'y sent encore de l'humeur remuante de nos pères les Francs : dès qu'un conflit s'engage, chacun veut en être.

Ajoutons que la difficulté d'avoir une chose augmente le désir de l'obtenir ; ce n'est pas la chose elle-même que l'on souhaite, c'est la gloire de l'arracher à autrui, c'est la victoire. Aussi, un billet était ici une palme conquise que l'on montrait avec orgueil, et j'ai vu tel homme grave, tel fonctionnaire respectable suant à grosses gouttes, meurtri et déchiré, tressaillant de plaisir et riant aux éclats en exhibant aux siens les billets qu'il venait de conquérir : « Il y avait encore vingt personnes devant moi, s'écriait-il, mais j'en ai bousculé deux, renversé trois, et je suis arrivé. » Et il allait de groupe en groupe racontant ses efforts et son succès.

Quel était donc cet intérêt si grand d'obtenir son billet le premier ? Nul autre que celui de le garder dans sa poche. Le chef de la gare était venu déclarer que deux convois étaient préparés, qu'on en ajouterait un troisième s'il le fallait, mais qu'on ne les expédirait que lorsque chacun aurait sa place : qu'ainsi tout le monde partirait à la même heure. Cet avis, on le répétait de quart-d'heure en quart-d'heure ; on l'avait affiché au-dessus du bureau. Rien n'y faisait. C'était pour tromper le public, disait-on, et le combat n'en continuait pas moins.

Quant à moi, qui n'ai jamais oublié ce proverbe : *Jeu de main, jeu de vilain*, je m'étais, dès le principe, retiré de la bagarre, et j'obtins, sans bouger, ce que bien des gens n'avaient gagné qu'après une heure et demie de lutte, car, ainsi qu'on l'avait annoncé, on ne quitta la gare que lorsque chacun fut servi.

Parti à six heures et demie de Boulogne, à huit heures j'étais à Abbeville, bien fatigué et surtout affamé.

CHAPITRE III.

—

Paris. — La cour. — Le bal.

—

Le mardi 22, je monte dans le train de Paris. Je fais la route en bonne compagnie: M. le vicomte Blin de Bourdon et sa famille, avec qui je suis lié d'une vieille amitié. Les chemins sont encore jonchés des fleurs semées sur le passage de la reine, et les gares toujours ornées de leurs guirlandes et de leurs drapeaux qui devaient servir au retour. Les guirlandes en papier pouvaient attendre sans trop se faner; quant aux fleurs naturelles, la vapeur des locomotives leur est moins favorable que la rosée du ciel, et je ne connais guère que les immortelles qui y résistent.

A la gare de Paris, je trouve mon frère, arrivé depuis peu de Bretagne et que je n'avais pas vu depuis quatre ans. Il avait été averti de mon passage et m'attendait. on peut penser si cette rencontre me fut agréable. J'étais dans une bonne veine: je passai cette journée en famille avec ma belle-sœur et ses enfants, grandis et embellis.

Le lendemain 23, j'allai au Palais de l'Industrie; je voyais enfin cette exposition universelle que j'avais, en 1833, puis en 1835, demandé avec tant d'instances et pour laquelle j'avais tant écrit: mais mon idée était neuve alors et, en France, en fait d'idées, on a le neuf en horreur. Aussi celle-là fut-elle très-mal reçue, des fabricants d'abord, qui prétendirent que la concurrence les ruinerait; puis de l'administration, qui vit, dans l'exposition universelle, la contrebande universelle. — « Vous êtes vraiment d'une naïveté admirable, me disait un chef des plus influents, l'une des lumières de l'époque. Que les manufacturiers étrangers entendent votre appel et nous apportent leurs produits, et les plus riches et les plus beaux, c'est ce dont je suis loin de douter: mais est-ce seulement pour nous les montrer? Ah! qu'ils ne sont pas si bêtes! c'est pour nous les glisser sournoisement, c'est pour en empoisonner la France et avilir les nôtres, qui sont plus chers et moins bons. Ah! vous avez eu là une idée bien funeste! Heureusement que le bon sens public en a fait justice, car si elle eût été accueillie, vous apportiez une perturbation terrible dans notre industrie! » — Voilà à quelle hauteur nous étions en 1833.

Les négociants qui ont besoin de coudées franches et qui, dès-lors, devraient avoir des idées plus larges, ne se montrèrent pas plus favorables à ma proposition, et, sans savoir pourquoi, crièrent comme les autres.

Les propriétaires ne surent d'abord que dire; mais il y avait parmi eux des producteurs de fer, de bois, de houille, de laine, de bestiaux, etc., etc. A l'idée qu'on allait nous montrer, avec les prix en regard, ces mêmes produits qu'ils nous vendaient, sous la protection du tarif, le double de ce qu'ils coûtent à nos voisins, ils crièrent qu'on voulait anéantir les forges, les mines, les forêts, les troupeaux, enfin l'agriculture et les agriculteurs, et sacrifier la France à l'étranger.

Quant au gouvernement, à la merci des chambres, presqu'exclusivement composées de propriétaires, de manufacturiers, de financiers, enfin de gens ayant un intérêt direct au maintien du monopole, — remarquez qu'on est toujours, chez nous, financier, négociant, manufacturier ou propriétaire, avant d'être Français, — le gouvernement, dis-je, qui n'aurait eu pour lui que la masse des consommateurs, les artisans, paysans, fermiers, bref, les dix-neuf vingtièmes de la nation, gens peu éloquents, peu écrivains et, dès-lors, hors d'état de lutter contre tant d'érudits, me fit entendre que j'eusse à me taire et à garder mes projets pour moi.

D'année en année, je n'en renouvelai pas moins ma proposition. Quelques journaux la soutinrent, et enfin les Anglais l'adoptèrent. On a vu si cela les avait ruinés, et nous saurons bientôt si l'exposition universelle d'aujourd'hui ruinera la France.

Comme l'on ne se résigne pas facilement chez nous à reconnaître qu'une chose est bonne, l'ordonnance avait paru, le Palais de l'Industrie était construit, les salles même étaient ouvertes, qu'on criait encore que c'était une chose manquée, et que notre exposition n'était qu'une pitoyable parodie de celle d'Angleterre. On me l'avait dit à Abbeville, on me le disait à Paris. Mais qui le disait? Des personnes qui y avaient été quand il n'y avait rien d'exposé; ou bien qui n'y avaient pas été du tout. Je ne m'étais pas laissé prendre à ces vains bruits, et j'arrivai là sans prévention.

En entrant, je jetai sur l'ensemble un coup-d'œil comparatif; je le pouvais, car j'avais vu l'exposition de

Londres et celle de Munich. Eh! bien, je reconnus dès ce premier aperçu que, quoique l'exposition de Londres fût digne d'admiration, celle de Paris l'était plus encore. Elle l'emportait par la richesse, l'abondance et la variété des produits; et pourtant, par suite de la guerre, la Russie et la Pologne n'avaient rien envoyé.

Quant aux deux édifices, celui de Londres, peut-être à cause des arbres énormes qu'on avait conservés dans son enceinte, paraissait d'abord plus monumental; mais lorsqu'on avait parcouru en détail celui de Paris, on lui donnait la préférence. Pour l'étendue, on sait qu'il l'emportait de beaucoup. Néanmoins, ceci n'ôte rien au mérite du Palais de Cristal, conception sans précédent, à laquelle on doit l'exposition de Munich, celle de New-York, enfin celle de Paris. Sans l'exemple donné par l'Angleterre, ma proposition restait à l'état d'utopie.

Le soir, à huit heures, je me mets en route pour le bal de l'Hôtel-de-Ville; c'était un véritable voyage: il fallait compter sur deux grandes heures pour y arriver. La ligne des voitures remplissait déjà la rue Saint-Honoré. Elle était double dans celle de Rivoli. Un peuple immense couvrait les trottoirs et, pressé contre les murs par cette suite non interrompue d'équipages, faisait entendre des vociférations qui n'étaient pas toujours très-bienveillantes: les sergents-de-ville avaient fort à faire.

Les maisons étaient illuminées et pavoisées. Les fenêtres, jusqu'aux combles étaient garnies de têtes. Il ne fallait pas qu'on eut besoin de sortir; la foule formait une haie impénétrable et il eut été impossible même d'ouvrir une porte.

A mesure que l'on approchait de l'Hôtel-de-Ville, la marche des chevaux devenait plus difficile. Les cris de la populace, qui étouffait, étaient plus menaçants. Les deux files furent maintes fois obligées de s'arrêter, nonobstant l'injonction réitérée de la police : *avancez ! avancez !*

Notre cocher, quoiqu'il allât au très-petit pas et sans s'écarter de la ligne, fut souvent apostrophé et deux fois frappé. Je fus obligé d'intervenir, et on essaya de briser les portières. Je conduisais deux dames qui n'avaient pu joindre l'ambassadrice d'Angleterre, laquelle devait les présenter à la reine : c'étaient les demoiselles C***, belles et spirituelles Galloises, nobles orphelines, bien connues de la haute société parisienne. Quoiqu'en leur qualité d'Anglaises, elles ne soient pas peureuses, ce bruit, ces menaces, ces voies de fait, étaient peu propres à rassurer même les plus braves. Elles ne disaient rien pourtant, mais j'aurais voulu les voir ailleurs. Je craignais surtout qu'une glace brisée ne les blessât, et nous étions contraints de les tenir fermées malgré l'horrible chaleur.

Enfin nous parvînmes sans accident jusqu'à la place de l'Hôtel-de-Ville, merveilleusement illuminée, et nous ne nous plaignîmes pas des temps d'arrêt que nous fûmes obligés d'y faire.

Arrivés dans la cour, notre voiture put gagner sans peine l'entrée du vestibule. Ce côté du bâtiment n'était pas moins brillant que l'autre. Des milliers d'arbustes et des masses de fleurs décoraient la porte et les escaliers.

Les personnes qui ont visité cet hôtel savent combien ses galeries et ses vastes salons prêtent d'éclat aux fêtes. Ici on avait encore agrandi le local en élevant des salles provisoires et en faisant un jardin couvert, dans lequel on descendait par un double escalier.

Quand nous entrâmes, bien qu'il ne fut pas dix heures, l'assemblée était déjà nombreuse ; cependant, la reine et l'empereur n'étaient pas arrivés. L'ensemble des appartements, et surtout de la galerie où était préparé un trône pour la reine, était admirable. Ces lustres, ces cristaux, ces masses de bougies, ces milliers de femmes plus parées les unes que les autres, ces habits de cour étincelant de broderies, ces uniformes de toutes les armées et de toutes les couleurs, au milieu desquels on distinguait les Turcs à leur fez rouge et les Arabes à leur manteau blanc ou écarlate, formaient une sorte de kaléidoscope animé dont les effets variaient à chaque instant. Ici, heureusement pour l'élégance du coup-d'œil, les habits dits *bourgeois* étaient en minorité. Les militaires, les magistrats, les fonctionnaires, les ambassadeurs et leur suite, enfin la triple cour, celle de l'empereur, celle de l'impératrice, celle de la reine d'Angleterre, étaient en uniformes.

On voyait aussi beaucoup de costumes de fantaisie, sorte de déguisement dont les costumiers et les magasins de théâtres avaient fait les frais. En première ligne était l'ancien habit français; rien n'y manquait, sauf la poudre. La bourse était attachée au collet, ce qui me rappelait l'histoire des Écossais et les chausses pendues à leur sac (1). Du reste, culotte et bas de soie, souliers à boucles et l'épée au côté.

De couleur sombre, la plupart de ces habits étaient

(1) Un régiment écossais portant le costume national était, sous nos derniers rois, attaché au service de France. On sait qu'un jupon court remplace la culotte dans cet uniforme. Quelques dames de la cour trouvèrent cet habit peu décent et obtinrent du roi qu'il serait changé ou du moins qu'une partie indispensable y serait ajoutée. Des culottes furent donc distribuées à chaque homme. Les dames, fières de leur victoire, coururent à la première revue. Tous les soldats avaient en effet leur culotte, mais accrochée à leur sac.

simples, ou ne se distinguaient que par d'éclatants boutons d'acier. Quelques-uns étaient magnifiquement brodés en soie sur drap ou en paillettes. D'ailleurs assez mal portés, ils donnaient à ces marquis de circonstance un certain air carnavalesque que ne tendait pas à diminuer leur épée qui s'accrochait à toutes les robes ou se fourrait dans toutes les jambes. Ces malheureuses lames étaient devenues pour les dames celle de Damoclès. Elles les voyaient sans cesse non suspendues sur leur tête, mais traversant leur crinoline.

Parmi les costumes étrangers, il y avait aussi quelques parodies d'uniformes, plus ou moins heureuses. Je remarquai, entre autres, un jeune homme en hussard, ventre de biche de la tête aux pieds; les bottes et jusqu'aux gants étaient de cette couleur: on l'aurait pris pour un chamois. Je crois avoir vu à peu près toutes les armées de l'Europe et même quelques troupes de l'Asie et de l'Afrique, et je doute qu'un semblable uniforme, qui servirait de point de mire à toutes les balles, ait jamais existé.

Un autre hussard était tout en gris; c'était fort laid, mais ce costume était possible.

A côté de ces caricatures, quelques officiers en cuirasses et en casques empanachés, de la suite de la reine se faisaient véritablement admirer, et avec raison. Je n'ai point vu d'uniforme plus riche: il était porté par des hommes de haute taille et vraiment beaux. Il y a beaucoup de figures étranges parmi les Anglais, mais c'est chez eux aussi qu'on rencontre, dans les hommes comme chez les femmes, les plus beaux types humains.

Des Indiens, reconnaissables à leurs figures basanées et à leurs traits fins, étaient aussi magnifiquement vêtus.

Sur tous ces costumes resplendissaient des croix, des crachats, des cordons, des rosettes; il y en avait tant, qu'après avoir bien cherché, je m'arrêtai enfin tout ébahi devant un homme qui n'en avait pas. Je m'aperçus alors que je faisais le second. Dans mon empressement à m'habiller et par la crainte de faire attendre mes belles pupilles, j'avais oublié de m'enrubaner, mais cette absence de la parure banale était ce soir une grande distinction: j'en fus très-fier toute la soirée, car cela me fit beaucoup regarder. On me prenait pour quelque gentilhomme anabaptiste, quaker ou mormon.

A travers ces brillants plumages, si l'on arrivait à l'homme même, ou, comme disent les naturalistes, à son caractère spécifique, on était étonné et presque effrayé que, dans cette foule d'individus de nations diverses, appartenant pour la plupart aux classes riches ou aristocratiques, il y en eût si peu dont les figures fussent en harmonie avec leurs costumes ou leurs positions sociales. Sur cent, on pouvait affirmer, sans exagération, qu'il y en avait quatre-vingts qui étaient laids, communs ou insignifiants.

Quant à leur conformation, il était moins facile d'en juger; néanmoins, tout annonçait que la somme des hommes bien constitués ne dépassait pas dix pour cent. Comment se fait-il que parmi les animaux, je ne parle pas des animaux domestiques, la difformité soit l'exception, et que sur cent renards, cent loups, cent tigres, cent lions, cent lièvres, cent lapins, cent rats, vous en trouverez à peine trois ou quatre qui ne soient pas, dans leur spécialité, des modèles de formes et de vigueur?

Si la grande majorité des hommes présent ne pouvait pas passer pour belle, il n'en était pas ainsi des femmes: chez elles, la laideur était rare; et il y en avait de charmantes. Je dois commencer par mes deux compagnes sur qui, dès leur entrée, les regards s'étaient portés. Grandes, bien faites, à la magnifique chevelure noire, au profil pur et aristocratique, à leurs pieds mignons, à leurs mains effilées, on reconnaissait tout de suite la vieille race galloise.

Bientôt les accents de la musique militaire, placée sous le péristyle, annoncent l'approche de la reine. Quand elle entre, l'orchestre exécute le *God save the Queen;* puis, elle ouvre le bal avec l'empereur.

A la même contredanse dansaient, autant que j'ai pu voir, l'ambassadrice d'Angleterre, la princesse Mathilde, le prince Albert, le prince Napoléon, etc., etc.

La reine fit ensuite le tour des salons. Le coup-d'œil fut fort beau lorsque Sa Majesté, conduite par l'empereur, suivie de tous les princes, princesses, ministres et ambassadeurs, descendit par le double escalier pour visiter les salons d'en bas et les jardins couverts.

Je me trouvais au pied de l'escalier, et l'on pouvait, de là, distinguer toutes ces figures princières: mais la beauté du spectacle était encore ici dans l'ensemble et les masses groupées dans les tribunes et aux fenêtres des galeries. Ces parures, ces uniformes, ces milliers de lumières, enfin la majesté historique de cette union vivante de la France et de l'Angleterre, étaient à la fois un sujet d'étonnement et d'admiration.

L'impératrice était-elle là? Je n'en sais rien; je ne l'ai pas vue, et l'on n'en parlait pas. J'ai soupçonné quelqu'*à parte* politique; on ne voulait pas de concurrence. La concurrence entre peuples a quelquefois amené la guerre, mais entre beautés, elle l'amène toujours. La reine Victoria a été une jolie femme et l'est sans doute encore, mais l'impératrice Eugénie commence seulement à l'être. Il ne fallait pas ici qu'un trop grand rapprochement donnât lieu à des remarques comparatives.

La promenade de la reine dans les salons ne fut pas aussi facile que dans l'escalier, qu'on avait laissé libre;

la robe royale a pu être un peu fripée dans cette foule empressée, et l'on répétait que Sa Majesté s'était plainte qu'on lui eût marché sur les pieds. Est-ce vrai? Ici encore, je répondrai : Je n'en sais rien. Ce que je puis assurer, c'est qu'on a beaucoup marché sur les miens.

Les rafraîchissements étaient abondants, la difficulté était de parvenir aux buffets. Le cas avait été prévu, et on avait établi, dans les salons mêmes, des fontaines d'eau glacée, qui tombait pure et claire dans de petits bassins où chacun pouvait puiser.

Mes belles compagnes étaient fort invitées à danser; elles acceptaient rarement, car la danse n'était pas plus aisée que la promenade. Cependant, l'une d'elles consentit à figurer dans une contredanse avec un officier général. Celui-ci ne la connaissait pas. Fier d'une si belle partenaire et désirant lui plaire, il se mit à jeter des épigrammes à droite et à gauche, car de tous les esprits celui de dénigrement est le plus facile; enfin, d'un ton plus militaire que civil, il lui dit : « Mon Dieu ! nous ne sommes entourés que d'Anglaises, toutes spirituelles *comme des oies.* » Là-dessus Mademoiselle C*** lui fit une profonde révérence et continua à causer de la meilleure grâce. La révérence avait paru un peu singulière au général; mais, n'en comprenant pas le motif, et voyant sa danseuse de si gentille humeur, il l'accepta comme une approbation. Hélas ! cette satisfaction fût courte : un ami l'avait entendu, et ce bon ami, d'un air sournoisement peiné, vint l'avertir de son malheureux *lapsus linguæ,* ajoutant, pour embellir la chose, que sa belle danseuse était attachée à la reine. Précisément, Mademoiselle C*** causait, en ce moment, avec l'ambassadrice, dans le cercle même qui entourait Sa Majesté. On peut juger de ce qu'éprouva le pauvre danseur à cette révélation inattendue et des réflexions qu'il faisait, tandis que son charitable compagnon s'efforçait de le consoler, en ajoutant qu'il était bien certain que ce n'était pas de ce petit incident que sa danseuse causait, et que, probablement, il n'en serait plus question; et ce bon camarade l'avait, avant la fin de la soirée, conté à vingt personnes.

Depuis mon arrivée, je m'étais mis à la recherche de M. de Hammer, sans pouvoir le trouver. Je m'informai de lui, on ne l'avait pas vu. Enfin quelqu'un me dit qu'il l'avait aperçu, causant avec l'ambassadeur d'Autriche. Je fus de ce côté: il n'y était plus, et, de toute la soirée, il me fut impossible de le joindre.

Les célébrités littéraires, artistiques et scientifiques, auraient dû affluer ici, et pourtant j'en vis peu. Ce temps n'est pas l'âge d'or des lettres. Parmi nos grands écrivains, quelques-uns sont exilés; les autres boudent et se tiennent à l'écart ; les savants se couchent de bonne heure. Quant à l'artiste, il aime peu à quitter sa pipe et son paletot. On n'y voyait donc que l'art et la littérature officiels. Mais parmi les notabilités, même politiques, il y avait des hommes aimables et sachant causer, et je pourrais citer quelques bonnes phrases, s'il ne fallait pas aussi citer les noms.

Après le départ de l'empereur et de la reine, le bal, moins cérémonieux, devint plus animé. On eut aussi plus de facilité pour circuler. Mais la chaleur n'en fut pas moins grande. Vers trois heures, mes pupilles voulurent se retirer. Je n'en fus pas fâché. Nous fûmes assez favorisés pour ne pas trop attendre notre voiture.

A quatre heures, je rentrais chez moi, très-heureux d'avoir été à la fête, mais plus heureux de n'y être plus.

CHAPITRE IV.

Paris. — L'exposition universelle. — L'hippodrome.

Le 24, en me levant, mon premier soin fut d'aller chercher M. de Hammer. Il reposait; je ne voulus pas qu'on l'éveillât.

De là, je me rends chez M. de Lamartine: il n'était pas encore de retour à Paris.

Je vais à l'exposition. On m'en refuse la porte: le prince Albert y était avec le prince Napoléon; aucun profane n'entrait.

Un autre spectacle vint me dédommager. Ce fut d'abord une troupe d'Arabes galopant, dont les burnous, agités par le vent, faisaient un effet très-pittoresque. Après eux défilèrent plusieurs régiments. Puis, parurent les cent-gardes dans leur brillante tenue; et la reine d'Angleterre, en calèche, avec l'impératrice. Le prince Albert, qui a quitté l'exposition, est à cheval à une portière; l'empereur est à l'autre. Derrière est un nombreux état-major. On se rendait au Champ de Mars pour une revue d'honneur. La foule était sur pied; je la suivis, et, cela eût été fort beau, sans la pluie qui rend maussade la magnificence même.

Le lendemain, j'entrai à l'exposition dès l'ouverture, et je n'en sortis que lorsque l'on ferma. J'y déjeûnai et j'y voulus dîner; mais le nombre des consommateurs y avait été si grand, ou si vorace, qu'il n'y avait plus rien. On m'offrit une crème pour potage, une glace pour rôti. Je refusai l'un et l'autre. J'entrai au restaurant Durand, à la Magdeleine, fort bon, mais assez cher. Je me trouve en face d'un individu qui, pour son menu, commande une bouteille de champagne avec une salade. Un autre fait grand bruit, appelle tous les garçons, se plaint qu'ils n'arrivent pas assez vite, se fait indiquer ce qu'ils ont de frais et de meilleur à lui servir; puis, ainsi renseigné, il demande un potage, le paie et s'en va.

Je veux avoir une voiture; toutes sont prises. Les omnibus eux-mêmes sont retenus à l'avance. Il faut attendre son tour et l'attendre longtemps. Je trouve une dame qui attendait aussi. Nous causons. Elle causait à merveille, comme toutes les parisiennes. Elle avait un numéro moins élevé que le mien; elle part et je reste seul.

Je continue la conversation avec le buraliste. Il a une extinction de voix, gagnée à répondre à tous les questionneurs. Il faut qu'il parle ainsi seize heures sur vingt-quatre. Pour cela, il a douze cents francs par an. Obligé d'être à son bureau de huit heures du matin à minuit, il doit, s'il est malade, payer son intérimaire, et, s'il est contraint de s'absenter plus de quinze jours, on le remplace. Ce métier est pire que celui de galérien : aussi le pauvre homme le maudit-il de tout son cœur; c'est son unique consolation.

Enfin, voici la voiture : il y a place. Je retourne

chez M. de Hammer. Il était dit que je ne le verrais plus. Il venait de partir pour l'Allemagne.

Bien qu'il soit octogénaire, je n'ai pas vu d'homme plus actif et plus leste que ce célèbre historien, et il vit comme un anachorète. Je n'oublierai jamais l'embarras que j'éprouvai la première fois qu'il dîna chez moi. J'avais mis quelque peu d'amour-propre à lui faire goûter de la cuisine de mon cordon bleu qui a une certaine réputation parmi les gastronomes : j'avais donc commandé un dîner des plus fins. J'avais aussi fait sortir de la cave mes meilleurs vins : il y avait là du Bordeaux de quarante ans, du Madère, des vins du Rhin et d'Espagne qui en avaient soixante, et j'en étais sûr, ils venaient de mon père. Enfin, j'étais tout fier de mon menu.

On se met à table. Je vois le baron refuser le premier plat qu'on lui sert; puis le second ; puis le troisième, et toujours ainsi. Alors, j'apprends qu'il ne mange jamais de viande : des œufs, certains légumes étaient sa seule nourriture, et le hasard voulait qu'il n'y en eût pas sur la table. Bref, en face d'un dîner de vingt plats choisis, je fus dans la nécessité de commander une omelette.

Je comptais sur mon vin pour le dédommager, car un Allemand qui ne boit pas, était, selon moi, une impossibilité. Il refuse mon vin comme mes viandes : il ne buvait que de l'eau. O Comus ! ô Bacchus ! ô La Regnière ! ô Brillat-Savarin ! qu'auriez-vous dit, si vous aviez été témoins de ce dédain ! Tel est le régime du baron; bon sans doute, puisqu'à son âge, il est encore jeune et allègre.

Hélas ! quand j'écrivais ceci, je ne me doutais guère que cet excellent homme, ce savant illustre, était si près de la tombe.

Le 26, était un dimanche, il n'y avait pas moyen d'aborder l'exposition de l'industrie : la foule s'y précipitait. J'allai à celle des beaux-arts. J'y vis de fort belles choses ; j'en vis aussi de fort laides. J'y admirai *les Vaches,* de Mademoiselle Rosa Bonheur, et plusieurs aquarelles anglaises. Une *Tentation de saint Antoine* m'a surpris par le bon sens de sa composition, chose qui semblait bannie de toutes ces scènes fantasmagoriques, comme si le sens commun pouvait être déplacé quelque part. Jusqu'à présent, ceux qui avaient traité ce sujet, où l'esprit est aux prises avec la chair, avaient entouré le saint d'amorces peu attrayantes, pour ne pas dire pis : des nymphes à queues de singes, des Vénus à cornes de bouc, ayant pour acolytes et cavaliers servants, des satyres et des diables. Je le demande, sont-ce là choses à tenter un homme ? Ici, le peintre a soigneusement caché Satan, et il en a, de son mieux, décrassé la famille. Quelques petits bouts de cornes, si peu développées, qu'on les prendraient pour des mouches ou des grains de beauté, annoncent seulement la nature infernale des donzelles. A ces légères taches près, et bien des gens y auraient vu un agrément, elles sont toutes à croquer, bien grassettes, bien rougeaudes, avec des minois éveillés qu'auraient enviés nos plus fringantes Ninons. Ici, vraiment, le saint avait à lutter, et l'attaque était digne de la défense. Il vainquit sans doute, puisqu'il est resté saint, mais on voyait, du moins, qu'il mérita de l'être.

Je me rappelle une autre *Tentation* qui a figuré au Louvre. Le saint, comme toujours, baissait les yeux devant la tentatrice ; et son cochon, non moins pudique, voilait les siens avec ses oreilles.

J'allai ensuite à l'Hippodrome, où des écuyères à demi-nues et fort pourvues d'appas, me rappelèrent les belles du tableau. Personne, ici, ne se voilait les yeux, pas même les Turcs et les Arabes, que ces beautés dodues fascinaient entièrement: ils croyaient voir les houris. Ceux-ci n'étaient pas en voie de devenir saints.

Ce qui, probablement, leur plut moins, fut une compagnie de singes habillés en Arabes qu'on faisait galopper sur des poneys, en leur tirant des coups de pistolets aux oreilles. Ce n'était pas pour ces gentillesses que j'étais venu: je voulais voir les Astesques; on les montrait dans un petit hangar, en dehors du cirque. J'ai éprouvé rarement un étonnement plus grand que celui que me causèrent ces deux êtres humains, et je me frottai les yeux pour voir si je n'étais pas le jouet de quelqu'illusion. Figurez-vous deux créatures élancées, n'ayant aucun rapport avec ces nains contournés, et dont on aperçoit tout d'abord l'infirmité. Ceux-ci, frère et sœur, et se ressemblant beaucoup, sont parfaitement faits: les épaules, les jambes, les bras, les pieds, les mains, la poitrine, les cuisses, les reins, car, à peu près nus, on pouvait les juger de visu, tout enfin, dans son exiguité, est parfaitement proportionné. Leur tête, quoiqu'elle soit en harmonie avec le reste du corps, est d'une petitesse extrême, et semble moindre que celle d'un nouveau-né. Leur physionomie et leur nez aquilin, un peu long pour leur angle facial, leur donnent quelque chose de l'oiseau ou de ce caractère de figure que l'on retrouve dans toutes les anciennes peintures mexicaines.

Leur taille est celle d'un enfant d'environ quatre ans. Leur couleur est d'un bronze foncé, se rapprochant du noir. Ils sont vifs, toujours en mouvement, et paraissent se bien porter.

Quant à leur intelligence, celle du garçon semble faible. Chez la fille, si l'on en juge à l'expression de ses yeux, elle doit être plus développée. Elle a quatorze ans, le garçon en a seize.

Que ce soit des individus d'une race spéciale, et qu'il existe, comme on a voulu le faire croire, une nation ainsi faite, cela n'est pas admissible. Cette nation serait connue. C'est un accident, un jeu de la nature, mais l'un des plus étranges qu'on puisse citer.

Le 27 août, après déjeûner, je vais sur le boulevart y lire encore une page d'histoire. Déjà, j'en avais lu beaucoup depuis 1814; mais à tant d'entrées et de sorties de souverains dont j'avais gardé bonne mémoire, je voulais en ajouter une encore, et je fus me réunir à la foule.

C'était le départ de la reine d'Angleterre que nous allions voir. Le temps était pur, et cinq à six cent mille âmes étaient en mouvement. Toutes les maisons du boulevart étaient enrubanées : on n'y voyait que bonnets et cornettes. Tous les balcons, toutes les fenêtres, et les toits même, disparaissaient sous les têtes.

Des détachements militaires étaient échelonnés pour maintenir l'ordre, mais ils étaient inutiles, car les voitures ne circulant pas, personne ne craignait d'être écrasé.

A un endroit où la haie de soldats faisait défaut, on voyait, de moment en moment, se détacher quelques-uns de ces curieux qui ne se trouvent jamais bien où ils sont, et qui traversaient le boulevart pour aller se placer en face. Arrivés de l'autre côté, et ne pouvant rester au premier rang, il fallait qu'ils fissent déranger la ligne des spectateurs, et c'était toujours au même groupe qu'ils s'adressaient, parce qu'il était justement au point le plus rapproché de l'entrée du boulevart Montmartre. Ce dérangement continuel devait fort ennuyer ce groupe, notamment un jeune homme qui en formait l'extrémité où la clef de voûte. Au lieu de crier, de se fâcher, de refuser le passage, et conséquemment de se faire des querelles, il avait inventé un moyen qui, après l'avoir amusé, finit par le débarrasser de cette obsession. Dès qu'il voyait un de ces musards inconstants traverser le boulevart, et se diriger vers le point où il était, il le recevait absolument comme s'il eut été le maire de Paris, il le saluait en se courbant jusqu'à terre, puis, s'écartant respectueusement, il s'écriait : « Ouvrez vos rangs, place à Monsieur. »

A ce cérémonial inattendu, l'arrivant stupéfait s'arrêtait tout court, ne sachant s'il devait avancer ou reculer. Alors, on peut juger des rires des assistants. Quelquefois, il s'y joignait de bonne grâce, et passait. D'autres fois, il perdait la tête, et, après avoir tenté un mouvement rétrograde, il prenait sa course, poursuivi des huées des deux lignes, et se présentait à dix endroits où chacun lui fermait le passage pour jouir plus longtemps de son embarras. C'est précisément ce qui arrive à ces chiens flâneurs, venus étourdiment, en passant entre mille jambes, se jeter dans le vide, et qui, étonnés de leur isolement, s'enfuient la queue basse, courant d'autant plus fort que personne ne les poursuit, et que la peur seule les tâlonne.

Ce petit intermède, qui se renouvelait à chaque instant, faisait oublier le retard du cortége, et amusait bien des milliers d'individus, qui, à chaque nouvel arrivé prenant la direction du traquenard, éprouvaient toute la satisfaction que cause, au théâtre, l'entrée d'un débutant. Mais la mèche était éventée ; les survenants devinrent plus rares, puis on n'en vit plus que de loin à loin qui, à l'attention générale dont ils devenaient l'objet à mesure qu'ils approchaient du point dangereux, entraient en méfiance et se dirigeaient d'un autre côté. Notre faiseur de politesses n'eut donc plus personne à saluer, et put enfin rester tranquille à sa place.

A midi, le cortége, si impatiemment attendu, parut enfin. Les officiers des cent-gardes, placés en une seule file, ouvraient la marche: les cent-gardes suivaient, resplendissants sous leurs casques et leur magnifique costume bleu de ciel. Venaient ensuite de nombreuses voitures de cour; et celle de l'empereur, où étaient la reine d'Angleterre et deux autres dames: sur le devant, l'empereur et le prince Albert. Les équipages de suite et beaucoup de cavaliers, puis des troupes comme toujours, car il n'y a plus de bonne fête en Europe sans sabres ni baïonnettes, fermaient le cortége.

Je passai le reste de la journée à l'exposition. Ce n'est ni en une semaine, ni en un mois, qu'on peut voir cet immense bazar; il faudrait une année pour l'étudier.

La partie la plus étonnante est, sans contredit, celle des machines, et, nonobstant leurs progrès, elles n'ont fait encore que quelques pas dans la carrière qui leur reste comparativement à parcourir. Oui, la chimie, la vapeur et l'électricité aidant, il est impossible d'assigner des limites à la puissance mécanique: après avoir centuplé les forces de l'homme, elle peut mille et mille fois les centupler encore.

Elle fera plus: elle donnera à vivre au plus pauvre, au faible et à l'infirme. Combien de familles, propriétaires d'un jardin, d'un petit coin de terre, cessent d'y trouver leur substance, quand le père ou le chef de la communauté perd sa force ou son intelligence? Alors, il faut louer la terre ou la faire exploiter par un tiers. Ce tiers vit peut-être, mais la famille souffre. Eh bien! on arrivera à avoir des machines simples et à bon marché, machines qu'on pourra prendre à loyer et qui, en quelques jours, mettront en culture ce qui demanderait des mois à des bras épuisés ou maladroits.

Ces machines et leurs machinistes ambulants seraient la Providence de la petite propriété. Selon les besoins de chacun, ils iraient de village en village, de chaumière en chaumière, suppléer à la besogne de ceux qui ne pourraient la faire ou qui trouveraient plus de profit à la faire ainsi. Alors, sans avoir besoin d'une grande pratique et d'études spéciales, on pourrait obtenir, comme le font nos jardiniers, quatre à cinq récoltes par an, car c'est la bonne préparation de la terre qui, presqu'autant que les engrais, amène de beaux produits.

Enfin, au moyen de la mécanique, beaucoup d'états difficiles ou pénibles pourraient être faits par des femmes et des enfants, sans risques, sans fatigues, et avec gain. Je sais que plusieurs de ces machines existent, mais, par leur prix, elles ne sont pas abordables pour le pauvre et ne peuvent servir qu'à enrichir celui qui est riche. C'est la machine usuelle que je réclame, la machine à bon marché, la machine du ménage, qui, sans sortir du logis, pourra aider à la veuve et à l'orphelin.

CHAPITRE V.

—

Départ de Paris. — Route de Bordeaux. — Poitiers. — Angoulême et son préfet. Les types féminins. — Arrivée à Bordeaux.

—

Le 28 août, à huit heures du matin, je prends le train de Bordeaux. Au nombre des voyageurs est le général ** qui habite Tours. Il y voyait souvent ma très-spirituelle cousine, la baronne de Rocreuse. J'étais donc presque en pays de connaissances, et la conversation ne languit pas.

J'admire beaucoup les environs de Poitiers où je regrette de ne pouvoir m'arrêter pour y revoir ses curieuses antiquités, notamment sa pierre levée, longue de trente et un pieds, large de huit, monument celtique, découvert par Rabelais qui l'a rendu célèbre en attribuant son érection à Pantagruel qui l'avait placé debout, comme il l'aurait fait d'une quille. Voilà donc le curé de Meudon archéologue, et digne de figurer dans la Société des Antiquaires de France.

Poitiers me rappelle un vieil ami de ma famille,

M. de B***, qui, de gentilhomme et d'émigré ruiné, était passé bravement, à son retour de Coblentz, surnuméraire des domaines, et était devenu directeur à Poitiers. J'avais fait assez peu d'attention à lui de son vivant, je ne l'ai bien connu qu'après sa mort. Sa correspondance, avec mon aïeule et mon père, annonce un esprit aussi fin que distingué. Il est des faiseurs de lettres de renom qui n'ont pas fait mieux.

Je suis convaincu qu'il existe en épîtres et documents épistolaires plus d'un chef-d'œuvre inconnu, et qu'il y a bien des découvertes à faire, à cet égard, dans les chartriers, les bibliothèques et les greniers des vieux hôtels. J'engage donc les héritiers à ne pas trop se presser de brûler ou de vendre les vieux papiers : c'est souvent le meilleur de la succession qu'ils jettent ainsi à l'épicier, et telle liasse de petits chiffons, bien empreints des souvenirs du passé, leur vaudrait mieux qu'un gros paquet de billets de banque.

Les environs d'Angoulême ne me plaisent pas moins que ceux de Poitiers. Eux aussi, quoique je les voie pour la première fois, me reportent à d'anciennes amitiés. Là, encore, m'apparaît l'ombre d'un homme, et de ceux qu'on n'oublie jamais parce qu'ils ne ressemblent pas aux autres ; des doublures seules on perd la mémoire. A Angoulême, était préfet, il y a une trentaine d'années, feu M. Moreau, frère du général. La Restauration l'avait fait préfet, parce qu'il avait été tribun sous la République : c'était une singulière porte pour arriver à la préfecture. Quoiqu'il en soit, ce n'était pas un de ces préfets qu'on réforme pour défaut de taille ou faiblesse de constitution. Habile administrateur, il était à la fois homme de bon sens et de bon cœur, j'aurais ajouté de bonne tête, s'il ne l'avait pas eu si dure : ce n'était pas sa faute, il était Breton.

Or, en ces temps, la procession prohibée sous la République, et prisonnière sous l'Empire, avait été rendue à la liberté. Elle pouvait, comme au bon vieux temps, circuler par les rues, places et carrefours. Aussi, ne s'en faisait-elle pas faute, et, pour se dédommager de ses vingt-cinq ans de réclusion, il ne se passait pas de mois que, pour un saint ou pour un autre, Angoulême n'eut sa fête: aucune corporation, aucun corps de métier, ne voulait qu'on soupçonnât son patron de bouder dans sa chapelle, ou d'être trop gueux pour ne pouvoir se montrer en public habillé à neuf.

Le préfet, en bon chrétien qu'il était, ne trouvait pas de mal à ces promenades des saints, tout au contraire; bon nombre de campagnards, attirés par le désir de les voir ainsi appropriés et ragaillardis, accouraient à la ville, fort altérés comme toujours. Dès-lors, grande affluence chez les cabaretiers, et profit tout clair pour l'octroi et les contributions indirectes. Les saints, partout nos bienfaiteurs, concouraient donc, à la fois, à l'édification des fidèles, et à la prospérité du trésor et de la caisse municipale. Mais si l'ancien tribun avait grand plaisir à voir passer la procession, il n'aimait pas à la faire. Il y envoyait donc régulièrement son secrétaire-général, ses bureaux et son conseil de préfecture. Mais, quant à lui, il n'y allait jamais, assurant que cette manière de marcher, en faisant dix pas en quinze minutes, lui tirait le cœur et lui donnait des crampes.

Cela dura quelque temps; mais, un jour, l'évêque s'en scandalisa, et prétendit qu'un préfet de la légitimité devait donner l'exemple du dévouement à la religion, souffrir et, au besoin, mourir pour elle.

M. Moreau répondait que la procession n'était pas la religion, et qu'on pouvait être fort religieux sans y aller tous les mois, surtout quand cela prenait sur les nerfs et donnait des impatiences telles, qu'au lieu d'y prier et psalmodier, on y jurait et maugréait.

Monseigneur trouva-t-il ces raisons bonnes? C'est douteux, comme on va le voir.

A cette époque de glorieuse mémoire, une légère modification s'était introduite dans le système préfectorial, système tout napoléonien comme on sait. Le gouvernement, qui s'appelait alors *la Congrégation,* avait pensé que les évêques étant chargés des âmes d'un diocèse, il ne leur en coûterait pas davantage de s'occuper des corps, et de diriger simultanément les affaires spirituelles et les affaires administratives. La plupart des prélats, il faut bien l'avouer, sous prétexte qu'ils avaient assez des âmes, très-dures à manier en France depuis la révolution, avaient refusé l'autre tâche. Mais quelques-uns, plus courageux ou plus téméraires, l'avaient acceptée. Ils étaient donc ce qu'on peut nommer : *évêques-préfets,* et le magistrat titulaire était comme qui dirait leur sous-préfet ou, si vous aimez mieux, leur secrétaire des commandements. Ingénieuse combinaison qu'on n'a, malheureusement, pas su apprécier à sa valeur, et que M. Moreau, comme on l'en soupçonnait, n'appréciait pas du tout. Les plus grands esprits peuvent se tromper.

Cependant le scandale continuait. Achille restait sous sa tente; et il déplaisait fort à Monseigneur, ou selon d'autres à son chapitre, car l'évêque était un homme pieux et modeste, de se montrer processionnellement sans avoir autour de lui les insignes de sa dignité, ou sans tenir son préfet en lesse. Il insiste donc. M. Moreau s'entête de son côté. La querelle s'échauffe. C'était ici celle du pot de terre contre le pot de fer; aussi, au premier choc, le pauvre préfet tomba-t-il brisé en miettes.

Alors, imitant son frère dans sa célèbre retraite, il

ramassa ses membres épars, replia son habit brodé, et bon homme après comme devant, mais toujours têtu, et se frottant les mains de n'avoir pas été à la procession, il se retira dans la bonne ville de Morlaix, en Finistère, où j'eus l'avantage de faire sa connaissance: avantage réel, car c'était un agréable compagnon, tout vieux qu'il était, et un véritable sage.

Il avait quitté Angoulême regretté de tout le monde, même de l'évêque, à qui il faisait de bons contes, et qui, maintenant qu'on ne lui contait plus rien, aurait donné trois chanoines pour ravoir son préfet.

Quant au pauvre disgracié qui, du département, en vrai Cincinnatus, n'emportait que lui-même, il n'en regrettait que les pâtés. Mais les pâtissiers n'avaient pas oublié qu'il les aimait, et qu'il avait grandement, par son exemple et ses leçons, favorisé leurs fours. La reconnaissance est la mémoire du cœur, même chez les pâtissiers. Aussi chaque année un beau pâté lui arrivait-il tout décoré de lauriers et de truffes, hommage respectueux de la corporation pâtissière angoumoise, qui lui conserva jusqu'à sa mort ce pieux et touchant souvenir. Certes, il en vaut bien un autre, et, de même que notre digne préfet, je l'aurais préféré à ces épées d'honneur qui, inutiles au combat, ne peuvent même pas servir à découper à table.

Je ne sais si quelqu'un se souvient encore aujourd'hui du vieux tribun Moreau: ce ne fut pas un Gracque certainement, et il n'aurait pas plus fait que défait une république; mais c'était une bonne et forte tête, voyant de haut et de loin, et qui aurait, pour sa part, conduit à bien la restauration, si elle en avait eu à son service quelques douzaines de cette trempe.

Nous traversons la ville d'Angoulême sans la voir, et pour cause; car au lieu de passer dedans, nous passons dessous au moyen d'un tunnel. L'exemple est bon à suivre dans les pays où les terrains sont chers. On pourrait ainsi parcourir des départements et des États entiers par des voies souterraines. Mode qui ne rendrait pas le voyage plus gai, mais, comme fiche de consolation, qui vous mettrait à l'abri de la pluie et du soleil.

D'ailleurs, on pourrait varier les procédés, et avoir aussi des voies ferrées aériennes ou des ponts suspendus à la manière des acquéducs romains. La circulation par la vapeur n'est encore qu'à son début, l'expérience et la réflexion mèneront à bien d'autres perfectionnements. Qui peut prévoir ce que l'on verra dans un siècle? Alors les communications seront si faciles qu'on se rira de nous, voyageurs d'aujourd'hui, comme nous rions de nos pères, qui mettaient huit jours pour venir de Bordeaux à Paris.

Et l'électricité où ne nous conduira-t-elle pas? Qui affirmerait qu'on ne pourra pas faire parvenir un fil électrique dans la lune et se mettre en communication avec elle? Qui sait même si on n'étendra pas indéfiniment la portée de l'ouie et de la vue, au moyen des tubes acoustiques et des télescopes à lumière électrique, près desquels nos puissants instruments paraîtront à peine des binocles d'opéra.

A une station voisine, nous prenons trois marchands de grains qui viennent de la foire. Ils sont en blouse, mais sous ces blouses on aperçoit du linge blanc et de beaux habits de drap fin. En entrant dans la voiture, ils débattaient entr'eux le prix d'un certain nombre de sacs de blé, que l'un voulait acheter et que l'autre ne semblait pas pressé de vendre. Ils continuèrent à discuter leur marché sans plus faire attention à nous, que s'ils eussent été seuls. Quatre stations plus loin, le débat durait encore, et c'est toujours en marchandant qu'à la station suivante ils nous quittèrent, sans nous avoir regardés ni probablement aperçus. Il n'y a rien de tel que d'être à ses affaires, on ne dérange pas celles des autres.

Ils furent remplacés par un Bordelais, négociant en vins, qui, à peine installé dans le wagon, commença à nous faire des offres de service, en nous proposant des produits de sa récolte. Il réussit : j'avais justement l'intention de profiter de mon séjour à Bordeaux pour acheter une pièce de vin, et je lui fis immédiatement ma commande.

Cela me mit au mieux avec lui ; aussi voulut-il me faire les honneurs de son pays. A chaque cent pas, il m'engageait à mettre la tête à la portière pour admirer le paysage et les beaux vignobles qu'il connaissait tous. Il m'en indiquait le mérite, en véritable dégustateur, par un petit mouvement de lèvres et un regard qu'il rendait doux ou fier, selon que la qualité était plus ou moins coulante et recherchée. Il est bien entendu qu'aucune n'approchait de celle de la pièce qu'il devait m'expédier ; pièce incomparable pour le bouquet, la finesse et l'onctueux, mais dont il ne lui restait plus qu'une seule, qu'il prétendait bien garder pour lui-même. Séduit par la douceur de ses accents, car c'était véritablement l'Orphée des marchands de vins, j'allais céder à la tentation d'avoir cette seconde merveille, lorsque je pensai qu'elle pourrait bien amener la troisième ; cette réflexion me fit en rester-là.

Depuis des siècles, on s'est moqué des Gascons pour leur penchant à exagérer : il faut que ce vice, si c'en est un, soit bien invétéré, puisqu'on ne les a pas guéris. Au surplus, ce serait dommage : j'aime les Bordelais et, dès mon arrivée, je me prends à aimer les Bordelaises. C'est un type de femmes des plus agréables, et qui n'aurait pas son second, s'il n'y avait pas des Bayonnaises.

Si Mahomet avait été bien inspiré, au lieu de peupler son Paradis de vierges diaprées et ne variant que par la couleur de la peau, il serait venu recruter en France son personnel féminin, et il n'aurait pas eu besoin d'en sortir pour achever sa guirlande. Il y a plus d'espèces de femmes dans nos vieilles provinces françaises que dans tout le reste du monde: non-seulement elles varient par département, mais par arrondissement, par canton et par commune. C'est absolument comme les poissons d'eau douce : Lacépède n'en avait découvert que quelques milliers d'espèces, et maintenant M. Valenciennes a prouvé que chacune de ces familles varie de formes et d'habitudes par région, par fleuve, par rivière, par lac, par étang, de façon qu'il y a autant de variétés qu'il y a de trous où se conserve l'eau.

Il en est ainsi du beau sexe chez nous. Qui soutiendra qu'une Picarde ressemble à une Basque, une Gasconne à une Bretonne, une Normande à une Champenoise, une Auvergnate à une Lorraine, une Berrichonne à une Flamande, une Languedocienne à une Vendéenne, etc., etc. Ce ne sont ni les mêmes formes, ni les mêmes gestes, ni le même teint, ni le même organe: il y a entre chacune autant de différence qu'entre un merle et une perruche, et on ne croirait pas qu'elles appartiennent à la même catégorie d'êtres.

Les types variés de visages, que j'apercevais à chaque station, venaient à l'appui de ces réflexions; le hasard me favorisait, et je croyais voir défiler devant moi une galerie de portraits.

Ce voyage se fait avec rapidité. Parti à huit heures du matin de Paris, j'étais à Bordeaux avant la nuit. Je suis descendu à l'hôtel de Paris, donnant sur une magnifique promenade: les allées d'Orléans.

Mon négociant en vins voulait absolument m'emmener chez lui et me présenter à sa femme, avec laquelle je dînerais. Il en faisait, ma foi, presqu'autant d'éloges que de son vin. Un autre se serait laissé entraîner à la curiosité de voir cette merveille; mais j'avais, en raison du terroir, rabattu mentalement quelque chose de la perfection du liquide: je crus qu'il était prudent d'en faire autant de celle de la dame. Ceci rendit ma résistance moins pénible.

Cependant, pour adoucir mon refus, je priai mon homme, puisque je ne pouvais aller prendre son dîner, d'accepter le mien. Il hésita d'abord, car sa femme l'attendait, mais je levai ses scrupules en lui disant qu'il pouvait lui envoyer un message: il céda. Il y gagna un bon repas, car on nous servit très-bien à l'hôtel, et moi un agréable convive, qui m'en apprit plus sur Bordeaux que je n'en aurais probablement su en trois semaines de séjour.

CHAPITRE VI.

—

Bordeaux. — Bayonne.

—

Bordeaux est une de ces villes qui plaisent tout d'abord. Une belle rivière couverte de navires, des quais bien aérés, de beaux ponts, des promenades, de vastes rues et ce mouvement que présente partout un grand port, enfin, l'air d'aisance des habitants, tout invite le voyageur à s'y arrêter.

Je commence par visiter la promenade sur laquelle je suis logé, et qu'on nomme les Quinconces : l'allée d'Orléans en fait partie. Les Quinconces sont une belle plantation faite sur l'emplacement de l'ancien château Trompette, qu'on a démoli depuis peu d'années. Est-il à regretter ? J'en doute. En général, les forteresses font peu de bien là où elles sont : qu'on les assiége et qu'on les défende, qu'on les perde ou qu'on les gagne, les voisins paient les frais de la guerre. Je ne connais d'intéressantes que celles qui tombent en ruines, quand elles sont dans un site riant et entourées de beaux arbres.

Je vais faire une visite à mon excellent ami M. Charles des Moulins, le savant botaniste, président de la Société linnéenne de Bordeaux. Il veut me faire loger chez lui, mais je sais qu'on y est si bien, que je crains d'être tenté d'y rester: il a donc fallu encore ici dire non et même refuser son dîner. En voyage, je n'accepte point d'invitations, car pour moi le temps est quelque chose: c'est la seule dont je sois avare; et c'est en voyage surtout qu'il faut savoir l'employer, quand on est sorti de chez soi non pour manger et dormir, mais pour voir et pour apprendre.

Comme il y a beaucoup à apprendre avec l'habile naturaliste, je me propose de revenir passer la soirée avec lui.

En quittant l'hôtel de Gourgue, habitation de M. des Moulins, qui a épousé la fille du marquis de Gourgue, ancien maire de Bordeaux et pair de France, je me rends à la cathédrale, beau monument gothique; mais nos églises de France se ressentent encore des dévastations des iconoclastes de 1793. Si l'on a tant bien que mal réparé leurs coups de sapes dans les murs, on n'a pu retrouver les tableaux qu'ils ont volés et les statues qu'ils ont brisées. M. Lenoir en avait sauvé un certain nombre, et chacun se souvient du musée des Petits-Augustins et des trésors historiques qu'on y avait réunis, mais d'autres vandales et d'autres voleurs surgirent de la Restauration: l'étranger dépouillait nos musées du Louvre, ils ne voulurent pas être en reste avec lui, ils firent décréter la destruction de celui des Petits-Augustins. On devait, disaient-ils, renvoyer ces objets aux églises et aux monastères auxquels on les avait pris; mais ces églises n'existaient plus ou la destination en avait été changée! Les monastères étaient devenus des fabriques, des casernes, ou étaient tombés sous le marteau de la bande noire. Où donc sont allées les dépouilles du musée des Petits-Augustins ? Chez les marchands de bric-à-brac, où, de loin à loin, on en retrouve quelques fragments deshonorés.

L'hôtel-de-ville, plus favorisé que la cathédrale, a conservé ses tableaux et en a acquis beaucoup d'autres : mais les plus marquants avaient été envoyés à Paris pour l'exposition des beaux-arts, notamment un Tintoret dont Bordeaux est fier, et doit l'être.

Je vois l'église Notre-Dame, remarquable par sa façade; Saint-Michel, à l'architecture en ogive; Sainte-Croix, où sont des peintures assez estimées, etc.

A la bibliothèque qui possède cent vingt mille volumes et trois mille manuscrits, on montre un exemplaire des *Essais* de Montaigne, imprimé à Paris, et portant des notes et des variantes de la main de l'auteur.

Le cabinet d'histoire naturelle et celui des antiques ne peuvent paraître bien riches après ceux de Paris : dans le dernier, je remarque quelques haches de pierre dont la couleur m'indique qu'elles proviennent du diluvium. Malheureusement, cette origine n'est pas constatée.

Une hachette de deux pouces de hauteur sur un et demi de largeur, est en cornaline rouge du plus beau poli. Percée d'un trou, elle devait être portée au cou. Nouvelle preuve que ces haches étaient quelquefois des signes, des amulettes ou des symboles.

Les musées de province n'attachent pas assez d'importance aux produits de la localité. On tient à en faire des magasins de curiosités bien plus que des lieux d'étude. On veut rivaliser avec Paris, avoir aussi sa peau d'éléphant, son lion, son tigre, son crocodile : il en résulte que, dans ces galeries d'une étendue bornée, il ne reste plus de place pour des choses plus utiles.

Ce sont les animaux propres au pays qu'il faudrait y mettre, sans oublier les espèces domestiques : ce seraient là des types comparatifs précieux pour l'avenir. Enfin, la ville de province qui réunirait toutes ses ressources pour former une collection bien complète, bien authentique, des mammifères, oiseaux, poissons, insectes, reptiles, crustacés, nemazoaires, conferves et végétaux, ne fut-ce que de son arrondissement, donnerait un bon exemple au pays, car il y a bien peu de départements, en France, qui connaissent, même à peu près, leur faune et leur flore, et il y a de précieuses découvertes à faire sur ce point.

On n'y connaît pas davantage l'histoire subterranée : presque partout la collection des fossiles est à faire, ainsi que celle des terrains, des minéraux et des ressources métalliques. Qui sait ce qu'on y trouverait? On n'y a jamais regardé.

On s'est plus attaché aux antiquités; et des travaux consciencieux ont été entrepris et exécutés. Mais trop souvent, au lieu de réunir dans le musée public les objets trouvés, en indiquant exactement leur provenance et les circonstances de leur découverte, on les laisse s'éparpiller dans les cabinets des amateurs où, bientôt oubliés ou vendus par les héritiers, ils sont perdus pour la science. Sauf quelques objets qui sont d'un intérêt général et touchent à l'histoire de tous les pays, les antiquités doivent rester dans le musée du département d'où elles proviennent : c'est une partie de ses archives.

Je parlais d'un musée d'animaux domestiques : c'est un établissement qui nous manque à Paris. Depuis longtemps, j'en ai émis l'idée; mais celle-ci, comme toutes les propositions nouvelles, a trouvé immédiatement des contradicteurs. Cependant, quel intérêt ne s'attacherait-il pas à cette suite de spécimens de mammifères et de volatiles, à partir de son type sauvage ou originel jusqu'au plus haut point de perfectionnement de formes, de force, de taille, de grâce, de souplesse, obtenu par des croisements et des soins intelligents. Ici, l'art est devenu créateur. D'animaux dégénérés et, par un étiolement successif, devenus chétifs et malingres, l'homme a fait des espèces vigoureuses, saines, et qui lui rendent mille services.

Chez d'autres, après avoir adouci leur caractère, il a modifié non-seulement leurs formes, mais leur pelage, leur laine, leur duvet, qu'il a rendus soyeux, souples, abondants et propres aux plus riches tissus, quand ils ne pouvaient servir qu'à de grossières couvertes. Nous ne sommes qu'au début de cette voie, car il est bien des races encore qui ne demandent que des soins persévérants pour produire des résultats peut-être plus riches encore.

Ce sont donc ces espèces factices, et à tous leurs degrés de croissance ou de perfectionnement, qu'on verrait d'abord figurer dans le musée que je demande; là, on mettrait les dépouilles des plus beaux types qui, chaque année, obtiennent le prix dans nos concours agricoles, et dont il ne reste rien du moment où ils ont été envoyés à l'abattoir. Comme point de comparaison, on placerait à côté les individus hors ligne qu'on pourrait obtenir à l'étranger. Enfin, c'est là aussi qu'on mettrait les chevaux qui auraient obtenu une grande réputation par leur force, leur beauté, leur légèreté ou leurs succès dans les courses.

Croyez-vous qu'un tel musée ne serait pas utile aux éleveurs qui viendraient y étudier les formes, et n'exciterait pas les efforts des agriculteurs? Tous tiendraient à honneur d'y voir figurer un de leurs élèves.

Dans mon exploration de Bordeaux, je ne pouvais pas

oublier son théâtre. C'est, quant à l'extérieur, l'un des plus beaux de France. Je voulus voir l'intérieur : et quoiqu'une salle vide et éclairée par un jour douteux ne flatte guère l'œil, je n'en fus pas moins satisfait.

Malgré la beauté du local, le goût du théâtre se perd à Bordeaux comme dans nos autres villes de France. On n'y va plus l'été, et l'hiver la foule ne s'y porte que lorsqu'elle s'engoue de quelque chanteur ou chanteuse, qui impose alors au directeur des conditions si dures que, nonobstant la subvention de la ville, il faut qu'il ploie bagage. Le temps n'est pas loin où l'on n'aura plus, en France, de théâtres qu'à Paris.

La chaleur était grande ; ces courses m'avaient fatigué. Je me dirige vers la Gironde, où l'on m'avait dit que je trouverais une école de natation. Là, le danger que j'avais couru en Asie, à l'île des Princes, se renouvela, et là encore par l'imprudence ou plutôt la gasconnade du maître ou du gérant des bains, vieux bavard, auquel j'aurais le droit d'en vouloir. Je lui demandai s'il y avait assez d'eau pour se jeter du bord la tête première. Il me répondit avec une emphase toute gasconne, dont j'aurais dû me méfier, que je pouvais m'élancer de confiance, fût-ce du haut de la cathédrale, parce que grâce à Dieu, ajoutait-il, l'eau ne manquait pas plus à son école que le vin à sa cantine.

Je le crus sur parole : je piquai une tête, et si je n'avais pas eu les mains en avant, je me la brisais contre le plancher du fond, qui n'était pas à cinq pieds.

Il y avait de quoi se mettre en colère, aussi n'y manquai-je pas. Eh bien ! nonobstant le fait, cet animal entêté me soutenait encore qu'il y avait assez d'eau chez lui pour y lancer une frégate.

Après le bain, je monte sur un pont qui traverse la Gironde et qui est assurément un des plus beaux qui soient en France. De ce point, le port de Bordeaux a, sur une moindre échelle, quelque ressemblance avec la Corne d'Or de Constantinople.

Je traverse dans toute sa longueur ce beau pont, que je ne puis me lasser d'admirer. Il est en pierres et en briques. Il a dix-sept arches; sa largeur est de douze mètres et demi, ce qui est un peu étroit pour sa longueur de cinq cent trente mètres. C'est le seul défaut qu'on lui reproche.

La Gironde, couverte de bâtiments, se montre ici ce qu'elle est véritablement: une grande et belle rivière.

Parvenu sur la rive gauche, j'ai en face de moi la ville, ses quais, sa douane, ses églises. Cet ensemble est magnifique.

Mourant de soif, j'entre dans un café: on m'y donne de la bière chaude, une des plus détestables choses que je connaisse. On est fort arriéré, en France, sur l'art de rafraîchir les boissons; on n'y peut même pas toujours obtenir un verre d'eau fraîche. J'avoue que boire chaud, même l'hiver, est un vrai supplice pour moi, et l'eau glacée est un luxe, si c'en est un, dont je me passe avec peine.

Je regagne la rive droite; je vais voir la promenade dite *le Jardin public*, qui me paraît fort négligée. Aussi la société ne s'y compose que d'une douzaine de bonnes soignant une vingtaine d'enfants, toutes assises, faute de bancs, sur des soliveaux oubliés. Je fais comme elles, et je vois qu'on n'a rien exagéré sur le beau sang de Bordeaux: les enfants ont des yeux superbes, et toutes ces servantes sont plus ou moins jolies.

Les arbres de ce jardin n'étaient pas plus soignés que le reste: jaunes et poudreux, ils avaient l'air de demander l'aumône d'un seau d'eau, et pourtant ce terrain est vaste et la situation en est excellente. Si les Anglais l'eussent eu ainsi au centre d'une de leurs villes, ils en auraient fait un admirable parc. Ici, l'on parle d'y creuser un bassin à flot. Si ce projet se réalise, cela vaudra mieux encore.

A l'endroit où sont les bonnes, je remarque un petit chariot portant deux enfants et traîné par deux chèvres. Elles ne paraissent nullement attristées de ce métier insolite, et se conduisent, sous leur harnais, tout aussi sagement que le feraient deux chevaux bien dressés. J'ai revu, à Bayonne, un semblable attelage. Je ne vois pas pourquoi on ne l'emploierait pas partout où il y a des chèvres et des enfants à promener.

A l'hôtel, je trouvai une table d'hôte bien servie où figuraient cinq à six femmes fort élégantes. Le hasard me met près d'une personne que j'avais rencontrée à Paris, au bal de l'Hôtel-de-Ville. De l'autre côté, était un jeune homme portant à la boutonnière une rosette rouge d'officier de la Légion d'honneur, ce qui m'étonna, en raison de sa grande jeunesse. Il faisait beaucoup d'embarras, repoussait le vin d'ordinaire, quoiqu'il fût bon, et demandait à grand bruit du vin à six francs la bouteille ; je le prenais pour quelque diplomate ou pour un prince russe, et je me gardais bien d'adresser la parole à un si grand personnage. Il prit l'initiative, et nous échangeâmes quelques mots. Quand il fut parti, je demandai son nom au garçon? Il me répondit que c'était un voyageur de commerce.

Je retourne le soir chez M. des Moulins; il me présente à sa femme, personne très-instruite, très-spirituelle et très-distinguée, et dont les yeux noirs ont quelque chose de resplendissant. Près d'elle était sa nièce qui, toute blonde, toute timide, toute silencieuse, formait un parfait contraste avec la vivacité toute méridionale de sa tante.

M. des Moulins avait réuni quelques membres de l'Académie de Bordeaux, dont, comme lui, je fais partie. On parla sciences, voyages, bruits de ville, et la soirée me parût courte.

Le jeudi 30, je pars pour Bayonne. On m'avait prévenu que j'allais traverser un pays d'une aridité désolante. C'est ce qu'on appelle *les landes*, beaucoup moins connues par les cartes, les guides et les dictionnaires, que par une parade qui, il y a une trentaine d'années, a fait courir tout Paris.

C'était autrefois un désert comparable au Sahara. Aujourd'hui on commence à y planter des sapins, qui offrent déjà d'assez bons produits en résine.

La route de Bordeaux à Bayonne se fait en quatre heures et demie. Il n'y a pas longtemps encore qu'on y mettait trente-six heures.

Je ne trouve dans le wagon qu'une jeune et gracieuse demoiselle que me recommande le conducteur. C'était la sœur du chef du bureau de la sous-préfecture de Bayonne, Mademoiselle Lucie Veisaz : elle voyageait seule pour la première fois et avait grand'peur, mais elle se rassura quand elle sut mon nom, qu'elle connaissait.

J'arrive de bonne heure à Bayonne et j'ai le temps de visiter la ville. Ce qui me frappe, d'abord, est le costume des hommes, leur figure fine et martiale, et l'élégante légèreté de leur marche. Les femmes n'y sont pas moins remarquables, quoique très-brunes de peau.

On me prévint à l'hôtel que, bien qu'il partît trois voitures par jour pour Burgos, Vittoria et Madrid, j'aurais beaucoup de peine à obtenir une place, parce qu'elles étaient toutes retenues à Saint-Sébastien, où le choléra sévissait d'une manière cruelle, et dont tout le monde se sauvait.

A Bayonne, l'état sanitaire n'était pas beaucoup meilleur.

Il semble que le choléra me poursuive ou plutôt que je poursuis le choléra. Depuis trois ans, je le rencontre partout; mais on s'y accoutume comme à autre chose.

C'est en 1833 que je me suis trouvé en présence du premier cholérique. J'avoue que la rencontre m'en fut peu agréable; mais, depuis, j'en ai tant vu et touché, que je me crois invulnérable sur ce point, et ne m'en préoccupe plus.

Pour m'assurer d'une place, je m'adresse au courrier. Il me dit qu'il en restait encore une. Je me réjouissais de cette bonne fortune, et j'allais payer les cent et quelques francs qu'on réclamait, quand le directeur, après un moment de réflexion, prétend qu'on s'est trompé et que la place est prise.

Je vais à la diligence, pas le plus petit coin. On me renvoie à dix jours. Je cours à la concurrence, rien; mais on me dit qu'une personne, qui avait une place de banquette, était fort malade et que si elle ne partait pas, je la remplacerais. Je m'éloigne comptant à demi sur cette promesse, et je voyais mon voyage indéfiniment ajourné, quand on vint avertir que l'homme malade venait de mourir et que sa femme ne partait plus.

J'avais deux places pour une, mais je fus un peu effrayé quand je vis qu'on n'arrivait à ce poste qu'au moyen d'une échelle, et, quand il n'y en avait pas, à l'aide de la roue, puis du siége du postillon, enfin d'une courroie assez difficile à saisir. Il n'y avait pas à choisir, il fallait accepter la place telle qu'elle était ou rester: je la pris, en payant la somme ordinaire de soixante-treize francs, plus neuf francs cinquante centimes pour cinq kilos d'excédant de bagages. On me dit que je serais à

Madrid en cinquante-cinq heures: on verra comment on tint parole.

On m'avertit que mes pièces vingt francs n'auront pas cours en Espagne, où l'on ne recevait que de l'argent ou de l'or d'Espagne. Il fallut m'en procurer: ce qu'on me fit payer fort cher. C'était un avant-goût de ce qui m'attendait dans cette belle Ibérie. Madame des Moulins m'en avait prévenu: il faut avoir, me disait-elle, véritablement la vocation des voyages pour aller, sans y être obligé, dans un pays où vous trouverez le choléra et l'insurrection. Elle avait oublié les voleurs et la quarantaine: je n'échappai à aucun des quatre fléaux.

Quoiqu'il en soit, fort satisfait d'avoir une place assurée, j'achève mon tour de ville. Ma promenade me conduit d'abord sur la rive de l'Adour, et l'envie me vint immédiatement de m'y baigner: on m'indique le bain ordinaire des Bayonnais, et je m'empresse d'y entrer.

L'établissement était sans luxe: c'était une tente en toile, ouverte à tous les vents et à tous les yeux. Le personnel se composait de deux belles matelottes, dont une m'apporta du linge et un caleçon qui me montait jusqu'au menton et dans lequel je ne savais comment entrer. La baigneuse me donna une leçon de toilette et, avec son aide, je réussis à m'y loger, comme Bernard-l'Hermite dans sa coquille.

La sévérité de ce costume était la conséquence de l'usage local; ce bain qui n'était autre que le fleuve lui-même, avec une palissade pour empêcher les imprudents d'être emportés par le courant, était commun aux deux sexes.

Bientôt arrivèrent une douzaine de jeunes filles qui se costumèrent à peu près comme je l'étais, et se mirent à barboter et à nager à l'aide d'un grand assortiment de calebasses qui étaient suspendues à la balustrade, et dont chaque baigneuse allait choisir une paire plus ou moins grosse, selon sa taille, son poids ou son talent.

Ne pouvant remuer dans cette grenouillère sans donner un coup de pied à une calebasse ou à une demoiselle, je sortis de l'enceinte et gagnai la pleine eau où je pus nager, je ne dirai pas à mon aise : l'étrange caleçon dont j'étais affublé me serrait comme un maillot et mes mouvements gênés ressemblaient à ceux d'une grenouille à ressort.

Quand je rentrai sous ma tente, je pus jouir du spectacle qu'offrait la rive, qu'animait toutes ces jeunes filles folâtres, entrant ou sortant du bain et se poursuivant à terre ou dans l'eau. Un peintre y aurait trouvé un tableau.

Dans le nombre de ces jeunes personnes, il y en avait qui appartenaient aux classes riches, autant que j'en ai pu juger à leur toilette, lorsqu'elles arrivèrent. Mais, riches ou pauvres, elles jouaient toutes ensemble, car ce costume était celui de l'égalité. Toutes étaient bien faites, et je n'en vis pas une laide.

Mon temps était compté; je devais partir dans la nuit, et j'avais autre chose à voir que des naïades.

Bayonne, qui n'a pas plus de seize mille ans, a un mouvement qui me la ferait préférer à beaucoup de villes plus grandes ou plus peuplées. Placée sur deux rivières, la Nive et l'Adour, elle n'est qu'à une lieue de la mer. On l'appelle la ville *vierge*, parce que, bien souvent assiégée, elle n'a jamais été prise. Célèbre par ses jambons, elle l'est aussi par une autre invention que j'estime beaucoup moins : la baïonnette.

Si tous les hommes que cette pointe de fer a tués depuis soixante ans sortaient de leur tombeau, on pourrait en peupler un nouveau monde. On répondra qu'un peu plus tôt, un peu plus tard, on meurt toujours de quelque chose, et qu'il vaut autant mourir d'un coup de pointe que d'un coup de sang. C'est juste. Quoiqu'il en soit, je n'aime pas la baïonnette. C'est une arme peu généreuse, car son tranchant triangulaire fait rarement grâce.

Puisque j'en suis sur ce sujet, si la guerre est absolument nécessaire, ne pourrait-on pas déterminer les armes licites et n'user que de celles qui blessent sans tuer? Le résultat serait le même. Quand, dans un duel, l'adversaire est hors de combat, il nous importe peu qu'il en meure.

Ceci à l'air d'une raillerie, et pourtant il faudra bien un jour en venir là. Il est certain qu'à l'aide de la vapeur et de l'électricité, on pourra arriver à fabriquer des machines tellément destructives, que deux peuples pourront en fort peu de temps s'anéantir. Alors autant se tuer au moyen de la peste et du choléra.

On m'avait prévenu de ne pas m'arrêter à l'extérieur de la cathédrale. En effet, elle s'annonce modestement; mais une fois dans l'édifice, on est surpris de sa majesté: c'est du gothique du meilleur temps, et son clocher avec ses ogives à trèfles, et dans ce style qu'on appelle *fleuri*, est une des plus charmantes choses que l'on puisse voir. Mais dans quel état, grand Dieu! J'en rougissais à la fois pour Bayonne et pour la France. Que doivent penser les étrangers qui font leur entrée chez nous par cette frontière, en voyant l'abandon dans lequel nous laissons nos monuments?

A la porte du clocher étaient trois vieilles femmes filant; leur aspect était étrange; je ne pouvais en détourner les yeux: on les aurait prises pour les Parques. Leur âge, leur figure, leur costume délabré, le désordre de leur chevelure grisonnante, s'accordaient si bien avec le monument, qu'on pouvait croire qu'elles en faisaient partie.

Des petits vitraux blancs, que le temps et les gamins avaient épargnés, faisaient, dans les ogives noircies, un effet des plus pittoresques. Qu'on ait bien soin de les conserver quand on réparera l'édifice, si jamais on le répare.

J'ai retrouvé dans Saint-Étienne, c'est le nom de cette cathédrale, un genre de vandalisme, non destructeur, il est vrai, mais qu'on peut nommer *additionnel,* et qui, depuis une dixaine d'années, tend à défigurer nos plus beaux monuments : c'est ce qu'on appelle le Chemin de la Croix. Le Chemin de la Croix est la représentation des diverses scènes de la Passion, et certes jamais plus beau sujet ne s'est offert à la peinture et à la sculpture. Alors ne devrait-on pas crier anathème contre ceux qui en ont fait une suite de caricatures. Figurez-vous une douzaine de misérables croûtes d'environ un mètre carré, de pastiches faits à la brosse, soi-disant tableaux, qu'on n'oserait pas mettre dans le dernier des cabinets d'amateurs, accrochés à une hauteur de quatre à cinq mètres aux colonnes ou aux pilastres du temple, qu'ils coupent de la manière la plus disgracieuse et la moins artistique, et qui font ainsi le tour de l'édifice. Qu'on mette dans nos églises des Chemins de la Croix, je le veux, mais qu'ils soient dignes du lieu; qu'on en confie l'exécution à nos bons peintres, à nos habiles sculpteurs, qui sauront bien en harmonier le style et les figures avec l'ensemble de l'édifice.

Parmi les curiosités de Bayonne, on cite sa citadelle: j'ai dit que c'est un genre de monuments que j'aime peu. D'ailleurs, il faut, pour y entrer, une permission de l'autorité, et je n'ai jamais affaire à l'autorité pour mon plaisir.

Je vois, en passant, l'arsenal et une église dont j'ai oublié le nom ; puis la place d'Armes où est le théâtre. Je rencontre, de moment en moment, des chariots attelés de bœufs. On croirait, en voyant leur tête couverte d'une peau de mouton, qu'ils sont poudrés à blanc et coiffés à l'oiseau royal. Le costume pittoresque de leurs conducteurs, et la longue canne, fidèle compagne des Basques, n'attirent pas moins mon attention. Ce pays a conservé sa couleur.

Je traverse une passerelle sur l'Adour. Je n'ai jamais vu de pont si élastique, on y est comme sur une escarpolette. Des femmes s'y promènent, probablement pour s'y faire bercer. Elles ont une grâce de gestes et de mouvements qui semble ici commune aux deux sexes, et que je remarque encore dans un café où l'on est servi par une douzaine d'enfants de dix à quatorze ans : je n'ai jamais vu de serviteurs plus lestes et plus adroits.

Les Bayonnais sont, comme les Bordelais, enthousiastes de leur pays, et ils ont raison. De l'endroit où je suis, j'aperçois les Pyrénées, la citadelle, l'arsenal et l'Adour présentant un vaste bassin où sont de nombreux navires. Cette vue est magnifique.

Les allées Marines sont une agréable promenade ; la rue d'Uzez, la place Grammont, etc., forment le beau quartier de la ville.

Je dîne à table d'hôte. Il y avait bonne compagnie, mais pas une figure souriante : le choléra préoccupe tous les esprits. Ajoutez-y les troubles qui règnent en Espagne, les bandits qui couvrent les routes et dont on exagère le nombre et les exploits ; rien de tout cela n'était propre à égayer les voyageurs.

Les garçons de service savaient profiter de cette préoccupation ; ils enlevaient lestement les plats avant même qu'on y eût touché, de sorte que c'était moins un dîner à manger qu'on nous avait servi qu'un dîner à considérer. Mon attention s'était d'abord portée sur un plat de petites langoustes de là mine la plus appétissante : je vis un domestique le prendre ; je croyais que c'était pour le servir, mais il ne reparut plus. Il en fut de même des rôtis, et personne n'avait dîné quand on fit courir les plats de dessert : c'était un véritable escamotage et la répétition du repas de Sancho ; mais nous approchions de l'Espagne.

Comme il fallait être levé à trois heures du matin, j'allai me coucher en sortant de table, bien certain que mon dîner ne me pèserait pas sur l'estomac.

CHAPITRE VII.

Départ de Bayonne. — La Bidassoa. — Irun. — Saint-Sébastien.

Le 31 août, à l'heure dite, j'étais à la voiture, et j'examinais la terrible machine où j'allais éprouver tant et de si longues tortures. Elle se nommait *diligence,* et le père du mensonge, Satan lui-même, en avait été le parrain. Si l'on voyage en enfer, c'est assurément dans de semblables véhicules.

Celui-ci se composait d'une rotonde, de deux coupés, plus de la banquette, sorte de cabriolet couvert, formant les combles ou le grenier de l'édifice, et destiné à loger le conducteur et trois voyageurs en les tassant bien.

Si notre voiture devait se briser, ce n'était certainement pas la faute du constructeur. Un navire, allant au pôle nord, n'a jamais été mieux établi. On n'y avait épargné ni le bois ni le fer, et, en examinant sa vigoureuse charpente, on l'aurait pu croire à l'épreuve de la bombe. Malheureusement, elle ne l'était pas à celle des cahots. Mais je ne savais pas encore ce qu'étaient ceux d'Espagne. A présent, je le sais.

Tandis qu'on charge, j'examine mes compagnons de route ou, si vous voulez, d'infortune, car le bas, non plus que le haut, ne paraissait avoir été disposé pour la commodité des voyageurs. On aurait pu croire le contraire, et le calcul du constructeur semblait avoir eu pour but de faire entrer dans le plus petit espace possible, une quantité donnée de chair humaine, sans s'inquiéter si elle en sortirait morte ou vivante.

Dans le premier coupé est une grande et belle Espagnole, au visage long, à chevelure noire, ayant le vrai caractère des figures de Ribera. Son mari, plus jeune qu'elle, est beaucoup moins distingué; on le prendrait pour son valet. Elle parle français, lui n'en sait pas un mot.

Dans ce même coupé est une grosse femme de quarante ans, à l'air de reine: c'est au moins une grandesse d'Espagne et de première classe. Je n'ai jamais vu de femme à mine aussi rogue et hautaine.

Dans l'autre coupé sont trois femmes habillées de noir, Espagnoles toutes trois, et se cachant sous leur voile.

La rotonde contient deux hommes à mine insignifiante; une dame âgée et sa suivante; plus une jeune fille de quatorze ans, dont la place est sur la banquette, mais qui occupe momentanément, dans la voiture, celle d'un voyageur qui doit nous joindre en route.

Dans le cabriolet, ou banquette, est le conducteur, Espagnol pur-sang, qui, leste, adroit, chantant, criant, parlant ou frappant sur l'attelage, lorsque le postillon oublie de le faire, est tout à ses chevaux et au matériel de sa lourde machine, mais qui ne s'occupe pas le moins du monde des voyageurs.

A côté de lui est un négociant espagnol, établi à Bayonne et allant à Irun.

On voit qu'ici j'étais le seul Français, et le seul aussi avec le négociant, qui ne fuyait pas le choléra.

La petite Espagnole était renvoyée à sa famille, à Madrid, parce que le fléau avait fait irruption dans le pensionnat où elle était à Bayonne.

Les autres dames venaient des bains de mer de Biarritz, près Bayonne, d'où la peur les chassait aussi.

A la difficulté que j'éprouvai pour arriver à ma place, je compris toutes celles que j'aurais à en descendre, surtout quand me manquerait *l'escaleria:* c'était ainsi que notre conducteur, qui ne sait pas le français, nommait l'échelle. Malheureux mot, je ne l'oublierai jamais! Combien de fois je fus obligé de le répéter, et bien souvent sans succès.

Nous voici à Behobie, méchant village qui termine ici la France, et me rappelle le séjour qu'y fit mon frère, et qu'il a raconté dans une brochure intitulée: *Souvenir des pays basques*. Là, nous traversons la Bidassoa sur un pont qui n'a rien de monumental, et nous sommes en Espagne.

Des douaniers en tuniques et assez propres, nous demandent nos passeports; ils font semblant de les regarder et nous laissent passer.

Le pays où nous sommes fait partie des provinces basques. On sait que ce peuple, comme celui de Pologne, a été partagé, et qu'il y a des Basques français et des Basques espagnols. Les uns comme les autres sont fort attachés à leur idiome, qu'on dit riche et mélodieux; véritable langue mère, dont l'origine se perd dans la nuit des temps.

Nous ne tardons pas à arriver à Irun, où nous quitte le négociant. Il est immédiatement remplacé par la petite Espagnole qu'on appelle Manuela. Recommandée à la dame de quarante ans, qui ne pouvait la prendre dans le coupé, celle-ci me repasse la recommandation et me nomme d'office subrogé-tuteur ou chaperon d'une pensionnaire. Manuela, plus noire qu'une taupe et rien moins que belle, était vive comme un lutin et avait de l'esprit comme un diable. Parlant français, elle me servit d'interprète et m'a plus d'une fois tiré d'embarras durant cette long route, où je ne rencontrai que gens mal complaisants et qui ne se donnaient pas même la peine de m'écouter; enfin, ce fut plutôt elle qui fut mon chaperon que moi le sien.

Partout le choléra est le sujet de la conversation: on ne pense plus à autre chose. A chaque station, des groupes s'informent au conducteur s'il y a encore des personnes vivantes dans les pays qu'il vient de traverser.

J'avais cru que l'italien m'aiderait à me faire entendre des Espagnols et à les comprendre moi-même, mais je me trompais. Dans toutes les conversations, je ne saisissais que des bribes de phrases; seulement le mot *choléra* frappait à tout instant mon oreille. Je comptai combien de fois on l'avait prononcé durant quarante minutes, soit dans la voiture, soit sur la route: le chiffre total s'élevait à cent trente-sept fois.

Le conducteur nous montre un logis où six personnes sur neuf avaient succombé: le typhus devait être là pour quelque chose. Quant à celui-là, il faut se méfier des maisons où il a été et se hâter de faire passer les murs à l'eau de chaux.

On visite nos bagages à Irun, mais fort légèrement et sans nous rien demander. Le rechargement de la voiture exigeant toujours quelque temps, j'en profite pour jeter un coup-d'œil sur la ville. Ce n'est pas un Paradis terrestre, tant s'en faut; cependant l'église est assez belle. Une demi-douzaine de cercueils, en compagnie desquels j'y fais mon entrée, ne l'égaie pas.

Les campagnes environnantes ont un aspect assez pittoresque, et le voisinage de la France fait qu'on n'y a pas encore entièrement renoncé à la culture.

Non loin de là est Fontarabie, qui vaut mieux qu'Irun, mais que nous n'avons ni le loisir ni le désir d'aller voir. On dit que le choléra y fait encore plus de ravages qu'à Irun. Il est vrai que c'est la manière dont on se console ici ; chacun prétend que son voisin est plus malade que lui : cela soulage toujours un peu.

Saint-Sébastien, vers lequel nous nous dirigeons, est une ville de bains et de mode, comme Brighton, Dieppe, Boulogne, etc. ; c'est là où les fashionables des deux sexes se rendent, l'été, pour les bains. Ils y étaient venus comme de coutume, mais ils s'en étaient allés plus vite encore, car depuis une semaine, à tort ou à raison, Saint-Sébastien passait pour être le quartier-général du fléau, le conservatoire du vrai et bon choléra, de celui qui tue un homme avant même qu'il ait pu atteindre le cordon de sa sonnette, et là-dessus on racontait des histoires à faire frissonner un mort.

C'était pourtant là où nous allions déjeûner ; agréables récits pour mettre les voyageurs en appétit. Aussi beaucoup, après avoir déclaré qu'ils ne descendraient pas de la voiture, en fermèrent les portières et les glaces, moyen certain d'intercepter le mauvais air et même le bon ; mais il vaut mieux mourir de l'asphyxie que du mal indien : c'est plus national.

En approchant de cette cité redoutable, nous nous trouvons en face d'une montagne qui domine la ville et le port, et d'un effet tout-à-fait nouveau pour moi ; déjà nous apercevons ses fortifications et ses bains, que l'on reconnaît aux tentes, hélas désertes ! qui couvrent la plage. Je m'explique ici l'engouement de la mode. Saint-Sébastien, placé sur un isthme au pied des montagnes, est dans une délicieuse position.

Nonobstant les recommandations de mes compagnons et spécialement de ma petite pupille qui ne voulait pas me laisser aller, je descends et me voilà courant la ville tandis que le déjeûner se prépare, opération qui vous laisse toujours du temps de reste dans les posada espagnoles; car ce n'est qu'au moment où la voiture se fait entendre que le cuisinier ou son aide prend la course pour attraper la poule qu'on écartelera morte ou vivante, pour en faire la fricassée qui va figurer sur la table.

Saint-Sébastien, l'une des villes principales du Guipuzcoa, brûlée en 1813 par les Anglais, a été refaite à neuf et n'y a rien perdu; ce n'est plus une cité espagnole, mais une ville propre et bien aérée. Je ne comprends rien au caprice du choléra d'aller se loger-là.

L'Urumea, jolie rivière dont on vante les truites et les saumons, l'arrose et la rafraîchit.

C'est non loin de Saint-Sébastien que naquit saint Ignace de Loyola, le père des jésuites et l'organisateur de la plus formidable armée qui ait jamais entrepris la conquête du monde. La phalange macédonienne, les légions de César, les soldats d'Annibal, d'Attila, de Tamerlan, les invincibles compagnons de Cortès, les prétoriens, les strélitz, les janissaires, les terribles bataillons de Napoléon, n'étaient rien comparativement à cette redoutable milice. Depuis longtemps, si on ne l'avait pas arrêtée dans sa marche triomphale, cette terre serait à elle et tous les trônes sous ses pieds. Elle s'est levée de nouveau; ses mouvements stratégiques se font partout sentir. Déjà ses avant-postes cernent l'Europe et l'étendard de Loyola va, à son tour, voler de clocher en clocher. Est-ce un bien, est-ce un mal pour l'espèce humaine? Est-ce un pas en arrière ou un pas en avant que nous faisons; un élan vers le ciel ou vers l'enfer? bréf, Loyola canonisé par tel pape, damné par tel autre, est-il un saint ou un réprouvé? Que les plus savants en décident; quant à moi, j'avoue naïvement que je n'en sais rien.

J'entre dans une fort belle église. Je me demande si les hommes sont morts; il n'y a que des femmes, et toutes en grand deuil. Un prêtre prie, elles lui répondent ensemble d'un ton si lugubre que j'en suis bouleversé; on se croirait à la veille du jugement dernier.

Je traverse la place. Je vois le théâtre et la douane qu'on m'avait cités, ainsi que la maison des bains, comme méritant l'attention. La citadelle, perchée sur la montagne, couronne ce panorama.

Quand je rentre à l'hôtel, je trouve le déjeûner servi; la faim avait chassé de la voiture quelques-uns de ceux que la peur y retenait. C'était le premier repas espagnol auquel j'assistais. Les domestiques ne découpent ni ne servent. Chaque convive tire à soi un plat, en arrache un morceau et puis le repousse sur la table sans l'offrir au voisin, qui peut en faire autant, s'il lui plaît et s'il en reste.

Cependant, je vois la belle Espagnole découper assez convenablement une volaille. J'en attends patiemment ma part, en me réjouissant de voir une si jolie femme comprendre quelque chose à la politesse et au droit commun. Mais, je l'avais jugée trop favorablement, c'est pour elle qu'elle travaille. Elle enlève les deux ailes et les deux blancs, met le tout dans son assiette, envoie un petit bout d'aile à son mari, et mange le reste.

Les autres plats étaient traités à peu près de la même

manière, et je vis que dans ce pillage, si à mon tour je n'allongeais pas le bras, on ne me laisserait absolument rien. Déjà ce qui restait n'était guère appétissant: c'était la partie brûlée et dédaignée de chaque mets. Je voulus en essayer: c'était immangeable, et je mourais de faim.

Je jetais sur la table dévastée un regard de découragement, quand arriva le conducteur, qui, voyant ce désastre, se fit apporter un morceau de je ne sais quelle bête qui, certes, ne brillait pas par sa mine; mais la faim n'est pas difficile. Le conducteur me le prouva. Il attaqua bravement le plat. Je ne voulus pas être moins brave que lui.

Puis, vint le dessert; on ne le servit pas, on le jeta sur la table, mais il n'y arriva que les assiettes; les convives, plus lestes encore que les garçons, l'avaient saisi au vol.

Quant au vin, c'était ce qu'il y avait de moins mauvais. Pour ce déjeûner, on nous demanda trois francs par tête; mais, en ma qualité d'étranger, on me retint cinquante centimes sur le change de mon écu de cinq francs, plus vingt-cinq centimes pour la camérière: en tout, trois francs soixante-quinze centimes.

Jusqu'à Saint-Sébastien, les routes se ressentent de notre contact: par pudeur, on les entretient encore un peu. Cela ne devait pas durer, et les dix mules que je vois atteler, m'annoncent que notre lune de miel est terminée.

C'est ici que je commence à prendre des leçons sur la manière de lancer les mules. J'étais aux premières loges pour cet apprentissage qui, d'abord, me parut curieux, mais qui, à la longue, me devint insupportable. La conduite de l'attelage n'est pas, comme en France, confiée à un conducteur unique, cela serait difficile à cause de la longueur de la file que j'ai vue quelquefois composée de seize bêtes, mules et bœufs, attelées deux à deux. Le conducteur, qu'on nomme mayoral, et qui se tient sur la banquette, est à proprement parler le capitaine. C'est lui qui donne le signal du départ, et au besoin prend le fouet et monte sur le large siége où déjà est assis son lieutenant, le postillon en chef.

Celui-ci est armé d'un fouet gigantesque pour les bêtes éloignées, et d'un fouet plus court pour celles qui sont près. A côté de lui est, non pas toujours, mais assez souvent, une sorte d'aide-de-camp, chargé de descendre pour rajuster les harnais qui se dérangent à tout instant.

Sur l'une des deux mules placées en tête de l'attelage est monté un autre postillon qui les dirige, de manière à éviter les ornières ou les quartiers de roche qui pourraient faire chavirer la voiture.

Le moment le plus intéressant, et qui ne peut manquer d'étonner celui qui n'en a pas l'habitude, est le départ. Ce départ semble être pour les Espagnols un plaisir sur lequel ils ne se blasent pas, puisque partout il attire de nombreux spectateurs qui n'attendent qu'un signe du mayoral pour devenir eux-mêmes acteurs.

Quand le coup de fouet du postillon, annonçant ainsi que tout est prêt, a retenti, les mules, qui savent ce qui va suivre, commencent à lever la tête, puis se mettent à sauter, ruer, se cabrer, sans avancer d'un pas : c'est ce mouvement en avant qu'il s'agit de leur faire faire. Or, faire marcher dix mules, décidées à rester en place, ne serait nulle part chose facile. Qu'est-ce donc en Espagne où elles sont hautes comme des chameaux, fortes comme des bœufs, méchantes comme des démons. Une application de coups de fouet, qu'on ne peut comparer qu'à une avalanche, tombe sur le corps des furieuses bêtes qui n'en sautent que de plus belle, et sans avancer davantage. Le postillon de la tête talonne les siennes pour les décider à faire un pas en avant, elles en font deux en arrière. Les coups redoublent, accompagnés des jurements du mayoral et des postillons.

C'est alors que la foule des spectateurs commence à entrer en scène, en criant *ra! -ra! -ra! -ra!* cri consacré. Aussitôt les voyageurs de l'intérieur et de l'extérieur, coupé, cabriolet, rotonde, hommes, femmes, enfants, pris du même accès, répètent de tous leurs poumons *ra!-ra!-ra!-ra!* et le vacarme devient terrible.

Quand les coups et les cris ont été inutiles et que la victoire reste aux mules, il y a suspension d'hostilités. Tout le monde en a besoin, car mayoral, postillon, voyageurs et public sont en nage, les mules seules n'en semblent que plus fraîches et plus fringantes; folâtrant entr'elles, en clignant les oreilles, elles ont l'air de croire que tout ceci n'a eu lieu que pour leur donner de l'air et les débarrasser des mouches.

Alors le mayoral; avant de recommencer la guerre, en vient aux conseils et aux exhortations: il nomme chaque bête par son nom ou son grade, car chacune a le sien, la coronella, la capitana, etc., ou bien la Catarina, la Juana, l'Isabella, selon sa couleur ou sa patronne. Alternativement, il prie ou menace; la foule répète menaces et prières, qu'elle entremêle de *ra!-ra! ra!-ra!* toujours *crescendo*. Mais ces damnées bêtes se moquent des suppliants comme des criards: elles leur tournent le derrière en leur envoyant des pétarades; elles hennissent, elles se dressent et, pour s'exciter encore, se mordent à belles dents.

Reste un dernier moyen, celui qu'estiment surtout les amateurs : c'est le bouquet du spectacle, le remède héroïque. Quand il est bien reconnu que les bêtes ne cèderont pas aux procédés ordinaires, le mayoral fait, aux spectateurs, un appel de tête qu'ils attendaient avec impatience. A ce signal, tous ensemble brandissant le fouet ou le bâton dont chacun s'est muni et redoublant leurs cris, se ruent sur les mules, et au risque d'être renversés d'un coup de pied ou défigurés d'un coup de dent, ils frappent dessus à tour de bras.

A une invitation aussi formelle, les récalcitrantes commencent à croire que la chose est sérieuse : toutes d'un commun accord cessent leurs ruades, retombent sur leurs quatre jambes et partent au triple galop. Il faut voir alors la joie de tout ce monde, surtout des voyageurs qui ne pensent pas même à la culbute où cela peut les conduire, accident si commun en ce pays qu'on n'en parle guère.

Les mules lancées, vous n'êtes pas quitte de la compagnie des crieurs et des fouetteurs. Ne voulant pas perdre la fin d'un spectacle si intéressant, les plus ingambes suivent l'équipage de toute la puissance de leurs jarrets, criant toujours *ra! - ra! - ra! - ra!* et frappant plus fort que jamais. Si leur fouet ou leur bâton vient à se briser ou leur échappe, ils prennent leur casquette, leur chapeau, leur veste, enfin tout ce qu'ils ont sous la main, et ils ne s'arrêtent que lorsqu'ils tombent sur la route à demi-pâmés.

Telles sont les circonstances qui accompagnent le départ et se renouvellent à chacun des relais qui, heureusement, ne sont pas très-rapprochés. Mais, d'un relai à un autre, vous avez assez souvent des scènes incidentes ; elles ne manquent jamais à la sortie des villages qui précèdent les montées un peu rudes. Là, vous trouvez d'ordinaire tous les enfants de l'endroit, et parfois même leurs parents, rangés à droite et à gauche de la route, ayant chacun une gaule à la main. Un des chefs de file s'adresse respectueusement au mayoral pour lui demander la permission de frapper : s'il ne répond pas, la troupe se tient à distance des mules, en continuant à les suivre, les yeux fixés sur lui ou le postillon.

Si, l'attelage se ralentissant, le signal désiré est donné, alors poussant un cri de jubilation, ils soulèvent leurs gaules qui, toutes ensemble, retombent sur les mules, et ils continuent à frapper tant qu'ils n'en puissent plus ou que le conducteur dise : assez.

Or, agissent-ils ainsi pour un salaire? Non, c'est uniquement pour leur plaisir. Ils ne vous demanderont rien ; ils vous paieraient même, si vous l'exigiez.

On a beaucoup parlé des esprits frappeurs : on en parle même encore. Qu'il en existe dans les tables, les chaises et autres meubles, je ne saurais l'affirmer, car je n'en ai jamais vu ni entendu ; mais qu'il y en ait dans la charpente osseuse de l'Espagnol, c'est ce que je ne mets pas en doute.

CHAPITRE VIII.

Route de Madrid. — Erna. — Tolosa. — Vergara. — Moudragon. — Une rencontre. Une victoire. — Vittoria. — Miranda.

Autant que j'en ai pu juger à travers les nuages de poussière que soulevait notre attelage de mules, les environs de Saint-Sébastien sont fort pittoresques, et accompagnent bien cette jolie ville. Le mont qu'on aperçoit est l'Arobbi, dont la hauteur est d'environ mille mètres. C'est un point de reconnaissance pour les marins: il est visible en mer à une grande distance.

Il n'y avait plus sur la banquette que le conducteur, Manuela et moi. Nous y étions à l'aise, et, nonobstant le choléra et les voleurs, que l'arsenal du mayoral m'avait rappelés, je m'attendais à une traversée passable. Mes prétentions allaient même jusqu'à dormir, lorsqu'un gros homme, qu'on hisse à grands efforts de bras et d'épaules, tombe comme un éboulement entre la pensionnaire et moi, et par sa toute puissante pression me rejetant dans le coin de droite, repousse Manuela vers la gauche. La petite poussa un cri d'effroi. Quant au conducteur, séparé de nous par une espèce de bras de fauteuil, et sûr ainsi de l'intégralité de son territoire, il se souciait assez peu de ce qui se passait sur le nôtre. Cependant trois personnes y étaient en grande peine, presqu'en danger de mort par asphyxie, y compris notre nouveau compagnon, l'auteur innocent de notre supplice.

C'était une sorte de saint Christophe, aussi grand qu'il était gros. La capote du cabriolet se trouvant trop basse pour la hauteur de son buste, il était forcé de tenir la tête courbée sur la barre de fer du tablier qui, à chaque saut de la voiture, venait lui casser le nez. Aussi fallait-il entendre les soupirs qu'il poussait.

Il n'est ni saint ni héros qui eut tenu à semblable épreuve. Au premier relai, il déclara que ce n'était pas la place d'un chrétien, et il descendit beaucoup plus vite qu'il n'était monté. Je suis convaincu que ce digne homme ne retournera de sa vie sur la banquette d'une diligence espagnole. Hélas! ce serment je ne le faisais pas encore, mais bientôt le moment vint où je compris qu'il était à faire.

Débarrassée de son terrible voisin, Manuela trépignant de joie criait: *viva,* et moi, non moins satisfait, j'aurais très-mal accueilli celui qui m'eût dit que je regretterais ce Goliath. C'est pourtant ce qui arriva.

Nous nous croyions donc maîtres du terrain, quand se présente une jeune femme avec une petite fille de quatre à cinq ans. La banquette était à quatre places, et nous allions y être cinq. Néanmoins, à la rigueur et en donnant quelque chose à la circonstance, tout pouvait s'arranger. La dame est donc admise: elle était jeune, mais paraissait souffrante ou plutôt effrayée. Une personne, comme nous le sûmes bientôt, venait de mourir du choléra dans la maison où elle logeait : c'était la troisième depuis huit jours. Elle se sauvait sans même s'être donné le temps de faire ses malles, ainsi que le prouvaient ses robes, ses jupes, ses bonnets, qu'on jetait pêle-mêle sur la bache. On aurait cru voir le *sauve qui peut* d'un incendie.

Il restait à charger un paquet qu'elle avait gardé pour le dernier ; on le lui apporta sur la banquette. Elle l'étendit doucement sur ses genoux et un peu sur les miens ; je pensais qu'on allait le mettre dans le coffre ou sur l'impériale. Mais, quelle ne fut pas ma stupeur, en voyant que c'était un second enfant, âgé d'un à deux ans. Le conducteur, qui, comme moi, n'avait d'abord vu qu'une addition de bagage, entra dans une furieuse colère, et il signifia à la femme de descendre immédiatement. A cette injonction, je crus que cette pauvre créature allait mourir. Je n'entendais pas ce qu'elle disait, elle ne parlait qu'espagnol, mais elle joignait ses mains d'un air si suppliant, et avec une si cruelle anxiété, qu'ému de pitié, je me réunis à elle pour prier le mayoral de la garder. Je savais pourtant bien à quoi je m'engageais ; ce n'était pas à quelques heures de gêne, elle allait à Madrid : c'était pendant deux jours et deux nuits que j'aurais à souffrir. Mais comment résister aux accents d'une mère. Elle promit de garder ses deux enfants sur ses genoux. Moyennant cette transaction, qui satisfaisait plus ou moins au règlement, le conducteur se laissa fléchir.

Remplaçant le gros homme, elle se trouvait ainsi entre la pensionnaire et moi. Elle était assez grasse et Manuela fort rondelette. Sans être gros, j'ai la carrure de ma taille. Le mayoral avait, comme je l'ai dit, une place double ; celle qui me restait, réduite à sa plus simple expression, était si exigue que tout mouvement, sauf celui de l'avant-bras, m'était impossible.

Agée d'environ ving-cinq ans, ma voisine semblait appartenir à une classe aisée. Elle avait aux oreilles de belles boucles en vrais diamants, comme l'avait remarqué Manuela avant même qu'elle ne fût assise. Cette parure était plus qu'inutile sur une route d'Espagne, mais, dans son empressement à fuir, elle avait oublié de l'ôter.

Nous arrivons à Ernani que baigne une jolie rivière, l'Urumea, et que domine une montagne. C'est à Ernani, ou dans ses environs, qu'est né Jean d'Urbieta, qui fit, dit-on, prisonnier François Ier à la bataille de Pavie.

On avait envie de nous y retenir aussi; un officieux vint nous prévenir qu'on avait signalé une bande suspecte, et l'on nous conseillait de coucher là. Le mayoral pensa que c'était une spéculation d'aubergiste embarrassé de ses provisions, et nous passâmes outre.

Deux autres relais nous conduisent à Tolosa, ville de cinq mille âmes, capitale du Quipuzcoa, citée pour l'excellence de ses baïonnettes. On y fait aussi des poêles à frire, des chaudrons, des grils, des tourne-broches. Le remède est à côté du mal, ou ce qui aide à vivre près de ce qui sert à tuer. C'est, autant que je puis le voir, une ville propre, pour une ville espagnole.

Hélas! je ne pouvais en dire autant de la voiture ni même de ma personne. Ma voisine, d'après les conditions faites par le conducteur, avait d'abord tenu sur elle ses deux enfants. La petite fille, qu'on appelait Carolina, y dormait paisiblement. Quant au garçon, débarrassé de l'enveloppe qui avait servi à masquer son introduction, et nu comme le sont, dans cette saison, tous les nourrissons espagnols, manquant de place sur sa mère, il avait commencé à étendre ses jambes sur mes genoux. Les cuisses suivirent et successivement les reins;

ce dont je fus averti par une humidité tiède qui, pénétrant l'étoffe de mes chausses, vint humecter ma peau. C'était un fait accompli, et, toute réflexion faite, présumant que ce ne serait pas le dernier, je me dis qu'il était sage d'en prendre tout d'abord mon parti sans trop m'effrayer des circonstances accessoires, dont je ne pouvais pas dissimuler la probabilité.

Mais il se présenta un incident auquel je ne m'attendais pas. Le nourrisson eut des maux de cœur; sa sœur, qui s'était réveillée, ne tarda pas à l'imiter, et tous les deux se mirent à pleurer. La pauvre mère ne savait auquel entendre. Le petit se calma le premier, mais il s'entêtait à venir s'établir tout-à-fait sur moi, et, tel qu'un vermisseau qui veut changer de feuille, il continuait rondement son mouvement oscillatoire, gagnant toujours du terrain. Que faire contre une résolution si bien arrêtée? Lutter? Il serait revenu à la charge et, tôt ou tard, il aurait vaincu. Il valait mieux céder de bonne grâce: c'est ce que je fis en l'installant sur mes genoux. Le fardeau n'était pas lourd; néanmoins, la mère fut soulagée et put s'occuper de Carolina.

Les relais nous conduisent successivement à Villafranca, Beasin, Ormasteguy, Zumarraya, Villareale, Anzuelo, etc., toutes localités peuplées chacune d'un millier d'habitants, ayant leur clergé, leur église et leur posada, et qui prennent le titre de villes; cités fort inconnues que les dictionnaires et les cartes ne daignent pas toujours mentionner, et qui pourtant devraient l'être, ne fut-ce que pour le pittoresque de leur position.

Il est bien entendu que nous n'en traversons aucune sans qu'un cortége d'amateurs ne viennent inviter notre attelage à l'activité, selon le mode ordinaire; mais ce n'est qu'aux relais qu'on met en jeu les grands moyens. Il faut rendre cette justice aux mules espagnoles, si elles n'aiment pas à se mettre en route, une fois parties, elles cessent de se faire prier et, à moins de circonstances exceptionnelles, elles font de leur mieux pour arriver.

Vergara, entourée de montagnes et arrosée par une rivière, est dans une position pittoresque. Quatre mille habitants, trois églises, un collége, un marché et quelques belles maisons, en font une véritable ville. Aussi son titre ne lui est-il pas contesté ainsi qu'il est arrivé à plus d'une bourgade qui a, comme certaines grandesses de petite taille, abusé de la qualification. C'est un mauvais calcul de prendre une qualité que l'apparence ne justifie pas; il est telle localité qu'on traite de bicoque et de laide ville, qui serait qualifiée de joli bourg ou de beau village, si l'on s'était contenté de ce nom.

Nous suivons une vallée qui a sa rivière, qu'on me dit être la Zudora. Elle nous conduit à Mondragon, ville encore, si l'on en juge à ses ci-devant murailles et aux ruines de son château. On cite ses bains sulfureux et ses mines de fer.

Viennent ensuite Arechavaleta, village qui a aussi ses eaux et un bel hôpital; Ascoriaza, avec son pont sur la Deva; Salinas, aux maisons crénelées; Ulibarri, Arroyabade, Durana, Bétono, villages que je n'aperçois qu'à l'aide des lumières dont on éclairait nos mules.

Dans un de ces relais, on n'en laisse que deux couples: on remplace les autres par huit bœufs. Autres bêtes, autre musique. Nos coursiers à cornes ont sans doute le tympan plus dur que nos cavales à longues oreilles, car les cris, les hurlements, les sifflements, qu'on leur jette, sont bien autrement terribles. Quelle foudroyante harmonie!! Et quels remorqueurs que les bœufs! C'est le cabestan à quatre pattes, mais dont le calme et l'impassibilité me rendent fou d'impatience. Nous faisons à peine cinquante pas par quart-d'heure. Il est vrai que, montant et descendant sans cesse, notre coche, semblable à ces tortues monstres dont les écailles, grosses comme des chaloupes, se retrouvent encore dans les cordillières, tourne dans un labyrinthe inextricable. Nous passons d'un massif d'arbres à un défilé de rochers; ensuite à un espace ouvert ayant pour ruelle, à un pied de la roue, un précipice de quelques cents mètres; puis nous rentrons dans un autre fourré.

Des torches portées par des hommes qui, sous cette lueur, ressemblent à des spectres rouges, indiquaient tant bien que mal les mauvais pas. Un coup de vent les éteint toutes et nous réduit à notre seul fanal, qui ressemble assez à une lanterne sourde: c'est pourtant notre étoile de salut, et nous comptions sur elle, quand un cahot, comme je n'en ai jamais senti, fait faire à notre véhicule ce qu'en équitation, on appelle un saut de mouton. Je crus bien que c'était le dernier, mais notre vaillant coche ne se troublait pas pour si peu. Au lieu de se jeter à droite ou à gauche, comme l'aurait fait une méchante charrette, il retomba d'aplomb sur ses quatre roues, qui, elles aussi, se piquant d'honneur résistèrent bravement. Notre lanterne seule perdit sa mèche, et nous voilà, avec des précipices derrière et devant, à droite et à gauche, dans une obscurité complète.

C'était la nuit aux mille et un guignons. On ne trouve plus la boîte aux allumettes. Le postillon, qui comptait sur le tabac des autres, n'avait ni briquet ni phosphore; moi, qui ne fume point, j'en avais moins encore; et nos guides, pour une cause ou pour une autre, ne paraissaient pas disposés à nous prêter les leurs. Enfin, le hasard vint à notre aide; la boîte fut retrouvée sous les pieds de Manuela, et le fanal rallumé.

Je ne sais si ce passage subit des ténèbres à un

demi-jour me fascinait; quoiqu'on ne vit goutte à dix pas, rien ne me paraissait plus beau que notre situation. Mais c'était comme en un jour de bataille : on est très-fier et très-heureux de se trouver en ligne et dans le meilleur ordre en face de l'ennemi, et, pourtant, on n'est pas moins pressé d'en sortir. Les bœufs semblèrent être de cet avis : ils se remirent en mouvement et, petit à petit, ils nous tirèrent de ce mauvais pas.

Nous avons pris sur la route un individu qui, faute d'autre place, s'est juché derrière le conducteur, dans le magasin aux bagages. D'instant en instant, pour respirer, il introduit sa tête dans notre cabriolet. La lumière donne sur son visage, et l'on peut en faire l'analyse. C'est une véritable face de scaramouche ou de troubadour ambulant plus riche de paroles que d'argent, et qui, pour payer son passage, s'est chargé de nous donner la musique. Il est étendu sur le ventre. Dans cette position le maniement de sa guitare ne serait guère facile, aussi repose-t-elle silencieuse à ses côtés, mais sa langue a toute sa liberté. Il a entonné une chanson qui, sauf quelques interruptions nécessitées par les incidents de la route, dure depuis une heure. Une cinquantaine de couplets ont successivement défilé. Ils doivent être bien plaisants, car le mayoral, malgré les soucis de la conduite, et Manuela, nonobstant quelques petits accès de peur, l'accompagnent de leurs bruyants éclats de rire, qui finissent aussi par me gagner, bien que je n'y comprenne pas grand chose. Je devine seulement que le sujet est un combat de taureau, car ces mots : *ahi! ahi! toro!* revenaient fréquemment, et un double grognement de l'animal, *hou! hou!* répondait aux paroles de l'homme, toréador prudent qui, au lieu de combattre, racontait ses prouesses. Cela finissait par un accès d'impatience de l'animal qui, trouvant la chanson trop longue, enlevait, au milieu d'un couplet, le bravache par les chausses et le jetait hors de l'arène.

Le fond, comme on voit, était bien léger pour tant de couplets, mais les grimaces et les intonations du chanteur les rendaient si comiques que la pauvre mère elle-même s'était laissée entraîner à la gaîté du récit : elle oubliait ses inquiétudes, et, plus d'une fois, je crus l'entendre rire.

Nous arrivons à un village. Là, une petite circonstance met, pour le moment, un terme à la musique. On vient renouveler au mayoral l'avis qu'on lui avait donné la veille, et deux soldats, armés de fusils et de sabres, se placent sur l'impériale. Le mayoral, de son côté, habitué de longue main à ces alertes, étalant son arsenal, s'assure que les capsules ou les amorces sont à leur place, notamment celle d'une énorme espingole, pour laquelle il semble avoir une affection particulière. Il est vrai que, chargée jusqu'à sa gueule, qui ressemble au pavillon d'une ophicléide, son effet doit être souverain. En me voyant les mains vides, il me passe une paire de pistolets, dignes acolytes de l'espingole, et dont les balles, si j'en jugeais au calibre, devaient ressembler fort à des biscaïens. Le chanteur qui, lui aussi, avait pris ses précautions, car un Espagnol oublie rarement celle-là, préparait son escopette, qui tenait compagnie à sa guitare. Manuela et ma voisine, en vaillantes Madrilènes qu'elles étaient, semblaient assez peu s'effrayer de ces préparatifs. Manuela voulait même avoir son pistolet, ce que le conducteur lui refusa.

J'entendis que dans la rotonde on faisait des dispositions du même genre, et que deux autres soldats étaient placés à l'arrière de la voiture : c'était un véritable branle-bas de combat.

Nonobstant ces préparatifs, comme j'en avais souvent vu faire de pareils en traversant la campagne de Rome, celle de Naples ou de la Sicile, sans que jamais nous eussions aperçu l'ombre d'un brigand, j'étais convaincu que ceux-ci étaient encore en pure perte. Il me semblait, d'ailleurs, qu'on les faisait trop gaîment pour que le danger fût bien réel, ou que ceux qui les faisaient y crussent sérieusement; pourtant, je me trompais, je ne connaissais pas encore les Espagnols.

Trois quarts-d'heure après, et lorsque nous croyons avoir passé l'endroit suspect, voici qu'en un tournant et quand la voiture n'avançait qu'à grand'peine, nous entendons un piétinement dans un fourré, puis un coup de feu suivi de deux autres, accompagnés de grands cris et de menaces. Une troupe d'hommes dont je jugeais bien plus que je ne voyais la position, car le jour se montrait à peine, était à droite et à gauche de la route en avant de la voiture, et paraissait manœuvrer pour l'entourer.

Aux coups de feu qui, d'ailleurs, n'avaient blessé personne, les soldats, étendus sur le ventre, s'étaient levés en armant leurs fusils. Le chanteur en avait fait autant. Le mayoral avait démasqué son espingole, et moi mes gros pistolets. La rotonde et les soldats de l'arrière, dont nous entendions les mouvements, ajustaient aussi leurs batteries; enfin, c'était partout l'élan patriotique des défenseurs d'une ville assiégée, combattant, non pour la patrie, mais pour sa bourse.

J'aurais été fort contrarié d'y laisser la mienne, car n'ayant pas pris de lettres de crédit, il eût fallu piteusement battre en retraite vers la frontière: ici encore j'en fus quitte pour la peur. Nous avons vu que les soldats d'escorte n'étaient arrivés que peu de temps avant notre départ du relais. Il est à croire que les bandits n'avaient pas compté sur leur présence ni peut-être sur un si grand nombre de voyageurs armés. Quoiqu'il en soit, par cette raison ou pour une autre, l'expérience nous apprit ici que montrer les dents peut quelquefois sauver le reste. Notre démonstration eût un plein succès : toute la bande disparut comme elle était venue. Les quelques coups de fusil que les soldats tirèrent à travers les arbres pour l'acquit de leur conscience, ne firent probablement de mal qu'aux branches, mais irritèrent fort le mayoral qui prétendit, non sans quelque raison, que ces pétarades inopportunes n'étaient bonnes qu'à effrayer l'attelage, à nous faire jeter dans le précipice et à ramener des gens dont il valait mieux voir le dos que la face.

N'importe, nous n'en avions pas moins l'honneur de la journée, et le soleil levant allait éclairer notre triomphe. On a bien dit que si les bandits avaient si vite tourné les talons, c'est que l'obscurité les avait trompés ; que c'était à quelque courrier, porteur des fonds du gouvernement, qu'ils en voulaient, et non à notre misérable coche ; que s'étant aperçus à temps de leur méprise, ils nous avaient jugés trop maigres pour les dédommager de leurs avances et que, pour ne pas gâter l'autre affaire, ils avaient renoncé à celle-ci. Cette version a probablement été imaginée par les envieux ou par les parents et amis des voleurs, soigneux de leur honneur. Le bandit espagnol tient beaucoup au sien : il veut bien qu'on le pende, mais non pas qu'on dise qu'il ne sait pas son métier.

Malgré les sinistres prédictions du mayoral, aucun nouvel ennemi ne parut. Il était écrit que je ne serais pas encore arrêté cette fois, et que j'échapperais aux brigands d'Espagne comme à ceux des terres de l'Église ; toutefois, ces honnêtes gens s'en dédommagèrent ailleurs, mais gentiment, poliment, sans voies de fait. On ouvrit ma valise sans même briser le cadenas, on ne pouvait pousser plus loin la délicatesse. Il est vrai qu'on m'y prit mes chemises, mais on m'y laissa une liasse de trois mille francs de billets de la Banque de France, sans y voir autre chose que des chiffons. Voilà pourtant à quoi expose le défaut d'instruction. Un voleur, quelle que soit sa spécialité, ne perdrait jamais rien à faire son stage chez un banquier.

Le jour était tout-à-fait venu quand nous entrâmes à Vittoria. Tandis que le conducteur, avec les soldats et un des voyageurs, faisait sa déclaration à la police, j'allai visiter la ville qui, déserte à cette heure, était d'une tristesse mortelle. Cependant j'y vis de grandes maisons, un portique et une belle place, plaza Nuova; ainsi que plusieurs églises où je ne pus entrer, mais qui, m'a-t-on dit, notamment celle de Santa-Maria, renferment quelques beaux tableaux de Ribera.

Me voilà replacé sur ma banquette, et ce n'est pas sans peine, car non-seulement l'ascension est difficile, mais l'entrée, en raison du nombre de personnes sur les jambes desquelles il faut passer, est presqu'impossible. Manuela ne faisait que rire de mes efforts; il n'en était pas de même de sa voisine qui, à chacun de mes mouvements, tremblait pour ses enfants, mais pas plus que moi qui, jusqu'à ce que j'eusse pu prendre mon équilibre, éprouvais des angoisses inexprimables. Enfin, cette fois encore, j'étais parvenu à ma place sans accident. La mère, tout appartient à une mère quand il s'agit de son enfant, avait donné au sien pour matelas un paquet de linge que je conservais précieusement pour me changer en route, et que j'avais placé dans mon paletot ployé en quatre. Ce paletot lui-même, utilisé par la tendresse maternelle, servait au dormeur à la fois de couverture et de sommier ; c'était, comme on voit, une couche de nourrisson fort confortable : aussi le pauvre petit y avait-il pris toutes ses aises, et de si bon cœur que mon paletot comme mon linge, trempés, percés, n'étaient pas plus mettables l'un que l'autre. La chaleur rendait l'accident plus sensible. Si un mauvais air en chasse un autre, nous étions certainement ici à l'abri des miasmes asiatiques, car ceux-ci étaient essentiellement indigènes.

Nous traversons les villages d'Arinez, de Puebla, d'Armine, puis un pont sur l'Ebre qui sépare les provinces de Vittoria et d'Alava de la Vieille-Castille, et nous entrons à Miranda, où nous faisons halte pour déjeûner.

La nuit que nous venons de passer est celle du 31 août au 1er septembre, je ne l'oublierai pas : mais de pires m'attendaient. Pour l'instant, il s'agissait de me tirer de mon perchoir : vainement j'avais réclamé l'*escaliera;* on n'en trouvait pas. Nos dames ne paraissaient pas disposées à descendre ; il y avait nombreuse société au pied de la voiture et, dans ce cas, les dames d'en haut n'aiment pas les curieux d'en bas.

Le motif de ma préoccupation était autre. Engourdi par l'immobilité et le poids de l'enfant, je pliais les jambes difficilement. J'avais donc peu d'aisance à atteindre le marche-pied, puis la roue ; enfin j'avais peur de me casser le cou, ce qu'en effet je manquai faire. J'y échappai pourtant, au grand désappointement des badauds qui avaient bien compté sur la chose et y avaient aidé de leur mieux.

A peine étais-je à terre que l'échelle parut. La pauvre Manuela, en face de cette bande de fainéants, criant, jurant, ricanant, apostrophant les voyageurs, ne pouvait se décider à descendre, certaine que les rires et les huées allaient suivre, si l'on apercevait le plus petit coin de sa jarretière. Telle est la canaille espagnole, la plus sotte qu'il y ait au monde. En ce moment, j'aurais voulu être Briarée et avoir autant de gourdins que de bras pour appliquer à ces drôles une correction bien méritée. Je me plaçai sur l'échelle pour déterminer ma pupille à affronter l'orage, car elle aussi devait bien souffrir dans cette cage maudite. Elle prit enfin son parti ; je la reçus dans mes bras et je la mis à terre.

Je voulais en faire autant à la jeune femme, elle refusa et me donna seulement Carolina. Tandis qu'on préparait le déjeûner, j'allai promener les deux fillettes qui avaient grand besoin de ce petit exercice.

Miranda n'est pas renommée pour sa propreté. Sa plus grande beauté est l'Ebre. On peut citer aussi sa place et ses fontaines dont l'eau est fort bonne. On vante son vin, mais nous n'en goûtons pas. Le déjeûner consistait en chocolat excellent et en fruits médiocres.

C'est à Miranda que nous retrouvâmes les mendiants, qui ne s'étaient montrés que de loin à loin. Je crus me retrouver dans la campagne de Naples, même costume, même importunité, mêmes figures patibulaires.

Mes deux petites compagnes reposées et restaurées, je les replaçai sur leur banquette, après avoir envoyé à déjeûner à la mère. J'avais cru m'apercevoir que la pauvre femme, avec ses perles et ses diamants, pressée de s'enfuir, n'avait pas eu le temps de mettre grand argent dans sa bourse, si tant est qu'elle eût une bourse; et si, d'une part, Manuela, qui avait la sienne bien garnie, ce qu'elle aimait fort à nous faire voir, et moi de l'autre, n'y avions pourvu, elle aurait bien pu mourir de faim.

Rien n'annonçait un prompt départ, on parlait même de coucher à Miranda. Le conducteur était allé aux informations. L'Espagne, encore une fois, était en révolution. On faisait courir mille bruits assez peu rassurants. Chacun se demandait s'il était prudent de partir et s'il y avait chance d'arriver. Ajoutez le choléra que nous trouvons partout; mais nous commençions à nous y habituer.

En attendant qu'on se décide, je continue à explorer la ville.

Nous la quittons enfin. Le pays environnant est inculte, dépouillé d'arbres et de verdure. On se croirait dans un désert. Nous allons entrer dans la *poitrine,* me dit Manuela: c'était gorge qu'elle voulait dire.

A neuf heures, nous traversons Ameyngo. Ici encore nous voyons, de distance en distance, des jeunes garçons échelonnés sur le chemin, armés de fouets et de bâtons pour l'usage que l'on sait. Quoique ce spectacle ne fut pas nouveau pour moi, j'en fus plus frappé ici qu'ailleurs. Tous ces adolescents proprement et presqu'uniformément mis, n'étaient pas de la classe ouvrière; peut-être même appartenaient-ils à quelque pensionnat, et c'était une récréation que les maîtres leur avait permise. Aussi, quand le signal arriva, il fallait voir comme ils couraient à la curée; il fallait entendre Manuela et jusqu'à la petite Carolina crier: *ra! - ra! - ra! - ra!* pour les encourager à taper dru et fort. L'Espagnol, de tout rang, de tout âge, de tout sexe, aime à voir souffrir et à appliquer lui-même la souffrance: il naît tortionnaire. Je conçois la longue vogue qu'ont eue chez lui les auto-da-fé: c'était un goût national, comme le sont encore les combats de taureaux.

Nous sommes entrés dans la gorge de Pancorbo. Devant nous est un rocher aride et presque à pic. De notre banquette nos yeux plongent dans le précipice. Les mules s'entêtent à marcher sur le bord. Les postillons n'osent trop les contrarier; ces enragées bêtes, pour se venger, seraient capables de nous faire sauter le pas. Les coups qu'elles reçoivent n'ont pas l'air d'influer beaucoup sur leur moral: grasses, propres, l'œil vif, l'oreille droite, elles trouvent, en tirant de toute la force de leurs reins, le moyen de mordre et de lâcher une ruade. Avec des hommes moins agiles que les Espagnols, il y aurait à tout instant des accidents.

La route est si contournée qu'à chaque cent pas on la croirait fermée par une barrière de rochers. C'est encore une place très-propre à la défense du pays et très-favorable aux attaques des voleurs. Aussi avons-nous doublé notre escorte, et toute notre mousqueterie est en vue. Je crois qu'ici c'est bien réellement du luxe; il n'y a guère d'exemple d'une diligence arrêtée deux fois le même jour. Ce que nous pouvons rencontrer, c'est un parti d'insurgés. Mais ceux-ci ont un décorum à garder, et si une insurrection finit souvent par la chasse aux diligences, c'est rarement ainsi qu'elle commence.

Nous traversons le bourg de Pancorbo où l'on compte seize cents habitants, tous plus fiers et plus gueux les uns que les autres. Quelques-uns mendient; mais l'aumône ne fait pas plus déroger celui qui la reçoit que celui qui la donne. N'est-ce pas le premier qui ouvre à l'autre la porte du ciel? Et cette aumône si méritoire, qui donc pourrait la faire, si personne ne voulait la prendre.

Bientôt nous entrons dans un pays moins montueux et moins négligé. On y voit des arbres fruitiers, des vignobles, des coins de champs cultivés.

Santa-Maria de Rivaredonda, dont le nom est aussi long que les rues, prend le titre de ville, quoiqu'elle n'ait pas quatre cents habitants: c'est encore quelque cité déchue. L'expulsion des Maures en a fait, en Espagne, beaucoup de cette sorte.

Vient ensuite Cubô; puis Bribiesca, qui vaut mieux que ses voisines : c'est une ville véritable avec ses portes, ses hôtels, sa collégiale, son église. Santa-Clara possède quelques bons tableaux. C'est même une ville modèle, puisqu'on prétend que la reine Isabelle a fait bâtir Santa-Fé sur le même plan. Pourtant les dictionnaires ne nomment pas Bribiesca : il n'en est question que sur les livres de poste et les cartes routières. Nous avons déjà vu qu'il en est ainsi de beaucoup d'autres, leur nom n'a pas dépassé la limite de leur province. On me répondra que ce sont des villes nouvelles. Nullement; quelques-unes datent de l'occupation romaine. Au lieu de s'entr'égorger et de battre les mules, les Espagnols feraient mieux de faire la carte de leur pays; cela leur donnerait peut-être l'idée d'y faire des routes.

De là, jusqu'à Burgos, on ne rencontre plus que des villages: Pradanos, Castel de Peonès, Monasterio di Rodilla, Quintanapalla, Rubena, Villafria, Gamonal. Nous sommes entourés de montagnes aussi sauvages qu'on puisse imaginer. Monasterio di Rodilla est situé sur un plateau qu'on dit l'un des plus élevés de l'Espagne.

La campagne devient moins agreste. La route cesse d'être déserte; elle est un peu moins dure; enfin l'on s'aperçoit qu'on approche d'une véritable cité.

CHAPITRE IX.

Route de Madrid. — Burgos. — Ses officiers. — Sa cathédrale. — Les insurgés. — Le choléra dans la voiture. — L'enfant mourant.

Ici ce n'était pas la simple populace qui attendait la diligence et le spectacle de la descente des dames, c'était un groupe de jeunes officiers. Je le dis à regret, la tenue de ces messieurs, dans cette circonstance, ne fut pas meilleure que celle des vagabonds de Miranda. L'un d'eux, quand je mis à terre ma voisine qui s'était enfin décidée à descendre, se conduisit si impertinemment que j'allais me fâcher, quand un officier plus âgé et d'un grade supérieur, me reconnaissant pour Français, intervint, fit signe à l'autre de s'éloigner, puis me dit qu'il avait été exilé en France et qu'il y avait reçu un si bon accueil qu'il lui serait toujours agréable d'obliger un Français. Je le remerciai de sa politesse et je le priai de m'indiquer le chemin de la cathédrale : il offrit aussitôt de m'y conduire.

Burgos, ancienne capitale de la Vieille-Castille, n'est

pas une belle ville, et l'on n'y compte aujourd'hui que douze mille habitants ; mais il lui reste des monuments qui ne sont pas indignes de la visite du touriste. J'avais peu de temps pour les voir, et il fallait leur sacrifier mon dîner. Conduit par mon obligeant capitaine, je fus bientôt devant la cathédrale, qui, je le vis tout d'abord, mérite son grand renom. C'est, en effet, un des beaux monuments du XIIIe siècle.

Son portail et ses deux tours avec leurs belles flèches sont ce qui vous frappe tout d'abord, et votre admiration se confirme quand vous en venez aux détails. Malheureusement, des maisons qui entourent l'édifice en coupent l'ensemble et en cachent une partie. Les baraques comme les mendiants ont, de tout temps, affectionné l'ombre des temples.

L'intérieur est non moins magnifique que la façade, et il faudrait plus d'un jour pour l'examiner et la décrire. Le moment n'est pas favorable, l'église entière est remplie de femmes prosternées, priant Dieu d'éloigner le fléau qui décime la ville. Je ne vois d'hommes que le capitaine et moi, plus un chanoine qui semble dormir dans sa stalle. La dévotion est devenue toute féminine en Espagne ; les hommes ont, en ce moment, bien autre chose à penser : c'est seulement entre deux révolutions qu'ils redeviennent dévots.

La rue que nous venons de parcourir est la plus belle de Burgos. Mon guide me conduit à la grande place où sont plusieurs maisons élégantes ; il me fait voir aussi l'hôtel-de-ville, le palais de Valasco et trois églises, qui me font regretter de ne pouvoir visiter les autres. On en cite quatorze, sans compter les chapelles.

On sait que c'est à Burgos que naquit le Cid ; on y montre un coffre qui lui a appartenu. On ne doute donc pas ici que ce héros ait existé.

Une curiosité qui n'est pas moins grande, c'est le tombeau en marbre d'un Juif qui, ayant femme et enfants, se fit chrétien et devint évêque de Burgos.

Cette ville est célèbre dans les guerres de la Péninsule. Napoléon y battit les Espagnols. Les Anglais l'assiégèrent inutilement en 1812.

Mon capitaine avait encore bien des choses à me montrer; il aurait voulu que je m'arrêtasse un jour et m'offrait gracieusement de partager son logement; mais je n'étais pas sûr de retrouver une place dans les voitures suivantes: il fallut donc, à mon grand regret, renoncer à voir en détail la ville et ses environs qui en valent bien la peine.

Je regagne à la hâte l'hôtel où je trouvai mes compagnons encore à table, mais sur la table plus rien. J'avais grand appétit, et ce néant ne m'accommodait guère. Enfin, on découvrit un reste de poulet et un morceau de fromage. La bête était maigre et dure comme toutes celles d'Espagne, et je ne pus, quoique j'aie de bonnes dents, m'en tirer à mon honneur. Je me rabattis sur le fromage; il sentait le bouc, et pourtant je n'en laissai miette: l'appétit est un grand cuisinier.

On me fit payer, comme d'ordinaire, trois francs ou trois francs cinquante avec la perte du change. Mais, si la chère n'avait pas été bonne, j'avais eu à table, en face de moi, une dame d'une beauté vraiment miraculeuse. Il y a beaucoup d'Espagnoles laides, mais quand elles font tant que d'être belles, elles le sont admirablement. Celle-ci arrivait par la voiture qui se croisait avec la nôtre; elle allait à Bayonne. Depuis, par un hasard étrange, j'ai retrouvé cette dame à Paris.

En sortant de Burgos, nous nous trouvons en face de montagnes coupées en deux par des nuages: on croirait voir l'original de ces tableaux chinois où la perspective est figurée par étages.

Les champs qui bordent les chemins ne sont labourés que par place; partout où il y a une pierre ou un trou, on ne laboure pas : c'est la méthode du pays. Ailleurs, on aurait ôté la pierre et bouché le trou.

La nuit qui approche me rappelle les souffrances de la précédente. J'ai voyagé à peu près de toutes les manières, à cheval, à âne, à mulet; j'ai couru la poste en char-à-bancs et en charrette, mais je n'ai rien vu de plus rude que la sellette où je suis cloué. C'est ainsi qu'on doit être sur la roue.

J'ai toujours l'enfant sur les genoux. Ses nausées augmentent, et les secousses convulsives de ses jambes m'annoncent qu'il est tourmenté par des crampes. Je commence à soupçonner une triste vérité; j'examine ses yeux. Plus de doute, le malheureux a le choléra. Sa pauvre mère ne s'en doute pas. Je me garde bien de le lui dire. Je crains surtout que Manuela ne s'en aperçoive; elle aurait quitté la place et porté l'effroi chez les voyageuses du bas. La peur est sans pitié; elles auraient forcé le conducteur, qui était en contravention, à laisser en route la pauvre mère ou ses enfants. Certes, je ne les y aurais pas abandonnés, je n'en eus pas un seul instant l'idée, et, pourtant, la perspective d'avoir pendant trente heures encore ce pauvre petit sur mes genoux, de sentir ses spasmes et les mouvements convulsifs de ses membres endoloris, m'épouvantait plus que je ne saurais dire. Il fallait bien en prendre son parti. Répétant donc comme le musulman: Dieu l'a voulu, j'enveloppai le moribond dans ma capote et je le gardai sur moi.

Ici le crépuscule dure peu; la nuit devint bientôt obscure. On craignait encore quelque mauvaise rencontre. L'escorte qui nous avait quittés dans la journée avait repris son poste, et les voyageurs leurs armes. Dans leur préoccupation de fuir le choléra, nos femmes, qui ne se doutaient pas que nous le portions avec nous, regardaient, comme la veille, ces préparatifs d'un œil assez calme : c'est qu'il est impossible d'éprouver deux grandes frayeurs en même temps ; l'une toujours paralyse l'autre.

La mienne était l'enfant : la crainte de le voir mourir me faisait oublier les bandits et jusqu'à mes douleurs. Cependant, elles étaient cruelles. Aussi ne fis-je au pays que nous traversions qu'une attention médiocre. La nuit était assez claire ; je distinguais des arbres, des rochers ; mais, sous le poids de ces idées de mort, tout me paraissait sombre et sinistre. Voici, autant que j'ai pu les saisir, les noms des lieux où nous passons : Sarracin, Cogollos, Lerma, Quintanilla, Bahabou, Oquillas, Gumiel, bourgs ou villages. On ne s'arrête nulle part. Nous en avions cependant grand besoin ; la poussière nous incommodait beaucoup ; tout le monde souffrait, et moi plus que les autres. Depuis quelque temps ne sentant plus remuer l'enfant, je croyais qu'il était mort ; mais je voulais en être sûr avant de le dire à sa mère, qui, oubliant ses maux, reposait sur mon épaule.

A Aranda, on fait halte. Le nourrisson respirait encore. On put se procurer un peu de lait ; cela sembla le ranimer.

Aranda, sur la Duero, est une ville fortifiée, de trois à quatre mille âmes.

Nous cheminons avec une lenteur désespérante. Nous passons successivement, mais à longue distance, Milagros, Pardella, Honrubia, Fresnillo, Bocequillos, Castillejo, Coreso. Le jour était venu ; le soleil brillait. Cela avait adouci un peu nos misères. L'enfant semblait se réchauffer, mais il avait toujours des crampes.

Avant d'arriver à Somo Sierra, tous les voyageurs mirent pied à terre pour alléger la voiture et respirer; je ne fus pas le dernier à profiter de la permission, mais, en descendant de ma malheureuse banquette, je glissai et m'éraflai la peau d'une jambe: le sang coula. Le conducteur qui, jusqu'à ce moment, ne m'avait rendu aucune espèce de service, me donna de l'eau dans laquelle une des dames versa un peu de vinaigre: une autre m'apporta une bande de linge, les femmes sont charitables partout, et Manuela me l'ajusta. Ainsi pansé, je suivis la voiture en boitant et en saignant, mais sans grande douleur.

Nous sommes encore au milieu des montagnes, dans une contrée qui semble avoir été faite exprès pour les guérillas. Le paysage est âpre et désolé; point de fermes ni de villas; de rares villages; point de troupeaux; dans la campagne, pas de culture, pas de mouvement sur la route; de loin à loin, quelques paysans armés et de mauvaise mine.

Au sommet de la montagne que nous venons d'escalader à grand'peine, est le bourg de Somo-Sierra. Le temps est beau, mais la température, peut-être en raison de l'élévation où nous sommes, a changé, et, quand le soleil ne nous atteint pas, il fait très-froid. Je remarque la coiffure de nos muletiers. C'est un chapeau de feutre noir, très-bas et orné de plumes. Pourquoi ne l'adopterions nous pas? Il vaut dix fois le nôtre. Leurs culottes serrées dessinent leurs formes et laissent voir un mollet bien prononcé: tous sont bâtis en athlètes ou en danseurs. Aussi rien de leste comme ces gens-là: c'est la même race que nos Basques.

Après le village, la montagne devient de plus en plus aride et déserte: on se croirait à mille lieues du monde civilisé. Pourquoi depuis trois siècles l'Espagne a-t-elle, en science, en arts, en industrie, en puissance ou en influence politique, été toujours en décroissant? Trois siècles encore et ce pays, s'il suit la même pente, doit être retombé en pleine barbarie. Il semble qu'une fatalité s'attache à ses gouvernants : sauf à l'époque des maires du palais et des rois fainéants, on n'a vu, dans aucun État, une succession d'hommes aussi véritablement incapables.

Nous passons Roblegondo, et nous déjeûnons à Buitrago, espèce de ville qui serait un village partout ailleurs. Deux autres diligences s'y trouvent réunies. La chère y est plus que médiocre et les convives assez maussades. Cette manière de se servir *à parte* n'égaye pas le repas. Non-seulement les Espagnols ne savent pas faire la cuisine, mais ils ne savent pas la manger ni même la laisser manger aux autres. Les convives s'arrachent les plats. S'il en reste un sur la table et que vous le perdiez de vue, le garçon l'escamote : c'est ce qui m'arriva ici où j'aurais encore dîné par cœur sans une assiette de poires et de raisins, dont je m'emparai.

On n'est pas mieux traité pour le vin : il n'est certes pas bon, et, pourtant, l'on ne vous en donne que le moins possible. Il semble qu'on vole à l'aubergiste tout ce qu'on boit et mange chez lui, et que les trois francs devraient lui être donnés sans autre condition pour lui que de les recevoir. Cependant les hôtels où nous descendons sont réputés de première classe, et ils ne valent certainement pas, pour le menu, ceux de France de quatrième ordre, que nous nommons cabarets.

Mais ce qui choque l'étranger, bien plus encore que la méchante cuisine, c'est la mauvaise mine des hôtes. Maîtres et valets sont disgracieux à l'envi : on dirait qu'ils n'ont d'autre but que de se débarrasser de vous le plus tôt possible. Je regrettais de n'avoir pas des Anglais pour compagnons. Eux, si susceptibles, si amoureux du confortable, doivent faire ici de singulières figures. Quant aux Espagnols, ils sont parfaitement accoutumés à ce régime, et je ne les ai pas vus sourciller devant les plus détestables fricassées ou les exigences les plus excentriques de ces insolents hôteliers.

En remontant en voiture, je trouve la jeune mère tout en larmes. Elle avait enfin la conscience de l'état de son enfant, sans toutefois être convaincue qu'il avait le choléra. Je ne voulus pas le lui dire, car son saisissement l'eut trahie. Je le remis sur mes genoux, et je parvins à la tranquilliser un peu, en lui donnant un espoir que j'étais loin d'avoir. Les efforts de l'enfant pour vomir, ses convulsions et ses crampes étaient moins forts, mais il était évident qu'il s'affaiblissait et qu'il n'avait plus que quelques heures à vivre. Je m'étonnai même qu'il eût pu résister aussi longtemps. Ses yeux étaient devenus caves, et sa pauvre petite tête ressemblait à celle d'un squelette. Je ne la laissai voir ni à Manuela ni au conducteur.

Je pense que celui-ci se doutait de la vérité. C'était un homme énergique, ainsi qu'on a pu le remarquer : il n'avait, probablement, pas plus peur du choléra que des voleurs, mais comme il s'était mis dans une fausse position, en prenant plus de voyageurs que ne comportait le règlement, il craignait d'être en butte aux reproches.

De mon côté, je commençais à m'inquiéter pour Manuela : je m'en étais chargé, j'en répondais. je crois peu à la contagion, mais je craignais l'impression que la mort de l'enfant pouvait faire sur elle, et j'aurais désiré qu'on la plaçât ailleurs. Elle ne le demandait pas, et je ne savais comment le lui faire demander.

D'ailleurs, il n'y avait pas plus de place en bas qu'ici: le cas était embarrassant.

Voilà comment je m'y pris pour le résoudre. J'ai dit que, dans les chemins montueux, l'on devait, à tout instant, faire agir la mécanique d'enrayage. Je demandai à Manuela si elle ne gênait pas le conducteur dans ce mouvement? Sur sa réponse négative, je la priai de poser elle-même la question à notre homme. Celui-ci allait répondre probablement comme elle, quand je lui fis un signe, et, tandis que Manuela avait le dos tourné, je découvris la figure de l'enfant: il comprit tout.

Un instant après, il fit arrêter la voiture sous prétexte que la machine était dérangée, et que, faute d'espace, il ne pouvait plus la faire manœuvrer. En effrayant ainsi les dames des coupés sur la sûreté de la voiture, il les décida à reprendre la pensionnaire. De ce moment, je fus beaucoup moins mal, ainsi que ma voisine; et Carolina, qui avait conservé sa bonne humeur et ne se doutait de rien, put dormir à son aise.

Nous traversons Lozoguela, Cabrera, Cabanillas, où je ne remarquai que l'air de défiance avec lequel nous regardaient les habitants. Le choléra, comme me le dit le mayoral, était la cause de ce mauvais accueil. Ceux qui ne l'avaient pas, craignaient que nous ne leur apportassions; ceux qui l'avaient, avaient peur d'en recevoir un supplément.

Ce fut entre deux de ces villages, qu'au tournant d'une montée, nous vîmes la route coupée par une bande d'hommes qui semblaient nous attendre. Le postillon échangea quelques mots avec le mayoral. Ici, pas moyen de nous défendre, ils étaient trop nombreux et nous n'avions plus d'escorte. Reculer n'était pas aisé; nous étions trop avancés, et ils auraient pu facilement nous atteindre à l'aide de ces longs fusils dont nous apercevions les canons. Le mieux était donc de continuer : c'est ce que nous fîmes.

Quand nous fûmes près, quatre ou cinq individus, formant l'avant-garde, s'approchèrent du postillon qui était en tête de l'attelage, en criant : halte ! Suivirent quelques paroles que je n'entendis pas. Mais je pensai qu'ils l'interrogeaient sur ce que contenait la voiture. Probablement que ses réponses ne leur apprirent rien, car trois restèrent à la bride des mules et deux autres s'avancèrent vers le mayoral, en lui faisant signe de descendre.

Dès qu'il fût à terre, ils lui adressèrent plusieurs questions, et finirent par lui demander la feuille nominative des voyageurs. Il s'y attendait, car il la tenait à la main. Ils l'examinèrent, puis ils voulurent voir celle du chargement, qu'ils parcoururent aussi. Il est à croire qu'ils n'y trouvèrent rien à leur convenance, car celui qui semblait le chef cria aux hommes qui retenaient les mules de les laisser. Le mayoral remonta en voiture et nous partîmes.

Je lui demandai quels étaient ces gens ? Il me dit qu'il n'en savait rien. Mais ce n'était pas probable : il craignait de parler, car, lorsque je revins plus tard sur ma question, il me répondit par un proverbe espagnol qui signifie que, dans certaine chose, il ne faut mettre ni le doigt ni le nez. J'en conclus que c'était un détachement de mécontents allant aider à l'insurrection ou se réunir à leur parti, et que ce qu'ils cherchaient était des armes et de la poudre.

Il paraît qu'en Espagne on est accoutumé à ces rencontres qui ne sont pas même considérées comme impression de voyage ; soit par discrétion naturelle, soit par un motif analogue à celui du proverbe du mayoral, on n'eut pas même l'air de se souvenir de celle-ci, et, au relais, nul n'en dit mot. Je crois même que sans les coups de fusil de l'escorte, qui avaient si fort mis en colère le conducteur, on n'eut pas davantage parlé de la première. Ici, on craint plus de se mettre mal avec les bandits qu'avec la police.

J'ai, d'ailleurs, remarqué que tout criard et babillard qu'est ce peuple, il est fort prudent quand il s'agit de se prononcer dans les affaires de parti. Il est vrai que, quand il en a adopté un, il en devient immédiatement le séide. De là, tant de soldats improvisés et ces boucheries de clochers.

On m'avait affirmé à Bayonne que la diligence faisait la route en cinquante heures. J'étais parti le 31 août, à quatre heures du matin; nous étions au 2 septembre et nous ne devions arriver à Madrid qu'à huit heures du soir : ce qui nous donnait soixante-quatre heures de route, ou quatorze heures de plus qu'on ne nous l'avait officiellement annoncé. Aussi, jamais chemin ne m'a paru plus long ni plus fatigant.

A cinq heures après-midi, nous sommes au sommet d'une montagne, et près d'une tour, qu'on me dit se nommer Atalaya : il y a plusieurs sites de ce nom en Espagne et en Portugal. Est-ce bien celui de cette tour? C'est ce que ne m'indiquent ni la carte ni les guides. Quoiqu'il en soit, de ce point la vue est immense. Cependant, on n'aperçoit aucune ville, mais seulement quelques villages sans ombre; pas un arbre, pas une fleur, pas même un oiseau: de loin à loin, un champ mal cultivé, quelques moutons maigres, des bœufs noirs. Quand nous approchons de ces troupeaux, les chiens les quittent pour venir harceler les mules qu'ils essaient de mordre: c'est leur seul passe-temps. Les bergers le leur laissent prendre, en le leur enviant peut-être.

Les villages que nous venons de passer sont: San-

Agustino et Alcobendas. Il est dimanche, pourtant la gaîté n'est nulle part. Ici le choléra n'est pas si intense, mais on a un autre sujet d'inquiétude : la politique. L'on craint les bandits qui courent la campagne, et chacun est sur ses gardes. Les habitants qui sont dans la rue s'y tiennent par groupes et les bras croisés. Quelques-uns jouent aux cartes sur une borne ou un banc de pierre.

A Fuencarral, nous retrouvons des arbres, mais ils sont rares et rabougris. Le sol est une plaine de sable où la route est à peine tracée. Ici, il n'y a pas même d'herbe : c'est un désert complet. A l'horizon, s'élèvent des montagnes.

Nous approchons de Madrid et rien encore n'annonce une capitale. Ces jardins, ces châteaux qui avoisinent Paris, Lyon, Marseille et presque toutes nos villes, sont inconnus ici. Nous ne voyons pas même d'églises. Ce qui ne m'étonne pas moins, c'est l'absence complète de promeneurs, de cavaliers, d'équipages. Les circonstances y sont sans doute pour quelque chose. La guerre et la peste se disputent cette malheureuse contrée, et, si l'on en jugeait à la table des posadas, on croirait que la famine y est aussi.

Il faut convenir que ce qui m'entourait dans cette voiture n'était guère de nature à me faire voir les choses en beau. La pauvre mère était tombée dans une sorte d'anéantissement moral. Elle caressait par moment sa petite, mais n'osait pas regarder son fils. Je ne l'osais pas non plus. Cependant, je l'avais toujours sur mes genoux enveloppé de manière à lui laisser la respiration. Cette respiration, je ne l'entendais plus. Quelques convulsions plus fortes s'étaient manifestées ; depuis près de deux heures, je n'en sentais plus. J'aurais pu, en plaçant ma main sur son cœur, m'assurer s'il battait encore, mais, quelque faible que fût mon espoir, je ne voulais pas le perdre. La même raison, sans doute, arrêtait la mère. Ni elle ni moi ne voulions savoir la vérité.

Ce fut ainsi que nous demeurâmes une heure et demie, sans parler, sans faire un geste.

Nous gardions encore ce silence et cette immobilité quand, entrés dans Madrid, la voiture s'arrêta devant le bureau de la diligence. Il faisait nuit depuis une demi-heure. Nous fûmes invités à descendre. Je pris l'enfant sans le regarder. Je le posai doucement sur les genoux de la mère, enveloppé comme il était. La pauvre femme ne dit pas une parole, ne poussa pas un soupir, mais me prit la main et la porta à ses lèvres. Je lui serrai la sienne, et je descendis le cœur gros et les larmes aux yeux.

Mon intention n'était pourtant pas de l'abandonner et, bien qu'il m'en coûtât beaucoup d'assister à la scène qui allait suivre, je demandai une voiture pour la conduire au logis qu'elle indiquerait. Déjà le conducteur, qui valait mieux que je ne l'avais cru, s'en était occupé. Un homme parut; il était probablement de la connaissance de la dame, car elle prononça son nom et lui remit Carolina.

Je n'en voulus pas voir davantage, j'entrai dans le bureau: il était alors huit heures et demie du soir.

CHAPITRE X.

—

Madrid.

—

Le déchargement et la visite des bagages demanda assez de temps : trois à quatre diligences étaient arrivées, et la confusion n'était pas petite. Ma valise aux cent stigmates fit ici son effet ordinaire, on ne daigna pas l'ouvrir. Chaque ride que lui donne l'âge, chaque pièce que j'y fais mettre, et Dieu sait combien de nations y ont travaillé, devient pour moi une nouvelle garantie de tranquillité.

Ici sa bénigne influence s'étendit jusques sur ma personne qui, je dois le dire, avait, grâce aux cahots et à la poussière, pris quelque peu de sa teinte et de son air modeste. Pensant que le propriétaire d'un tel meuble ne pouvait être bien dangereux, on regarda à peine mon passe-port ; on se contenta de me demander mon nom et mon adresse. Mon nom était facile à donner ; mon adresse, c'était autre chose. Les deux hôtels qu'on m'avait indiqués n'existaient plus et n'avaient pas été remplacés. La police, l'insurrection et le choléra en avaient fait fermer d'autres, et comme à Madrid le nombre n'en a jamais été bien grand, personne ne pouvait me dire s'il en restait encore. Deux à trois individus de mauvaise mine me tiraillaient chacun de son côté pour m'amener, disaient-ils, en maison particulière, où je serais comme un prince. De guerre lasse, j'allais céder à celui dont la figure me semblait la moins patibulaire, quand, sur la porte du bureau, j'aperçus une femme fort jolie et fort éveillée qui lui faisait signe. Je vis tout de suite dans quelle espèce de maison particulière il voulait me conduire; je m'adressai à un commis de la diligence, qui m'indiqua l'hôtel de *la Viscaina*, calle Mayor, n° 1.

Autre difficulté: il n'y avait de porteurs que mes trois bandits qui déjà se disputaient ma valise; je me souciais peu de la leur confier. Un signe de tête du commis me confirma dans mes soupçons et, un moment après, il me dit en français d'attendre qu'ils fussent éloignés et qu'il me procurerait un homme sûr.

En tout autre pays, l'employé aurait fait jeter ces vauriens à la porte; mais en Espagne, et je n'ai eu depuis que trop d'occasions de m'en apercevoir, la canaille est reine, et elle venait tout justement d'en donner une preuve à Madrid en forçant la cour à s'en éloigner. Il ne faisait donc pas bon de se mettre mal avec ces puissants du jour.

Pour détourner l'attention de ceux-ci qui guettaient toujours mon bagage, après l'avoir consigné au commis, je fus faire un tour de rue. Là, nouvelle obsession: la belle moitié du genre humain y attendait l'autre moitié. A peine avais-je fait cent pas, qu'une dame, peut-être celle-là même qui avait voulu me procurer un logement et qui, en ce moment, était drapée dans un long voile, vint me croiser en jouant de l'éventail et me lancer, en passant, un coup de coude. Je crus que c'était pour se faire faire place, mais bientôt la même manœuvre recommence ; puis arrive une concurrente, puis une seconde, et tant et tant que jamais notre boulevart Italien, dans ses beaux jours, ne m'en avait tant offert. Je ne doutai donc plus que les Espagnols, en conquérant leur liberté, n'eussent aussi émancipé les femmes. Au surplus, la quantité ici ne nuisait pas à la qualité, et ces femmes aux costumes variés, étaient généralement belles.

Plus sage que le paladin Renaud, je ne me laissai pas prendre aux enchantements de ces nouvelles Armide et je m'empressai de rentrer au bureau des diligences où je trouvai un guide qui me conduisit à l'hôtel indiqué.

C'était une noble maison, un palais même, mais je fus étonné de n'y trouver ni porte, ni portier. Un vaste escalier de marbre qu'éclairait faiblement une lampe fumeuse, était ouvert à tout venant. Nous montions, et nous avions déjà dépassé deux étages qu'on ne voyait pas encore trace d'hôtellerie : j'en étais à croire qu'on avait découvert quelque chose de suspect dans mon passe-port, et que c'était dans une maison d'arrêt ou dans un cachot sous les plombs qu'on me conduisait.

Parvenu au troisième étage, l'obscurité était complète. N'ayant jamais vu d'auberge s'annoncer ainsi, j'allais bravement rebrousser chemin ; déjà j'avais dit halte à mon porteur, quand il frappa à une porte qui s'ouvrit immédiatement, et un homme à cheveux blancs, à figure vénérable vint recevoir mon bagage. Cette mine me rendit confiance ; je soldai mon guide et me mis à examiner les lieux, examen qui me satisfit complètement.

Mon hôte avait tout-à-fait la tenue d'un valet de bonne maison. Il avait, en effet, servi en France et parlait pas mal français. C'était le représentant du maître ou le camérier major. Je fis prix avec lui pour un logement fort convenable, et que j'aurais trouvé parfait s'il n'avait pas été si haut; mais l'hôtel ne consistait qu'en cet étage et l'étage supérieur. Les précédents étaient occupés par d'autres locataires qui, entre nous, auraient dû mieux éclairer leur escalier; ils avaient leur excuse, puisque celui de l'hôtel ne l'était pas du tout.

Quoique je n'eusse guère mangé depuis trois jours, les émotions de la soirée étaient loin de m'avoir donné de l'appétit, et le sommeil m'accablait. M'étant approché d'une glace, je fus obligé de regarder deux fois pour me reconnaître. La poussière s'était tellement mêlée à ma barbe, à mes cheveux, et attachée à mon visage que je ne savais plus de quelle couleur j'étais. Mes vêtements aussi avaient changé de nuance; mon paletot de vert était devenu jaune. Un mouchoir, en déteignant sur mon paquet de linge, avait enjolivé de mille dessins mes cravates et mes chemises. Celle que je portais n'était pas plus blanche, le col en était déchiré; enfin, j'en étais à me demander comment, dans un tel costume, on m'avait reçu dans une maison honnête?

Il était trop tard pour aller prendre un bain; je fis apporter le plus grand vaisseau qu'on put trouver dans l'hôtel, et je me lavai de la tête aux pieds, en chargeant le camérier d'en faire autant à mes nippes.

Mon aspersion terminée, c'est avec un plaisir que comprendra celui qui a passé trois jours et deux nuits sur une banquette par des chemins espagnols, que je me disposai à me coucher, quand un incident assez burlesque vint retarder l'instant de ce sommeil tant désiré.

La servante qui n'avait pu entrer, tandis que je m'épongeais, arriva pour mettre les draps au lit. Le camérier, en sortant, tira la porte à lui en laissant la clef dehors. La serrure était faite de manière qu'on ne pouvait plus l'ouvrir en dedans, et, à ma très-grande contrariété, qu'expliquait ma fatigue, je m'aperçus que nous étions enfermés.

Je cours au cordon de la sonnette : il n'y en avait pas. La jeune fille avait commencé par pester contre le domestique, ne doutant pas qu'en ma qualité de Français, les Français ont partout, sous ce rapport, très-mauvais renom, j'allais abuser de son emprisonnement. Lorsqu'elle me vit frapper du pied et rager plus fort qu'elle, cela lui parut si drôle, si inattendu, qu'elle partit d'un éclat de rire dont je demeurai tout abasourdi.

Ma mine étonnée n'était probablement pas propre à la calmer, car ses rires devinrent si bruyants qu'ils firent ce que mes appels n'auraient pu faire : ils furent entendus du vieux domestique qui vint enfin la délivrer. Cinq minutes après, j'étais couché.

Le 3 septembre, je me levai un peu brisé. Dans mon sommeil, je sentais toujours les cahots de la voiture et les mouvements du pauvre petit moribond. Une fois même, je me réveillai en sursaut, croyant tenir son corps froid. J'avais les yeux ouverts et je le sentais encore ; je touchais ses articulations roides et glacées. Dans cette hallucination, il y avait une réalité : c'était mon bras gauche, engourdi par une fausse position, qu'avait saisi ma main droite.

En me levant, je me rendis au bain.

Je revenais complètement approprié quand, traversant une place où se trouvaient des voitures de remise, un des chevaux devant lesquels je passais, enrhumé probablement du cerveau, éternua d'une manière si malheureuse qu'il me couvrit entièrement d'écume et d'avoine à demi-mâchée: chapeau, habit, linge, tout était dans un état pitoyable. Ceci m'aurait contrarié en tout temps, mais dans ce moment, quand mes autres vêtements étaient au dégraissage, c'était désolant.

J'étais près du logis et je me hâtai de rentrer. J'appelai aussitôt les filles de service, en réclamant éponge, savon, serviette, etc. Loin d'arriver, quoique mon accident fût très-visible, elles n'avaient pas l'air de m'entendre: nulle ne bougeait; seulement, elles levaient par instant les yeux sur moi, faisaient une espèce de moue dédaigneuse, ou semblaient étouffer une envie de rire.

Était-ce le désordre de ma toilette qui excitait leur hilarité? Je commençais à le croire, quand l'aventure de la veille me revint à l'esprit. Je ne doutai plus que ma rieuse ne l'eût contée à toutes les bonnes de la maison, et de manière à ne pas m'y donner le beau rôle.

Il y avait donc rancune de sa part. Pourquoi? Comment avais-je pu la blesser? Ma conduite n'avait-elle pas été exemplaire?

Ailleurs, elle aurait paru telle; ici, c'est différent. Les Espagnoles sont délicates en fait de galanterie: on peut les menacer, les battre, les tuer même, mais les dédaigner! elles ne le pardonnent pas. Jeunes ou vieilles, belles ou laides, cette galanterie ou son apparence est, dans leur conviction, un tribut qu'on leur doit.

Ici, j'avais tout-à-fait manqué de tact. Au lieu de pester contre le camérier, j'aurais dû dire que je lui devais des remerciements de m'avoir procuré un si joli tête-à-tête; mais que, connaissant la sagesse des dames espagnoles, je n'abuserais pas d'un bonheur que je ne devais qu'au hasard.

Après ce petit préambule, je l'aurais priée d'appeler

elle-même le camérier, et j'aurais pu, sans la blesser, joindre ma voix à la sienne.

Au lieu de cela, qu'avais-je fait? Absolument comme si l'on m'avait enfermé avec une chouette ou une guenon. Il en résulta ce qu'on vient de voir.

Et les choses n'en restèrent pas là. Tout le temps que je demeurai à l'hôtel, je fus la bête noire de ces demoiselles, qui me servirent le plus mal qu'elles purent et ne me rencontrèrent jamais sans me rire au nez. Voyez à quoi sert la vertu en Espagne: Joseph y eût été lapidé.

Ne pouvant rien obtenir de ces filles entêtées, j'eus recours à mon vieux camérier qui, dès ce moment, devint ma Providence, et mon habit fut par lui remis en état.

Quand je m'apprêtai à sortir, il me conseilla de ne pas m'aventurer dans certains quartiers. Il était même d'avis que je me fisse accompagner par deux gardes-du-corps bien armés, mais je pensai qu'un seul suffisait, d'autant plus que celui qu'il m'avait choisi se nommait Alexandre. Quant aux armes, je n'en voulus pas, bien convaincu que, contre une foule, elles servent moins à se défendre qu'à se faire tuer. Alexandre n'en garda pas moins son couteau catalan, arme dont un véritable Espagnol ne se sépare pas plus qu'un Corse de son fusil et un Transteverin de son stylet.

Mon conducteur était de Madrid. En bon patriote, il commença par m'en faire un magnifique éloge; c'était, selon lui, la première capitale du monde. Il est vrai qu'il n'en avait pas vu d'autres, et ses voyages en France n'avaient pas dépassé Bayonne. Il me dit que Madrid avait trois cent mille habitants; il en fallait rabattre cent mille au moins, mais il en savait autant à cet égard que l'administration elle-même. On ne s'occupe pas plus ici de statistique et de dénombrement que chez les Turcs, et personne ne sait au juste quelle est la véritable population.

Ce qui frappe tout d'abord en arrivant, c'est l'activité qui règne dans les rues, si toutefois on peut appeler activité le concours de gens qui vont, qui viennent, crient, chantent, se pressent, se poussent, se culbutent, et tout cela sans trop savoir pourquoi.

Partout, et notamment sur les places et dans les carrefours, les choses se passaient ainsi : il semblait que la population entière fût devenue folle. Quoiqu'il fut de bonne heure, une foule de femmes que je reconnaissais facilement pour être de la même profession que celles que j'avais vues la veille, circulaient au milieu des groupes. De temps en temps, elles étaient accostées par un des causeurs ; d'autres leur adressaient de grossières plaisanteries ou, par manière de caresses, les frappaient rudement. Quelques-unes semblaient à peine sortir de l'enfance ; la plupart étaient jolies, bien faites, bien mises, et paraissaient, sous plusieurs rapports, bien supérieures aux brutes qui les malmenaient. Je n'en ai pas vu une seule faire un geste indécent ni prononcer une injure : toutes supportaient ces brutalités sans se plaindre, sans répondre, parfois même elles affectaient de rire.

Deux de ces femmes vinrent me parler ; leurs manières étaient décentes, leurs voix douces et harmonieuses : je ne compris pas ce qu'elles me disaient.

Au moment où elles s'éloignaient, un jeune drôle s'avança pour en frapper une. Alexandre trouva la chose mauvaise et le prévint par une bourrade qui l'envoya par terre. Il se releva sans mot dire. Telles sont les gaîtés du pays.

Ce n'est qu'à Madrid que j'ai vu maltraiter les femmes

par façon de jeu, et absolument comme on le faisait des mules. En est-il toujours ainsi? Et, elles-mêmes, ont-elles, en temps ordinaires, le droit de circuler à toute heure? Je ne puis le croire. Ceci tenait à l'état de révolution. Nous étions dans un carnaval politique, et la police, s'il y en a, car je n'en voyais l'ombre, trouvait que les choses allaient assez bien tant qu'on ne s'égorgeait pas.

Le choléra faisait aussi quelques ravages à Madrid. Bien des gens assuraient qu'il en faisait beaucoup, mais on ne le traitait pas comme partout. Ailleurs, on aurait été au médecin ou à l'église. Ici, on allait au cabaret. Tous étaient pleins; on faisait queue à la porte. Alexandre, qui voyait que cette manière de faire me donnait une triste idée de ses concitoyens, en paraissait fort humilié, et, pour sa défense, il assurait que tous ces gens-là étaient des étrangers.

Le peu de propreté des rues, dont plusieurs sont fort belles, notamment celles de Toledo, d'Alcala, de Fuencarral, d'Atocha, de San-Bernardino, calle Mayor, tenait sans doute aussi à la circonstance ou à l'anarchie du moment.

Madrid ne brille pas par ses alentours. La ville est bâtie dans une plaine aride. Sa rivière, le Mançanarez, dont le cours n'excède pas vingt-cinq lieues, n'est qu'un torrent qui compte sur la pluie pour avoir de l'eau. Sa source est dans les montagnes de la Sierra.

Mon guide qui, je ne sais pourquoi, me prenait pour un savant, voulut, pour commencer notre promenade, me conduire au muséum d'histoire naturelle. Aucun pays, plus que l'Espagne, n'était à portée de réunir une riche collection des productions des Deux-Mondes. Que de merveilles ne posséderait-elle pas en antiquités si, dès le temps de la découverte de l'Amérique, au lieu de détruire les statues et de brûler les manuscrits, elle en eût enrichi sa capitale? Quelle perte l'ignorance a causé aux arts et à l'histoire!

Dans l'étude de la nature, le dommage est plus réparable, et l'Espagne marche sur la voie des nations civilisées. Son cabinet des fossiles et d'anatomie comparée a peu de choses encore, mais il possède un morceau probablement unique. C'est un squelette presqu'entier de mégathérium, trouvé au Paraguay, dans un état de conservation admirable. La taille de ce quadrupède antédiluvien égale presque celle d'un éléphant. Malheureusement, il manque quelques parties du train de derrière qui, m'a-t-on dit, sont à Londres. L'Angleterre, dans l'intérêt de la science, devrait en faire présent à l'Espagne. C'est ce que feraient beaucoup de particuliers, et, pour mon compte, j'ai été quelquefois assez heureux pour combler des lacunes dans les musées publics. Ce devrait être le but de tous les amateurs, car les collections particulières, lorsqu'elles tombent, ce qui arrive souvent, entre les mains d'héritiers ignares, divisées par lots, vendues ou jetées, sont perdues pour la science.

Après la visite du cabinet d'histoire naturelle, je vais à la bibliothèque. J'y trouve, en double, mon *Histoire des monuments celtiques et antédiluviens.*

Je suis reçu par les conservateurs don Agostino Duran et don Basilio-Sébastian Castellanos. Ces messieurs me font gracieusement les honneurs du lieu et me montrent plusieurs manuscrits très-curieux et inconnus jusqu'alors, que la suppression des couvents a amenés à ce dépôt central.

En reconnaissance de ce bon accueil, je fais don à la bibliothèque de quelques volumes qui y manquent.

Je visite ensuite la collection des médailles, qu'on dit s'élever à cent cinquante mille. Il y en a un certain nombre, antérieures à l'occupation romaine, qui sont loin d'être des modèles comme art et dessin, mais qui sont, certainement, fort rares et peut-être uniques.

De là, nous nous rendons au palazzo reale, construit par Philippe II. C'est la résidence de la reine. Les pilastres, en granit blanchâtre, qui se détachent sur le bâtiment construit en pierres calcaires tirant sur le jaune, sont d'un effet très-monumental. Quarante-deux statues, de dix pieds de hauteur, représentant les rois et les reines d'Espagne, entourent la place qui fait face au palais. Ces statues étaient autrefois sur le palais même et devaient y faire merveille; mais leur poids énorme fatiguait l'édifice: on a craint les accidents et on les a mis où elles sont.

Nous allons à la salle de l'Opéra, dont la façade est fort belle. Nous ne pouvons visiter l'intérieur: l'absence de la cour et le choléra ont fait suspendre les représentations.

Il en est de même des combats de taureaux et des fêtes de tous genres. Il n'y a de récréation, en ce moment, à Madrid, que la promenade et la conversation des vierges folles dont j'ai parlé, qui, seules, sont chargées d'entretenir la joie de la cité. Mon guide me disait très-sérieusement, car en véritable Castillan il ne riait jamais, que c'était par mesure hygiénique et comme préservatif, qu'on les laissait ainsi courir partout, les médecins ayant déclaré que la tristesse était très-propre à donner le choléra. Voilà, certes, un remède dont on ne s'était pas encore avisé.

Nous entrons à l'armeria reale, ou musée royal d'artillerie, qui l'emporte sur tout ce que j'avais vu en ce genre.

Parmi les armures, je remarque d'abord celles de plusieurs cardinaux, entre autres l'armure du cardinal

Sisnero avec les marques de quatre balles dont il fût, dit-on, atteint.

Une autre armure ecclésiastique est celle du cardinal Mendoza. Puis viennent celles de Christophe Colomb, en couleur de deuil, noire et blanche, et celle que Don Juan d'Autriche portait à la bataille de Lepante.

Le casque de Boabdil et son sabre, pris à la bataille de Grenade, sont aussi bien travaillés que tout ce qu'on ferait aujourd'hui.

On nous montre un hausse-col d'argent, ciselé, monté sur fer, représentant la bataille de Pavie: il fut porté par Philippe II; un canon de douze, en fer forgé; la chaise de Charles-Quint et l'armure qu'il avait lorsqu'il sortit de Rome après y avoir été sacré empereur d'Autriche et couronné roi des Espagnes; un casque ayant appartenu également à Charles-Quint et représentant la conquête de Grenade.

Le lit de camp du même empereur, lit qui le suivit dans toutes ses campagnes, n'est qu'une grande malle ayant la forme de ces berceaux à capuchon où l'on couche les enfants. Ce lit est en bois et en cuir, sans le moindre ornement.

L'épée de Don Juan d'Autriche a six pieds deux pouces de longueur.

Viennent ensuite: l'épée du Cid; celles de Christophe Colomb, d'Isabelle-la-Catholique et de Cervantès. Cette dernière large de trois pouces, longue à l'avenant, semble avoir été faite pour le héros de son roman.

L'épée de François Ier et son casque. On les montre aussi à Paris: probablement qu'ils étaient doubles, ou bien qu'en les rendant à la France l'Espagne en a gardé le *fac-simile*.

L'épée de Pierre-le-Cruel; une suite d'armes mauresques et de lames dites *de Tolède*.

L'armure de Fernand Cortès, etc., etc.

Il y a telle de ces armures dont le casque seul, par la finesse des ciselures et le nombre de figures qu'il porte, doit avoir exigé des années de travail. L'armure complète devait coûter des sommes considérables, et les souverains seuls pouvaient les payer. Parure ou défense, il est douteux qu'ils les portassent souvent; leur poids devait écraser l'homme le plus fort. Mais c'était le luxe du temps.

J'étais sorti sans déjeûner. Mon cicérone me conduisit dans une espèce de café-restaurant où l'on me servit, à un prix raisonnable, du jambon frit, des côtelettes et du café. Le tout, y compris le repas de mon suivant, me coûta un peu moins de quatre francs. Encore m'avait-on porté pour soixante-quinze centimes un petit verre d'eau-de-vie que j'avais fait ajouter au menu de mon homme; mais c'était du Cognac, et je ne savais pas que ce qui coûte dix centimes en France fût payé soixante-quinze centimes en Espagne.

CHAPITRE XI.

Suite de Madrid. — Le Prado. — La leçon de français. — La Bohémienne.

Après déjeûner, mon conducteur me proposa de voir les écuries et leurs dépendances : je ne m'en souciais pas ; il insista : je cédai et je fis bien.

Les plus beaux attelages étaient partis avec la reine ; je ne trouvai, en chevaux et en mules, rien qui fut à citer ; mais parmi les voitures il y en avait d'une richesse vraiment fabuleuse. Celle de la Couronne, faite en 1833, à Madrid, a coûté soixante-quinze mille piastres ou plus de quatre cent mille francs : le siége seul, recouvert d'un tapis dont chaque gland pèse une once d'or, vaut vingt-cinq mille piastres. L'intérieur de la voiture est en soie brodée à la main et représente des vues de Cadix.

D'autres voitures moins riches, sans être moins élégantes, sont beaucoup plus légères, entre autres celle qui fut donnée à Charles IV par Napoléon.

Une galerie spéciale est destinée aux harnais. Il y en a de plaqués en or ou en platine, d'autres sont en argent massif. Les livrées des domestiques, les housses et les caparaçons des chevaux sont surchargés de galons ou de broderies d'or fin.

On voit une suite de selles qui ont servi à la reine depuis son enfance. Ces selles ressemblent assez à des fauteuils. On peut, à leurs dimensions, voir les progrès qu'à fait l'embonpoint de la souveraine. La dernière ou celle dont elle se sert aujourd'hui, est dans les plus vastes proportions.

Plus loin est la voiture d'ébène de Juana-la-Loca (Jeanne-la-Folle), dans laquelle elle portait constamment le corps de son mari, enfermé dans un cercueil. Est-ce vrai? L'histoire le dit, et cet équipage ressemble parfaitement à un corbillard. On sait qu'elle était femme de Filippo Hermoso (Philippe-le-Beau) et mère de Charles-Quint. Philippe-le-Beau, dit aussi la tradition, ne l'était pas seulement pour elle : ses infidélités contribuèrent à faire perdre la tête à la pauvre femme; et, quand il mourut, il allait la faire enfermer. Elle ne l'ignora pas; l'amour qu'elle lui porta, même après son décès, était donc tout désintéressé. Fut-elle réellement folle? C'est là un problême historique tout aussi peu soluble que l'impuissance d'Alphonse de Portugal, la folie de Charles VI, etc. La rancune des moines, la malignité des courtisans et l'ignorance d'un peuple ont trop souvent qualifié le souverain.

Si l'on en juge à ce luxe de livrées et d'équipages, les cérémonies de cour et les cortéges officiels doivent avoir, en Espagne, un éclat qu'ils n'ont pas ailleurs. Les capitaux ensevelis dans cette masse d'ornements et de livrées sont considérables; mais ces costumes durent longtemps et épargnent les frais d'un renouvellement annuel. Beaucoup, on s'en aperçoit à leurs formes, sont arrivés de règne en règne jusqu'aux souverains actuels.

En sortant, nous nous arrêtons sur une terrasse du palais d'où l'on voit la montagne et le jardin dit: *del principe Pio*, dont ce prince a fait une promenade publique. De l'autre côté, je vois la campagne sablonneuse que j'ai traversée en venant et qui rend si tristes les abords de Madrid. Nous sommes ici à peu près au centre de l'Espagne. La tour, au pied de laquelle nous avons passé avant de descendre dans la plaine qui conduit à Madrid, indique, dit-on, ce milieu de la Péninsule.

Je vais au musée qui contient, d'après le catalogue, des tableaux par milliers. Le nombre ne fait rien, si le mérite des maîtres ou de l'exécution n'y répond pas. Or, j'avais si souvent entendu dire que l'Espagne avait été dépouillée de tous ses chefs-d'œuvre et qu'il n'y avait pas un général français, pas même un colonel, qui n'en eût emporté une riche collection, que j'étais convaincu qu'il n'en restait plus un seul qui valut la peine d'être regardé. On peut penser si je fus étonné, après avoir parcouru la première salle, de me trouver entouré de chefs-d'œuvre. Je ne crains donc pas d'affirmer que la galerie de Madrid est une des plus riches qui existent.

Pour en donner la description, il aurait fallu la voir en détail, ce qui eut demandé plusieurs semaines. Je ne citerai donc que quelques morceaux qui m'ont plus particulièrement frappé.

Je m'arrête, d'abord, devant trois *Assomptions de la Vierge*, dont une de Murillo vaut, selon moi, celle que nous avons payée six cent mille francs.

Je remarque un *Saint Jérôme* et une *Vierge*, par Ribera; une *Fontaine*, par Velasquez, et divers portraits en pied de princesses de la maison d'Autriche, dont le costume est vraiment des plus étranges.

Dans un grand tableau également de Velasquez, représentant le *Combat de Cadix*, je retrouve la chaise de Charles-Quint.

La *Coronation dei Bevedori*, du même peintre, fixe aussi mon attention, ainsi qu'un *Saint Sébastien*, de Ribera; un *Prométhée*, dont j'ai oublié l'auteur; une *Tentation de saint Antoine*, des *Pâtineurs*, etc., etc.

Le local, qui se compose d'une rotonde et de plusieurs salles, est beau, mais il aurait pu être plus utilement distribué et surtout mieux éclairé. C'est une chose bien difficile que de placer convenablement les tableaux. Un jour plus ou moins favorable, influe sans doute beaucoup sur l'effet d'une peinture, mais ce qui agit peut-être plus encore, c'est le voisinage. On ne peut s'imaginer combien un bon tableau peut nuire à un autre tout aussi bon, ou contribuer à le faire ressortir. Obtenir cette harmonie dans un musée, ou tout au moins éviter le rapprochement des tons qui se heurtent et s'écrasent, est un talent presqu'aussi grand que celui de l'harmonie des couleurs, ou la parfaite justesse des accords: aussi est-il peu commun.

A l'hôtel, je trouve un dîner propre et bien servi: chose rare en ce pays. Il n'y a pas un seul Espagnol à table; les convives sont des Anglais, des Allemands, des Américains. On n'y échange pas une parole; chacun mange silencieusement ce qu'on lui sert. Tout ce monde boit à grand verre un vin rouge, fumeux, et que je ne puis supporter qu'à force d'eau. L'Espagne, si riche en vins de dessert, n'offre, pour la consommation journalière, que des vins peu agréables. Il serait très-facile d'en avoir d'excellents et de légers: on y est parvenu à Naples et dans quelques parties de la Sicile. Mais l'Espagnol, comptant sur la Providence, reçoit ce que Dieu lui donne et comme il le donne : s'il n'est pas bon, c'est à Dieu à le rendre meilleur.

Le soir, après avoir traversé la Puerta del Sol, petite place, où, jour et nuit, le peuple, en ce moment, tient ses assises, je suis la rue d'Alcala qui me conduit au Prado. Cette promenade, où tant de romanciers ont fait naître les amours de leurs héros, est la seule ressource des désœuvrés depuis la fermeture des théâtres. Tout ce qui restait encore à Madrid de la foule élégante, s'y trouvait. Les femmes y étaient beaucoup plus nombreuses que les hommes. Quant aux équipages et aux cavaliers, on pouvait les compter : la richesse se cache, quand la pauvreté règne.

Je m'étais fait une si grande idée du Prado, qu'en le voyant, je me dis : Ce n'est que cela ! Néanmoins, après en avoir fait le tour, je reconnus que c'était une belle promenade. Elle se compose de deux allées principales, au milieu desquelles est une chaussée où circulent les voitures et les chevaux. Cela ressemble un peu à la route de Paris à Saint-Denis.

Mon cicérone m'avait parlé du salon de Paris où, me disait-il, se réunissait le beau monde, et j'étais fort empressé de trouver ce salon. M'imaginant que l'avenue, où circulait la foule, y conduisait, j'allai jusqu'au bout. Là, je ne vis rien ; seulement chacun faisait volte-face et retournait sur ses pas. Enfin, tout en cherchant cet introuvable salon, je remarque que, vers le milieu de l'allée, il y avait des chaises où les femmes s'asseyaient pour jaser et jouer de l'éventail. Je compris alors que c'était là ce qu'on appelait le salon de Paris.

J'étais fatigué ; la soirée était belle et chaude, je pris place dans ce boudoir en plein air. Peu après, deux femmes en noir et en véritable costume castillan, vinrent pour s'asseoir, mais il ne restait qu'une seule chaise inoccupée. J'en avais loué deux, je leur en présentai une. Elles l'acceptèrent en me remerciant.

A l'aide de l'italien et du dictionnaire, je commençais à balbutier quelques mots d'espagnol. C'était le cas d'en faire l'essai. J'arrangeai une petite phrase et je l'adressai à ma voisine qui, s'apercevant de mon ignorance, me répondit en français. Elle n'y était pas beaucoup plus savante que moi en espagnol. N'importe, la conversation s'engagea, et, comme font à peu près toutes les étrangères, elle me questionna sur Paris où elle aurait bien voulu aller, ajoutant qu'elle ne mourrait pas contente, si ce vœu ne se réalisait pas. Je lui dis qu'elle avait bien du temps devant elle pour voir son souhait s'accomplir. En effet, elle paraissait avoir à peine vingt ans. Elle me demanda si j'étais depuis longtemps à Madrid, et comment j'y trouvais les dames? C'était pour me faire dire qu'elle était jolie, et je le lui dis, car je me rappelais la rancune de la jeune camérière et je ne me souciais pas de me mettre à dos toutes les femmes de Madrid. Au surplus, ici je ne disais que la vérité.

Elle voulut savoir ensuite si j'étais marié. Après lui avoir répondu négativement, je lui fis la même question. Elle m'apprit qu'elle ne l'était pas, que la dame qui l'accompagnait était sa belle-sœur, et elle me montra son mari. C'était un beau jeune homme, portant l'épaulette et qui se promenait avec d'autres officiers. Elle ajouta qu'il viendrait bientôt les chercher pour faire un tour dans les allées. Je lui demandai s'il ne trouverait pas étrange que je causasse ainsi avec elle? Elle me dit que non, parce que j'étais étranger et qu'il verrait bien que j'étais un *caballeros*. Alors, je lui remis ma carte. Elle la montra à sa belle-sœur en prononçant quelques mots en espagnol.

Dans ce moment passa un attaché à la légation de France, que j'avais vu quelques heures avant à l'ambassade où je m'étais présenté selon l'usage : il vint à moi en me disant que l'ambassadeur, regrettant de ne pas me voir, m'avait écrit pour m'inviter à passer la soirée chez lui le lendemain.

Pendant cette conversation arriva l'officier, beau-frère de ma voisine : il connaissait l'attaché et ils causèrent quelques instants. Celui-ci prit ensuite congé et alla rejoindre un groupe qui passait. La jeune femme avait remis ma carte à son mari, et quand les deux dames se levèrent et que je les saluais en m'apprêtant à me rasseoir, la demoiselle me demanda si je ne me promenais pas ? L'invitation était directe, j'en compris aussitôt le motif ; c'était celui qui, en pareille circonstance, m'avait valu, en Allemagne, la même politesse : elle voulait prendre une leçon de français et faire croire en même temps à ceux près de qui nous passions qu'elle le savait. Aussi notre conversation ne fut-elle rien moins que mystérieuse : elle élevait la voix le plus haut qu'elle pouvait. Son frère le parlait moins bien qu'elle, mais de temps en temps, après avoir silencieusement étudié sa phrase, il s'aventurait dans notre conversation.

Nous fîmes ainsi je ne sais combien de tours d'allées, car la jeune fille ne semblait nullement disposée à abréger la leçon qui, nonobstant la gentillesse de l'écolière, commençait à me paraître un peu longue : j'étais véritablement exténué. Enfin, sa belle-sœur, que cela amusait beaucoup moins, témoigna le désir de s'en aller ; elle prit le bras de son mari. Ma voisine, bien que ce ne soit guère l'usage ici, s'empara du mien, absolument comme elle eût fait d'un livre dont on veut achever la lecture avant de le rejeter sur la table ;

car ne vous y trompez pas, ces gracieusetés n'étaient pas à l'adresse de l'homme, mais bien à celle de la langue française, et elle ne m'aurait seulement pas regardé si j'avais parlé allemand ou hollandais.

Ainsi tenu, il n'y avait pas moyen de m'échapper, et causant toujours, nous arrivâmes jusqu'au logis de la famille, où son frère m'engagea à entrer. Il était fort tard et j'avais tant babillé que j'en avais presque une extinction de voix; je pris donc congé après avoir promis de revenir le lendemain.

Quand je fus seul, je m'aperçus que j'étais dans un quartier que je ne connaissais pas et qu'il s'agissait, chose à laquelle je suis rarement habile, de retrouver mon chemin : j'aurais pu le demander, mais les figures que je rencontrais ne m'inspiraient guère de confiance. A cette heure, dans les rues de Madrid, les honnêtes gens ne sont pas en majorité; des bandes de vagabonds les parcouraient en hurlant et en courant après des filles qui se sauvaient à leur approche. Beaucoup étaient ivres. Quelquefois en passant près de moi, me reconnaissant pour Français, ils criaient, je ne sais trop pourquoi : *Viva la Republica!*

J'aperçois un groupe où l'on causait assez tranquillement. Je demande la calle Mayor. L'un des causeurs se détachant, s'offre de me conduire. Je le suis, mais je découvre que deux autres marchent derrière lui, en se glissant le long des murailles. Bientôt je me trouve à l'entrée d'une rue étroite et obscure; je veux rétrograder, les deux individus de l'arrière-garde me ferment le passage.

J'étais pris au trébuchet et je vis que j'allais être dévalisé. J'avais peu d'argent sur moi, la perte était donc réparable. Mais ces gens-là ne voudraient-ils pas se dédommager sur mes habits, voire même sur ma peau? Telle était la réflexion que je faisais, en regardant à droite et à gauche s'il ne surgirait pas quelque libérateur ou quelque moyen de salut. Le ciel me l'envoya. Une espèce de soldat sortit d'un des bouges qui bordaient cette ruelle. Son uniforme, son sabre qu'il traînait bruyamment, effrayèrent mes drôles qui s'arrêtèrent indécis. Alors il me suffit de deux à trois bourrades pour m'ouvrir le chemin et me trouver dans une rue plus honnête.

Je devais m'attendre à de telles rencontres, on m'en avait prévenu. Il faut ajouter qu'elles ne sont pas ordinaires à Madrid; c'était la suite des circonstances et la répétition de ces jours parisiens dits: *des lampions*.

Je rentrai chez moi sans autre alerte, non toutefois sans m'être secoué pour m'assurer que quelque stylet ne m'était pas resté entre cuir et chair.

Le 4, je me lève de bonne heure, avec l'intention d'aller prendre un bain dans une rivière quelconque, et je me mets à battre la ville pour la trouver. J'arrive à la puerta de Alcala qui est une des belles entrées de Madrid. De là, je vais à la plaza de Toros, où se donnent les combats. Ainsi déserte, elle est fort triste: il en est autrement quand la foule s'y réunit, et c'est, dit-on, un spectacle des plus curieux. Je parle des spectateurs, car la boucherie des taureaux, dont j'ai vu ailleurs quelque échantillon, n'a rien qui me séduise.

Je revois le Prado, dont la veille je n'avais pu embrasser l'ensemble. C'est une noble promenade qui n'a contre elle que sa régularité: elle manque d'imprévu. Ses fontaines sont justement citées. Sous ce soleil brûlant, l'eau fraîche et limpide a un grand charme. Malheureusement, on ne se baigne pas dans celle-ci, et c'est un bain que je cherche.

Je traverse la plaza de Alocha, puis j'arrive dans un

grand carré partagé en plusieurs allées où de très-beaux arbres, massés en voûte, mettent à l'abri du soleil quand il en fait; mais c'était contre la pluie qui tombait à verse que je venais chercher un refuge.

Ce lieu est, je crois, ce qu'on appelle Buen retiro. Si ce n'est son nom, c'est celui que je lui donne, car j'y suis absolument seul. D'un côté sont des maisons inhabitées ou en ruines; de l'autre des baraques qui doivent être, si j'en juge au linge étalé, des établissements de blanchisseuses. La rivière que je cherche ne peut donc être loin.

Pour attendre la fin de la pluie, je m'assieds sur un banc au pied d'un arbre. J'y suis comme sous un toit. Une femme passe avec un panier de raisin. Je lui propose de m'en vendre quelques grappes. Elle semble ne pas me comprendre. Je lui montre de l'argent: c'est la langue universelle. Elle m'entend alors, et me présente trois belles grappes. Je lui donne une pièce d'un franc, en lui faisant signe qu'elle peut la garder. Mais elle ne l'entend pas ainsi, et m'offre d'autres grappes. Je lui dis que j'en ai assez. Elle n'en tient compte, et, comme je refusais de les prendre, elle les pose sur le banc et, quoique je puisse dire, elle continue d'en mettre jusqu'à ce qu'il en soit couvert. Puis, me tournant le dos, elle me laisse là comme Silène sous la vendange.

J'en mange une grappe, deux grappes, trois grappes, mais il en restait une douzaine encore, et je me demandais ce que j'en ferais, regardant si je n'apercevrais pas quelque gamin disposé à me venir en aide, mais il n'y en avait pas. Une seule figure se montrait dans ce vaste espace: c'était une femme bizarrement costumée de noir, de rouge et de jaune. A mesure qu'elle approchait, je pus, à son teint olivâtre, à ses yeux brillants comme ceux d'un lynx, reconnaître une Bohémienne. Elle était jeune et bien faite, et, sans son air dur et sauvage, on aurait pu la trouver jolie.

Venant droit à moi, elle prononça quelques paroles que je ne compris pas. Alors elle me demanda, en italien, si je voulais qu'elle me dît ma bonne aventure? et elle me prit la main. Je la retirai, en regardant si ma bourse ne passait pas dans la sienne, et si ma montre était encore à sa place.

Elle devina ma pensée. Je le compris à son mouvement et au regard qu'elle me jeta. Il y avait là un reproche.

Fâché de l'avoir humiliée, car en définitive toutes les bohémiennes ne sont pas des voleuses, je lui offris la plus belle grappe de raisin, qu'elle se mit à manger. J'écartais les autres pour lui faire place, et, l'invitant à s'asseoir, je lui présentai ma main. La sienne n'était pas plus blanche que sa face, mais elle était fort propre. Elle y avait plusieurs bagues qui paraissaient de prix. Ce n'était donc pas une mendiante, et l'idée me revint encore de faire attention à ma bourse.

Après avoir examiné ma main, elle murmura à demi-voix une suite de paroles inintelligibles; puis elle parla plus distinctement, mêlant à son italien quelques mots de notre langue, probablement pour connaître si j'étais Français. Je lui dis que je l'étais. Alors, comme si elle eut désespéré du scepticisme de ma nation, elle repoussa ma main d'un air qui signifiait: A quoi bon dire quelque chose à des gens qui ne croient à rien?

Changeant de rôle, elle me demande si j'avais une *amica?*— Je lui dis que non.— Elle voulut savoir pourquoi? — Je lui répondis que je n'étais à Madrid que depuis deux jours.— Elle me demanda si j'en souhaitais une?— A cette proposition, je crus que la Pythonisse faisait plus d'un métier, et cela me rendit toute ma mauvaise opinion.

Néanmoins, je continuai de lui parler doucement, ajoutant que je m'étonnais que, jeune comme elle était, elle parlât pour les autres. Elle se remit à sucer son raisin sans me répondre.

Son voisinage commençait à me peser: voleuse, je me bornais à m'en méfier; tireuse de cartes, elle m'amusait; mais entremetteuse, elle me répugnait. Elle s'en aperçut: « — Qui vous dit que ce soit pour une autre que je sois venue? me fit-elle avec un ton de colère. *Sono ricca, signor cavaliero*, et elle me montra ses bagues et les plaques d'or qu'elle avait au cou. Puis elle ajouta: *e sono bella, ma no per questi birbanti,* et elle étendait la main vers la ville. — Vous n'aimez donc pas les Espagnols? — Ses yeux s'enflammèrent, elle faisait peur. — Non, ils ont battu ma mère, ils m'ont battue aussi, oh! *maledetti!* et elle porta la main à sa ceinture où je vis un couteau. En ce moment, sa figure était celle d'une hyène. — Je veux aller en France, continua-t-elle, et j'ai juré que j'aimerais le premier Français que je rencontrerais pour m'y conduire. C'est donc vous que j'aimerai. Emmenez-moi. — Et votre mère? — Elle viendra avec nous. — Et votre père? — Il n'a pas besoin de nous, il gagne de l'argent en Espagne, et ira en France plus tard. — Mais je ne vais pas en France, je vais en Afrique. — Oh! tous les Espagnols y vont. Je ne veux pas y aller, vous n'irez pas non plus; je l'ai vu dans votre main, vous vous noierez en route. — Il faut, pourtant, que j'y aille. — Alors dites-moi où vous demeurez et je vous enverrai quelque chose qui vous empêchera, peut-être, de vous noyer. »

Je lui donnai mon adresse. Elle répéta mon nom deux à trois fois comme pour ne pas l'oublier. Elle voulut aussi savoir où je demeurais à Paris; puis elle se leva pour partir. J'ouvris ma bourse, et je lui présentai une pièce de cent sous. Elle secoua la tête. Je crus qu'elle ne se trouvait pas assez rémunérée pour ses prédictions et le temps que je lui avais fait perdre, et je lui offris une monnaie d'or espagnole d'environ dix francs. Elle la refusa encore. Je commençai à trouver sa science divinatoire un peu chère; pourtant, j'allais m'exécuter et joindre les deux pièces. Elle vit mon dessein, et, pour la troisième fois, elle renouvela son refus. Ici, j'étais tout-à-fait désorienté et j'ajouterai humilié. Je l'avais occupée, et je ne l'avais pas payée. En un mot, j'étais son obligé.

Je ne voulais pas rester dans cette position, d'autant moins qu'elle la comprenait et s'en prévalait, je le voyais à son air. Elle se vengeait de mes soupçons : il n'y a pas de femmes sans cœur, même chez les Bohémiennes.

En me quittant, elle me demanda si je laissais là ce raisin? Sur ma réponse affirmative, elle réunit les grappes, sauf une, les attacha avec une petite branche d'arbre, dont elle fit un lien; puis prenant la grappe qui restait, l'approcha de ses lèvres, en ôta un grain avec ses dents, puis me la présenta, en dardant sur moi un regard farouche. Je pris la grappe; elle resta immobile attendant ce que j'allais en faire. J'en détachai un grain et je le mangeai. Son front se dérida aussitôt; elle poussa un cri de triomphe et s'éloigna en me faisant, de la main, un signe amical.

Qu'eût-elle fait, si j'eusse rejeté sa grappe? Qui le sait? peut-être m'eût-elle planté son couteau dans la poitrine. On me dira que c'est un rêve. Non.—Qu'est-ce donc qu'un coup de couteau ici!— Mais comment croire que cette femme en eut été capable?— Comment? je vais vous l'apprendre. Lorsqu'elle fût partie, voici ce qui me revint à l'esprit.

La veille ou la surveille j'avais, à l'hôtel, entendu parler d'un homme qui, quelques jours avant, avait été poignardé par deux femmes qu'il avait, le soir, rencontrées dans la rue, et à l'une desquelles il avait voulu faire une déclaration à l'espagnole, c'est-à-dire à coups de poings. On ajoutait que ces femmes étaient des Bohémiennes. Or, la haine furieuse que celle-ci portait aux Espagnols qui, disait-elle, avaient battu sa mère et l'avaient maltraitée elle-même, le désir qu'elle témoignait d'aller où les Espagnols n'étaient pas, offraient ici de singuliers rapprochements! Était-ce elle ou sa mère qui avait poignardé l'assaillant? Je ne saurais le dire, mais je ne doutai pas que ce ne fût l'une ou l'autre.

Au surplus, d'après le bruit public, le mort n'avait eu que ce qu'il méritait; et la justice semblait être de cet avis puisque, jusqu'alors, elle n'avait arrêté aucune Bohémienne.

Ceci m'expliqua aussi pourquoi celle-ci n'avait pas voulu de mon argent. Elle désirait aller en France et la rencontre d'un Français était pour elle une bonne fortune. Peut-être me prenait-elle pour quelque personnage influent et propre à tirer d'embarras elle et sa mère, si on venait à les inquiéter. En me laissant son débiteur, elle croyait conserver des droits à ma protection. Aussi étais-je persuadé de la revoir; et telle est la curiosité humaine que je n'en étais pas fâché.

CHAPITRE XII.

—

Suite de Madrid. — Le Mançanarez.

—

En quittant la promenade, toujours à la recherche du Mançanarez, je suivis la ligne des baraques de blanchisseuses. La pluie avait cessé, le soleil brillait; je fus frappé d'un spectacle nouveau : c'était le lit d'une rivière fort large, non couverte d'eau, mais d'une si grande quantité de chemises, de serviettes, de draps de lit, qu'on aurait cru voir un champ de neige si, de loin à loin, quelque mouchoir rouge et des jupes de diverses couleurs n'avaient pas nuancé ce tapis, dont la longueur s'étendait à perte de vue. Ce jour-là, Madrid faisait probablement sa lessive. Quant à la rivière elle-même, elle avait disparu, et je n'en voyais que les rives.

Me voici sur un pont qui est, je crois, le puente de Toledo, d'où la vue s'étend sur le cours du torrent, mais je n'y apercevais que linge et cailloux roulés, entremêlés de pierres plus grosses, dans les anfractuosités desquelles restaient quelques litres d'eau. Le moyen de nager là et de se laver dans une eau qui avait déjà purifié tant de choses? Je renonçai donc à mon bain.

J'apprends d'un voisin que le Mançanarez n'était pas toujours dans cet état négatif, et que dès demain, si la pluie continuait, j'y trouverais de l'eau, mais il m'avertit qu'en raison du choléra il était défendu de s'y baigner. Craignait-on que le cholérique n'empoisonnât l'eau ou que l'eau n'enrhumâ le cholérique? C'est ce que l'auteur de la défense n'avait pas dit.

L'histoire des préservatifs indiqués par la Faculté et prescrits par les divers gouvernements contre le choléra, ferait un curieux recueil, surtout si on le rapprochait du résultat. Partout, il semblait que le malin fléau se plaisait à déjouer les prescriptions doctorales et les mesures sanitaires : c'était toujours où on l'attendait le moins, et dans les lieux réputés les plus sains, qu'il venait de préférence exercer ses ravages.

Il en était à Madrid comme ailleurs, et l'on mourait, surtout dans les quartiers où les docteurs avaient déclaré qu'on ne mourrait pas. Ce sont les cours d'eau, disaient-ils, qui l'apportent, et c'est par le Mançanarez qu'il viendra : pourtant les blanchisseuses qui, du matin au soir, avaient le nez sur le torrent et les quelques flaques d'eau demi-croupies qui y restaient, se portaient à merveille.

Après la rivière, je visite les jardins du prince Pio, ceux-là même que j'avais aperçus du palais : c'est une agréable promenade, mais qui, dans ce moment, me parut aussi fort délaissée.

Je rentrai en ville pour y faire mon cours d'architecture, et je me mis en quête des édifices historiques. Ils ne sont pas nombreux à Madrid, et l'on s'étonne de ne pas trouver, dans un pays naguère si catholique, plus de monuments religieux. Cependant, je visite deux églises : Santo-Domingo et San-Ildefonso, citées ici, mais qu'on ne remarquerait ni à Rome, ni à Gênes, ni à Venise. Une troisième, Santa-Maria della Almadena, m'intéresse davantage : c'est une ancienne mosquée où l'on reconnaît partout le style arabe.

J'avais traversé plusieurs fois la plaza Mayor, sans trop y faire attention; cette fois je me rappelai son ancienne destination : elle servait alternativement aux combats de taureaux et aux auto-da-fé. On y tuait tour à tour, pour varier le spectacle, des bœufs et des hommes; les bœufs étaient égorgés, les hommes étaient brûlés. Ici, les bœufs étaient les heureux : ils mouraient du coup et ils n'avaient pas préalablement été mis à la torture. Le diable, ce tourmenteur officiel du genre humain, me semble toujours une superfluité, lorsque je vois les hommes remplir si bien ses fonctions.

Je suis à l'endroit même où était le bûcher. De quelles terribles douleurs et d'effroyables agonies cette place n'a-t-elle pas été témoin! je crois y voir encore les victimes se tordant dans les flammes et les spectateurs écoutant leurs cris et contemplant leurs convulsions. Cela s'appelait un acte de foi, et ceux qui ordonnaient ces choses se disaient des chrétiens : singuliers chrétiens!

La calle de Alcala, qui conduit au Prado, a quelque rapport avec nos boulevarts parisiens : elle est large, bien plantée, bordée de belles maisons avec des magasins assez riches, mais, dès que la nuit vient, l'illusion cesse. La rue est mal éclairée, les voitures, revenant du Prado, lui donnent encore un moment d'animation, mais il est court. Quand elles sont rentrées, on n'y rencontre que quelques piétons attardés ou des groupes qu'on s'empresse d'éviter : on a vu que ce n'était pas sans raison. La puerta de Alcala, construite en 1778, est une espèce d'arc-de-triomphe qui termine bien la rue.

Je retourne au musée, d'abord pour les tableaux et aussi pour me sauver de la pluie qui tombe à seaux. Madrid n'est pas beau quand il pleut.

Je remarque une figure d'homme endormi, de Ribera; puis une singulière peinture, qui est de son école, si elle n'est pas de lui, représentant un ange occupé à faire des flèches. Il est debout, le dos tourné faisant face aux spectateurs, les jambes ouvertes et laissant voir deux enfants sur le second plan.

La Vierge aux poissons, appelée la perle de Raphael, est aussi celle de cette salle.

Un tableau de Téniers nous montre son atelier où sont rappelés, en petit, une quarantaine de ses tableaux.

Les Lances, toile de Velasquez fort estimée.

Portrait de Velasquez, peint par lui-même.

Ascension de la Vierge, par Murillo, autre encore que les trois autres que j'ai citées.

La belle Férronnière, par Léonard de Vinci. Où donc est l'original? car je l'ai vu en France, en Italie, en Angleterre, en Allemagne et le voilà en Espagne? Est-ce encore ici le miracle de saint Jean et ses douze têtes, toutes authentiques.

Je ne parle pas de la galerie de sculpture : s'il y a quelques bons morceaux, ils ne sont pas nombreux. Quant au jardin botanique, il mérite non-seulement d'être visité, mais étudié.

Sur la plaza de las Cortès est la statue de Cervantès, élevée, depuis peu, par les frères de la Miséricorde, du même ordre que ceux qui l'avaient racheté quand il était captif. C'est le premier écrivain profane auquel les moines aient érigé une statue.

Je vais revoir au cabinet d'histoire naturelle le squelette du mégathérium. Je n'avais pas d'instruments pour en prendre la mesure, mais, autant que j'ai pu en juger, il a cinq mètres de longueur et trois mètres cinquante centimètres de hauteur. C'est près de Buénos-Ayres, qu'il a été trouvé en 1789. Quelle que soit son origine, c'est un morceau précieux pour la science.

Je vais faire une visite à mon écolière de la veille qui me rappelle la gracieuse Prussienne que j'avais rencontrée, l'année précédente, sur le Rhin, et qui, elle aussi, s'était éprise de la langue française. Quant au désir de voir Paris, il est commun, en Europe, à toutes les femmes qui lisent nos romans ou chantent nos vaudevilles. Que celui qui veut se marier, et n'a pas de préjugé de nation, aille, au lieu de s'adresser aux marieurs et marieuses de profession, faire son tour d'Europe, je lui promets qu'en se disant Parisien, ou seulement en laissant entrevoir un séjour annuel à Paris, il aura bientôt trouvé femme. Oui, fût-il laid, fût-il vieux, fût-il sot, dès que Paris et la France sont mis en avant, on ne voit plus l'homme. Et, remarquez-le bien, ce ne sont pas les monuments de notre capitale, ce ne sont pas même ses plaisirs, qui séduisent la jeune fille étrangère, c'est ce préjugé devenu proverbial, qu'à Paris la femme est reine. C'est donc moins la France qu'elle veut que l'indépendance ou la liberté, et le français pour elle en est la langue. Aussi mon Espagnole, qui comptait sur sa deuxième leçon, m'attendait-elle avec impatience.

Je la trouvai avec sa belle-sœur. Celle-ci, nouvellement mariée avec un homme qu'elle aimait, avait beaucoup moins envie de voyager et conséquemment d'apprendre une autre langue que la sienne. La jeune fille me montra ses livres français: ils étaient convenablement choisis, et faisaient honneur à son maître. Elle me pria de lui écrire une leçon sur son album, puis de lui en dicter une autre; ce que je fis.

Son frère ne tarda pas à rentrer; il m'invita à dîner. Ceci m'aurait retenu le reste de la journée, je refusai et je pris congé de ces dames en les engageant à venir me voir en France; ce qu'elles promirent, comme on promet toujours, sans jamais tenir. Huit jours après, elles avaient probablement oublié jusqu'à mon nom.

Je rentre à l'hôtel pour dîner. La veille tous les convives étaient étrangers; aujourd'hui les Espagnols sont en majorité. D'ailleurs, pas un Français: excepté les agents de l'ambassade, à Madrid, je n'en ai pas vu d'autres. Les Espagnols parlaient beaucoup des affaires du jour. Il paraît que la police des langues ne se fait pas mieux que celle des rues. Autant que je pouvais le comprendre, ils arrangeaient fort mal le gouvernement. Peut-être n'avaient-ils pas tort. Je n'en connais pas qui fasse moins pour les gouvernés que celui-ci; il est vrai que je ne connais pas de gouvernés qui fassent moins pour eux-mêmes; disons mieux, qui agissent plus activement contre leurs propres intérêts. Ils se disent patriotes; ils le sont en effet, mais patriotes de clocher. Les rivalités de ville à ville, de province à province, sont loin d'être éteintes ici: on y est Basque, Catalan, Aragonais, Valançais, Castillan, etc., mais on n'est pas Espagnol. Puis ce vieux goût du sang, cet instinct de loup, qui fait partout reconnaître l'enfant de la Péninsule, y prend toujours le dessus, et l'on s'y tue par habitude. L'un des convives, qui parlait français, me dit que la cause de la querelle actuelle était la division des opinions au sujet des deux reines: les uns voulaient la mère; les autres voulaient la fille.

Ceux-ci reprochaient à la mère d'avoir épousé Munoz, fils d'un marchand de tabac, et d'en avoir fait un duc de Riancerez. Leurs adversaires répondaient qu'une reine était femme avant d'être reine; qu'elle avait donc bien fait d'épouser celui qu'elle aimait; que le mal aurait été de s'en laisser aimer sans l'épouser; qu'en agissant ainsi, elle s'était d'ailleurs rendue populaire, et qu'elle seule était en mesure de donner une constitution libérale à l'Espagne.

Je n'ai pas trop compris quels étaient les griefs des autres contre la fille; mais, quant à la reine-mère, j'étais de l'avis de ceux qui ne la mettaient pas en dehors de la loi commune. Il me semblait qu'une reine veuve et voulant se remarier, devait, tout naturellement, préférer un homme aimable et bien tourné à un magot ou un imbécille, fût-ce un héritier présomptif. Ce sont les magots et les imbécilles que les nations devraient interdire aux infants et aux infantes, chargés de leur donner des princes héréditaires. N'est-ce pas par des alliances physiquement et moralement malsaines que tant de familles régnantes sont arrivées au crétinisme, puis à la déchéance. Bref, les médecins, bien plutôt que les diplomates, devraient être chargés des mariages royaux: on préviendrait ainsi bien des troubles et des révolutions.

J'étais encore à table quand un domestique vint me remettre un petit paquet de papier blanc, entouré d'un ruban rouge, et ressemblant à un de ces cornets de bonbons qu'on donne en France lors des baptêmes. J'étais à chercher ce qui pouvait me valoir cette galanterie, quand je me ressouvins du talisman promis; je demandai qui avait apporté ce paquet? On me dit que c'était une jeune fille, et qu'elle était partie immédiatement. Ce départ m'étonna plus que le reste, car je savais qu'elle avait quelque chose à me demander: j'en conclus qu'elle ne devait pas être loin et que je la reverrais dans la soirée.

Je montai à ma chambre, bien curieux de savoir en quoi consistait ce préservatif contre la tempête. J'ouvre le papier et j'y trouve un sachet de soie jaune, sur lequel était tracé des signes cabalistiques. Dans le sachet qui semblait rempli de coton ou de bourre de soie, quelque chose d'arrondi résistait sous les doigts et ressemblait à des pois. Il me vint en tête que ce pouvait être des perles, et que c'était une vente de bijoux qu'on voulait me faire : or, acheter des joyaux à des Bohémiens me paraissait assez scabreux.

Le sachet était soigneusement cousu de tous les côtés : cependant, dussé-je détruire le charme, je voulus satisfaire ma curiosité. J'en ouvris un coin, j'en fis sortir trois petites boules, et je reconnus de ces graines d'Amérique dont on fait des bracelets et des colliers : il y en avait une rouge et deux noires.

Rassuré sur la valeur de mon talisman, je remis le tout dans le petit sac : alors je m'aperçus que ce que je prenais pour de la soie était une mèche de cheveux noirs comme le jais. Étaient-ils de ma Pythonisse ou bien de quelque sainte de sa nation ? C'est ce que rien n'indiquait. Ne doutant pas qu'elle ne parût bientôt, je rangeai le paquet, en me réservant de lui demander des explications.

En l'attendant, je fis l'inspection de ma chambre et de son ameublement. La fenêtre qui attira d'abord mes regards semblait bien moins faite pour garantir de l'eau et du soleil que d'un siége. Une natte, qu'on remontait à l'aide d'une poulie, pendait extérieurement. Venaient ensuite deux rideaux de soie, puis un double et pesant volet de chêne, sous lequel, natte, fenêtre et rideaux, pouvaient disparaître, en ne laissant que l'apparence d'une porte que recouvrait un épais tapis d'étoffe.

Dans la chambre se pavanaient un fauteuil à la Voltaire, un immense secrétaire de cinq pieds six pouces de haut, de trois pieds de large, avec des boutons de tiroirs si petits qu'ils étaient insaisissables; une grande commode digne, par son ampleur, de ce secrétaire monumental; un canapé, un autre fauteuil et quatre chaises; enfin une table ronde, immobilisée par son poids ; aux murs, trois glaces et, sous les pieds, un tapis de Turquie.

On pouvait se croire logé dans un garde-meuble. Rien ici ne me rappelait l'ameublement espagnol qui tient encore, pour sa simplicité, de celui des Maures. Mais j'appris que le local avait été arrangé ainsi pour une vieille lady, qui y était morte en se plaignant du froid.

Ne voyant paraître personne, je me décidai à sortir en recommandant bien, si la porteuse du paquet venait me demander, de la faire attendre.

Me voici battant les rues, mais en me gardant des ruelles. Le temps n'était pas sûr, et la boue, qui ne fait pas plus faute à Madrid qu'à Paris, rendait la promenade assez peu agréable. De spectacles, j'ai dit qu'il n'en était pas question, et les cafés que je voyais ouverts étaient si remplis de groupes pérorant et gesticulant qu'ils ressemblaient plus à des clubs qu'à des lieux de rafraîchissements. Partout les symptômes d'une explosion prochaine se faisaient sentir, et, si une nouvelle révolution n'a pas eu lieu, j'en attribue la cause moins aux mesures prises par le gouvernement qu'au choléra qui vint, fort à propos, faire une diversion favorable, en faveur de l'ordre. On voit qu'à quelque chose, la peste est bonne.

Cette légion de femmes publiques, lâchées je ne sais par qui sur le pavé de Madrid, et qui s'y tenaient en permanence, contribuait peut-être aussi à arrêter l'incendie, du moins elles n'y poussaient pas; elles avaient autre chose à faire. Arrivées de tous les coins de l'Espagne, leur préoccupation du moment était de trouver à vivre, et tandis que l'ogre populaire bâtifolait et se chamaillait avec elles, lui non plus ne songeait pas à détruire et à tuer. Donc, si l'on n'a jamais eu la politique d'employer les femmes comme digue ou moyen contre-révolutionnaire, on a eu tort. Je les comparais ici à des grains de millet qu'on jette à des poulets qui se battent : tandis qu'ils s'en régalent, ils ne tentent plus de se crever les yeux.

Ne me souciant pas d'entrer dans les cafés, qui me paraissaient moins sûrs encore que les rues, je me mis à examiner cette armée féminine, cherchant à deviner si, en l'absence de la police, qui ne semblait nullement s'en occuper, il y avait chez elle un sentiment d'ordre quelconque ; on sait qu'il en faut même dans le désordre.

Je reconnais d'abord que, de même que dans l'armée régulière qui se divise en grenadiers, fusilliers et chasseurs, elles aussi forment trois grandes divisions, dont on voyait les soldats se grouper chacun selon son arme ou son uniforme.

En première ligne étaient celles qu'on pouvait nommer grenadiers ou vétérans : c'étaient des femmes à chapeaux, toutes d'un âge assez mûr et qui devaient, comme Joconde, avoir parcouru le monde. Dans le nombre, je croyais reconnaître quelques indigènes de nos boulevarts parisiens, lesquelles, ainsi que j'ai eu l'occasion de le remarquer dans plus d'une capitale, vont à l'étranger faire leur dernière campagne.

Venait ensuite le corps essentiellement national ou de véritables Espagnoles, en mentille, au teint brun, aux cheveux noirs, à la taille svelte, presque toutes belles, marchant fièrement et même avec une certaine distinction, et qu'à toute autre place on aurait pu prendre pour des grandesses émancipées.

Une troisième division devait être qualifiée de troupes

légères : elle se composait de filles de petite taille, jeunes pour la plupart, plutôt blondes que brunes, coiffées d'un mouchoir en marmotte, et en robe d'indienne, paysannes et probablement montagnardes, assez blanches de peau, mais aussi assez sales. Quoique les moins âgées, c'étaient les plus hardies et les seules qui vous invitassent nettement à les suivre. C'étaient aussi, comme les plus faibles, celles qui étaient les plus battues.

Ma revue passée, non sans recueillir quelques apostrophes ressemblant assez peu à des compliments, j'allais me diriger vers l'hôtel, lorsque j'entendis des cris, et je vis la foule se précipiter vers une rue voisine. On me dit qu'on venait d'y assassiner une femme. Je pensai aussitôt à ma bohémienne, et je courus de ce côté. J'y appris que c'était une Espagnole tombée accidentellement d'une fenêtre; d'autres disaient qu'on l'en avait précipitée.

J'avais assez de Madrid et de ses rues, et je résolus d'en partir dès le lendemain. Que m'y restait-il à faire? J'y avais vu tout ce que je pouvais voir. Quant aux plaisirs, j'ai dit en quoi ils consistaient. Je pense bien que Madrid n'est pas toujours ainsi, mais, en vérité, entre le choléra et l'insurrection, quand les coups de couteaux brochent sur le tout, il était fort permis de ne pas s'y plaire.

Je croyais trouver chez moi la gitana; elle n'y avait pas reparu. On me dit qu'un de mes compatriotes, arrivé le jour même, était descendu à l'hôtel, et qu'en lisant mon nom sur le régistre, il avait demandé à me saluer.

Un instant après, il se fit annoncer et entra. Son nom m'était connu; quant à sa personne, c'était la première fois que je la voyais. Il m'apprit le sujet de son voyage. Directeur d'un de nos théâtres des boulevarts, il était venu, en Espagne, pour recruter une troupe de danseurs et de danseuses indigènes. Il avait déjà parcouru plusieurs villes où il n'avait rencontré que des cabrioleurs sans talents, ou des talents hors de prix. J'étais peu à portée de l'aider dans ses recherches, et je ne pus que déplorer avec lui la dureté des temps pour les directeurs de théâtres qui, en présence des prétentions des artistes, grands et petits, n'ont pas toutes leurs aises et font rarement fortune.

Là-dessus, il me quitta, et j'allais me coucher quand on vint me prévenir que la porteuse du paquet, accompagnée d'une autre femme, était dans l'antichambre et désirait me parler.

C'étaient ma Bohémienne et sa mère. Ainsi que je m'y étais attendu, elles venaient me demander les moyens d'entrer en France, et il était facile de voir à leurs instances qu'elles avaient quelque puissant motif de quitter l'Espagne. La jeune fille me fit encore entendre que ce n'était pas l'argent qui lui manquait, qu'elle en avait suffisamment pour voyager elle et sa mère; mais qu'elle craignait d'être arrêtée à la frontière, parce qu'en France, lui avait-on dit, on ne laissait pas passer les gens de sa race. Je lui répondis qu'on les admettait quand ils pouvaient justifier d'un état ou d'un moyen honnête de pourvoir à leurs besoins.

Alors, elle me dit que sa mère savait travailler de l'aiguille, qu'elle même était chanteuse et danseuse, et qu'elle avait, plus d'une fois, été applaudie au théâtre.

Cela venait fort à propos: je songeai aussitôt à mon directeur. Je courus à sa chambre où je le trouvai maugréant du peu de succès de ses recherches.

Je lui racontai l'histoire de ma Bohémienne, en laissant de côté le coup de couteau, dont je n'avais, d'ailleurs, pas la certitude.

Il voulut la voir à l'instant. Sa tournure et sa figure lui plurent, il lui demanda son nom : il le trouva sur un cahier de notes qu'il avait recueillies chemin faisant. Elle lui avait été désignée non comme un talent de premier ordre, ni même de second, mais comme une utilité intelligente, et qui, vu sa jeunesse, elle avait dix-huit ans, était susceptible de mieux faire.

Comme les prétentions de la demoiselle ne s'élevaient pas bien haut, le marché fût bientôt conclu. Il s'engageait à l'emmener à Paris, ainsi que sa mère, avec trois ou quatre autres sujets qu'il avait acceptés faute de mieux. Le départ, ce qui arrangeait fort mes deux voyageuses, était fixé au surlendemain.

C'est ainsi que je payai, sans bourse délier, mon talisman et que je me suis fait une alliée dans la Bohême et les coulisses : il faut avoir des amis partout.

Avant de quitter ma chambre, la mère voulut me témoigner sa reconnaissance à sa façon. Elle marmota quelques paroles, puis, tournant autour de moi, en faisant des passes de la main gauche, elle vint poser la droite sur ma tête et recommença à prier : c'était une sorte de bénédiction qu'elle me donnait. Sa prière finie, elle prit ma main et la baisa, sa fille en fit autant, et toutes deux sortirent sans mot dire.

Il y a dans cette nation quelque chose de mystérieux comme son histoire elle-même. Cette histoire serait une grande étude à faire et que personne encore, en France, n'a tenté sérieusement. Quelle est l'origine de ce peuple? Quelle est sa religion? On n'en sait rien. Est-il donc impossible de le savoir, et ne pourrait-on, en les interrogeant, obtenir quelque lumière? Ils ont des usages à eux et des usages très-anciens. Ils ont donc des traditions. Ils ont aussi leur langue; en l'analysant, on doit voir de laquelle elle dérive, ou si elle-même est la mère d'autres langues. Ont-ils des titres écrits, des manuscrits, des livres quelconques? En ont-ils jamais eu? De toutes ces choses, on ne sait pas le premier mot.

De même que les Juifs, ces Bohémiens, Égyptiens, Gitani, Gypsies, etc., etc., car ils ont dix noms et plus, ont pénétré dans tous les pays, et partout on les reconnaît à leur teint, à leurs mœurs, à leur amour de l'indépendance et du changement. Ils descendent probablement de quelque tribu nomade. Leur couleur olivâtre rend les femmes peu séduisantes à nos yeux français; mais, ailleurs, en Russie surtout, elles ont inspiré des passions terribles, et l'on cite de hauts personnages qu'elles ont entraînés à mille fautes, puis à leur ruine. Aussi ont-elles une prédilection pour ce pays et pour les provinces danubiennes où elles pullulent. On en rencontre aussi beaucoup à Constantinople où elles font le métier de danseuses. Les hommes sont chanteurs et musiciens ambulants. Ils sont assez nombreux en Espagne, en Italie et dans certaines parties de l'Allemagne. C'est en France où l'on en voit le moins, et, de jour en jour, l'espèce y deviendra plus rare. Partout où règne l'ordre, ces gens-là sont hors de leur élément; nos lois contre le vagabondage les tiennent à distance. C'est un grand bonheur pour les mœurs et tout profit pour nos poulaillers.

Cette race est-elle incivilisable, et ne pourrait-on pas la ployer à des habitudes régulières? Pourquoi non. Ce n'est ni l'intelligence ni la finesse qui manquent aux Bohémiens. Ils font tout ce qu'ils veulent: il s'agirait seulement de leur faire vouloir ce qui est utile et juste. Ayant en eux tant de ressources pour le mal, ils doivent en avoir une dose égale pour le bien.

CHAPITRE XIII.

—

Départ de Madrid. — Aranjuez. — Route d'Albacette.

—

Le 5, au matin, je monte dans un wagon pour aller à Aranjuez. Ce wagon, bien qu'on le nommât première, était absolument comme les troisièmes ailleurs. Il y avait des rideaux et point de glaces, ce qui est fort bien quand il n'y a ni vent, ni poussière, ni fumée, ni pluie; malheureusement, à la poussière près, nous eûmes tout le reste, et, nonobstant les rideaux que le vent soulevait, la pluie nous arriva à flot. Je me drape dans mon manteau et les femmes mettent leurs jupes sur leur tête, sans trop s'inquiéter de leurs jambes.

Du côté que nous venons de parcourir, Madrid apparaît assez bien. La vue de la ville est belle, et la campagne est moins déserte que dans l'autre partie; on y rencontre des vignes et des troupeaux de moutons.

Cette voie de fer et ses accessoires offrent peu de luxe: c'est la chose dans toute sa simplicité. Le laisser-aller espagnol est là plus frappant qu'ailleurs. Les stations sont des baraques, et les gardiens, quant à la tenue, sont à la hauteur du logis. Les employés supérieurs se reconnaissent à une petite machine à vapeur, en demi-bosse, qu'ils portent au chapeau. Les gros chefs l'ont en or; les petits chefs en argent.

La police du chemin se fait *à la buona*. Personne ne s'informe si les wagons sont ouverts ou fermés, ni même si quelqu'un y entre ou en sort. A quoi bon avec des Espagnols? Ces gens-là sont comme des chats, et je reste émerveillé en les voyant, tandis que le train marche, s'accrocher à la portière et sauter dans la voiture.

Cela leur coûte moins encore, quand ils veulent sortir. D'un bond, les voilà sur la voie. Quelques-uns tombent, mais ils se relèvent, se secouent et il n'y paraît plus. Il est vrai que la grande vitesse n'a ici rien de bien exagéré, et, comme nous sommes à la petite, nous ne faisons guère plus de trois lieues à l'heure: ce qui explique cet exercice d'acrobate que je n'ai pourtant pas été tenté d'imiter.

Qu'on ne croie pas, dans ces sauteurs, voir des écoliers? Non. La plupart sont des gens d'un âge très-raisonnable, et qui sautent ainsi un fusil d'une main et un paquet de l'autre.

Les garde-fous, ou ces grillages qui séparent chez nous les rails du chemin des piétons, sont considérés ici comme un luxe inutile. Rien ne les arrêtant, les chiens, grands amateurs, eux aussi, de la course aux diligences et de la chasse aux mules, ne voulant pas renoncer à leur antique récréation, quittaient leur maison ou leur troupeau pour s'élancer à la suite des trains en aboyant. J'en ai vu s'approcher si près, en montrant les dents aux locomotives, que je croyais à tout instant qu'ils allaient être broyés. Quand le convoi les dépassait, on les voyait, essoufflés et sans voix, s'efforcer encore de le suivre, et finir, à demi-pâmés, par tomber sur la voie. Ces chiens sont aussi agrestes et entêtés que leurs maîtres.

Tandis que je regardais leur course désespérée, j'entends, derrière moi, un bruit comme eût fait la chute d'un ballot: c'était un gros homme, d'environ quarante ans, qui venait, le cigarre à la bouche, de faire son saut d'introduction. En raison de la rotondité du sujet, ce saut me semblait vraiment merveilleux. Je n'étais pas au bout de ma surprise. A peine assis, il s'aperçoit qu'il s'est trompé; c'est dans un wagon des troisièmes qu'il voulait aller: il ressaute à terre et, d'un autre bond, le voici aux troisièmes. Si cet homme là n'était pas un toréador, c'était le taureau lui-même: je n'avais pas l'idée de tels jarrets. Ces jeux doivent amener des accidents, et de très-graves, mais en Espagne on ne compte jamais les morts.

Des plantations de jujubiers qui bordent la route, couverts de leurs fruits bruns, sont d'un gracieux aspect. La campagne paraît ici moins déserte; nous apercevons, de temps en temps, des paysans qui passent ou qui travaillent aux champs: tous ont un fusil à long canon. Ceux qui ne le portent pas, l'ont à côté d'eux.

A neuf heures et demie, se montrent quelques coteaux assez verts, puis bientôt des collines arides; à gauche, des champs mal cultivés.

Nous laissons Valdemoro, petite ville de deux mille âmes. Nous passons le Jarama sur un beau pont. L'eau de cette rivière est jaune et trouble.

Sur un autre pont, peu distant du premier, nous traversons un fleuve, bien autrement célèbre: le Tage.

A dix heures, nous entrons à Aranjuez ou *Ara jovis.* C'est le Saint-Cloud de la cour d'Espagne, comme l'Escurial en est le Versailles. La fraîche vallée qui l'entoure, le Tage qui passe au pied du château et en arrose les jardins, en font une position délicieuse. Dans cette Espagne si souvent aride et toujours poudreuse, on apprécie de pareils sites. On sait que c'est à Aranjuez que Charles IV fut contraint, par une insurrection, d'opter entre sa couronne et son favori, ou plutôt le favori de la reine, Manuel Godoï, et ce fut pour Godoï qu'il opta. Voilà un bel et rare exemple d'amour conjugal : on a vu des maris pardonner à l'amant de leur femme, mais céder leur couronne pour sauver cet amant, c'est le sublime de l'abnégation.

De tous les hommes qui remplissaient le wagon, il ne restait, quand nous arrivâmes sous la gare, qu'un vieux curé espagnol. Des six autres, pas un n'avait eu la patience d'attendre que le train fût arrêté : tous, successivement, avaient sauté sur la voie. Or, voyez ce que c'est que l'exemple : deux fois le curé, lui aussi, avait eu la velléité d'en faire autant, et il l'aurait fait si je ne l'eusse retenu. Croiriez-vous qu'il manqua se fâcher de cette entrave mise à sa liberté? Cependant il reconnut que j'avais agi par charité chrétienne, car il se mit à me parler français, ce qu'il n'avait pas fait jusqu'alors. Devenus bons amis, nous nous acheminâmes de compagnie pour visiter le château et les jardins.

Nous remarquâmes d'abord qu'ils étaient assez mal tenus, probablement à cause de l'absence de la cour, et aussi par suite de la pluie. Nos pieds enfonçaient dans une terre jaune et tenace, où nous craignions de laisser nos chaussures. Le palais qui se présente en face quand on sort de la gare, dont il n'est éloigné que de deux à trois cents pas, ressemble plutôt à la demeure d'un particulier aisé qu'à une maison royale. Il est bâti en briques rouges, entremêlées de pilastres en pierres blanches, ce qui est d'un effet agréable, mais peu monumental. Quant à l'intérieur, je n'en puis rien dire, car je ne l'ai pas vu. On m'a parlé de fresques et de tableaux, sans m'en citer les auteurs, ce qui n'était pas de bon augure.

Ce que j'avais sous les yeux valait bien une peinture: c'était le Tage. Je voulus goûter son eau, quoique, jaunie par l'orage, elle ne fut pas très-attrayante. Je ne pus satisfaire mon envie qu'en m'enfonçant dans la vase jusqu'à mi-jambes. Le fleuve est large ici comme le quart de la Seine à Paris. Il forme cascade quand il arrive aux murs du château, ce qui l'embellit fort. Cette chute est artificielle. Ici, les fleuves mêmes font leur cour et, en véritables courtisans, ils sautent pour le roi.

Un fort joli pont conduit à une belle fontaine en marbre et à jet d'eau, qui contribue encore à orner la situation. Près de la fontaine était réuni un grand convoi d'ânes et d'âniers, les uns comme les autres dans leur costume national. Les ânes, nonobstant leurs brillants caparaçons, ne valaient pas ceux de Naples et de Sicile, et me rappelaient celui de Sancho-Pança, moins joli que savant. Quant aux âniers, c'étaient de beaux hommes, bien qu'il y eût quelque chose dans leur regard qui ne m'eût pas convenu au coin d'un bois.

En continuant de parcourir les jardins, je rencontre d'autres fontaines qui ne sont pas non plus indignes d'attention; puis une espèce de parc à l'anglaise, qui a aussi son agrément.

Ici, mon curé fut rejoint par un de ses confrères, avec lequel je le laissai conférer sur l'histoire ecclésiastique, qui, en Espagne, n'est pas, à l'heure qu'il est, dans sa phase brillante. Après avoir chassé les moines, les esprits forts veulent aussi renvoyer les curés et supprimer la messe. Songent-ils à redevenir Maures?

En France, c'est la réaction contraire qui s'opère. Après avoir fait table rase des établissements religieux, nous avons relevé ceux qui étaient utiles : c'était bien. A présent, nous rétablissons les ordres mendiants, quand ailleurs on les supprime; nous faisons mieux, nous en inventons de nouveaux, et, plus papistes que le pape, nous allons déborder Rome même. Ceci, prenez-en note, ne peut manquer de nous conduire à quelque catastrophe anti-religieuse, qu'il serait bon de prévenir en nous arrêtant sur cette pente dangereuse. En France, on aime et respecte les évêques et les curés, on a raison, car ils sont généralement respectables, enfin, la soutane y est populaire, mais le froc ne l'est pas. Or si l'habit n'y fait pas la religion, il ne faut pas sacrifier la religion à un habit. Si vous voulez des moines, changez-en le costume.

Je me dirige vers la ville d'Aranjuez à laquelle on donne cinq à six mille habitants, population qui est doublée quand la cour y réside. C'est une ville fort propre, un petit Versailles bourgeois, où vivent des petits rentiers ou des courtisans réformés, classe nombreuse en ce pays.

Quoique l'eau du Tage ne m'eut pas paru fort claire, je mourais d'envie de m'y baigner, mais le demi-bain de limon que j'avais pris me décourageait; je ne me souciais pas de m'en mettre jusqu'au col. Néanmoins, en cherchant bien, je trouvai une place où je pouvais espérer un fond assez ferme. Je tentai l'aventure. Je ne m'embourbai pas trop, et je pus même nager.

Ce bain et la promenade m'avaient donné appétit : je retourne à la gare où j'avais entrevu un restaurant. Je m'y trouve en compagnie d'une brillante réunion de muletiers, auxquels s'étaient joints plusieurs des âniers dont j'avais vu les montures près de la fontaine. Il se faisait là sans doute quelque fête de famille; tous ces gens étaient proprement et même élégamment mis. Leur costume se rapprochait assez de celui du Figaro du *Barbier de Séville;* seulement, je remarquai qu'au lieu de trousse et de savonnette, ils portaient de bonnes escopettes et des couteaux bien affilés qui leur servaient, en ce moment, à découper leur viande.

Une table restait vide; je m'y installai. On me servit un plat de tomates avec du jambon frit, vrai mets de muletiers : à chaque bouchée, pris à la gorge par le poivre ou le piment qui rehaussait la sauce, il fallait avaler, faute d'autre liquide, un grand verre de vin, noir et fumeux, qui n'était pas de nature à rafraîchir beaucoup. Ne pouvant obtenir d'eau, je regrettai fort celle du Tage, malgré sa teinte café au lait. Enfin, sur mes pressantes réclamations, on m'en apporta une cruche pleine, et, rassuré par le voisinage de cette onde bienfaisante, je pus braver le feu de ce terrible jambon.

Mon déjeûner se termina par une tasse de café détestable, comme il l'est toujours en Espagne et à peu près partout. Il est étonnant que ce ne soit qu'en France qu'on sache faire le café. Ailleurs, sauf en Turquie, c'est une boisson imbuvable. En Turquie, il est bon, mais sa mine n'est pas flatteuse, car on le prend avec le marc.

En attendant le convoi d'Albacette, j'examine la gare qui touche au château royal et semble en faire partie. Elle ne l'emporte guère sur les autres. Non-seulement elle est sans luxe, mais elle est peu sûre sous certains rapports, et quand les souverains s'y arrêtent, ils peuvent en sortir en compagnie plus nombreuse qu'ils n'y sont entrés: la propreté n'est pas une vertu commune en Espagne.

Le signal du départ se fait entendre: chacun s'installe de son mieux, sans arriver à être bien. La séparation d'un wagon à l'autre n'est qu'à hauteur d'appui, et l'on peut causer avec ses voisins d'avant et d'arrière. Dans le wagon d'avant est un chef de gare que je reconnais à la petite locomotive d'or qui orne sa casquette. Il est accompagné de sa femme, de trois enfants et de deux servantes qui paraissent sœurs. L'une est une beauté sauvage, dont les sourcils se joignent, et qui ressemble à Mademoiselle Cruvelli : elle peut avoir vingt ans. L'autre en a seize : grosse et courte, c'est la caricature de sa sœur. Toutes deux, coiffées en cheveux, forment un spécimen bien caractérisé de l'espèce indigène. Elles paraissent dévouées à leur maîtresse et s'occupent sans cesse des trois enfants, dont l'aîné a sept ans. Le père et la mère, jeunes encore, ont fort bonne tournure. La dame est vêtue à l'espagnole, mais la fille, âgée de quatre à cinq ans, porte un chapeau. Ici, comme en Italie, comme en Grèce, la coquetterie des mères, quand elles n'osent pas elles-mêmes abandonner leur costume national pour les chiffons français, est d'en affubler leurs filles qu'elles défigurent à plaisir. Selon elles cela les rend distinguées : c'est ridicules qu'il faudrait dire.

Les bonnes et les enfants chantent des airs français, dont les paroles ont été traduites en espagnol ou adaptées à des vers nationaux. Partout, on aime à singer la France : c'est très-flatteur pour nous, mais ce n'est pas un profit pour l'étranger qui perd ainsi son originalité pour devenir une copie toujours pâle.

Ce qui frappe d'abord, en Espagne, est la différence des types de visages d'une province à une autre. Ici, il y a un contraste bien marqué entre la physionomie du chef de gare, de sa femme, de ses enfants et celle des deux servantes. Les premiers ont des figures fines, les traits allongés, les cheveux châtains. Les servantes ont des cheveux noirs, des têtes carrées et quelque chose de rude qui n'empêche pas que l'aînée ne soit fort belle.

Avant d'arriver à la station de Villa, nous rencontrons, sur la route parallèle à la voie, un régiment qui se rend à Madrid. Nous traversons de vastes plaines sans culture ou mal cultivées. Quelques mules qui paissent sont les seuls êtres vivants que nous y apercevons.

A Huerta, la campagne n'est pas plus belle.

A la station suivante, un des voyageurs, moins adroit que les autres, manque son élan et roule à terre. Nous le croyons tué, mais il se remet sur ses pieds en se frottant le ventre et, pour prouver qu'il n'est pas mort, il suit le train au pas de course. Singulière manie que celle-là! Il paraît qu'elle est générale; les gardiens et employés ne se permettent jamais la moindre observation; c'est la liberté du geste avec toutes ses conséquences.

A une heure, nous avons, à gauche, un village entouré de plaines arides; j'aperçois trois moutons.

Mon curé, qui m'a pris en amitié depuis que je l'ai empêché de faire ce saut périlleux, et que je lui ai prêté mes livres, me donne des renseignements sur le pays. C'est celui où Don Quichotte a mis fin à ses plus belles aventures, et, avant d'arriver à Albacette, nous passerons non loin du Toboso, pays de Dulcinée.

A une heure et demie, nous avons à droite des dunes stériles. A gauche, des nuages nous annoncent un orage.

A deux heures, se montre une église avec son clocher lourd, peu élevé, à tour carrée, comme ils sont ici. Aux alentours sont quelques vignes, des touffes de grands roseaux qui servent de perches, un champ de solanum, dont les tiges, hautes de sept à huit pieds, portent de belles fleurs jaunes, larges comme des assiettes.

La grosse servante se retourne : belle d'un côté, elle est borgne de l'autre et a une balafre sur la joue. Cette fille a dû faire la guerre ; c'est, assurément, quelque amazone de guérillas. Sa sœur a une admirable chevelure. Elle n'a pas l'air plus tendre que son aînée.

A gauche, je vois beaucoup de mules et des champs récoltés. La bourrasque se déclare, le vent tourbillonne dans les wagons et fait voler les rideaux. Les femmes défendent de leur mieux leurs châles, leurs coiffures ; je manque de perdre mon chapeau. Agréables wagons ! et ce sont les meilleurs ! qu'est-ce donc des autres ?

Nous voilà à la station de Villar de Canas. C'est la première dont je trouve le nom sur la carte. Les maisons sont couvertes en pannes. Les murailles faites en pierres sèches, posées sans soin les unes sur les autres, comme pour imiter des ruines, font ressembler ce lieu à une ville prise d'assaut. Les hommes en manteaux bruns, avec leurs petits chapeaux pointus, leurs culottes, leurs guêtres et leurs fusils qui ne les quittent pas, ressemblent à de vrais brigands. J'en remarque un portant une couverture noire avec des raies larges de six pouces, et alternativement jaunes, vertes, rouges et blanches : c'est Arlequin en manteau de cour.

Rien de triste comme Villar de Canas et sa campagne ; je n'y vois de verdure que quelques arbres rabougris. Le purgatoire doit avoir cette apparence désolée.

A deux heures et demie, nous sommes à Guero. Je ne sais ce qui s'y prépare : nous y trouvons un rassemblement d'hommes armés, ils sont par groupes sur la voie et se dérangent à peine quand le train passe. Je ne sais comment aucun d'eux n'a été blessé ; si ceci était arrivé, ils auraient certainement tiré sur nous.

Lorsque nous partions, deux de ces individus sautent dans le wagon où je suis, en tenant leur fusil à la main : triste compagnie ! J'ai vu rarement de plus mauvaises mines. La femme du chef de gare paraît en avoir grand'peur. La grosse servante les regarde d'un œil menaçant : c'est une louve prête à se jeter sur des loups d'un autre bois.

La figure de ces servantes m'étonne toujours, elle ne ressemble à aucune autre face humaine ; je voudrais bien savoir de quelle province elles sont. J'ai parlé des femmes brunes et des femmes blondes et rosées de Madrid : ces deux sœurs à face carrée, aux dents blanches et larges, aux yeux à la fois farouches et voluptueux, sont d'une troisième race.

Après un quart-d'heure de marche, nos hommes à fusil qui n'ont pas ouvert la bouche s'en vont comme ils sont venus : ils sautent sur la voie et s'éloignent sans rien payer, sans regarder personne.

Je m'étonne de la quantité d'eau que boivent les trois enfants ; à toutes les stations, on en remplit deux bouteilles, qui, en peu d'instants, sont vidées. Les Espagnols, comme les Maures et les Arabes, croient que l'eau ne peut faire mal. Les peuples du Nord, sans en excepter les Français, ont le préjugé contraire ; ils n'en boivent jamais et laissent souvent leurs enfants souffrir de la soif sans leur permettre d'y toucher : l'eau, selon eux, donne la fièvre, fait naître des vers, amène des coliques, des fluxions de poitrine, rend hydropique, etc. Je suis convaincu qu'une partie des maladies du peuple provient de cette prévention contre l'eau, prévention dans laquelle les cabaretiers ne manquent pas de les entretenir.

A mon grand étonnement, j'ai vu des médecins prêcher à peu près la même doctrine et bien recommander à leurs clients de mettre dans leur eau, s'ils voulaient absolument en boire, quelques gouttes de vin, de vinaigre, de lait, à moins qu'ils ne préférassent la tisane. Est-ce que les chiens, les chats, les bœufs, les chevaux, etc., ne boivent pas d'eau pure? est-ce qu'ils s'en portent plus mal? Sans vouloir qu'on fasse abus de l'eau comme je l'ai vu faire en Orient, je dirai que non-seulement l'eau est un des meilleurs préservatifs contre beaucoup d'indispositions, mais qu'elle en peut guérir quelques-unes, notamment les rhumes. Quand je suis enrhumé, je ne bois que de l'eau fraîche pour tout remède: aussi ne le suis-je pas longtemps.

Voici un exemple singulier de cette prévention contre l'eau. Un maître ouvrier, ancien militaire, que j'employais chez moi, homme laborieux et honnête, mais malheureusement très-enclin à la boisson, commença à prendre du ventre: il attribuait cela à sa bonne santé et ne s'en inquiétait pas. Cependant, un jour il éprouva quelque malaise: je lui conseillai de voir le médecin. Justement, le docteur entrait; mon ouvrier profita de l'occasion pour le consulter. Après l'avoir examiné, le docteur lui frappant sur le ventre lui dit: « — Il y a de l'eau là-dedans. — De l'eau! s'écrie mon homme, ah! je m'en doutais, c'est ce coquin de cabaretier qui m'a volé. — Volé, lui dis-je, quel rapport cela a-t-il avec votre mal? — Quel rapport? depuis dix ans je n'ai pas bu une goutte d'eau! non, Monsieur, pas une goutte: c'est donc ce voleur-là qui en a mis dans mon vin et mon cognac. — Mon ami, lui dit le docteur, cela prouverait plutôt le contraire, et si vous aviez moins bu de vin et d'eau-de-vie, vous auriez moins d'eau dans le ventre. — Allons donc, M. le docteur, du vin changé en eau, c'est bon à faire croire à des conscrits, mais à un vieux troupier!... » Enfin, quoique le médecin eût pris la peine de lui expliquer que l'eau venait chez lui d'une dissolution du sang, suite de son intempérance, il ne voulut pas démordre de son opinion, et quand on lui fit la ponction, il ne cessa d'anathématiser son marchand de vin qu'il traitait de fripon et d'empoisonneur.

La pluie redouble et nous inonde. Les deux camérières mettent une de leurs jupes sur leur tête, une autre sur celle des enfants, et restent en chemise.

Les buffets des stations sont aussi rustiques que le reste : on n'y trouve que des verres d'eau pour boisson et de petites pastèques pour nourriture.

A Alkasar, deux yeux flamboyants, appartenant à une figure étonnamment barbue, paraissent à la portière et nous regardent tous sous le nez. Que cherchaient-ils? C'étaient de terribles yeux. Était-ce un homme de la police? était-ce un bandit qui en attendait un autre?

Il est quatre heures : partout des temps d'arrêt et même des contre-marches. Les Espagnols ont trouvé moyen d'aller, avec la vapeur, moins vite qu'avec des chevaux.

On parle encore ici de choléra, mais moins que sur les autres routes.

Je crains que mon bagage ne soit percé par la pluie : mon sac de nuit l'est bien dans le wagon.

Ici la vapeur nous manque et nous restons sur la voie. On envoie chercher une autre locomotive à Zancara. Nous demeurons là une heure.

A six heures, nous traversons de vastes plaines et arrivons à la station de Soquelamos : triste lieu ! C'est là que le chef de gare nous quitte avec sa famille et ses servantes. Je verrai longtemps les étranges faces de ces deux filles et je les reconnaîtrais sur mille.

Nous avons mis douze heures pour faire trente-trois lieues. Comment en serait-il autrement? après chaque demi-heure de marche, on s'arrête un quart-d'heure.

Pour la troisième fois, la vapeur nous manque. Le sang-froid des employés et des voyageurs est admirable : ils semblent accoutumés à ces accidents. Il est sept heures : nous faisons maintenant deux lieues à l'heure, et l'on a changé trois fois de locomotive. Il y a, sans doute, coalition entre ces machines dégoutées de leur métier ; elles conspirent pour arriver à la restauration de l'antique dynastie des mules. N'est-ce pas aussi une légitimité ?

Mon curé me parle toujours de Don Quichotte ; il en connaît à fond l'histoire et me montre, à chaque pas, le théâtre de quelqu'un de ses exploits ou des accidents de son fidèle écuyer. C'est lui aussi qui me donne les noms des stations, dont je lui laisse la responsabilité, car je ne les trouve ni sur la carte, ni dans les livres-guides, et fort rarement sur les murs des gares.

Partout des plaines à perte de vue et mal cultivées. on n'aperçoit ni collines, ni arbres, ni eau, ni maisons. Je cherche toujours le village du Toboso, mais je ne puis l'apercevoir. La terre est rougeâtre, argileuse ; elle s'attache aux pieds. Le blé est maigre. Pas un troupeau ; pas un oiseau ; pas un passant.

Nous n'avons plus qu'une station pour gagner Albacette. C'est là que finit la voie ferrée.

CHAPITRE XIV.

Albacette. — Route de Valence. — Roc-Luna, le mayoral.

Il était dix heures et demie quand nous entrâmes dans Albacette où nous aurions dû être à sept heures. Autant que j'ai pu en juger à la lueur des étoiles, Albacette n'est pas une belle ville, mais on dit qu'elle a beaucoup d'industries. La principale est la fabrication des couteaux et des poignards, *navajas* et *cuchillos*, qu'on assure être d'une qualité supérieure et n'ayant point d'égaux pour expédier leur homme. Ce qui complète l'éloge du pays, c'est que les habitants s'en servent aussi adroitement qu'ils les fabriquent : il est donc bon ici de ne mécontenter personne. On compte, à Albacette, environ douze mille âmes.

Nous sommes encore dans les domaines de Cervantès : c'est non loin d'Albacette qu'il fait naître Don Quichotte et qu'il place la caverne de Montesinos. S'il avait écrit son livre de notre temps, il nous eût montré le bon chevalier, la lance en arrêt, défiant une locomotive, qu'il aurait prise pour un dragon lançant des flammes et entraînant, dans les replis de sa queue, des centaines de malheureux, réclamant le secours de sa bonne épée. Mais, hélas! rien de moins chevaleresque que la vapeur; il n'y a contre elle ni lance invincible ni armure enchantée. Les prodiges et les magiciens disparaissent à son approche, et les sorcières, sur leurs balais, ne courent pas si vite que le chauffeur sur son siége. Ah! Satan, mon ami, vous vous êtes ici laissé dépasser et vous n'avez pas même eu l'esprit de vous faire chauffeur.

C'est en parcourant les rues, guidé par un des marmitons de la posada, que je faisais ces réflexions en attendant le souper. Quand le gâte-sauce m'eût averti qu'il devait être servi, vu qu'il y avait bien une demi-heure que le poulet ne criait plus, je m'empressai de rentrer. Je trouvai, en effet, sur la table la malheureuse volaille dressée à l'espagnole, c'est-à-dire les quatre fers en l'air, et comme frappée d'apoplexie.

J'avais faim, et je me mis à l'attaquer de concert avec un voyageur qui devait partir par le courrier. La bête était si musculeuse que nous y ébrechions le couteau du pays malgré sa bonne trempe, mais la trempe du poulet était meilleure encore. Nous nous rabattîmes sur des ragoûts inexplicables, car un menu espagnol n'est qu'une suite de problêmes qu'on présente aux convives sous le nom générique d'olla podrida.

La connaissance fut bientôt faite avec mon compagnon de table, homme de trente à quarante ans, de bonnes manières, de taille moyenne, et ayant une de ces figures qui, tout d'abord, inspirent confiance. Comme Albacette est le point de départ des diligences et des courriers qui vont en Murcie, en Aragon, à Alicante, etc., etc., j'étais, dans mon ignorance de la langue, fort embarrassé au milieu de cette confusion de véhicules, pour faire charger mes effets dans celui qui allait à Valence et y obtenir moi-même une place. Mon nouvel ami se chargea de tout, régla ma dépense à l'hôtel, enfin me rendit tous les petits services qui dépendaient de lui. Nous échangeâmes nos cartes : c'était un gentilhomme du pays, et il se nommait Francesco-Trebyano-Pascual del Povil. Les Espagnols sont ainsi faits, ils vous traitent avec la plus grande indifférence, ou ils s'attachent tout de suite à vous.

Quand nous arrivons à la voiture, qui était la messagerie ordinaire de Valence, servant en même temps de courrier des dépêches, le coupé et la banquette étaient déjà occupés ; il ne restait que l'intérieur dont les bancs, placés longitudinalement comme dans les omnibus, sont médiocrement commodes. Vis-à-vis de moi est un capitaine de gendarmerie, aux formes athlétiques, au sabre gigantesque, au sans façon complet, mais brave homme. Dans un coin est un fantôme blanc, enveloppé de la tête aux pieds et dont on ne peut distinguer le sexe. Le capitaine le secoue pour savoir s'il s'agissait d'un mort ou d'un vivant ou d'un simple paquet. Alors, à l'aide de la lumière de l'hôtel qui éclairait encore la voiture, nous voyons sortir une tête coiffée d'un long bonnet de laine pointu qui disparaît aussitôt sous sa couverture.

Avec nous sont aussi trois femmes espagnoles, jeunes, assez jolies et qui vont s'embarquer pour rejoindre leurs maris officiers, en garnison à Barcelone. Deux d'entr'elles ont un enfant.

Le mayoral ou conducteur est un petit homme de quatre pieds huit pouces, gros, à figure rubiconde aussi large que haute, à grande bouche garnie de dents formidables, mais blanches et bien rangées. Coiffé d'un réseau que surmonte un chapeau pointu, il porte une veste ronde de velours, une culotte serrée, des bas à coins, des souliers à la castillane, un petit ventre rebondi, serré par une ceinture : c'est Sancho-Pança ressuscité ; la ressemblance est parfaite.

Son caractère est en rapport avec sa figure. Il est leste, il ne jure ni ne crie, il sourit toujours et se démène sans perdre sa bonne humeur.

Cette voiture doit nous conduire en vingt-cinq heures à un autre tronçon de chemin de fer qui nous mènera à Valence. J'avais tant souffert, dans ma traversée de Bayonne à Madrid, que je frémissais en pensant au temps que j'allais passer dans cette méchante carriole ; je savais que vingt-cinq heures, en Espagne, en font trente au moins. Cependant, j'étais aussi bien casé que possible, j'occupais un des coins du fond, ou le point le plus propre à dormir, mais je ne le gardai pas longtemps. Voyant qu'une des jeunes femmes était accablée de sommeil, et ne savait où reposer sa tête, je lui donnai ma place.

Les environs d'Albacette, autant que j'en ai pu juger dans la demi-obscurité, m'ont paru assez arides. Un peu plus loin, où vers Poro de la Pêna, je vois des apparences de culture ; le temps est redevenu beau, le ciel clair, mais le froid est très-vif, la voiture est mal fermée, et les courants d'air nous font grelotter. Je ne sais comment peuvent y tenir les deux petits enfants qui, selon l'usage espagnol, sont à peu près nus. Les mères ne s'attendaient pas plus que moi à cette température glaciale au mois d'août. Je couvre, de mon surtout, les deux marmots et une des femmes qui est légèrement vêtue. L'homme à la couverte, plus avisé que nous, fort à son aise sous ce rempart de laine, ronfle de tout son cœur. Quant à moi, je ne puis fermer l'œil.

De temps en temps, des individus drapés dans de longs manteaux noirs ou bleus, s'approchent de la voiture qui s'arrête quand ils en font le signe au postillon. Je ne savais trop qu'en penser, et je sentais mes deux voisines trembler de tous leurs membres: mais elles se rassurèrent en apprenant que ces hommes étaient des gendarmes qui venaient recevoir une consigne du capitaine. Nous dûmes en conclure qu'on surveillait quelqu'un ou quelque chose.

L'aurore qui commence à poindre nous annonce une belle journée. La campagne est ici mieux cultivée. Les relais, jusqu'à Almanza, sont: Villar, Bonete, Venta de la Vega. Au point du jour, le froid est devenu plus vif encore, mais dès que le soleil se montre nous passons d'un extrême à l'autre, et la chaleur devient très-forte. La poussière qui s'élève nous coupe la respiration.

C'est vers six heures que nous changeons de chevaux, dans un bourg qui doit être Bonete. Je descends avec le capitaine. Tandis qu'il est en conférence avec les gendarmes, je vais voir l'église, qui n'a rien de remarquable. Du reste, pas un habitant dans les rues: le bourg semble désert. J'étais arrêté contre une porte; tout d'un coup débouche de la cour une bête à cornes, vache, bœuf ou taureau, car l'apparition fut si subite que je n'en pus distinguer le sexe, qui, tête baissée, se précipite sur moi. D'un saut de côté, j'évitai son choc, et la bête, sans se retourner, disparut aussi vite qu'elle était arrivée. Je puis dire que je l'échappai belle: un demi-pied de plus, je tombais éventré comme un cheval de toréador. Je fus assez heureux pour n'avoir pas de témoin, car la rencontre était tout-à-fait dans le goût espagnol: tué, j'aurais pu être le sujet d'une romance; vivant, je devenais celui d'une caricature.

Pendant qu'on achevait de relayer, ce qui, en Espagne, n'est pas l'affaire d'un instant, surtout quand l'attelage se compose d'une douzaine de bêtes, je fais un examen plus attentif du costume de notre mayoral, que je n'avais pu bien détailler à la chandelle. C'est, maintenant, un mouchoir de coton rouge qu'il porte sous son petit chapeau pointu, qui mériterait d'être mis sous verre. Il est si coquet et si bien approprié à l'homme, qu'on aurait pu demander si le chapeau avait été fait pour le porteur ou le porteur pour le chapeau? L'homme peut avoir quarante ans, ce qui ne l'empêche pas d'être frais comme la rose, mais de ces roses un peu foncées et tirant vers le brun, telle que la rose capucine. Sa veste de velours bleu de roi, très-propre, comme tout le reste de sa personne, est ornée de nombreux petits boutons, formant deux demi-cercles qui se tournent le dos. La culotte est semblable à la veste; les bas sont d'une couleur tranchant sur celle de la culotte, et les coins tranchent sur les bas qui dessinent merveilleusement ses courtes jambes, ornées de vigoureux mollets.

Pour contre-partie à son petit ventre rebondi, est une croupe qui ne lui cède en rien et que sa culotte serrée et sa veste pincée font encore ressortir. Dans sa figure carrée brillent, ainsi que deux escarboucles, deux petits yeux pétillants de malice, contrastant fort avec son air calme, son front placide et sa bouche toujours souriante.

A la Venta de la Vega nous trouvons les habitants groupés à leurs portes: ils nous considèrent d'un air en dessous, sans nous approcher; des mendiants seuls s'aventurent un peu plus. C'est encore ici le choléra qui fait des siennes. C'est donc dans la crainte de nous le donner qu'ils s'éloignent? Non, c'est de peur que nous le leur donnions.

Une des femmes de la voiture me témoigne une amitié dont je ne puis m'expliquer la cause; elle me parle beaucoup, mais je ne comprends pas ce qu'elle me dit; j'entends seulement qu'elle répète le mot *Francese*. M. del Povil m'en donne l'explication: elle est née en Afrique, dans une ville de l'Algérie, depuis l'occupation française; et, quoi que sa famille soit espagnole, qu'elle même soit femme d'un officier de cette nation et qu'elle ne sache pas un mot de français, elle veut absolument être Française, et conséquemment ma compatriote.

J'accepte volontiers ce titre, puisque cela lui fait plaisir, et nous nous donnons une poignée de mains: alors elle me fait embrasser son petit garçon, qui peut avoir trois ans, beau, fort et bien membré, comme sont presque tous les enfants espagnols. Je pense que cette bonne constitution des nourrissons vient de l'habitude qu'ont les mères, les riches comme les pauvres, de les laisser à peu près nus: cela facilite leur développement et les endurcit de bonne heure au chaud et au froid. Pendant la nuit, quand je les couvrais de mon manteau, ils n'avaient pas l'air de souffrir du froid, ils le faisaient tomber avec leurs petits pieds, comme s'il leur eût été plus à charge qu'agréable, et, le jour venu, ils s'ébattaient au soleil, quand je pouvais à peine y tenir la main..

Je n'ai jamais vu les femmes battre des enfants, bien que les hommes ne s'en fassent pas faute; et ces enfants eux-mêmes, qui deviendront si criards quand ils seront hommes, ne pleurent ni ne crient que fort rarement. Lorsque cela arrive, les mères leur donnent sur la nuque de petits coups en faisant entendre un murmure caressant, ce qui les apaise presque toujours.

Si un étranger veut les toucher, ils le regardent d'un air sauvage et presque menaçant, mais on les apprivoise avec de petits soins, moins vite pourtant que les enfants du Nord, qui viennent souvent vous faire des avances, ce que ceux-ci ne font jamais. Chaque peuple a son instinct de race.

La chaleur augmente; elle est insupportable. Si nous voulons établir un courant d'air, nous sommes étouffés par la poussière.

Il est dix heures et demie: nous allons quitter la Murcie pour entrer dans le royaume de Valence; la transition est sensible. Ici, la culture est bonne. Des canaux d'irrigation fertilisent les terres et rendent la végétation plus forte. Les noyers qui bordent la route se sont étendus de manière à presqu'entraver la circulation des voitures. En mettant la tête dehors, on risque fort d'être éborgnés: cependant, nous ne nous plaignons pas de cet ombrage. Le mayoral nous offre des noix qu'il récolte aux branches qui viennent le chercher sur son siége.

On commence ici à voir le caroubier, très-bel arbre qui porte de longues gousses ressemblant, quoique deux à trois fois plus fortes, à celles de nos pois ; elles renferment une graine qu'aiment beaucoup les chevaux qui la mangent avec la cosse: c'est, principalement, pour leur nourriture et celle des bestiaux qu'on cultive cet arbre utile. J'ai vu aussi des femmes et des enfants en manger la graine avec plaisir.

En outre des caroubiers et des noyers qui bordent les chemins, les champs ont des mûriers blancs, des oliviers, des vignes. Les yeux fatigués de la stérilité de la Murcie, ou plutôt de la négligence de ses habitants, se reposent ici agréablement: tout y annonce l'aisance et l'industrie.

Nous nous arrêtons à Almanza pour déjeûner. C'est une ville de sept mille habitants qui paraît assez animée et proprement bâtie. On y cite, comme monuments, un château, un hôpital et un réservoir, nommé Pantano del Alfera, qui sert aux irrigations des environs. Je n'ai pas le temps de le visiter.

A l'hôtel, je déjeûne avec M. del Povil. Nous sommes servis par une jeune fille plus blonde que brune et qu'on prendrait pour une enfant du Nord. C'est probablement la fille de la maison, car il n'y a dans ses manières rien qui ressemble à celles d'une servante. Les femmes espagnoles ont une souplesse de mouvement et une grâce de geste qui plaisent beaucoup dans les belles et qui font supporter les laides : ceci est commun à toutes les classes. Celles qui ont adopté le costume français ont seules perdu quelque chose de ce gracieux laisser-aller. Dès qu'elles ont un chapeau sur la tête, elles croient devoir prendre un air roide et pincé qui n'est pas dans leur nature et ne leur va pas du tout.

Les hommes du peuple, ayant conservé leur costume national, sont beaucoup mieux que ceux des classes élevées qui ont adopté notre affreux chapeau à tuyau de poèle et le pantalon à sac. Les Espagnols, généralement bien faits, ne peuvent que perdre à cacher leurs formes.

Si vous voulez jeter un regard rétrospectif sur l'origine des modes, en France et en Angleterre, vous acquerrez la preuve que la plupart sont la conséquence d'un calcul tout individuel : c'est, certainement, un scrofuleux qui a inventé les cravates, un chauve qui a généralisé les perruques, une tête grise qui a fait admettre la poudre, un homme cagneux ou sans mollets qui a voulu les pantalons larges, une femme étique et plate qui a mis en vogue la crinoline, comme précédemment une bossue avait inventé les corsets. Le prodige ici est la stupidité de la majorité saine et bien faite qui a consenti à s'enlaidir pour cacher les difformités du petit nombre. Passe, si c'était par humilité, par charité chrétienne ; mais, non, les gens laids et mal bâtis leur ont persuadé qu'ils s'embellissaient en leur ressemblant, et c'est par vanité qu'on se défigure.

Je dois quitter ici M. del Povil qui prend le courrier d'Alicante. Je regrette cet aimable compagnon; et, bien que notre connaissance ne date que de quelques heures, nous nous embrassons comme de vieux amis.

Il est remplacé dans la voiture par un étudiant de Valence, venant de Paris. Il parle un peu français.

C'est lui qui nous prévient que la diligence qui arrivera à deux heures à Xativa y restera jusqu'à sept heures et demie du soir, parce que le convoi allant de là à Valence sera parti une demi-heure avant notre arrivée. C'est ainsi que les choses s'arrangent en Espagne: on y compte le temps absolument pour rien. Remarquez-bien que nous avons tous pris et payé nos places pour Valence, et qu'on s'est engagé à nous y déposer à trois heures après-midi.

Ma compatriote, l'Africaine-Espagnole, jalouse de ce que je causais toujours avec M. del Povil, sans trop m'occuper d'elle, paraît fort satisfaite de son départ. Dès ce moment, elle me considère comme sa propriété. Lorsqu'elle veut dormir, elle met sa tête sur mon épaule; quand elle descend de voiture, elle s'appuie sur mon bras; et si elle s'éloigne, elle me donne son enfant à garder. Comme celui-là se porte bien, la commission n'est pas trop pénible, quoiqu'il ne m'épargne ni coups de pieds ni coups de griffes: mais cette gentille femme y mettait tant de franchise et de bonne amitié, que je me prêtais volontiers à faire ce qui lui était agréable.

Nous sommes dans le royaume de Valence: c'est un

pays meilleur que celui que nous venons de quitter. La culture n'y est pas encore ce qu'elle est en France, mais elle y semble la perfection même, comparativement à la Murcie.

On me fait observer, en passant, le château de Montejo, placé à la cime d'une colline, à gauche de la route. Inhabité, il offre, à distance, l'apparence d'une belle ruine. Il est célèbre, en Espagne, comme souvenir de la fondation d'un ordre militaire. En face est une plantation de caroubiers.

Nous prenons un chemin de traverse qui mène à Xativa, où commence la voie ferrée allant à Valence. C'est ce tronçon qui doit rejoindre celui d'Albacette et conduire de Madrid à la mer.

Nous traversons des champs, ou plutôt une suite de jardins, où des rigoles apportent l'eau de la montagne et forment de petites cascades et de jolis ruisseaux. Cette eau limpide vous invite à boire et à s'y plonger. Je donnerais beaucoup pour pouvoir le faire, car la chaleur et la poussière m'ont horriblement altéré. La couleur de mes habits a disparu sous cette couche de poudre; les cheveux d'ébène de mon Africaine sont devenus gris; les enfants seuls semblent se soucier fort peu de ce fléau: ils sont gais comme des moineaux se secouant dans la cendre.

A deux heures, nous entrons à Xativa. Depuis un quart-d'heure le train était parti, et rien n'eut été plus facile que d'arriver à temps; mais les aubergistes n'y auraient pas trouvé leur compte. J'étais furieux contre Sancho-Pança. J'avais tort. J'ai su plus tard qu'il n'était pour rien dans tout cela.

CHAPITRE XV.

—

Xativa, ses jardins, ses fontaines et sa posada.

—

L'hôtel, fonda ou posada, où descend la diligence, est une vaste maison, au milieu de laquelle est une cour entourée d'une galerie à la mauresque. Mon premier soin est de demander une chambre et de l'eau. On me conduit dans un appartement assez propre, où je trouve une large et profonde cuvette remplie d'une eau si transparente qu'elle échappait à l'œil. Croyant que le vase est vide, j'y pose ma casquette et je vais à la recherche du pot à l'eau : quand je reviens, ma coiffure d'étoffe légère avait sombré sous voile et gisait au fond de l'eau.

Ceci me contrariait fort, car, par cette chaleur, un chapeau me paraissait bien lourd. J'eus recours au soleil; après avoir bien secoué et égoutté la casquette mouillée, je la mis sécher sur la fenêtre. Aussitôt, elle commença à fumer comme si elle eût été sur un fourneau, et, tout en me rasant, je me réjouissais de voir ces bienfaisants rayons réparant si vite mon étourderie.

Ma toilette finie, je trouvai mon couvre-chef parfaitement sec; seulement, de gris de fer, il était devenu blanc. C'était un petit inconvénient. Hélas! ce n'était pas le seul: quand je voulus m'en coiffer, je n'y pus faire entrer la moindre portion de ma tête; le soleil l'avait si fort rétréci, qu'il n'aurait pu servir à un enfant de six mois. Dans ma colère, je le lançai par la fenêtre: il fut s'accrocher à un arbre. C'était le seul service qu'il put rendre à l'humanité: il semblait avoir été mis là exprès pour faire peur aux oiseaux et sauver de leur bec les fruits dont cet arbre était couvert.

Tandis qu'on préparait le dîner, je demandai un guide pour me conduire dans la ville et ses alentours. Je ne m'attendais pas à la réponse: on me dit que c'était l'heure de la sieste et non de la promenade. J'insistai en montrant une pièce d'argent; alors un jeune garçon se présenta.

Nous allions sortir, quand ma compatriote l'Africaine m'appela; elle voulait aller à l'église et me priait de l'y conduire. Je lui offris mon bras, je pris par la main son petit bonhomme et nous partîmes.

Chiva, Xativa ou Jativa est plus connue des géographes sous le nom de San-Felipe, et c'est ainsi que la désignent les dictionnaires. Sous les Romains, on la nommait Sœtabis; sous les Maures, Xixona. Cette situation devait leur plaire en raison de sa position au pied d'une montagne, à l'entrée d'une vallée, et par l'abondance et la limpidité de ses eaux. Vraisemblablement, ce sont eux qui la fondèrent, car, aux minarets près, il ne lui manque rien pour en faire une ville mauresque.

Deux petites rivières, l'Albarda et la Guadamar, qui se réunissent sous ses murs où elles se divisent en mille rigoles, lui procurent cette fraîcheur d'aspect et la fertilité de sa campagne, la mieux cultivée que j'aie vue en Espagne.

Cette ville a conservé aussi quelque chose de l'industrie des Maures, dont descendent ses habitants d'aujourd'hui. Sa fabrique de papier, la plus ancienne que l'on connaisse, date du XIIe siècle; ses carrières de marbre sont en renom; enfin, on y fabrique de bonne toile. C'est la patrie de Joseph Ribera, dit *l'Espagnolet*, qu'on a nommé le Michel-Ange des supplices, qu'il excellait à peindre.

Mon guide nous conduit successivement dans trois églises, dont deux n'ont rien à citer. La troisième, la collégiata, est fort remarquable. Commencée en 1414, elle n'est pas encore terminée; son portail reste à faire, mais on y travaille. Le nombre d'ouvriers et la quantité de matériaux que je vois réunis, annoncent que cette fois on ne veut pas laisser l'édifice à moitié. Il n'aura pas perdu à attendre : ce sont trois façades au lieu d'une qu'on lui donne. Est-ce le gouvernement, sont-ce des particuliers qui en font les frais? C'est ce que mon petit cicérone n'a pu me dire. Dans tous les cas, c'est une dépense bien faite.

On vante justement son dôme; plusieurs morceaux de sculpture et d'ornementation en beau marbre du pays, décorent agréablement ses chapelles; quelques peintures sont précieuses moins par leur mérite artistique, qui est très-secondaire, que par leur ancienneté.

L'heure de la sieste agissait aussi sur la dévotion, car dans ces trois églises nous ne trouvâmes personne. Ma compatriote avait fait une prière dans chacune, en s'agenouillant sur la pierre. Dans la troisième, elle se prosterna, et, comme son adoration était un peu longue, nous l'y laissâmes avec son marmot, que cela ennuyait fort et qui battait du pied comme un petit démon.

En parcourant les rues, je fus surpris de l'ordre qui y régnait. Contrairement aux habitudes espagnoles, l'intérieur des maisons y semblait propre. Elles sont toutes construites sur le même modèle. L'œil plonge d'abord dans un grand parloir de plain-pied avec la rue, et qu'on peut fermer par un rideau qui donne de l'ombre sans empêcher la circulation de l'air. Là, sont des bancs, des chaises, des fauteuils, selon la richesse du propriétaire, qui semblent inviter les passants à entrer et à s'asseoir. Tout le monde ne faisait pas la sieste, car je vis des femmes brodant, jouant ou causant. Quant aux hommes, retirés à l'arrière du logis, ils dormaient ou travaillaient. Mais, en général, ces maisons à parloir sont celles des nobles et des bourgeois aisés. Dans les quartiers marchands, les magasins et les ateliers sont sur la rue.

Nous arrivons à une fontaine qui, si elle n'est pas la plus belle du monde, est probablement la plus commode. Vingt-cinq gros robinets, placés en ligne et comme des canons en batterie, versent tous ensemble une eau fraîche et pure qui tombe dans un bassin de la forme d'une auge colossale. Cette fontaine, placée sur le penchant de la montagne, est admirable dans sa simplicité: l'architecte n'a pas sacrifié aux grâces, mais il a élevé un monument au bon sens et au bien-être.

Au sommet d'une colline fort accidentée et plantée où elle peut l'être, deux ermitages couronnent bien le paysage.

Sur le même plan que la fontaine, et à quelques pas, sont deux vastes et beaux lavoirs où une troupe de jeunes filles trempent leur linge et le savonnent sans être obligées de se baisser. C'est ici la ville des eaux : partout de petites cascades, des ruisseaux, des fontaines, des jets d'eau.

Ce chemin nous conduit à l'Alameda, promenade magnifique plantée de platanes et de sycomores. De là, j'aperçois un grand amphithéâtre construit en bois, assez laid et qu'on me dit être celui des combats de taureaux, spectacle défendu ici, comme à Madrid, en raison du choléra : on craint que les taureaux ne le gagnent.

Vient ensuite une seconde promenade, plantée comme la première parallèlement à une vallée, bornée par les hauteurs et dont l'apparition fait sur moi l'effet que le premier aspect de la terre promise dut faire sur les Hébreux. A perte de vue, cette vallée est couverte d'arbres en fleurs ou en fruits.

Cette seconde promenade se nomme, d'après mon conducteur, la Glorietta. C'est un ombrage formé par le plus charmant mélange d'arbres méridionaux : des orangers arrondis en boule comme ceux de Versailles, mais de la taille de nos plus gros pommiers, des camélias presqu'aussi forts, et des lauriers roses qui ne leur cèdent en rien. Au milieu de ces beaux arbres coulent des fontaines et s'élèvent des jets d'eau.

A ma droite, j'ai la vallée dont je viens de parler ; à l'horizon, la montagne. A gauche, la ville et la montagne encore, très-rapprochée. Quelques roches arides qui surgissent de loin à loin font ressortir la beauté de la végétation. Dans ce lieu délicieux règne un silence qui n'est interrompu que par le murmure des eaux et le chant des cigales. A cette heure, les oiseaux dorment.

Mon conducteur que je n'avais pas regardé, ne dépare pas cet ensemble : c'est un petit blondin, cousin du maître de la maison, et d'une figure charmante ; ses yeux noirs et expressifs produisent un contraste étrange sous sa chevelure blonde. Il paraissait très-fier de son pays, et mon admiration le remplissait d'aise. Il voulait absolument me conduire au campo santo, à l'ermitage et au château. Par la chaleur qu'il fait, je recule devant cette ascension, et je me contente d'aller voir une belle façade gothique, qui est, je crois, celle d'un hospice.

Rentré à l'hôtel où la faim me rappelait, je croyais y voir mon dîner servi, mais les choses ne marchent pas ainsi en Espagne. Je cherche vainement une apparence de préparatifs; la salle à manger est vide, je n'y aperçois pas même une nappe. Enfin, à force de rôder dans cette vaste demeure, je trouve une porte ouverte et, au milieu d'une chambre, une table dressée et quatre couverts. Je ne doute pas que l'un ne me soit destiné, et j'attends patiemment qu'on apporte la soupe. Bientôt entrent un grand homme, maigre, vieux et poudré, un plus jeune et une dame: c'étaient, évidemment, les convives avec lesquels on m'avait associé. Ils avaient bonne façon; la dame était jolie, enfin la société me convenait. Le vieux monsieur s'assied, le jeune homme l'imite; j'attendais patiemment que la dame en fit autant pour prendre la quatrième place près d'elle, lorsqu'un nouveau personnage vient s'y asseoir, et, en même temps, je vois mettre sur la table deux à trois plats d'une mine fort appétissante.

J'allais interpeller le domestique pour lui dire de placer un cinquième couvert, quand je m'aperçus qu'il portait livrée. Tant d'élégance n'est pas le fait d'une auberge espagnole: je ne doutai plus que je ne fusse dans l'appartement de quelque voyageur qui voulait dîner en famille. J'avoue que ma bévue m'humilia fort: saisissant mon chapeau, je me sauvai sans même regarder derrière moi. Si ces gens m'eussent dit de sortir, comme ils en avaient le droit, je me serais probablement fâché, et, par une étrange contradiction, je leur en voulais de leur longanimité; je trouvais mauvais qu'ils m'eussent ainsi laissé rôder autour de leur table sans me montrer la moindre impatience, sans avoir même eu l'air de m'apercevoir. Je crois, en vérité, que si je m'étais mis à leur table, comme je fus au moment de le faire, ils m'eussent laissé partager leur repas sans me faire d'observations. C'est pour le coup que je n'aurais su où me cacher.

Ma mauvaise humeur n'avait pas tué ma faim, et me voilà de nouveau en quête. Je passe à la cuisine où je trouve les servantes fort affairées à dresser des mets qui ne ressemblaient guère à ceux que j'avais vu servir. J'étais à me demander la cause de cette différence, lorsqu'à un fourneau à part je remarquai une série de casseroles dirigées par un individu qui, lui non plus, dans ses manières et sa tenue, n'avait aucun rapport avec les gens de la posada. J'en conclus que mon monsieur poudré, en homme sage qu'il était, et probablement au fait du menu de ces fondas, voyageait, comme Jean de Paris, avec ses officiers de bouche et sa batterie de cuisine.

En attendant ma portion des fricassées mauresques, que je voyais manipuler par trois Sibylles qui n'étaient pas plus appétissantes que leur sauce, je dis à l'une d'elles de me faire servir un melon. Elle me répond qu'il n'y en avait pas dans la maison. Je la priai alors d'en envoyer chercher. Elle me dit qu'on n'en trouverait point. Or, j'en avais vu, sur une place voisine de l'hôtel, des monceaux disposés en pyramides comme les boulets dans un parc d'artillerie, et je les lui montrai par la fenêtre. Alors, elle prétendit que la police avait défendu d'en manger à cause du choléra. « — Pourquoi, repris-je, permet-elle donc d'en vendre? — Pour les emporter ailleurs, répondit-elle, et on ne peut les vendre qu'à la douzaine. — Combien la douzaine? » Elle me le dit. La somme était minime, et je lui proposai d'en acheter une douzaine, lui promettant de lui en laisser onze pour sa commission. Cet argument vainquit sa répugnance, car lorsqu'on me servit ma pitance, dans un petit réduit voisin de la cuisine, j'y trouvai un melon dont je me régalai en dépit du choléra. Il était, d'ailleurs, loin de valoir nos cantalous de Paris.

Mon dîner était bien ce que j'avais prévu: il consistait dans cet inévitable composé d'os brisés et de viandes en lambeaux, qu'on nomme olla podrida, d'un peu de viande rôtie au four, d'un vin affreux et puis rien. Ajoutez-y pourtant de l'eau tiède, et qui me semblait d'autant moins potable que, devant moi, je voyais une énorme bouteille d'eau glacée où, à chaque instant, les laquais venaient remplir des carafes pour la table de sa grandesse, car c'est ainsi qu'on nommait le grand poudré: c'était vraiment le supplice de Tantale. Je n'y pus tenir. Je demandai, ou plutôt j'exigeai une carafe de cette eau. Si on me l'avait refusée, j'aurais, je crois, été chercher querelle au propriétaire, car ma honte était passée, l'indignation avait prévalu: mon détestable dîner, rendu plus mauvais encore par la comparaison, m'avait mis hors de moi.

Je voulus m'en prendre au maître de la maison, mais il n'entendait pas un mot de français et ne comprenait absolument rien à ma colère. Je sentis alors qu'elle était inutile, et cette réflexion me calma comme par enchantement.

Je ne sais si c'est le menu ou l'incommodo, qu'on me fit payer, mais le dîner, non compris la douzaine de melons, coûtait trois francs cinquante centimes, auxquels il fallût ajouter, comme d'habitude, cinquante autres centimes pour le change de monnaie, soit deux francs par pièce d'or de vingt francs; puis, la gratification aux bonnes, aux valets, sans oublier celui qui m'avait donné l'eau fraîche, ni la cuisinière qui, n'ayant pu trouver à placer les onze melons, dont je l'avais gratifiée, voulait que je lui en donnasse le prix en argent. Elle cria si fort et fit sauter ses melons d'une manière si menaçante que, craignant qu'elle ne me les jetât à la tête, je m'exécutai prudemment. Vous auriez fait comme moi. D'ailleurs, je ne suis pas brave devant les femmes.

Celle-ci avait bien la figure la plus atrabilaire que j'aie jamais vue sur les épaules du beau sexe. Je ne sais si elle avait quelque rancune contre la France et les Français, mais, chaque fois qu'elle me regardait, elle semblait grincer des dents et me faisait l'effet d'une chienne en colère. Elle en avait même la voix et grognait plutôt qu'elle ne parlait, en marmotant des mots qui, j'en suis sûr, n'étaient pas des bénédictions. J'aurais donné beaucoup pour savoir quelle pouvait être la cause d'une antipathie si prononcée. Était-elle collective ou personnelle, et voyait-elle en moi quelque ressemblance qui réveillait une vieille haine? Je ne sais, mais je suis convaincu qu'elle m'aurait étranglé de grand cœur, et que c'est faute d'autres moyens de me témoigner sa malveillance qu'elle avait choisi tout ce qu'il y avait de mauvais dans sa ratatouille pour me l'envoyer: jamais le hasard n'aurait pu faire seul un semblable mélange.

Le costume de cette étrange duègne n'était pas moins curieux que sa personne. Sa jupe très-courte était de drap noir avec des bandes rouges d'un demi-pied de large: on aurait cru qu'elle était vêtue de quelque vieux drapeau. Non, cette femme, qui entendait fort bien le français, quoiqu'elle affectât de ne pas le parler, n'avait pas toujours été cuisinière; c'était encore quelque Judith de montagne, et elle y avait tué autre chose que des poulets.

J'ai remarqué que dans cette maison, comme dans beaucoup d'autres en Espagne, les femmes faisaient à peu près tout. Les valets causaient politique ou dormaient.

En attendant l'heure du départ, je m'assis sur le balcon d'où l'œil dominait l'admirable vallée dont j'ai parlé. Là, à l'aide de mon binocle, je pus analyser ce que je voyais. Sous le balcon même étaient des grenadiers, hauts comme nos poiriers et couverts de grenades qui, sans être à leur complète maturité, étaient déjà plus fortes que nos grosses pommes. Ces grenades sont renommées comme les meilleures de l'Espagne, et rien n'est plus beau que ces arbres ainsi couverts de fruits. Dans les vergers où ils poussaient, je voyais des vignes, et entre les vignes des melons et des pastèques. Plus loin, de grands massifs où je reconnaissais des orangers, des figuiers, des poiriers, des pommiers, des noyers, des mûriers, des jujubiers et des touffes de hauts roseaux, le tout s'étendant à plusieurs lieues, car la vallée entière paraissait ainsi cultivée. Mais ce qui embellissait surtout cet immense verger était des bouquets de beaux palmiers de quarante à cinquante pieds de haut qui, de distance en distance, dominaient tous les autres arbres. Ces palmiers produisent d'excellentes dattes, mais qui ne sont complètement mûres qu'à Noël.

Les galeries à jour de l'hôtel étaient absolument semblables à celles des maisons maures et arabes que j'ai vues depuis en Afrique; cependant, celle-ci ne paraissait pas ancienne. On sait que Xativa fût détruite, en 1707, par les troupes de Philippe V et rétablie ensuite sous le nom de ce roi. Il est à croire que les habitants rebâtirent leurs maisons sur le même plan et les refirent comme elles étaient, c'est-à-dire comme les avaient édifiées leurs ancêtres, c'est ainsi qu'une nouvelle ville maure fût élevée, sous l'invocation de saint Philippe. Mais, en reconstruisant leur ville, les Xativais n'ont pas adopté le saint. En vain, depuis un siècle et demi, le gouvernement royal nomme cette cité San-Felipe, les habitants, et avec eux tout le reste de l'Espagne, la nomme Xativa, qu'ils écrivent Jativa et qu'ils prononcent Chiva, et ce n'est que par les dictionnaires, et non sans peine, que j'ai découvert que Chiva était la même ville que Xativa et San-Felipe.

Sept heures approchaient: cette fois il ne fallait pas manquer le convoi, sous peine de coucher où j'étais, ce que l'aménité de mes hôtes me faisait peu désirer. L'Africaine et ses compagnes espagnoles n'étaient pas moins pressées de partir.

Je faisais charger mon bagage dans l'omnibus, quand je vis à côté mes onze melons: oui, le compte y était bien. Ils avaient été aperçus par le maître de l'hôtel qui, fidèle à la loi, n'avait pas voulu qu'ils restassent un instant de plus sous son toit. Comme propriétaire, cette loi me condamnait à les emporter sous le plus bref délai: or, c'est à quoi je n'étais pas du tout disposé. Je me rappelais que, pour un excédant de bagages de six livres, on m'avait fait payer neuf francs, et il me semblait dur d'en payer vingt pour des melons qui ne valaient pas deux francs. Dans ce moment, j'aperçus mes compagnes qui les considéraient d'un œil d'envie: je les priai de les accepter. C'était une générosité un peu équivoque; elle n'en fut pas moins accueillie de grand cœur. Elles se les partagèrent immédiatement et, pour alléger d'autant la charge, elles en mirent tout de suite deux en consommation.

A la gare, une demi-douzaine de femmes, parentes ou amies de celles avec qui j'étais venu, les attendaient. Celles-ci leur parlèrent de moi et des quelques services que je leur avais rendus en route: alors elles m'entourèrent et me comblèrent d'amitiés, absolument comme une ancienne connaissance. Ceci me réconcilia avec les femmes de ce pays, dont celles de l'auberge m'avaient donné une assez triste opinion.

L'embarcadère, contrairement à ce que j'avais vu jusqu'à présent, est propre, bien construit et dans une charmante position, à l'entrée d'une promenade champêtre qu'encadrent les montagnes. Devant l'embarcadère est une vaste esplanade sur laquelle d'élégants cavaliers, venus des campagnes voisines, font caracoler de fort beaux chevaux. Un peu plus loin, s'élèvent des tentes où l'on vend des fruits et des légumes. Sous ces tentes, j'entrevois des costumes blancs et rouges qui me séduisent par leur pittoresque. Je m'approche, m'attendant à voir de belles contadines dans leur toilette nationale, mais quand je suis tout près, je reconnais que ce sont des soldats en uniformes qui ressemblent tout-à-fait à ceux des dragons anglais.

Il y avait là des oranges si grosses et si parfumées que je ne pus résister au désir d'en acheter. Quoique partout les vergers en fussent couverts, on me les fit payer assez cher. Je voyais sourire quelques curieux présents à mon marché, je ne savais trop pourquoi; mais je le compris quand, en ouvrant un de ces fruits, je ne trouvai, sous son écorce, qu'une boule exigue de pulpe sans jus ni saveur: il en fut de même des autres, et force fut de les jeter tous.

Je croyais que notre petit Sancho-Pança, Roc-Luna,

nous quittait ici, je n'en doutai plus quand il vint, le chapeau à la main, me faire le plus gracieux de ses sourires. Je lui donnai un napoléon, c'est ainsi qu'on nomme en Espagne l'écu de cinq francs, ce qui le fit sourire plus agréablement encore. Mais nous ne devions pas être aussitôt privés de sa compagnie; sa consigne était de nous conduire jusqu'à Valence. Donc, après nous avoir installés dans un wagon, il s'y plaça lui-même.

Je croyais que ma générosité me vaudrait une suite non interrompue de gracieusetés jusqu'à destination: je m'étais trompé. Il m'avait donné ma ration; je l'avais payé en conséquence; il n'avait plus rien à attendre de moi, il ne me regarda plus. Sous ce rapport, les choses se passent en Espagne comme ailleurs.

CHAPITRE XVI.

Valence et les Valençaises. — Ses monuments.

Les lieux à proximité desquels nous devons passer sont : Manuel, la Puebla-Larga, Cogullodа, Carcagente, Alcira, Algemesi, Almusafes, Silla, Catarroja, Masarrasa ; c'est du moins la route de poste. On compte douze lieues de Xativa à Valence. En tout autre pays, c'eût été l'affaire d'une heure et demie ; ici, la vapeur en prend à son aise, elle ne se presse pas.

Les environs de Xativa me parurent fort beaux, mais cela ne dure pas, autant que j'en pus juger, car la nuit qui survint ne me permit plus de voir.

Ne pouvant dormir, je causais avec l'Africaine et son bambin qui, lui aussi, mais non sans peine, avait fini par me prendre en amitié, et qui, lorsque nous fûmes à Valence, ne voulait plus me quitter.

Arrivé à neuf heures et demie, on me dépose dans une posada qui n'était pas celle où je voulais aller ; mais l'omnibus avait décidé que j'y logerais. Je réponds que je n'y logerai pas, et je réclame mon bagage. On me promet de l'envoyer immédiatement. Sur cette assurance, je vais à la fonda Franceza, où l'on m'avait annoncé un hôte français et un confortable parfait. Je m'y installe, mais mon bagage n'arrive pas. J'envoie un commissionnaire: on l'accable d'injures et on le jette dehors. Je l'envoie de nouveau: on le menace de la bastonnade. Enfin, ce ne fut qu'en y allant moi-même, et après des contestations sans nombre, que je pus obtenir ce bagage à onze heures et demie du soir.

Je croyais n'avoir plus qu'à le faire porter chez moi; aucun domestique ne veut y toucher. J'appelle un commissionnaire que j'aperçois dehors: on lui ferme la porte au nez. Furieux, je prends ma valise d'une main et mon sac de l'autre, et je m'apprête à gagner la rue, mais le concierge refuse d'ouvrir la porte, en disant qu'après onze heures et demie nul ne peut sortir de l'hôtel. Je veux passer d'autorité, il me barre le chemin. Mon sac de nuit me sert de bélier, je renverse l'obstacle, j'ouvre la porte et me voilà dans la rue. Le porteur m'y attendait; il prend mes effets et j'arrive enfin à ma destination.

La fonda Franceza, qu'on m'avait tant prônée, n'avait pas une mine fort attrayante, et, en tout autre pays que celui-ci, je l'aurais prise pour un cabaret. Mais en faveur d'un compatriote, je pouvais m'en contenter. J'étais donc très-empressé de voir un hôte dont on m'avait vanté l'aménité, et ma première parole fut de m'informer de sa santé. Hélas! il était mort depuis dix ans: il n'avait pas laissé d'héritier. Celui qui dirigeait la maison était un vieux brave homme, Espagnol pur-sang, qui, non plus que ses gens, n'entendait un mot de français. Il n'entendait même rien du tout, car il était sourd.

Quand j'eus soldé mon commissionnaire, qui, pour le port d'un hôtel à l'autre, distant d'environ deux cents pas, me fit payer trois francs, je songeai à souper; mais il était minuit, et je réfléchis qu'il serait minuit et demi avant même que la table ne fût mise. J'ajournai donc mon repas au lendemain, et, mourant de soif, je demandai une bouteille de bière. Cette demande était facile, mais la faire comprendre, c'était autre chose. Jamais mon vieil hôte ne put deviner ce que je voulais lui dire: j'avais beau faire le bruit d'une bouteille qu'on débouche, imiter, comme je pouvais, le pétillement de la mousse, et le trop plein d'un verre, rien n'y faisait. La difficulté augmentait mon désir, il m'eut été impossible de reposer si je n'avais pas eu de bière. Je pris le parti de descendre avec lui à la salle à manger. Il y avait là beaucoup de bouteilles vides; je me mis à les flairer l'une après l'autre et je fus assez heureux pour en rencontrer une où il y avait eu de la bière. Je la lui mis sous le nez. Il s'écria aussitôt: *cervesa*, et, cinq minutes après, j'avais devant moi un beau flacon de bière qui, peut-être par suite de l'attente et des difficultés que j'avais éprouvées pour l'obtenir, me parut la meilleure que j'eusse jamais bue. Il n'était pas jusqu'à son nom, me rappelant l'ancienne boisson de nos pères les Francs et le vieux mot français *cervoise*, qui ne contribuât à me la faire trouver exquise.

Ce fut gorgé de bière que je me couchai dans un lit monumental, d'ailleurs fort propre, et que je m'endormis presqu'immédiatement. Malheureusement, ma chambre donnait sur la rue; je fus réveillé plusieurs fois par des cris qui me semblaient le râle des agonisants: c'étaient tout simplement des romances indigènes, la ritournelle de mandoline ou de guitare le prouvait suffisamment. C'est ainsi qu'on chante à Valence. Les voyageurs feront bien de ne pas l'oublier, afin de ne pas se laisser aller à des terreurs inutiles.

Le bruit calmé, je tombai dans un demi-sommeil vraiment délicieux. Je me croyais encore à Xativa au milieu des bosquets d'orangers, et j'entendais, avec un charme inexprimable, le murmure des ruisseaux et le petit clapotage des jets d'eau. Cependant, le jour était venu; je ne dormais plus et, à ma grande surprise, j'entendais toujours le même murmure. Bientôt, il sembla redoubler. Je me lève, je regarde à la fenêtre: il pleuvait à verse. Agréable situation pour un touriste arrivant pour se promener.

La pluie m'avait chassé de Madrid et je ne m'attendais guère à la retrouver dans le royaume de Valence, où l'on m'avait dit qu'il ne pleuvait pas trois fois par an.

Nul moyen de sortir. Je me mets à regarder les passants; les femmes étaient en majorité. Enveloppées dans leur mantille, elles se rendaient probablement à l'église, rasant les murs et recevant les gouttières pour éviter la boue. Le parapluie des unes et la mantille des autres me cachaient leur figure et une partie de leur taille, mais non pas leurs jambes. Cette boue diluvienne et la nécessité d'en sauver leur robe, les forçaient à les montrer, mais dans les limites permises ou telles que la valse, la polka et les oscillations de la crinoline les montrent dans nos bals, jamais au-dessus de la jarretière.

Au surplus, mon indiscrétion bien involontaire ne peut être préjudiciable aux dames de Valence, car j'affirme et déclare sur l'honneur qu'elles ont le pied petit et la jambe bien faite. Les jarretières vert-pomme y sont généralement à la mode; les élastiques y sont moins bien portées.

Lorsque j'eus assez du spectacle de la fenêtre, car il n'est pas de plaisir qui ne lasse, je me rappelai que je n'avais pas soupé. Je descendis donc à la salle à manger et je demandai à déjeûner sans désigner ce que je voulais, et j'eus tort, car je vis arriver cet éternel beefsteack qui poursuit son homme, en Asie comme en Europe, en Afrique comme en Amérique, mais que j'avais pris en horreur en Espagne, où je m'imaginais toujours manger du taureau mis à mort dans un cirque. Or, vous allez rire de ma simplicité: la cause de cette antipathie, de cette superstition si vous voulez, c'est que je voyais dans ce fait une sorte d'anthropophagie. En mangeant de ce taureau qui a paru sur la scène, qui y a fait ses débuts, y a joué son rôle, qui y a été sifflé ou applaudi, il me semble toujours manger d'un acteur, et je me serais cru à peine plus coupable, si j'avais mangé du picador ou du toréador. Sans doute nul rapprochement, quant à la forme, entre le bœuf et l'homme, mais, sous bien d'autres points, il y a certainement de la ressemblance.

Mon déjeûner fini, la pluie tombait toujours. Pour prendre patience, je me mis à causer avec un Français, un vrai Français, qui venait chaque jour se montrer pendant quelques heures, pour conserver à l'hôtel le nom de fonda Franceza. Ce garçon me conta son histoire. Il habitait l'Espagne depuis dix ans: il regrettait fort la France, mais il avait épousé une Espagnole, ce qu'il regrettait encore davantage, parce qu'elle ne voulait pas quitter son pays, et qu'il fallait ainsi qu'il renonçât à la France ou à sa femme. Il ajoutait que la France était bien *choulie* (c'était un Alsacien), mais que sa femme l'était aussi; qu'il lui fallait donc rester à Valence, où il ne trouvait jamais personne pour parler *son langue,* l'alsacien probablement, car en français il n'était pas fort.

Je ne pouvais pas lui donner la consolation de parler

son langue, mais afin qu'il n'oubliât pas tout-à-fait son français, je l'engageai pour la journée et je lui dis de me trouver une voiture, n'importe laquelle, pourvu qu'elle ne ressemblât en rien à celle dont je m'étais servi la veille pour venir à l'hôtel.

On nomme ces voitures *tartanes;* un seul cheval les traîne. C'est un petit chariot, à bancs longitudinaux et à couverture arrondie, comme celles des charrettes de nos laitières. Ainsi était fait, autrefois, le panier à salade de la Conciergerie, servant au transport des prisonniers. Comme il n'y a ni glaces ni portière, mais une simple ouverture à l'arrière, on y est absolument comme dans une prison cellulaire. Leur seul avantage est la possibilité de s'y mettre huit. A cela près, dures et lourdes, elles sont tout aussi disgracieuses que voitures puissent être. Je les avais donc exclues du choix laissé à mon Alsacien, mais il me répondit qu'il n'y en avait pas d'autres. Je préférai braver la pluie plutôt que de m'enfoncer dans cette façon de corbillard.

Le parapluie à la main, nous nous lançons sous l'ondée. Le ciel récompensa notre audace, car nous n'avions pas fait cinquante pas, qu'elle diminua sensiblement.

Valence, capitale de l'ancien royaume de ce nom, passe pour une des belles villes d'Espagne, et elle doit l'être quand il ne pleut pas. On lui donne, y compris ses faubourgs, cent seize mille habitants. C'est beaucoup; mais j'ai déjà dit qu'en Espagne, comme en Turquie, le dénombrement se fait par estimation, moyen sûr de ne jamais tomber juste. Ses habitants ont été successivement Ibères, Celtibères, Romains, Goths, Arabes ou Maures, et définitivement Espagnols et chrétiens. On retrouve, chez eux, des traces de toutes ces origines; mais je crois que le Maure domine, car l'eau du baptême, en purifiant leur âme, n'a pas encore entièrement blanchi leur teint. Contrairement à ce qu'on voit à Madrid, les femmes m'y ont semblé plus blanches que les hommes et ont, quand j'ai pu en juger, de jolies tailles et de gracieux visages.

Valence, dite *la Belle*, est aussi qualifiée de cité commerçante et industrielle. Cela est vrai en Espagne, mais ne le serait qu'à moitié en France et pas du tout en Angleterre. Tout est relatif: la vérité est que l'Espagne, en choses d'art, de science, de commerce et d'industrie, ne fait pas le quart de ce qu'elle pourrait faire. Le goût dominant, goût que partagent toutes les classes, riches ou pauvres, est de prendre du bon temps.

Après avoir eu ses rois, Valence a eu ses vice-rois. Aujourd'hui elle n'a plus qu'un capitaine-général avec un archevêque, un chapitre, une université, un muséum et un amphithéâtre pour les combats de taureaux. Il y avait autrefois des couvents par centaines: on les a supprimés, mais il lui reste quatorze églises et beaucoup de chapelles assez peu fréquentées. De dévots qu'ils étaient, les Espagnols sont devenus philosophes, et même un peu plus que de raison: ils ne vont plus à la messe; les femmes sont chargées de prier pour toute la famille.

J'ai dit que la boue de Madrid valait celle de Paris: celle de Valence les vaut toutes deux ensemble. Je n'avais pas fait cent pas que, grâce aux éclaboussures des tartanes, j'étais crotté jusqu'à l'échine, et de cette boue âcre et maligne qui fait des taches noires sur le blanc et des taches blanches sur le noir. Je reconnus alors que certaines rues n'étaient pas pavées ni même macadamisées, ou, si elles l'étaient, c'était le macadam de la nature. Au surplus, je m'en suis consolé en songeant que, puisque Valence était citée comme jouissant du plus beau climat de l'Europe, il était à croire qu'il n'y pleuvait pas toujours.

L'Alsacien et moi, tout en parlant choucroute, car c'était le thême qu'il avait traité depuis notre sortie de l'hôtel, nous nous acheminons vers la cathédrale, une des mieux rentées de l'Espagne. On dit qu'elle a été fondée sur les ruines d'un temple de Diane. Commencée en 1262, elle a été terminée en 1482. Nos pères étaient plus persévérants que nous : nous n'entreprenons plus de monuments qui exigent deux cents ans de travail; peut-être aussi plus pressés de jouir, allons-nous plus vite. On critique diverses parties de cette église, entre autres l'entrée: cependant son ensemble me plut infiniment. Les détails, non plus, n'en sont pas à dédaigner.

Le maître-autel offre, de chaque côté, trois tableaux superposés qui, par la manière dont ils sont éclairés, font un effet admirable. De belles colonnes torses, en marbre, contribuent encore à cette magnificence. A gauche de l'autel sont suspendus les éperons de Jaïme, vainqueur des Maures, et la bride de son cheval.

Plusieurs tableaux attribués à Léonard de Vinci, sans toutefois qu'on en soit bien certain, n'en méritent pas moins de fixer l'attention.

La chapelle de Nuostra-Senora de los Desemperados, où les infirmes vont chercher la santé, est bâtie sur les ruines d'un temple d'Esculape. Bel hommage rendu à la science: on a renversé l'image du dieu, mais on a conservé le souvenir du médecin, et l'on a bien fait les choses: ce petit temple d'Esculape, sous l'invocation de la Vierge, n'est que marbre, jaspe et or, le tout réparti avec tant de goût, que sa vue seule doit soulager les malades.

Je laisse mon guide, qui n'aime pas trop à s'agiter, reposer au frais dans le coin d'une chapelle, et je monte sur la tour dite *del Miguelete*. Au sommet, on trouve une plate-forme d'où l'on a une vue fort étendue.

La pluie qui fait relâche me permet d'en jouir. Ce qui me frappe d'abord est un bâtiment couvert de pannes, jaunes, bleues, brunes, qui se dresse sous mes pieds; à droite, sont les portes de la ville, et, plus près, l'ancienne boucherie qui se présente comme une place ronde, faisant l'effet d'un cirque en miniature; puis viennent la chambre de commerce, l'archevêché, enfin la ville entière et ses environs.

C'est encore une de ces cités où il ne manque que des minarets et des cimetières à tous les coins pour qu'on la prenne pour une ville turque. Ses rues, étroites et tortueuses, complètent la ressemblance. Quoique ses églises et ses clochers fassent, de la tour où je suis, un fort bel effet, ils ne remplacent pas ces minarets: ils n'en ont ni la légèreté ni la grâce.

La Miguelete, dont le nom vient de Miguel, en français Michel, s'appelle ainsi, disent les gens du pays, parce que ses cloches sonnèrent, pour la première fois, en l'an 1418, le jour de saint Michel. Elle est carrée, fort peu élégante et haute de cent soixante pieds; elle devait en avoir le double, et l'on s'aperçoit, tout d'abord, que ce n'est pas une œuvre terminée.

En sortant de la cathédrale, je vais visiter le palais de l'archevêché. C'est là, autant qu'il m'en souvient, que je trouve une cour garnie d'orangers et une porte en arc, ornée d'arabesques, ouvrant sur le jardin. Je crois me rappeler aussi douze colonnes torses et une longue voûte à arceaux. Mon malheureux guide, qui me parle toujours de son Alsace et de la choucroute, a confondu ici tous mes souvenirs.

Dans l'intérieur sont des salles très-vastes, dont l'une est ornée de fresques de la fin du XVIe siècle, attribuées à un peintre valançais, Zarinena, peu connu ailleurs. Dans une autre pièce, on montre les portraits de plusieurs rois d'Espagne.

Il paraît qu'en expulsant les Maures, on a aussi expulsé leurs images, car on ne retrouve nulle part celles de leurs rois et de leurs capitaines. Il est vrai que les pieux Osmanlis ont rarement le goût de se faire peindre. On sait seulement qu'on en a déterré plusieurs pour jeter leurs cendres au vent. N'en avons-nous pas fait autant à Saint-Denis, en 1793? Partout la plèbe est stupide, quand elle n'est pas atroce.

La place du Marché (Mercado), où je me rends ensuite, est curieuse par la variété des figures qu'on y rencontre. Le soleil de ce pays répartit admirablement les teintes, et l'on peut y saisir toutes les nuances du café au lait, depuis le plus clair jusqu'au plus foncé. L'œil s'y habitue facilement, et les Valençaises ne m'en ont point paru moins jolies.

Ce qui me frappe, presqu'autant que les belles, c'est l'abondance et la grosseur des fruits et des légumes, oranges, limons, citrons, grenades, etc. Parmi les plantes légumineuses, les haricots se distinguent par la variété de leur taille, de leur forme, de leur couleur, et toutes ces productions y sont à bas prix.

A quel point de prospérité ne serait pas ce pays, avec son climat et sa fertilité, s'il avait un bon gouvernement et surtout de bonnes lois? L'Espagnol a été industrieux, pourquoi ne le redeviendrait-il pas? Ne l'est-il pas redevenu en Algérie sous l'administration française? Il le serait aussi chez lui avec une direction analogue et surtout avec notre code Napoléon. Les souverains qui, en 1814, le repoussèrent de leurs États et se rejetèrent dans le dédale des vieilles coutumes, étaient vraiment frappés de vertige. Ils ont bien payé cette faute, et ils la paieront longtemps encore. Ce ne serait que justice, si les peuples ne la payaient pas avec eux. Témoin l'Espagne : où en serait-elle, où en seraient l'Italie et l'Allemagne elle-même, si elles avaient suivi l'impulsion que nous leur avions donnée? L'invasion de la France et la réaction anti-rationnelle qui s'en est suivie, a plus coûté à l'Europe coalisée qu'à la France elle-même. La France a continué de marcher, et marche encore. L'Europe, à quelques États près, n'a pas fait un pas en avant et, sur bien des points, elle en a fait en arrière. Quand s'arrêtera-t-elle dans cette voie rétrograde? C'est difficile à dire.

Sur le marché est une fontaine; on y montre un édifice en style gothique, qu'on me dit être la halle à la soie. Je visite encore des églises. Dans San-Juan, on voit un tableau de Juanès qui est fort beau, ce qui m'étonne, car c'est, dit-on, le résultat d'un miracle, et j'ai appris par expérience à me méfier des miracles en peinture. L'Italie a aussi ses tableaux miraculeux : elle les montre, mais ne s'en vante pas.

Saint-Martin, rue San-Fernando, est une belle église dont j'admire l'entrée, ornée de la statue équestre du saint, et, dans l'intérieur, la voûte. On y cite quelques bons tableaux et de belles sculptures.

Dans une autre église, San-Vicente, je reste ébloui devant des colonnes argentées, dorées, et des pilastres de rocaille. C'est un palais d'or.

La calle del Caballeros est la plus belle de Valence. Il y a là de riches habitations avec leurs portiques, leurs colonnades, leurs balustres : néanmoins, on ne peut comparer ces demeures, si nobles qu'elles soient, aux palais de Gênes, de Florence, de Venise.

La plaza Santa-Catarina, celle de los Barcas sont aussi des lieux agréables et très-fréquentés, notamment la première.

Après quelques autres courses, je me trouve en face du palais du capitaine-général, habitation vaste et digne de sa destination. Je gagne une porte de la ville sur laquelle est écrit: Regnando Carlo IV, 1801. Je me trouve au pied de murailles peu solides, mais pourtant ornées de meurtrières. Bientôt je suis sur un pont de pierres; deux autres sont en vue. Celui-ci est long, large, fort beau, il traverse le Guadalaviar, l'ancien Turia. De chaque côté du pont est un petit kiosque, en style mauresque, à trois colonnes, couvrant un saint. Le lit de la rivière est une plaine verdoyante dans laquelle serpente un filet d'eau. Ce n'est pas la faute de ce pauvre fleuve, s'il est ainsi à sec et s'il ne peut porter son tribut à la Méditerranée dans laquelle il est censé se perdre. Pendant les cinquante lieues qu'a son cours avant d'arriver à la mer, on le saigne à blanc, on lui vole toute son eau par des canaux, par des coupures pour les irrigations. Mais doit-il s'en plaindre? Non, puisqu'il fait le bien en amenant la fertilité où il n'y aurait qu'une terre aride.

Un bel escalier, en pierre, descend jusqu'au lit du fleuve pour aider ceux qui veulent, non s'y baigner, mais s'y promener et admirer de plus près les moutons qui y paissent.

En avançant, je finis par découvrir un certain volume d'eau échappé à l'industrie ou à l'agriculture et formant une très-jolie cascade. A gauche est une église; à droite, se développent de belles campagnes. Je voulais y continuer ma promenade, mais la pluie recommence. On m'assure qu'elle durera une semaine. Dans ce cas, je ne tarderai pas à quitter Valence.

Pour utiliser mon temps, je veux visiter le musée: il est fermé. Je me rabats sur les galeries particulières, mais, en raison du choléra, on n'y laisse entrer personne. Ceci achève de me mettre de méchante humeur, aussi voudrais-je partir à l'instant.

Je vais aux renseignements sur les moyens de passer en Afrique. On m'avait assuré, à Madrid, que je trouverais tous les jours des occasions. Je me méfie de ces occasions de tous les jours, dont personne ne connaît l'adresse.

Pour la trouver, je me rends au consulat de France. Le consul est absent ou invisible, comme le sont d'ordinaire les consuls français. Son chancelier m'accueille fort cordialement, mais j'apprends de lui, à mon grand désappointement, que ce n'est pas à Valence, mais à Alicante, qu'on peut trouver un départ pour l'Afrique.

Il fallait donc reprendre la diligence et affronter le soleil, la poussière, les voleurs et les posadas. La perspective était loin de me sourire, et je maudissais presque l'instant où j'avais eu l'idée de venir en Espagne, quand on vint annoncer que le vapeur espagnol *le Pelayo*, capitaine Molinis, allant de Marseille à Cadix venait d'arriver et qu'il partait le soir même pour toucher à Alicante. L'occasion était bonne, je le croyais du moins: on verra comme elle me réussit.

Je fais viser immédiatement mon passe-port et j'arrête mon passage pour Alicante.

CHAPITRE XVII.

Suite de Valence. — Départ pour Alicante. — Coup de vent. Arrivée à Alicante. — Tribulations.

J'avais encore devant moi une bonne partie de la journée, et le soleil, nonobstant la prédiction de huit jours de tourmente, commençait à se montrer. Je rentre à l'hôtel, je règle mon compte, je fais expédier mes effets à bord, et, après un léger repas d'œufs, de raisins et de figues, arrosé d'un vin potable, le premier que j'eusse rencontré en Espagne, me voici de nouveau explorant la ville.

Je visite encore trois à quatre églises, et je suis assez heureux de tomber sur quelques bons tableaux, qui me dédommagent de ceux que je n'avais pu voir au musée et dans les galeries particulières.

Dans l'une de ces églises, j'aperçois ma compatriote agenouillée à côté d'une autre femme : elle m'avait reconnu et, quand je sortis, elle vint me témoigner sa joie de me revoir, ce que, me dit-elle, elle n'espérait plus en ce monde.

Elle attendait le paquebot qui devait la conduire à Barcelone et qui n'arrivait que le lendemain. La personne avec qui elle se trouvait était une cousine de son mari ; elle pouvait avoir seize à dix-sept ans. C'était un vrai type espagnol, et des plus charmants. Son costume noir, tout classique et d'une élégance parfaite dans sa simplicité, lui seyait à merveille. L'Africaine qui, de son côté, s'était parée de tous ses atours, était vraiment belle.

La cousine, en bonne Valençaise très-fière de sa ville, après s'être informée de ce que j'avais vu, offrit de me conduire pour visiter le reste. Je pris une voiture et nous gagnâmes les bords de la rivière. C'est ainsi que nous vîmes l'Almeda et la Glorietta, dont celle de Xativa a probablement pris son nom ; charmantes promenades, en ce moment désertes par suite du mauvais temps et de ce malheureux choléra qui semblait avoir paralysé tout ici.

Sans ma gracieuse conductrice, je n'aurais pas vu cette partie de Valence, qui confirme si bien son nom de *Belle*. Mon Alsacien, qui ne voyait rien de beau que l'Alsace, n'avait pas même songé à m'en parler; peut-être même n'y avaït-il pas mis les pieds. N'existe-il pas des Parisiens qui n'ont jamais passé les ponts, et qui ne connaissent ni le Louvre ni les Tuileries?

De la Glorietta nous allons à la plaza Santo-Domingo, à celle de Toros, à celle de la Aduama ; nous voyons ensuite les portes el Sarranos, el Real, del Mare, enfin la puerta del Cid, par où le Cid entra dans la ville, qui s'appelle aussi Valencia del Cid. Comme elle s'est depuis beaucoup augmentée, cette porte se trouve maintenant dans son intérieur. Deux maisons à citer, entre beaucoup d'autres, sont la casa de Salicofras, rue de Caballeros, et une autre, dont j'ai oublié le nom, place Villarosa. Nous pûmes visiter la première, dont la jeune cousine connaissait les habitants; mais nous ne fûmes pas reçu dans la seconde: le portail en est la partie curieuse.

L'heure de gagner le port approchant, ces dames voulurent bien me conduire jusque-là. Je voyais venir avec un véritable regret l'instant de les quitter: dans l'isolement du voyage, ces rencontres amies me causent un plaisir qu'on ne saurait exprimer. Puis, l'aspect du bonheur fait du bien: l'Africaine était heureuse d'aller retrouver son mari et de lui présenter son enfant grandi et embelli. Sa cousine, qui devait l'accompagner, se faisait une grande fête de visiter Barcelone.

En me disant adieu, elles m'invitèrent à venir les y voir, et la jeune femme ajoutait que son mari aimait beaucoup les Français parce qu'elle était Française. On voit que cette qualité lui tenait fort à cœur. J'ai rencontré, depuis, dix Espagnols dans une position semblable, et qui avaient la même prétention: mais ceux-là parlaient français. Tous, d'ailleurs, se louaient de la protection que leur famille avait reçue de l'administration française, et quoique la plupart ne fussent que de simples ouvriers, leurs manières, surtout leur activité et leur industrie, les mettaient bien au-dessus de leurs compatriotes. La France ferait bien d'encourager l'émigration espagnole; sans doute elle trouverait, parmi ces émigrés, un certain nombre de paresseux et de mauvais sujets, mais c'est moins au présent qu'à l'avenir qu'elle doit s'attacher; dans les enfants de ces colons, elle aura une race belle, forte et dévouée.

Pour cette même raison, elle devrait favoriser les alliances entre les Français et les Espagnoles. Ces femmes, d'une bonne constitution, gaies, aimantes, courageuses, ont d'excellentes qualités comme épouse et comme mère. Ces mariages mixtes assurent, en général, la continuation des familles : des maisons nobles s'éteignent tous les jours par la faute qu'elles commettent de ne s'allier que dans leur caste et leur province, souvent même leur parenté. Les races princières dégénèrent par une cause semblable, et ici la différence de nation ne peut prévenir le mal. Il est évident que de deux types dégénérés, il ne peut résulter qu'une plus grande dégénération. De ceci, l'histoire ne nous fournit que trop de preuves.

L'usage de donner des dots aux filles en les mariant est, dans beaucoup d'États, et notamment en France, une des raisons de cette décroissance. Ce n'est plus la beauté, l'esprit, l'éducation qu'on épouse, c'est l'argent. La laideur riche est sûre de se marier ; la beauté pauvre ne l'est jamais. Il s'ensuit que la belle majorité des femmes est vouée au célibat ou à des unions éphémères, illégales et presque toujours stériles. Or, quelle est la véritable cause de ceci ? La dot.

En mettant de côté la polygamie, système anormal et vicieux, puisque Dieu a fait naître chaque sexe en nombre à peu près égal, le principe ou l'usage des neuf dixièmes des peuples anciens et modernes, ce principe, qui forme sinon la base du moins la condition première du mariage, est plus rationnel que celui que je combats et certainement plus favorable à la conservation de la population et à son accroissement. Or, ce principe est diamétralement opposé au nôtre : chez nous, une fille achète son mari ; chez eux, c'est le mari qui achète sa femme. Chez nous, une fille à marier est une charge à sa famille, qu'elle appauvrit et souvent réduit à la misère ; chez eux, cette fille enrichit ses parents, ou tout au moins leur vient en aide, en les remboursant des avances qu'ils ont faites pour son éducation. Remarquez-bien qu'au bout du compte les choses se trouvent pécuniairement les mêmes; la somme que le mari a donnée pour obtenir sa femme, lui sera rendue lorsqu'il mariera sa fille.

S'il n'a que des garçons et pas assez de richesses pour les marier, ceux-ci, au lieu de perdre leur temps comme tant de nos fils de famille, travailleront, ainsi que le font les Orientaux, pour gagner la somme nécessaire à l'acquisition d'une femme de leur choix.

Mais les filles laides ne se marieront plus, dira-t-on? —Je réponds: Ne se marient-elles pas dans les pays que je viens de citer? La seule différence c'est que, chez nous comme dans ces pays, elles auront des époux moins riches ou meilleurs calculateurs, car moins passionnés que prévoyants, ou n'ayant pas oublié que la beauté est un don passager, ils préfèreront, en prenant une femme qui en a moins, s'assurer, pour elle et les enfants, d'un peu plus d'aisance. N'est-ce pas encore un calcul que nous faisons tous les jours?

En lisant ceci, bien des gens hausseront les épaules, et pourtant c'est là tôt ou tard, ou à cette suppression de la dot, que la force des choses nous conduira. Si elle ne nous y conduit pas, si nous persévérons dans le régime actuel, si, d'un autre côté, le mode de recrutement militaire ou la division des mâles en deux portions, la portion saine pour la guerre et le célibat, la portion infirme pour la continuation de l'espèce, si ce mode, dis-je, ne change pas, dans un temps donné, la race française, comme toutes celles dont les institutions renferment de tels éléments de mort, doit cesser d'exister. La preuve en est dans la dégénération présente; dans l'augmentation des infirmités natives, démontrée par celle des cas de réforme militaire; dans le nombre toujours croissant des célibataires des deux sexes et, par suite, la diminution des naissances. Enfin, cette preuve est encore dans l'accroissement soutenu et la durée indéfinie de tous les peuples, notamment les Chinois, les Indiens, les Arabes, qui ont adopté et maintenu le système contraire, ou l'épouse pour elle-même, et qui n'existeraient plus depuis longtemps ou seraient perdus dans d'autres races, s'ils avaient méconnu, comme nous, la valeur réelle de la femme pour ne l'apprécier qu'au poids de l'or mis avec elle dans la balance. Certainement l'habitude qu'ont quelques nations de détruire, au moment de leur naissance, les enfants rachitiques et mal conformés, est contraire à l'humanité, mais notre usage à nous est-il plus humain? Ce ne sont pas les infirmes que nous tuons, ce sont les enfants sains et bien portants. Ce n'est pas à ces infirmes que nous interdissons le mariage, c'est aux autres; et ceci pendant les plus belles années de leur vie, en ne leur laissant, s'ils sont pauvres, d'autre moyen d'abréger le terme de cette interdiction, qu'en devenant eux-mêmes débiles et maladifs. A cette condition seule, ils obtiennent leur *exeat* et la permission de prendre une épouse. *Réformé pour mauvaise constitution et faiblesse de tempérament*, dit le certificat. Le maire ne peut marier que sur cette pièce, signée, paraphée, légalisée, et bien claire surtout; car si elle exprimait le plus petit doute sur cet état désespéré du malade, si elle laissait entrevoir la moindre chance de guérison, enfin, s'il n'était pas reconnu incurable à l'unanimité des voix, le mariage deviendrait impossible.

Voilà les époux que nous réservons à nos filles, le rebut de la guerre et des hôpitaux. Puis nous nous étonnons que la race s'étiole! Allez donc appliquer ce régime à vos haras et recommandez-le aux comices agricoles; vous verrez les beaux produits qui en résulteront.

Ces résultats seraient, sur les chevaux et les bestiaux, précisément ce que nous les voyons chez les hommes. Sur cent mille têtes de recrues que la loi envoie chaque année aux conseils de révision, il y en a toujours un tiers, parfois la moitié, que ces conseils, de l'expérience et la probité desquels nous ne pouvons douter, déclarent malsains ou invalides de naissance. Puis nous dirons que nous sommes en progrès et que nous marchons: mais la première condition de la marche, c'est d'avoir des jambes.

J'en reviens à mon départ. Arrivé au bureau d'embarquement, j'y trouve mes bagages, non dans le bureau, mais dans la rue, sous la pluie. Heureusement, qu'il y avait eu interruption : ils ne l'avaient reçue que pendant deux heures. Le sac de nuit était percé, mais le cuir de Russie de ma valise avait résisté, ce dont je m'assurai quand, sur ma demande, on en fit la visite.

En Espagne, on n'est tourmenté ni par la douane ni par la police. Contrairement aux autres pays, il faut les aller chercher pour les trouver : encore n'y réussit-on pas toujours. J'ai rarement pu décider les agents espagnols à viser mon passe-port, même à le regarder. « *Francese*, disaient-ils, passez. » Mon compagnon de voiture, le capitaine de gendarmerie et ses gendarmes, bien qu'ils fussent en service, ne s'occupèrent jamais de moi que pour m'offrir des poignées de main ou des cigarres. Ils ne me demandèrent pas même mon nom, et si j'avais voulu leur montrer mes papiers, je crois qu'ils m'auraient dit : « Pour qui nous prenez-vous? » Aux diligences, on ne s'inquiétait pas davantage; caballeros ou Francese, était encore l'unique désignation que l'on portât sur la feuille. Au paquebot seul, on y mit un peu plus de façon.

Le Pelayo, que j'apercevais en rade, était à une demi lieue de terre. Le vent avait succédé à la pluie; la mer était grosse et les canotiers doutaient qu'on pût nous transporter à bord.

Tandis qu'on se consultait, j'allai examiner le port. Il y avait un assez grand nombre de navires, mais d'un faible tonnage. Les plus gros étaient en rade, et, aux sauts qu'ils faisaient, je vis qu'elle n'était pas pour eux un lieu de repos : en effet, elle passe pour mauvaise.

Après une longue hésitation, on s'était determiné à tenter le passage. Déjà une douzaine de voyageurs remplissaient le bateau : c'étaient des soldats, conduits par un sous-officier, un officier, sa femme et ses deux enfants, enfin trois autres dames qui paraissaient assez peu rassurées. Quoique nous fussions dans le port, notre bateau tanguait horriblement. La vague passait en écume pardessus la jetée et, la pluie recommençant, nous recevions à la fois l'eau de la mer et celle du ciel.

Nos marins, qui n'étaient pas ceux du paquebot, qu'on n'avait pas laissés venir à terre, étaient retombés dans leur irrésolution. Cependant, on avait renouvelé, du navire, le signal d'appareillage : il fallait prendre un parti. On se décida pour le départ.

Tout alla bien tant que nous fûmes garantis par la jetée, mais, quand nous l'eûmes dépassée, la scène changea et nous commençâmes à danser de la plus belle façon. Nos marins, assez maladroits, ne savaient pas éviter la lame qui venait se briser contre le bateau. A tout instant, je m'attendais à le voir se remplir et, chargés comme nous étions, notamment de matelas et autre matière absorbante, nous aurions fort bien pu couler bas. Les hommes ne disaient rien, mais les femmes jetaient des cris lamentables et voulaient qu'on les ramenât à terre : c'était plus difficile encore que de gagner le bord. Le timonier, soit qu'il ne fût pas marin, soit qu'il eût perdu la tête, semblait faire tout ce qu'il fallait pour nous noyer. Les rameurs, qui s'en apercevaient, criaient et juraient après lui, ce qui le troublait davantage. Quoique je ne sois pas bien fort en timonerie, j'en savais toujours autant que ce malheureux ; je pris donc la barre, et, de ce moment, nous reçûmes beaucoup moins d'eau.

Enfin, nous voilà près du bord. Nous avions mis trois quarts-d'heure pour venir là, et nous n'étions pas au bout de nos misères. La grande difficulté était d'accoster et d'attraper l'échelle. La moitié des matelots du paquebot, aidés de nos six rameurs, ne furent pas de trop pour cette opération. Mais, quelqu'aidé qu'on fût, il fallait encore saisir l'instant pour s'élancer sur l'escalier qui, si on le manquait, vous apparaissait aussitôt, par le balancement du navire, à quinze pieds au-dessus de la tête. On commença par les enfants, puis les femmes que deux matelots, des plus forts, enlevaient à bras-le-corps, non sans péril pour eux et pour elles. Après, on en vint aux hommes, qu'il fallait instruire à sauter et à s'accrocher, mais qui s'y prenaient si gauchement, surtout les soldats, que plusieurs reçurent de cruelles contusions. Je ne reconnaissais plus là mes agiles Castillans : la mer brise les jambes aux plus lestes. Ces accidents n'étaient pas faits pour me rassurer, et j'avoue que j'avais grand peur d'attraper aussi quelque horion. Néanmoins, je m'en tirai sans malheur, mais je me promis bien de ne plus m'embarquer en rade d'un pareil temps.

Une fois sur le pont, je me crus en Paradis. Cependant, il n'offrait pas un spectacle bien gai : on aurait dit un champ de bataille, non qu'il y eût des morts, mais, parmi les nombreux passagers qui l'encombraient, il n'y en avait pas quatre que le mal de mer n'eût atteints. En moins d'un quart-d'heure, de tous ceux qu'avait amenés notre bâtiment, j'étais le seul qui fût encore debout : hommes, femmes, enfants, vomissaient à qui mieux mieux. C'est que nous étions dans la position où l'on est le plus malade à la mer, c'est-à-dire sur un bâtiment à l'ancre dans une rade houleuse. Ajoutons que *le Pelayo,* navire de trois à quatre cents tonneaux, passe pour un steamer roulant beaucoup et dès-lors très-propre à aider au malaise.

Ce grand nombre de passagers me fit craindre de ne pas trouver de cabine, mais il y avait peu de monde aux premières places qui coûtent fort cher dans les paquebots de la Méditerranée, et je pus avoir une chambre pour moi seul.

Je pensais que nous allions partir immédiatement; je me trompais : en Espagne on n'est jamais pressé. Cependant les malheureux passagers souffraient mort et martyre. Soit l'aspect de toutes ces nausées, soit mauvaise disposition, je me sentais moi-même assez peu à l'aise ou dans ce médium qui n'est ni la santé ni la maladie, mais qui n'est certes pas un état de bien-être.

D'un autre côté, le vent chassait à la côte et, pour peu qu'il augmentât, nous étions placés de façon à y être jetés. Le capitaine le savait bien; un signal qu'il attendait le retenait. Il s'en tourmentait beaucoup; je lisais ses angoisses sur sa figure et je les comprenais. En effet, quelle est la position d'un chef qui voit sa responsabilité, son avenir, sa vie, celle de son équipage et son honneur même compromis, par l'insouciance de quelque gratte-papier qui, au lieu d'expédier l'ordre d'où dépendent tant d'existences, s'amuse à tailler sa plume ou à fumer son cigarre. Combien de malheurs irréparables, de scènes de dévastation, de sacs de ville, de massacres, n'ont-ils pas eu lieu pour des causes aussi futiles, ou parce qu'un commis n'a pas voulu changer l'heure de son déjeûner ou prendre une demi-heure sur son sommeil. Oui, il est tel de ces égoïstes inaperçus qui ont, par leur indifférence, fait verser autant de pleurs et couler plus de sang qu'un donneur de batailles ou qu'un de ces tyrans dont le nom est resté l'exécration des siècles.

Nonobstant la bourrasque et le danger de notre situation, j'admire la vue que nous offre Valence et ses environs. Quand le soleil brille, ceci doit être magnifique.

Enfin le signal attendu se montre: nous pouvons partir: on lève l'ancre. Il était temps, elle commençait à chasser. Nous marchons; le nombre de malades diminue sensiblement; moi-même je me trouve frais et dispos et pris d'un appétit qui ne me permet pas d'attendre le souper, d'ailleurs très-aventuré par les coups de mer qui empêchaient la marmite de bouillir. Je me fais servir quelques mets froids.

La mer était des plus fortes, mais le navire semblait solide et le vent n'était pas mal placé: tout danger disparut, quand nous pûmes nous éloigner de la côte. La soirée fut marquée par un incident assez bizarre: un banc à dossier était placé sur le pont près de l'entrée du salon des premières; cinq à six dames y étaient assises. On n'avait pas bien amarré ce banc, placé transversalement: un coup de tangage le fait glisser de côté, de façon qu'il n'avait plus de point d'appui. Les dames appuyées sur le dossier y pèsent davantage pour se retenir; ce malheureux banc se renverse et les pauvres dames se trouvent toutes les six sur le dos, les jambes en l'air et les jupes sur la figure. Pour comble de malheur, serrées comme elles étaient par le dossier et les bras du meuble, elles ne pouvaient se relever. Chacun, vous le comprenez, s'empresse de courir à leur aide, s'opposant de son mieux aux efforts du vent qui faisait aller toutes ces jupes comme une voile échappée à son écoute. On parvint enfin à s'en rendre maître, ou, pour me servir d'un terme du métier, à carguer la voile. Les dames en avaient assez du pont et du banc de quart, et toutes s'empressèrent de rentrer dans leurs cabines.

Il ne nous restait qu'à en faire autant. Quelques passagers allèrent fumer et prendre du grog; moi qui ne fume pas et n'aime guère l'eau-de-vie, j'allai me coucher. Le roulis était tel dans ce bateau volage, que j'étais obligé de me tenir à la barre de mon cadre pour ne pas tomber en bas.

Vers minuit, je fus réveillé par un bruit terrible mêlé de cris d'effroi : je crus que le navire avait touché et je m'attendais à voir l'eau entrer. Ne sentant rien et les cris ayant cessé, je me rendormis et ne m'éveillai qu'au jour.

Le 8 septembre, je me lève à cinq heures; le vent était moins fort, mais la mer était encore très-houleuse. En sortant de ma cabine pour entrer dans le salon, je trouve la table, les chaises, les bancs sens dessus dessous. Les lampes, les verres, la vaisselle brisée, jonchaient le plancher; je ne savais où mettre le pied. C'était le résultat du coup de mer de la nuit. Je m'expliquai alors l'infernal tapage qui avait troublé mon sommeil.

La bourrasque avait balayé les nuages; le soleil se levait et dans une heure, me dit le second, nous devions être à Alicante. Je m'informe alors de cet officier qui, je l'ai su depuis, n'était là que par intérim, si un service régulier de bateaux à vapeur avait lieu d'Alicante à Oran ou à Alger? Sa réponse fut négative. Je m'y attendais et, d'avance, j'étais résigné à prendre un bâtiment à voiles. Je lui demande s'il en partait tous les jours? Jugez de ma stupeur, il me dit qu'il n'en partait jamais.

Voilà, pourtant, comme on est renseigné! on m'assure à Madrid et au consulat même que je trouverai des occasions à Valence; de Valence on me renvoie à Alicante; maintenant, où allait-on me renvoyer?

Je prie mon officier de me dire quel moyen il me reste de gagner l'Afrique? Aucun autre, me répond-il, que d'aller avec nous à Cadix et de revenir ensuite, toujours avec nous, à Marseille, où vous prendrez l'un des bateaux des Messageries impériales.

Ce qu'il me proposait était tout simplement de battre la mer pendant vingt jours, sans compter les séjours en rade, fort agréables comme vous l'avez vu, et de dépenser, pour cet exercice, un millier de francs. Je crus que le jeune homme se moquait de moi, mais il parlait très-sérieusement, comme on le verra, et il avait décidé *in-petto* que je ferais ainsi le voyage.

Quant à moi, bien résolu à débarquer à Alicante, je me demandais si de là j'irais à Barcelone pour atteindre Marseille? ou bien si, renonçant à mon voyage d'Afrique, je traverserais l'Espagne pour rentrer en France? Je flottais indécis entre ces deux partis qui me contrariaient presqu'autant l'un que l'autre, lorsqu'Alicante, éclairée par un beau soleil, s'offrit radieuse devant moi. Nous ne tardâmes pas à entrer en rade.

Bientôt un bateau sorti du port se dirigea vers notre bord. Je m'empressai de faire apporter mes effets pour m'y embarquer, et je croyais être à terre dans une demi-heure au plus, quand, le bateau s'arrêtant à distance du bord, le pilote déclara au capitaine que les passagers allant à Alicante y seraient soumis à la quarantaine, parce que le navire avait touché à Valence où était le choléra. Cette déclaration était une tuile qui nous tombait sur la tête. Aussi ce fut un cri de détresse parmi les passagers qui avaient cette destination. Le capitaine défendit notre cause, en faisant observer aux agents sanitaires que le choléra était à Alicante comme à Valence; et, d'ailleurs, puisque les voitures de Valence entraient ainsi que tous les voyageurs qui arrivaient par terre, il était absurbe d'arrêter ceux qui venaient par mer.

On ne voulut rien entendre. Alors, je fis une lettre au consul français pour lui demander s'il n'y avait pas dans le port quelque navire partant pour l'Afrique où je pourrais m'embarquer immédiatement et, dans tous les cas, s'il ne pouvait pas m'éviter cette quarantaine absurbe.

Comme le second allait se rendre au bureau de la santé, je lui remis ma lettre en le priant d'insister pour qu'on me laissât débarquer. Malheureusement, j'ajoutai que, s'il fallait faire quarantaine, autant eut valu pour moi aller à Cadix. Mon officier intérimaire, soigneux des intérêts de son administration, ne laissa pas tomber cette exclamation à laquelle je n'attachais nulle importance et qui manqua d'en avoir beaucoup.

Arrivé à terre, en remettant ma lettre au consul, il lui dit que j'étais décidé à aller à Cadix afin d'éviter la quarantaine, et il lui donna mon passe-port pour être visé en conséquence.

Cependant des canots continuaient d'arriver à bord, amenant des passagers et des marchandises. Les marins de ces canots communiquaient librement avec ceux de notre paquebot : ils s'embrassaient, ils se donnaient la main et montaient même sur le pont pour y placer des paquets.

La rade d'Alicante était fort animée ; j'y voyais une douzaine de grands bâtiments et une centaine dont j'apercevais les mâts dans le port. Les environs de la ville paraissaient arides et même brulés. De loin à loin, s'élevaient quelques figuiers chétifs et de très-beaux palmiers. A gauche de nous était une vaste maison blanche, isolée et éloignée de la ville d'environ une demi-lieue. Quelques-uns disaient que c'était là où nous ferions notre quarantaine ; d'autres que ce serait dans un navire de misérable apparence que nous voyions à l'ancre bondissant sur la vague. Quelle perspective pour les malades et même pour ceux qui se portaient bien !

J'attendais avec impatience le retour du second, ne doutant pas qu'il ne m'apportât une réponse du consul. Je vois enfin son canot se détacher du môle. Il fût bientôt à bord. Je croyais qu'il allait me remettre cette réponse, mais il ne m'approcha pas : il avait même l'air de m'éviter. Alors, je fus le trouver. Il me dit qu'il n'y avait aucun moyen d'échapper à la quarantaine ; qu'elle serait de trois jours si aucun symptôme de maladie ne se manifestait parmi les débarqués ; mais que, comme elle pouvait se prolonger jusqu'à quinze jours et plus, il avait remis mon passe-port afin qu'on le visât pour Cadix.

A cette déclaration, qu'il me faisait en se dandinant et comme la chose la plus agréable du monde, je me sentis monter au front la plus furieuse colère dont un homme puisse être pris. Heureusement que je me souvins que j'étais à bord et qu'on n'y malmène pas impunément un officier, eût-il dix fois tort. Je me contins donc, et je fus trouver le capitaine.

Je lui exposai nettement l'affaire. Il fit venir le second qu'il blamât fort, et il me dit qu'il allait tâcher de faire changer le visa de mon passe-port, mais qu'il ne répondait pas d'y réussir parce que déjà il était peut-être parti pour Cadix avec ceux des autres passagers ayant cette destination : dans ce cas, qu'il faudrait attendre son retour à Alicante.

C'était désespérant. Je lui demandai pendant combien de temps j'aurais à attendre? Il n'en savait rien. Ceci dépendait de l'exactitude ou du caprice des commis.

Je m'informai alors si, à Cadix, je trouverais un vapeur pour l'Afrique? Il me répondit que celui qui y était avait cessé ce service depuis la guerre, et que je n'en trouverais pas.

Décidément, je ne pouvais aller à Cadix et je préférais la quarantaine. Alors le capitaine, qui sentit ma position, renvoya le second à terre avec ordre de faire annuler le visa pour Cadix s'il était temps encore. Dans le cas contraire, de prier le consul d'écrire sans délai pour réclamer le passe-port.

CHAPITRE XVIII.

—

Rade d'Alicante.

—

Me voici donc de nouveau attendant une décision, et comptant d'autant moins pouvoir effectuer mon voyage en Afrique que le second m'avait confirmé qu'aucun bâtiment ne partait d'Alicante à cette destination : ce qu'il tenait du consul lui-même.

Cette quarantaine que j'avais redouté si fort, était maintenant, tant était grande ma peur d'aller à Cadix, mon unique espérance, et j'aurais été parfaitement heureux si j'avais été assuré de la faire à terre et non dans ce sale navire que je voyais danser à quelques cents pas du nôtre. Hélas ! ici encore, je ne savais ce que je demandais.

Cependant, par une étrange dérision et comme pour nous faire mieux sentir l'absurbe tyrannie à laquelle on nous soumettait, les communications avec la terre devenaient de plus en plus actives; des canots amenaient, à tout instant, des passagers, des marchandises ou des vivres. Les canotiers aidaient au déchargement et, pour plus de facilité, se mettaient sur l'escalier côte à côte de nos marins, puis s'en retournaient tranquillement à terre.

Parmi les victimes de cet arbitraire, je plaignais surtout l'officier et sa jeune femme qui était d'Alicante et que sa famille attendait. Elle avait été fort malade la nuit: elle l'était encore, et l'idée de cette quarantaine à bord d'un mauvais navire de cent tonneaux à peine, car elle était persuadée comme moi que c'était là où l'on allait nous mettre, la désolait. Son mari, grand homme maigre, à l'air impératif, maugréait tout bas et, de temps en temps, allongeait une tape à ses deux petits garçons, beaux enfants de six à sept ans qui, sans s'inquiéter des angoisses paternelles et au risque de tomber à l'eau, jouaient sur le pont ou se querellaient bruyamment, jusqu'à ce que la correction manuelle ramenât la paix.

Un gros monsieur à deux croix, que j'avais aussi remarqué par la mine piteuse que lui faisait faire l'ajournement de notre débarquement, ne disait mot, mais écrivait sans cesse.

Deux personnages, homme et femme, ayant un enfant et deux chiens, avaient la tournure de marchands ou de riches artisans: peut-être étaient-ils de la suite du monsieur aux croix qu'ils s'empressaient d'aider chaque fois qu'il voulait changer de place, ce que le roulis ne rendait pas toujours facile.

Les soldats et le sous-officier qui les commandait s'apprêtaient comme nous à se rendre à la quarantaine. Tous ces militaires, ainsi que je l'appris de l'un d'eux, sortaient de l'hôpital. Jaunes, d'une maigreur effroyable, travaillés par le mal de mer, ils étaient étendus sur le pont où quelques-uns semblaient prêts à rendre l'âme. C'était l'envoi de ces infortunés à la quarantaine qui nous causait le plus d'inquiétude, non sans raison; car si malheureusement l'un d'eux venait à y mourir, nos trois jours pouvaient être portés à quinze. Si un second décès arrivait, c'était à trente qu'on nous condamnait et ainsi de suite. Bref, notre emprisonnement pouvait durer des mois.

Je croyais que le nombre des passagers d'Alicante se bornait là : mais, en arpentant le pont, je me trouve à l'avant au milieu d'une douzaine de figures à chapeaux pointus, à longues escopettes, à couteaux catalans, leur servant en ce moment à éplucher des oignons, et qui paraissaient beaucoup plus propres à autre chose. Ces hommes étaient sales et déguenillés, ils avaient un regard fauve et semblaient de vrais prédestinés de potence. Je me félicitais de n'avoir pas à continuer le voyage en semblable compagnie, quand j'apprends que, bien qu'ils ne vinssent pas de Valence, ils étaient, par le seul fait de leur contact avec nous, également sujets à la quarantaine. Ceux-là n'avaient pas l'air malades : ils semblaient même se porter trop bien pour notre sûreté.

Cependant le second ne revenait pas. En lui était notre dernier espoir : avait-il obtenu qu'on levât la consigne? avait-il pu rattraper mon passe-port? Cette double demande que je me faisais sans cesse, répondant tantôt oui, tantôt non, sans en savoir davantage, m'agaçait horriblement : je m'efforçais de penser à autre chose. C'était en vain : elle revenait comme revient cette mouche qui s'est mise en tête de se poser sur votre nez.

Pour faire diversion à mon insipide question, je déployai mes cartes, y cherchant le moyen de remplacer mon voyage manqué en Afrique par quelque belle promenade dans l'intérieur de l'Espagne. J'avais là, sous le doigt, Séville, où je pourrais rencontrer le duc et la duchesse de Montpensier, que j'avais si souvent vus au château d'Eu, et dont je n'avais pas oublié le bon accueil. De là, je prenais la route de Grenade, d'où je gagnais Lisbonne, puis Porto, où je m'embarquais pour l'Angleterre. Mais, avant d'arriver à ce confortable paquebot, combien de mayorals, de diligences et de posadas ne fallait-il pas affronter, sans compter les ladrones, les guérillas, le choléra et surtout les quarantaines, car on m'avait dit que certaines villes de l'intérieur, enchérissant sur les autres, s'étaient mises elles-mêmes en interdit et ne laissaient approcher personne de leur territoire. Il résultait de ce nouveau blocus continental que les communications étaient interrompues et, pour peu qu'on se trouvât pris entre deux de ces prudentes cités, on ne pouvait plus avancer ni reculer. Devant tant d'obstacles, le découragement me prenait; je ne savais plus que faire et je maudissais le jour où j'avais mis le pied en Espagne.

J'en étais là de mes tristes réflexions, regardant piteusement la ville d'Alicante, ses murs, sa forteresse, son port, d'où l'on nous repoussait comme des pestiférés, quand nous vîmes enfin apparaître le canot du second. L'impatience était grande à notre bord : on juge avec quel empressement chacun se précipita à l'escalier, dès qu'il aborda. On eût autant aimé qu'il eût tardé encore, car notre dernier espoir s'évanouit. Il déclara que, nonobstant ses réclamations, la quarantaine était maintenue, et que nous n'obtiendrions pas ailleurs de meilleures conditions, parce qu'elle existait dans tous les ports, jusqu'à Cadix.

A cette affirmation qui plaçait tous les autres passagers dans la même position que nous, les femmes poussèrent des cris de détresse; les hommes jurèrent et battirent du pied; les enfants seuls ne cessèrent pas de rire et de jouer. Cependant une consolation nous arrivait: c'était l'assurance que ce n'était pas à bord d'un navire qu'on nous déposerait, mais à terre et dans cette maison isolée que nous apercevions à une demi-lieue de la ville.

Maintenant il s'agissait de savoir ce qu'était devenu mon passe-port, dont notre officier, fort peu satisfait de la semonce que je lui avais fait donner, ne me parlait pas. Je m'adressai donc au capitaine qui me dit que cette affaire était arrangée et que mon passe-port était resté entre les mains du consul qui me le ferait remettre à la quarantaine où nous allions être conduits. J'aurais autant aimé le tenir dans ma poche: le passe-port n'est-il pas le palladium du voyageur? il n'avait pas été envoyé à Cadix, c'était un point de gagné.

Quant à la quarantaine, il fallait bien s'en consoler. La maison où nous allions avait assez bonne apparence. C'était un établissement du gouvernement: il devait être mieux approvisionné que les fondas ordinaires. Or avec une nourriture passable, un lit, une table, une chaise et quelques livres qu'on aurait probablement mis là pour la consolation des prisonniers, on pouvait prendre son mal en patience.

Cette quarantaine commençait du moment que nous serions entrés dans la maison sanitaire. C'était à neuf heures que le canot de la santé devait venir nous chercher: il était huit heures et demie, nous allions donc partir, et une fois installés-là il n'y avait plus que patience à avoir.

Je fais remonter mon bagage sur le pont et, le nez tourné vers le port, j'attends l'embarcation que nous devions reconnaître à son pavillon jaune. Or, ceci vous donnera encore un exemple de la ponctualité de l'administration espagnole: ce malheureux bateau si ardemment attendu, puisque tout le temps que nous passions sur le paquebot ne comptait pas, ce bateau, d'abord annoncé pour sept heures du matin, puis pour neuf, ne parut qu'à deux heures. Jugez que d'angoisses et de souffrances pour les pauvres femmes et pour nos soldats malades, car la houle avait recommencé et avec elle les nausées. Quant à moi, voyant que rien n'arrivait, je demandai à déjeûner, pour tuer le temps, car toutes ces contrariétés m'avaient coupé l'appétit. Malheureusement, comptant sur un repas plus solide à mon arrivée au lazaret, je ne pris qu'une tasse de café et quelques fruits, manque de prévoyance dont j'eus cruellement à me repentir.

Mon déjeûner fini, rien ne paraissant encore, je fis comme l'homme aux deux croix, je taillai mon crayon, j'ouvris mon calepin et je mis mon journal au courant. Ceci m'occupa encore une heure; puis, je recommençai à bâiller. Il fallait trouver une nouvelle distraction. J'aperçus le mousse essayant de prendre à la ligne quelques méchants poissons qui jouaient sur la vague et ne voulaient pas mordre; je me joignis à lui. En réunissant nos efforts et notre intelligence, nous fûmes plus heureux, et nous finîmes par en attraper d'assez beaux. Le vent ayant fraîchi, les lames commencèrent à arroser le pont de l'arrière où nous étions. En braves pêcheurs, nous aurions supporté ce léger inconvénient, mais nos hameçons, soulevés par la lame, venaient nous sauter à la figure: nous en conclûmes qu'ils pourraient bien accrocher un œil au lieu d'un poisson. Nous levâmes donc la séance.

La pêche me faisant défaut, je songeai à me donner le plaisir de la chasse. J'avais vu quelques mouettes tourner autour de notre bord: je proposai à l'un des hommes à chapeaux pointus, de me louer son escopette et de me vendre quelques charges de poudre. Il y consentit; mais il n'avait que des balles, chose peu commode pour la chasse aux oiseaux. Cependant j'allais essayer, quand mon ennemi le second, qui était de quart, prétendit qu'il était défendu de tirer en rade, et je fus encore ici obligé d'ajourner la partie.

J'étais tout-à-fait au bout de mes expédients pour combattre l'ennui, quand il me vint en tête de savoir ce qu'était mon persécuteur et comment il se nommait. Je ne savais à qui m'adresser, car il était, avec le capitaine, le seul à bord qui entendît le français. Le plus simple était de le lui demander à lui-même. Je pris pour prétexte ma lettre, et je le priai de me dire si le consul n'y avait pas fait une réponse quelconque. Il me répondit négativement, en ajoutant que pourtant elle lui avait été remise. Comme il s'aperçut que j'en doutais, il s'efforça de justifier sa conduite, et je compris à ses explications que son intention, en voulant me mener à Cadix, avait été bien moins d'assurer un bénéfice à son administration que d'avoir, pour vingt jours, un commensal dont la société lui plaisait et à l'aide de qui il pût se perfectionner dans la langue française. Ce désir lui semblait tout naturel, il le croyait obligeant pour moi, et il m'accusait presque d'ingratitude de n'avoir pas mieux répondu à ses avances. Au total, je vis que, s'il y avait quelque peu d'égoïsme dans son procédé, il n'y avait pas de malveillance; nous fîmes donc la paix en nous donnant une poignée de main, de cette même main qui, quelques heures auparavant, ne demandait que guerre. Si j'avais cédé à ma mauvaise humeur, j'en aurais été désolé. La rancune n'entre pas dans mon caractère; je n'ai jamais pu en garder une pendant vingt-quatre heures. J'ai fait la guerre aux choses, mais je ne l'ai pas faite aux hommes, car je n'ai jamais eu de haine pour aucun. S'en trouve-t-il qui en aient gardé contre moi? Je ne le pense pas; du moins, je ne crois pas avoir rien fait qui puisse la mériter.

Je comprends la vengeance immédiate, coup pour coup; c'est la réaction de l'amour de soi, commun à tous les êtres; c'est une suite de la légitime défense. Mais la vengeance à froid, la vengeance méditée dans l'ombre, la vengeance enfin qui n'a pas suivi l'insulte, je ne la conçois pas. C'est un mouvement hors nature qui n'est propre qu'à l'homme.

Ce qu'on prend dans l'animal pour le désir de vengeance, n'est que le souvenir du mal éprouvé et la crainte d'en éprouver encore. Il attaque l'être qui lui a nui, non pas pour s'en venger, mais afin qu'il ne lui nuise plus : il veut s'en débarrasser en le tuant ou en s'en faisant craindre, mais non pour lui rendre le mal pour le mal. La preuve de ceci, c'est qu'un animal très-fort, un lion, un buffle, un ours pourra, dans le premier mouvement, écraser un rat qui l'aura dérangé, mais si le rat s'échappe, il ne songera jamais à courir après. Pourquoi? C'est qu'il sait très-bien qu'il n'a rien à redouter des rats.

Quant à l'homme, on se tromperait si l'on mesurait la vigueur ou l'élévation de son caractère à sa susceptibilité ou à son amour de vengeance : j'en tirerais la conclusion contraire. La femme est plus vindicative que l'homme; l'homme faible l'est plus que l'homme fort. L'homme véritablement supérieur ne l'est pas du tout : « Il n'y a que les sots qui haïssent, disait Napoléon. » L'homme fort est comme la loi qui punit le crime, mais qui ne hait pas le criminel; elle frappe non pour venger la société qui n'a pas besoin de vengeance, mais pour la défendre.

Enfin parut ce bateau sanitaire si longtemps attendu:

il pouvait porter douze personnes avec ses six rameurs. On nous y entassa vingt, sans compter les bagages. Bientôt nous fûmes chargés au point de ne laisser que quelques pouces en dehors de la ligne de flottaison et on continua à entasser hommes et effets. Le danger était si évident que tous ensemble nous nous levâmes, en déclarant que nous ne partirions pas. Le capitaine du *Pelayo* vint encore ici à notre aide : il admonesta notre équipage et fit transborder dans un second bateau ce qui encombrait celui-ci. Ce ne fut pas sans peine : ces misérables matelots qui étaient en même temps gardes-santé, prétendant traiter avec lui d'égal à égal, lui répondaient insolemment. Ailleurs, on les aurait mis aux fers, mais tout semble en dissolution dans ce malheureux pays ; rien n'y marche droit, et la société y est dans une anarchie complète.

Lorsque nous fûmes en dehors des navires qui nous masquaient la côte, je pus me rendre compte de la position d'Alicante. Ses environs sont montueux. Les montagnes blanches et arides, dans cette saison, annoncent un climat brûlant. A notre gauche, ou à deux kilomètres environ à droite de la ville que nous avons en face, est la maison de quarantaine, vers laquelle nous nous dirigeons, maison qui de loin, grâce à un badigeon blanc, fait un certain effet, et que je persiste à croire un séjour très-supportable, bien qu'en partant le second m'eût dit en italien que nous y serions traités *come gli animali;* mais j'avais pris ceci pour un petit reste de sa mauvaise humeur de mon refus d'aller à Cadix.

Autour de la quarantaine, les montagnes peu élevées sont entièrement dénudées à leur sommet. A mi-côte et en approchant de la mer s'élèvent quelques figuiers et des bouquets de très-beaux palmiers, qui donnent au pays une teinte orientale. Les montagnes qui dominent la ville ne sont pas mieux boisées. Ce paysage, rendu gris par la poussière, et où l'on n'aperçoit pas la moindre apparence de fraîcheur et d'humidité, a quelque chose qui attriste et vous donne soif. L'espace qui sépare la ville de la quarantaine est inhabité; on ne trouve de maisons que près des murs de défense, dont nous voyons une partie. Sur la montagne est une forteresse, et sur un autre mont plus élevé, une colonne.

A mesure que nous rapprochons du môle, les navires que renferme le port se montrent plus nombreux: le mauvais temps de la veille en a forcé beaucoup à s'y réfugier. Bien que la rade soit meilleure que celle de Valence, elle a aussi ses mauvais jours.

Au bout du môle est un homme en observation. Il héle notre canot et demande s'il n'y a pas un Français à bord? Sur la réponse affirmative du pilote, il prononce mon nom. Je suis tenté de croire que c'est un ordre de débarquement qu'il m'apporte ou du moins une réponse du consul. Ce n'est ni l'un ni l'autre: il venait dire seulement que mon passe-port resterait au consulat d'Alicante jusqu'à ma sortie de quarantaine. Pourquoi donc nos consuls français ne répondent-ils jamais? Ceux d'Angleterre répondent toujours.

Nous avions dépassé le môle et nous n'étions plus qu'à un demi-kilomètre, lorsque l'officier s'aperçoit qu'il a oublié à bord son chapeau d'ordonnance et son manteau. Sans consulter le moins du monde les autres passagers, il donne ordre aux rameurs, en leur promettant une gratification, de retourner au *Pelayo*, et nous voilà luttant contre la vague et le vent contraire pour atteindre un navire qui appareille et qui certainement ne s'amusera pas à nous attendre. Le sergent réclame; les soldats murmurent. L'officier n'en tient compte: il avait à faire à des malades et à des inférieurs. Mais les hommes au chapeau pointu prennent le parti des soldats, ils apostrophent l'officier et les rameurs, en gens qui n'aiment pas à être contredits. Les rameurs hésitent, ces figures-là leur font peur. L'officier ne semblait pas d'humeur à céder; malgré les efforts de sa femme, il avait sauté sur son épée; les autres s'étaient levés en portant la main à leur couteau: tout cela pouvait très-mal finir. Heureusement que j'étais assez bien avec celui qui m'avait prêté son fusil et vendu sa poudre. Je lui dis, en français, qu'il comprenait, car il avait longtemps séjourné à Oran, qu'une querelle à bord, en troublant l'équipage qui, déjà, avait assez de peine à manœuvrer un bateau si encombré, ne pouvait servir qu'à nous faire noyer tous, et que, s'ils voulaient lui et les siens se tenir en repos, je me chargeais de faire entendre raison à l'officier. Il sentit cela et ses compagnons aussi, car, sur un signe qu'il leur fit, ils se rassirent tous.

Alors, je m'adressai à l'officier; mais c'était un homme peu maniable et, soit qu'il ne me comprît pas, soit qu'il crût ici son honneur engagé, mon éloquence aurait probablement été inutile, si une diversion ne m'était pas venue en aide. L'attention de tous fut attirée par un canot que nous vîmes se détacher du bord et se diriger vers nous. Il rapportait non-seulement le chapeau et le manteau, mais la valise d'un passager, le sac d'un soldat, le portefeuille d'un autre, et cinq à six petits objets que, dans leur empressement de quitter le bord, les malades avaient oubliés.

Un beau steamer anglais, gagnant la haute mer, passa près de nous. J'aurais donné beaucoup pour être à son bord et aller n'importe où, pourvu que ce ne fût pas en Espagne, contre laquelle chaque incident renouvelait mes griefs.

Les hommes qui nous conduisaient et qui devaient être nos gardiens à la quarantaine, ne contribuaient pas à les adoucir : c'étaient les vrais pendants des gens aux escopettes. Encore aurais-je préféré ceux-ci : ils avaient l'air de francs vauriens, mais il n'y avait rien de bas ni de faux dans leur mine, tandis que nos canotiers, qui, on le voyait bien, n'étaient que des marins de rencontre, avaient cet air à la fois impertinent et obséquieux qu'ont ces gens de métier douteux qu'on rencontre partout sur le pavé des villes : dès ce moment, je prévis ce que nous aurions à souffrir de semblables geôliers.

Nous voici en face de la maison blanche qui, de près, me paraît bien moins belle que de loin. Il n'y a là ni port, ni rade, ni baie, pas même la moindre crique ; c'est une côte plate où le ressac est très-fort et où notre bateau surchargé touche quand nous sommes encore à cinquante pas du rivage. Il s'agit pourtant de débarquer, et c'est à dos d'homme que la chose doit se faire. De beau temps, ce n'eut été qu'un jeu, la houle rend l'opération plus sérieuse. Dans ces circonstances, on commence toujours par les femmes : aucune ne veut, la première, tenter l'aventure et n'entend pas davantage livrer ses enfants. Un des soldats qui, réduit par la maladie presqu'à l'état de squelette, ne pouvait pas peser beaucoup, se dévoue le premier.

On n'avait pas fait trois pas qu'il est renversé ainsi que l'homme qui le porte, et j'ai vu l'instant qu'ils se noyaient tous les deux. Ce n'était guère encourageant pour les autres. On voulut alors en revenir aux femmes; mais elles s'y refusèrent positivement.

Le sous-officier essaie à son tour. Son porteur, plus robuste ou plus heureux, le dépose sur la rive sain et sauf, quoiqu'un peu mouillé.

Un second réussit également, puis un troisième. Au temps qu'on mettait à chaque débarquement, je vis bien que nous en aurions jusqu'au soir, et notre quarantaine, on s'en souvient, ne devait commencer que du moment où nous serions tous sous les verrous. La nécessité d'enfourcher ces sales porteurs, de les tenir à bras-le-corps, le menton sur leurs cheveux gras, me répugnait fort. Je prends subitement mon parti : j'ôte mon habit, mon gilet, ma cravate, ne gardant que mon pantalon et ma chemise, et, faisant du reste un paquet que je plaçai sur ma tête, je me mis à l'eau. Je soutins le coup de la vague sans être renversé, puis son remous sans être entraîné, et je me trouvai à terre.

Mon exemple eut aussitôt des imitateurs, d'abord parmi les gens à escopettes. Les soldats voulurent les suivre, mais nous les en empêchâmes. Ils étaient si affaiblis qu'ils eussent été roulés par la vague, et l'on aurait eu dix fois plus de peine à les repêcher qu'à les porter.

Mouillé comme je l'étais, il m'en coûtait peu de me remettre à l'eau. Je me chargeai donc du débarquement des enfants qui se fit sans accident. Ensuite j'aidai à celui des dames qui, une fois leurs enfants à terre, furent aussi pressées d'y arriver qu'elles l'étaient peu un instant avant. On fit la chaîne pour soutenir les porteurs : tout réussit à souhait ; elles reçurent de l'eau : le mal était léger ; le soleil qui dardait sur la plage, où il n'y avait que deux figuiers poudreux, nous eut bientôt séchés tous.

On croyait qu'il n'y avait plus que les effets à bord, mais, entre deux ballots, on trouva assis le gros Espagnol à deux croix qui, avec une parfaite résignation, attendait, en écrivant, qu'on vînt le chercher : c'était le morceau capital, et l'on comptait ici sur quelque belle culbute. On se trompa ; il se laissa charger comme un coffre; et, en restant immobile, ce que chacun aurait dû faire, il fût, quoique le plus lourd, le plus facile à transporter.

Savez-vous, tandis qu'on débarquait les bagages, à quoi s'occupaient les dames sous ce soleil dévorant? A déployer les quelques chiffons qu'elles avaient pu emporter à la main et à faire leur toilette. Peut-être s'attendaient-elles à trouver nombreuse compagnie à la quarantaine. Mais n'y eut-il eu personne, on quittait un navire, on allait entrer dans une maison, il fallait bien être belle.

Quant à moi, je lorgnais une maisonnette de bois placée au bord de la mer, à quelques centaines de pas de la prison sanitaire, et que, dans mon innocence, je croyais être une cabine de bains destinée aux personnes qui avaient besoin de se laver.

Le débarquement des effets n'allait pas plus vite que celui des individus, et pourtant chacun voulait y assister: nul n'avait confiance en nos gardiens, qui semblaient plus faits pour être gardés que pour garder les autres. Ensuite, on craignait les avaries: un homme qui tombe à l'eau, s'essuie ou se sèche, mais une malle, une valise, un sac de nuit, un carton de robes ou de chapeau, ne se guérit pas si vite et parfois même ne se guérit pas du tout. Aussi fallait-il voir les angoisses des dames : elles tremblaient plus fort, lorsqu'on débarquait leurs enfants, c'est une justice à leur rendre, mais elles tremblaient moins, quand on ne débarquait qu'elles-mêmes. C'est que, pour certaine femme, sa robe c'est elle ; c'est plus qu'elle : n'en voit-on pas tous les jours qui se donnent pour bien moins.

Enfin, tout est à terre et sans avaries graves. Il n'en était pas ainsi des figures : placés depuis une heure et plus sous ce soleil d'Espagne, que renvoyait un sable brûlant avec une chaleur de quarante degrés, nous n'avions plus couleur de chrétiens ; et si notre escorte n'eût pas été là pour constater l'identité, on aurait pu nous prendre pour des Peaux-Rouges. C'est alors que nos dames, libres du souci de leurs bagages, commencèrent à s'apercevoir que si elles avaient sauvé leurs robes, elles n'avaient pas sauvé leur teint. Hélas ! chacune d'elles avait acquis, pendant cette heure, un hâle de trois mois ; et, en ce qui me concerne, il ne m'en a pas fallu moins de quatre pour redevenir blanc. Il est vrai que je suis un homme du Nord et une fine peau, comme disent ceux du Midi.

Nos gardiens, dont les attributions maritimes avaient cessé, commencèrent leurs fonctions de geôliers. Nous plaçant deux à deux, comme des forçats qu'on accouple pour la chaîne, ils se mirent eux-mêmes en serre-file, et c'est dans cet ordre, les gens à escopettes en tête, car ceux-là n'en faisaient qu'à leur guise, que nous nous dirigeâmes vers *il carcere duro*. Ce qui va suivre prouvera que l'expression n'est pas trop forte.

CHAPITRE XIX.

—

La quarantaine d'Alicante et son personnel.

—

Après avoir franchi la porte, nous nous trouvons sous un hangar servant de vestibule. A gauche était un escalier, à droite une loge de portier. Devant nous s'ouvrait une cour couverte de débris et d'immondices, spectacle assez étrange dans ce temple de la santé.

Ce qui se passait autour de nous ne m'étonnait pas moins. Ce vestibule était encombré de bagages, de meubles, de cages, dans l'une desquelles était un perroquet criant à assourdir, enfin d'hommes, de femmes, d'enfants, dont la quarantaine allait finir et qui s'y trouvaient pêle-mêle avec nous qui allions la commencer. Dans ce désordre, si, en ma qualité de Français, ma figure n'eût pas été si connue des gardiens, il m'eût été facile d'abandonner le troupeau des entrants pour me joindre à celui des partants.

Ceux-ci étaient aussi pressés de quitter la place que

nous l'étions peu d'y pénétrer. L'odeur infecte qui s'échappait de la cour, la saleté de l'escalier, enfin la mine atrabilaire du concierge, n'étaient pas de nature à nous attirer.

Ce concierge ne semblait pas s'apercevoir que nous fussions là : il avait bien autre chose à penser. Les bagages l'absorbaient tout entier. Ceux qui arrivaient s'étaient, sous la porte même, trouvés en présence de ceux qui s'en allaient. Il en résulta que, pour entrer ou sortir, il fallait bien qu'un côté reculât, et c'était ce que personne n'entendait faire. Le concierge voulait qu'ils reculassent des deux côtés, et il accompagnait son invitation de coups de poing sur les récalcitrants, qui les lui rendaient consciencieusement : c'est ce qui le mettait de si mauvaise humeur.

Cependant, comme les partants étaient beaucoup plus pressés que les arrivants, ils finirent par donner une poussée telle que ceux-ci furent rejetés dehors, et c'est ainsi que le passage se trouva libre. Alors la paix fut faite. Pour la cimenter, entrants et sortants se donnèrent des poignées de mains, quelques-uns même en vinrent à l'accolade, et l'on se quitta en se souhaitant réciproquement bien du plaisir !

A tout ceci, nulle observation de nos gardiens. J'en conclus qu'ils avaient sur la contagion des idées tout-à-fait libérales, et que la formalité de l'entrée une fois remplie, on nous donnerait la campagne pour prison. Je me proposais donc de faire une promenade sur la colline et de m'asseoir à l'ombre des beaux palmiers que je voyais. Hélas ! c'était encore un rêve : j'étais en Espagne et j'y faisais des châteaux. Le réveil était proche.

L'entrée ainsi dégagée, nos gardiens, débarrassés du soin des paquets, pensèrent à nous et le concierge commença par proférer des menaces terribles contre ceux qui auraient l'audace de communiquer avec les personnes du dehors ou de faire la moindre tentative d'évasion. Il parla de cachots et de bastonnades, ou de quelque chose d'approchant. Mon oreille commençait à se façonner à l'espagnol; je ne comprenais pas encore les mots, mais je saisissais le sens des phrases, et celle-ci était accompagnée de gestes prouvant assez que ce n'étaient ni des caresses ni des bonbons qu'on nous promettait.

Après son allocution paternelle, il nous montra l'escalier et nous enjoignit d'y monter, continuant à admonester les retardataires et les stimulant par quelques bourrades.

Après avoir franchi un étage, la maison n'en avait que deux y compris le rez-de-chaussée, nous nous trouvâmes à l'entrée d'un long corridor d'où s'exhalait une puanteur plus âcre encore que celle de la cour. Celle-ci, vraiment intolérable, venait des lieux d'aisance, placés, sans aucun moyen de clôture, au beau milieu du corridor et dont les abords, d'une saleté révoltante, semblaient défendre l'approche. C'était pourtant par là qu'il fallait passer pour gagner l'autre partie de ce corridor, sur lequel étaient les portes de toutes les chambres ou plutôt les ouvertures, car les portes faisaient défaut.

Que dites-vous de cette distribution sanitaire et des moyens de désinfection adoptés par l'administration espagnole? A-t-elle voulu opposer la peste au choléra et chasser l'un par l'autre? Nous attendrons le rapport de leurs médecins sur cette question que je pose en toute humilité.

A l'extrémité opposée était une vaste chambre. Mes compagnons, plus lestes que moi ou mieux renseignés, s'y étaient déjà installés. Les hommes mariés avaient cherché pour leurs femmes les coins où elles pourraient être le moins en vue, car il n'y avait pas d'appartement spécial pour elles. Les non mariés, associés par groupes, s'étaient placés où ils espéraient être le moins mal. Quant à ceux qui ne s'étaient pas casés tout d'abord, les gardiens les accouplaient et les poussaient vers les chambres restées vacantes.

C'était avec les gens au chapeau pointu qu'ils m'avaient logé. Dans la pièce contiguë, ils avaient établi les soldats malades ou convalescents. Tout compte fait, nous étions vingt-trois dans ces deux chambres, dont chacune pouvait avoir six mètres de longueur sur cinq de largeur. Il est vrai que l'on pouvait librement circuler de l'une à l'autre, car on avait, là aussi, oublié de mettre des portes. Quant aux fenêtres, il n'y en avait qu'une pour les deux pièces; heureusement les carreaux en étaient absents: ce qui nous sauvait de l'asphyxie.

C'est dans ce luxueux appartement et au milieu de la société que m'avait choisie mes intelligents gardiens, qu'on vint m'apporter ma valise et mon sac de nuit, les seuls effets bourgeois de la chambrée. Les soldats n'avaient que leur sac militaire qui paraissait aussi sec que leur personne. Les chapeaux pointus portaient une gibecière ou un petit paquet entouré d'un mouchoir, et leur long couteau. Quant à leurs fusils, je ne les vis plus, on les leur avait, probablement, fait déposer au rez-de-chaussée.

Ils eurent la politesse de me laisser choisir une place, et l'un d'eux vint me dire que je pouvais y laisser mon bagage et qu'il veillerait à ce que personne n'y touchât. Ce n'était pas ce qui me préoccupait: j'avais beau regarder dans tous les coins des deux chambres, je n'y voyais ni une chaise, ni un banc, ni une table, ni une armoire, ni un pot, ni une cruche, ni rien enfin de ce qu'on voit dans le logis du plus pauvre et jusque dans les cachots et les cellules pénitentiaires. Ici quatre murs ci-devant blancs et rien de plus.

Je m'imaginai qu'il y avait un dépôt où chacun allait chercher ce qui lui était nécessaire. Je me mis donc à parcourir les autres appartements, chose facile puisqu'il n'y avait pas de portes. Là, je vis mes compagnons, hommes ou femmes, assis sur leur malle ou par terre. L'officier seul et l'homme aux croix avaient des matelas, ceux qu'ils avaient apportés du bord. Quant à d'autres meubles, il n'en était pas question. Je demandai à un gardien s'il n'était pas possible d'avoir un sommier, ou une paillasse, ou, à défaut, une chaise, ou un banc. Il me dit que le moyen était d'en envoyer acheter à Alicante, mais qu'il était douteux que je pusse les avoir pour cette nuit. C'était donc sur le plancher qu'il fallait dormir.

Je n'ai encore rien dit de ce plancher. Si vous avez vu quelquefois une maison après déménagement et avant qu'elle ne soit balayée, vous aurez une idée bien faible de l'inconcevable fouillis que nous avions ici. La maison déménagée a été nettoyée à une époque quelconque : quant à celle-ci, rien n'annonçait qu'elle l'eût jamais été. Le parquet tout entier avait disparu sous une couche de chiffons et de papiers, qu'à leur graisse on reconnaissait pour avoir servi à envelopper des comestibles, dont par-ci par-là, se montraient les débris : des restes de fromage, des écorces de pastèques et de fruits divers, des os à demi-rongés et en putréfaction. Puis venaient des lambeaux de vêtements, des vieilles casquettes, des savates en grand nombre, des fragments de nattes. Ajoutez des insectes de formes et de caractères divers ; des mouches insupportables d'audace ; des puces aussi lestes à monter aux jambes que des écureuils aux arbres ; des moustiques près desquels nos cousins sont de douces créatures et dont, quinze jours après, je portais encore les cicatrices. Ces bêtes seules eussent suffi pour rendre un homme enragé.

A ce premier aperçu de la quarantaine d'Alicante, je me souvins de mon officier quand il me disait que nous y serions traités comme des animaux. Certes, il n'exagérait rien. Il aurait pu même dire : pis que des animaux, car à ceux-ci on donne de la litière, et pour nous il n'y en avait pas.

On voit que notre position n'était pas brillante et pourtant nous n'en étions encore qu'au préambule. Les démons qui nous entouraient, n'entendaient pas que nous en fussions quittes pour si peu. Qu'est-ce qu'une nuit sans sommeil et quelques morsures de bêtes ? Qu'en peut-il résulter ? Des mouvements d'impatience, quelques ampoules ou autres affections cutanées. C'étaient des peines d'un autre genre qu'ils nous réservaient. Mais ces peines, je ne les prévoyais pas. Je ne songeais qu'à l'ennui de perdre, dans cet horrible lieu, un nombre de jours que je ne pouvais prévoir, et que j'aurais pu employer beaucoup mieux. Mes pensées étaient tristes.

La compagnie avec laquelle on m'avait mis, ne m'avait d'abord inspiré que du dégoût. Puis, la réflexion venant, elle commença à me faire peur. En payant mon homme à l'escopette, j'avais étourdiment laissé voir ma bourse où il y avait pas mal d'or. Il s'en était aperçu et, probablement, ses compagnons aussi, car, depuis cet instant, ils ne m'avaient plus perdu de vue. Il me semblait même les avoir entendus parler aux gardiens, quand ils m'avaient adjoint à leur chambrée. Enfin, il n'est pas jusqu'à la démarche qu'un d'eux avait faite pour me tranquilliser et me retenir, qui me devenait suspecte. Tout ceci n'était peut-être qu'imagination; cependant, je suis convaincu que bien d'autres, à ma place se seraient aussi peu souciés de dormir en semblable compagnie.

Je résolus de ne pas y rester un seul instant de plus; mais il fallait trouver une autre chambre. Toutes étaient encombrées: la place de chacun était déterminée et pas un ne m'aurait laissé empiéter sur la sienne. Me voilà allant à la découverte, parcourant le corridor, traversant et retraversant la zône fétide avec un courage que je n'aurais pas eu une heure avant: mais la peur me rendait brave. Enfin, dans un coin que je n'avais pas aperçu, je trouve une porte fermée, la seule qui existât. Je regarde par un trou et je vois, à mon inexprimable surprise, une suite de chambres non habitées.

Heureux de ma découverte, je m'élance vers l'escalier pour aller dire au concierge d'ouvrir cette porte, mais l'homme qui veillait à l'entrée, me barrant le passage, me défend de descendre. Je n'en tiens compte, et, en trois sauts, j'avais franchi dix marches, quand un individu, que je n'avais pas encore aperçu, coiffé d'un chapeau blanc, ridé comme un pruneau et la face couturée d'une cicatrice, me crie d'un air impérieux de remonter. Comme je ne bouge pas, il appelle deux ou trois de ces estafiers dont il paraissait être le chef, et leur ordonne de me reporter là-haut, si je ne veux pas y retourner de bonne grâce. Je lui dis que, s'il est le chef ici, son devoir est de m'entendre, et je le somme de me faire ouvrir une des chambres vides. Il ne répond pas à ma question, il jure, il crie et ses gens continuent de me menacer. Enfin, sur un nouvel ordre, ils s'approchent pour me saisir.

Furieux, je remonte; et, d'un coup de pied, j'enfonce la porte, qui n'était retenue en dedans que par une pièce de bois. Le gardien d'en haut veut remettre cette barre en place, je la lui arrache des mains et, dans ma colère, je la lui aurais jetée à la tête, s'il n'avait pas battu en retraite.

Maître de la place, je vais chercher ma valise que, nonobstant l'assurance donnée, on avait commencé à ouvrir: mais on n'avait pas eu le temps d'y fouiller. Triomphant, je l'apportai sur le terrain que je venais de conquérir: il consistait dans une longue file d'appartements que nos misérables geôliers, je le sus plus tard, se réservaient pour eux-mêmes, bien que leur logement fût dans le corridor et la salle d'entrée. C'était donc pour avoir leur aise qu'ils nous avaient ainsi entassés dans les plus mauvaises pièces.

Mes voisins avaient vu l'expédition, et ils pouvaient, comme moi, profiter du terrain conquis, mais ces bandits leur inspiraient une frayeur telle qu'ils n'osèrent pas en profiter: je pus donc choisir. Je pris la dernière pièce et la moins grande, parce qu'elle donnait sur la mer et qu'elle était la plus éloignée des latrines.

Ces chambres n'étaient pas plus propres que les autres; il n'y avait, sur le plancher, ni moins d'immondices ni moins de puces, mais il y avait deux ou trois nattes qui n'étaient pas trop pourries et dont je commençai à m'emparer pour en faire la base de mon lit. Je trouvai aussi une espèce de bureau-table. Malheureusement il n'y avait pas de serrure, les tiroirs étaient brisés et les pieds n'étaient pas très-solides: on ne pouvait donc en rien faire.

Il s'agissait maintenant de balayer la place où je voulais m'établir pour la nuit. Trouver un balayeur, il ne fallait pas y compter: j'étais trop mal avec nos maîtres pour qu'ils consentissent à me rendre ce service. Ma seule ambition était d'obtenir un balai. Je le réclamai. Eh bien! le croiriez-vous, il n'y en avait pas dans l'établissement.

En pareille circonstance, il faut bien s'ingénier. Quoique les nattes me fussent précieuses, puisque je n'avais pas d'autre matelas, je me décidai à en sacrifier une, et à l'aide d'un canif, la seule arme que je portasse, je la découpai en bandes étroites que je mis en faisceau; j'en tressai l'une des extrémités, de manière à en faire un manche, laissant à l'autre tout son épanouissement, et j'eus un balai, sinon bon, du moins pouvant, jusqu'à certain point, remplir son office.

Quand je fus installé le mieux possible, c'est-à-dire, lorsqu'après avoir approprié la place, j'y eus étendu mes deux nattes et placé dessus mon manteau avec mon sac de nuit pour oreiller, je m'aperçus de mon isolement et du peu de garantie qu'il me présentait contre les maraudeurs. De même que Robinson, je me mis en quête d'un Vendredi ou d'un compagnon que je pusse installer dans la chambre voisine. Mais, soit qu'en se tenant réunis ils se crussent plus en sûreté, soit paresse de changer leur installation, soit enfin, comme je l'ai dit, crainte de mécontenter nos tyrans dépossédés, aucun d'eux ne voulut me suivre dans ces régions nouvelles.

Restait l'officier, et j'allai à cet effet lui faire une visite. Il avait obtenu un cabinet où il était seul avec sa famillle. Là, de bons matelas étalés formaient un lit pour lui et sa femme, et un autre pour ses enfants. Ce qui me parut plus enviable encore, c'étaient une serviette mise en forme de nappe sur une malle, et un plat de viande exhalant une excellente odeur, qu'on s'apprêtait à y placer.

Ces préparatifs me rappelèrent que je n'avais pris, le matin, qu'une tasse de café, et qu'il fallait songer aussi à commander mon dîner. Je dis commander, car ce plat me faisait croire qu'il y avait une cantine, sinon dans la quarantaine, du moins aux environs.

Cette fois, on me laisse descendre; je m'arrête au bas de la rampe et je demande à dîner. Là-dessus on me répond d'apporter mes provisions et qu'on me les préparera à la sauce que je désirerai. Je ne comprends pas trop ce qu'on veut me dire et, croyant n'avoir pas été entendu, je répète ce que j'ai vu chez l'officier. On me répond que le plat qu'on lui servait avait été fait avec la viande, l'huile, les oignons, le poivre et le sel qu'il avait commandés dès le matin à Alicante, et que si je voulais payer un commissionnaire, il irait aussi m'en chercher.

Ceci exigeait deux heures au moins, et mon estomac ne pouvait plus attendre. Je dis que, pour l'instant, une grappe de raisin et un morceau de pain me suffiront, et je demande qu'on me les apporte sans retard.

Un des auditeurs me crie que, pour cela, il faut de l'argent: c'était juste. Je lui présente une pièce espagnole, valant environ un franc cinquante centimes; je pensais que c'était plus que suffisant dans un pays où le pain n'est pas cher et où le raisin est pour rien. Il prend ma pièce, la regarde avec dédain et la jette à terre avec une insolence dont je n'ai pas vu d'exemple; il me dit qu'à la quarantaine il fallait bien d'autre argent pour manger, et que je n'aurais rien à moins d'un napoléon (cinq francs). Alors je tire un napoléon et le lui donne. Il me répond que je serai servi, et il disparaît.

Je remonte dans ma chambre: assis sur ma valise, je me rendais compte des évènements de la journée, lorsqu'on vint me dire qu'on m'attendait dans la salle commune.

J'y trouve installés nos six gardiens de l'intérieur, ayant l'un d'eux pour président. Il s'agissait d'acquitter le prix du débarquement de nos personnes, de nos effets et de leur transport du bateau à la maison où nous étions. Ce nouveau tribunal, juge et partie tout à la fois, déterminait la somme due par chacun, selon le nombre et le poids de ses bagages et le plus ou moins de difficulté qu'avait présenté la mise à terre de son individu. La somme exigée variait, autant que je pus voir, de deux à cinq francs par tête.

Lorsqu'on en vint à moi, qui m'étais passé d'aide pour débarquer et dont tous les effets ne pesaient que trente kilos, je m'attendais à payer deux francs, et mon étonnement fut grand quand le chef de la bande, le chapeau sur la tête, me signifia que j'eusse à lui remettre deux napoléons: c'était quatre fois plus que n'avaient payé les autres. Je demandai la cause de cette inégalité? On eut le front de me répondre que j'étais étranger et que le tarif était différent. — C'était faux, je le savais; je le leur dis, en ajoutant qu'ils s'en arrangeraient avec le consul de France, car ils ne seraient payés que par ses mains.

Alors tous m'entourent en vociférant qu'ils n'avaient rien à faire avec le consul, que c'était mon bagage qu'ils avaient porté et que c'était moi qui les paierais. Je leur tournai le dos et, les laissant crier, je ne voulus rien donner.

Ils s'éloignèrent de quelques pas et se mirent à chuchoter entr'eux. Les uns avaient l'air de menacer et de tenir à ce qu'on me forçât à payer immédiatement; les autres paraissaient être pour un terme moyen : mais le parti de la violence prédominait.

Il est à croire qu'en Espagne on redoute beaucoup la populace, car pas une des personnes présentes, bien qu'elles reconnussent l'iniquité de la réclamation, ne dit un mot en ma faveur. Au contraire, quand ces bandits avaient l'air d'en appeler à leur décision, elles détournaient la tête, ou elles se taisaient d'un air presqu'approbatif. La vérité est qu'elles tremblaient, et l'une d'elles, en me montrant un couteau, me fit un signe qui voulait dire de prendre garde que ces gens ne m'en frappassent. Je n'y songeais guère, et, dans mon indignation, je regrettais de ne pas être armé. Depuis, je m'en suis félicité, car j'étais tellement exaspéré par tant de friponneries et d'insolences que je ne sais pas ce que j'aurais fait.

Quelques-uns des hommes au chapeau pointu, attirés par le bruit, entrèrent, ce qui parut fort contrarier nos gardiens. Ils ne se souciaient pas qu'ils vissent qu'ils avaient de l'argent. Dès ce moment, ils parlèrent bas et le parti de la douceur parut l'emporter. Le président, ou celui qui en avait pris le rôle, s'approchant de moi, me dit qu'ils étaient de pauvres pères de famille et qu'ils ne pouvaient pas attendre l'argent dont leurs enfants avaient besoin pour manger. Je me laissai toucher et leur donnai cinq francs.

Malheureusement, les hommes qui les avaient inquiétés s'en allèrent. Alors les cris recommencèrent et avec eux les menaces. Ils voulurent les cinq autres francs. Je leur dis qu'ils ne les auraient pas, et ils eurent beau crier, je ne les donnai point.

Cependant, les heures se passaient. Il n'en était pas de même de mon appétit: je souffrais cruellement de la faim et mon souper n'arrivait pas. Mes compagnons de la grande salle avaient fait comme l'officier, ils avaient apporté leurs vivres et achevaient de les consommer. L'homme, la femme et leur petit garçon étaient attablés sur une caisse avec le monsieur aux deux croix qui, seulement alors, avait cessé d'écrire. J'avais une dent contre lui parce que, selon moi, ce devait être quelque grosse autorité, et qu'en cette qualité il aurait dû intervenir, quand ces voleurs de gardiens me taxaient d'une manière si inique. Mais il avait tourné le dos. Ici, il me le tourna encore, lorsque je m'approchai de son couvert. Les deux autres convives, plus polis ou plus charitables, voyant ma mine allongée et devinant ma faim, m'engagèrent à prendre place. J'eus le courage de refuser. J'acceptai seulement un verre d'eau que je bus avec délice, car ma soif égalait mon appétit.

J'ai oublié de dire que j'avais vainement réclamé ce verre d'eau depuis mon arrivée: il n'y en avait pas dans la maison. Il fallait en aller chercher à un puits que je découvris le lendemain au fond de la cour. Comme on l'a vu, nos geôliers nous avaient interdit l'entrée de cette cour. Ils ne refusaient pas de m'en aller chercher, mais ils me demandaient une cruche pour la mettre, et comme je n'en avais pas, il fallait me passer d'eau.

J'avais aperçu une seconde entrée qui, de la salle commune, conduisait, à travers d'autres pièces, à celle où j'avais fait mon lit. En replaçant intérieurement la pièce de bois, j'avais condamné la porte qui donnait sur le corridor, et il ne me restait plus pour arriver chez moi que cette salle commune. Malheureusement, l'homme aux croix avait installé devant l'entrée qui conduisait à ma chambre le bureau désemparé dont j'ai parlé, et c'était là qu'il faisait son interminable correspondance. Son souper fini, il s'y était remis et je ne pouvais plus passer. Je le priai de vouloir bien écarter le bureau de quelques pouces. Il ne bougea pas et continua d'écrire. Je renouvelle ma requête et sans plus de succès. J'attends quelques minutes encore: rien. Alors je soulève le bureau, je lui fais faire un demi-tour à gauche, et mon écrivain, qui était assis sur un sac de nuit, faute de chaise, se trouve, la plume à la main, à deux pieds de son papier. Il ne témoigna pas la moindre humeur de mon coup d'État; mais il resta à la même place, et par conséquent je ne pouvais pas passer davantage. Je n'avais donc plus qu'à continuer le déménagement: je poussai son sac de nuit, lui dessus, en le rapprochant de la table, et la voie se trouva ainsi débarrassée. Quant à lui, il replaça, sans même se retourner, sa plume sur le papier où elle recommença à courir de plus belle.

Admirant cette impassibilité philosophique, je regagnai ma chambre, et pour oublier mes tiraillements d'estomac, je fis comme l'homme que je quittais, je me mis à écrire.

A peine un quart-d'heure s'était-il écoulé, qu'on vint me dire que le souper était arrivé. C'était la plus agréable nouvelle qu'on pût m'apporter, et je courus à l'escalier convaincu que, pour mes cinq francs, j'aurais de quoi me satisfaire complètement. Mon désappointement fut grand, quand je vis en quoi consistait ce menu attendu depuis trois heures: c'était un pain d'environ deux livres, trois grappes de raisin, un petit morceau de fromage de Hollande, et pour boisson une bouteille de vin tirée de l'outre à l'instant même, ainsi que l'annonçait l'absence du bouchon. Tout ceci, bien payé, pouvait valoir un franc cinquante centimes. Je croyais donc qu'on allait me rendre le reste de mon napoléon, mais il n'en fut pas question. Seulement, on fit semblant de chercher la pièce d'argent que le commissionnaire avait jetée à terre et qu'on ne retrouva pas comme vous pensez bien.

Je m'empressai de remonter en emportant triomphalement mes victuailles, et, pour prouver à la compagnie que je n'étais pas un meurt de faim, je fus m'installer au beau milieu de la salle commune. De mon sac de nuit, je fis mon canapé, et ma table, d'une caisse de savon qui se trouvait devant moi. D'un air d'Amphitryon, j'y étalai mon menu et j'invitai les voisins, ceux qui avaient déjà soupé, à partager ma table, non sans trembler qu'ils n'acceptassent, ce qu'heureusement ils ne firent pas. Là, je procédai à un des meilleurs repas que j'eusse fait de ma vie. Je commençai par le fromage dit *de Hollande*. Bien qu'il sentit fort le bouc, je le trouvai excellent. Je tâtai ensuite du vin : il était noir et fort, mais avec une bonne ration d'eau que j'obtins de la charité d'une des dames, j'en fis une liqueur clairette qui me sembla avoir le bouquet du Lafitte ou du Château-Margaux.

Au dessert, j'attaquai le raisin. Comme je voyais que le petit garçon, dont les parents m'avaient offert à dîner, regardait mes grappes avec convoitise, je lui donnai la plus belle, qu'il partagea généreusement avec les deux enfants de l'officier.

Ce que c'est pourtant que l'ordre et l'économie : j'avais bien dîné, j'avais eu des convives, et il me restait, pour le lendemain, la moitié du pain, une grappe de raisin et une portion du Hollande de chèvre. Mais je n'avais pas compté sur un quatrième hôte. Deux gros chiens étaient avec nous en quarantaine. Plus heureux que nous, ils sortaient, rentraient, ressortaient à volonté et faisaient de belles parties sur la plage avec les chiens des passants. Je ne songeais donc pas à eux, mais un de ces coureurs était revenu en tapinois et, tandis que j'avais le dos tourné, il enleva prestement le fromage, qu'il avala comme une pillule.

Il allait aussi s'emparer du pain, quand heureusement je l'aperçus. Je compris alors qu'il fallait prendre des précautions, si je voulais sauver mon déjeûner. Jugez de la commodité de la quarantaine : il me fut impossible d'y trouver une armoire, un tiroir, une planche, un trou pour y mettre mon pain à l'abri de la dent des voleurs; je fus obligé de le lier avec un vieux bout de corde que je tirai des balayures, et je le suspendis à un clou que j'enfonçai dans le mur à l'aide de ma botte que j'avais déchaussée à cet effet.

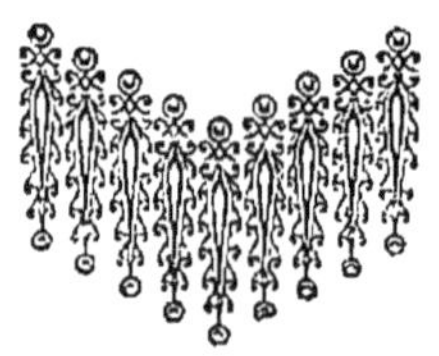

CHAPITRE XX.

Les dames en visite. — Une nuit de quarantaine.

Quand j'eus l'estomac réconforté, les choses me parurent sous un aspect moins sinistre. Le soleil, s'abaissant vers l'horizon, éclairait cette mer magnifique, sur laquelle mon œil plongeait de la fenêtre de ma chambre. Une demi-douzaine de navires à l'ancre se balançaient dans la rade; deux autres s'éloignaient à toutes voiles; plus loin, un steamer fuyait aussi, couronné de son panache de fumée, qui disparaissait en serpentant dans l'espace.

A gauche était Alicante, dont une partie du môle se dessinait devant nous. Tout ceci formait un spectacle grandiose, mais il manquait d'animation, car il n'y avait sur la rive aucun être vivant, sauf pourtant les deux chiens qui avaient de nouveau quitté la maison pour recommencer leurs jeux. Les deux figuiers poudreux, toujours là, semblaient demander au ciel quelques gouttes d'eau pour eux et les trois à quatre touffes d'herbes qui croissaient sous leur feuillage. Tout-à-coup je vois, courant sur le sable et venant d'Alicante, une tartane, puis une seconde, puis une troisième. Où allaient-elles? Je n'apercevais, autour de notre logis, que quelques masures, qui ne semblaient pas attendre d'équipage; et à droite, autant que ma vue pouvait porter, rien que la plage et la ligne blanche des vagues qui y venaient mourir.

Je suivais donc d'un œil curieux le mouvement de ces voitures, quand j'en vois une quitter le bord de l'eau et se diriger vers la quarantaine. La seconde prend la même direction, puis la troisième. Des deux premières étaient sorties successivement une douzaine de dames, de jeunes filles, d'enfants et quelques hommes. Étaient-ce de nouveaux prisonniers qu'on allait nous adjoindre? Non, car toutes ces femmes étaient en toilette, et ce n'est pas ainsi qu'on vient en prison.

On retira des tartanes quelques chaises et pliants destinés aux dames, qui déjà s'acheminaient vers la maison, en échangeant des signes de tête et des coups d'éventails avec les personnes accourues aux fenêtres. Amies ou parentes, elles venaient les consoler ainsi de leur séquestration.

On avait placé les siéges aussi près des murs que la consigne le permettait, et là les colloques avaient commencé: on s'informait des absents et des incidents du voyage. Tout le monde parlait à la fois; les uns riaient, les autres s'essuyaient les yeux. Trois jeunes filles, d'une grande beauté, semblaient être les sœurs de la femme du capitaine. Une dame âgée et deux autres plus jeunes étaient probablement la femme, les filles ou les nièces d'un personnage que son accoutrement plus que négligé m'avait fait prendre pour un malheureux, mais qui s'étant approprié avait l'air de tout autre chose. En voyage, ces transformations ne sont pas rares.

Tous les arrivants, notamment les femmes, devaient appartenir à la bonne société : leur mise était des plus fraîches et leurs manières étaient élégantes. Les jeunes filles avaient presque toutes la tête découverte ; leurs cheveux noirs brillaient comme du jais aux derniers rayons du soleil. Leur peau était brune, mais fine et polie. Leurs formes prononcées les faisaient paraître un peu grasses pour leur âge. Les unes étaient en noir, à l'espagnol ; les autres, en robes roses ou d'autres nuances tendres, recouvertes de mantilles noires. Toutes gesticulaient avec une vivacité pittoresque, en parlant très-haut et très-vite. Dans ces sons confus, je ne distinguais que ces deux mots, sans cesse répétés : *iaia ! iaia !*

Les personnes de la troisième voiture étaient venues pour l'homme aux croix. Elles faisaient aussi beaucoup de gestes en lui adressant non moins de paroles, auxquelles il ne répondait que par des mouvements de tête presqu'insensibles et de cet air digne que j'admirais lorsque, pour désencombrer la porte, je le poussai sur son sac. Quant aux individus de sa suite, y compris le petit garçon et les chiens, ils se démenaient pour eux et pour lui. L'un de ces animaux, reconnaissant un des visiteurs, s'élança par la fenêtre afin d'arriver plus vite, et tomba de vingt-cinq pieds au milieu du cercle des dames, dont deux furent renversées, heureusement sans autre mal que la peur. On croyait le chien tué, car il resta sur le coup ; mais il était tombé sur du sable, il n'était qu'étourdi. Bientôt il se releva et, tout boitant, il s'en fut, en remuant la queue, rejoindre le groupe où il avait découvert un ami.

Les derniers arrivés étaient probablement d'une classe moins élevée que les premiers : ceux-ci devaient appartenir à l'aristocratie, les autres au commerce. Cependant quelques hommes du premier groupe échangèrent des saluts avec ceux du second; parmi les femmes, je n'en vis pas qui eussent l'air de se connaître.

Les enfants seuls se réunirent et se mirent à jouer, ce qui contrariait fort nos trois petits garçons : ils ne comprenaient pas qu'on laissât les chiens courir et que la même permission leur fut refusée. Un d'eux s'approcha si près de la fenêtre sans appui qu'il ne tint à rien qu'il ne fit comme le chien; il aurait pu s'en tirer moins heureusement!

Cette stupide quarantaine qui laissait communiquer avec le dehors les animaux et les gardiens eux-mêmes, me mettait hors de moi, chaque fois que ceux-ci inventaient quelques nouvelles vexations. Ici, ils n'eurent garde d'y manquer. Nous étions tous respirant ou causant aux fenêtres, quand il vint en tête à ces sales bandits de se fourrer au milieu des dames; puis, montant sur l'appui des croisées, de s'y coucher, de manière que chacun d'eux en occupait une tout entière. A mon grand ébahissement, on souffrait cela sans rien dire, et je ne sais si j'étais plus en colère de l'insolence de ces surveillants que de la lâcheté des hommes qui la toléraient. Je me tenais à quatre pour ne pas intervenir, me promettant bien de le faire si l'occasion s'en offrait.

Elle ne tarda pas. Ma chambre, située à l'extrémité de l'édifice, n'était pas en face du cercle des visiteurs, et les gardiens avaient dédaigné de s'emparer de ma fenêtre. L'un, pourtant, vint s'y appuyer à côté de moi; il y avait place pour deux, je n'y mis pas d'opposition; mais m'étant écarté un instant, il monta sur l'appui et s'y coucha. Quand je revins, je lui dis de se remettre sur ses pieds et de me rendre ma place. Il fit une espèce de grimace moqueuse et ne bougea pas. C'était un petit homme sec et que j'aurais porté sur mon épaule: le saisissant par une jambe et un bras, je lui donnai une secousse comme si j'eusse voulu le précipiter. Je le tins un moment dans cette situation, et puis je le rejetai dans la chambre. Il était tellement effrayé qu'il pouvait à peine se soutenir. Il fallait que sa mine fut bien drôle, car ses camarades, loin de lui venir en aide, riaient aux éclats.

Croiriez-vous que cette manière d'agir avec ces sauvages, loin de me mettre plus mal avec eux, sembla les adoucir; j'en eus bientôt la preuve. Après un nouveau conciliabule entr'eux, le chef vint me trouver. Il n'avait plus son air menaçant, et je compris à ses manières patelines qu'il me proposait un arrangement relatif au napoléon en litige. Quel était cet arrangement? C'est ce qu'il me fut impossible de comprendre. Il me montrait une trentaine de pièces de cuivre qu'il tenait dans la main, et lorsque je m'apprêtais à les recevoir, croyant que c'était le reste de ma monnaie, il la retirait immédiatement et les remettait dans sa poche. Je me creusais inutilement la cervelle pour deviner ce que voulait dire cette pantomime, quand je lui vis une plume à l'oreille. J'en conclus qu'il savait écrire et je lui dis de poser sa proposition par écrit: ce qu'il fit aussitôt. Il me demandait de céder à lui et à ses camarades la monnaie qu'il m'avait montrée, restant, disait-il, du prix de mon dîner, et qu'alors ils renonceraient eux-mêmes à réclamer les derniers cinq francs dont je ne parlerais pas au consul. J'acceptai la transaction et la paix fut faite.

Cependant la nuit était venue; les dames, remontées en voiture, nous avaient quittés, et la plage était rendue à son silence et à sa solitude. La lueur des étoiles et d'un ciel azuré pénétrait peu dans nos logements, et il n'était question à la quarantaine ni de lampes ni de bougies; seule, l'allumette chimique d'un fumeur éclairait de temps en temps la demi-obscurité où nous étions. Je causais avec l'officier; en arpentant la chambre, il s'aperçut que mon lit consistait en deux nattes. A l'instant même, retournant chez lui, il me fit apporter un matelas, un oreiller et une couverture. Je ne voulais pas accepter, croyant que c'était aux dépens de son propre lit ou de celui de ses enfants qu'il me cédait cette bonne couchette; mais il m'assura qu'il avait seulement ôté un matelas à celle de ses enfants qui, déjà, en avaient deux.

Je voulus savoir le nom de cet obligeant militaire. Je lui remis ma carte et il m'offrit la sienne. Il se nommait Crisante Lopez y Ramirez de Arellano, capitaine dans un régiment d'infanterie, en garnison à Barcelone: il venait en congé chez lui. L'air dur et sévère que je lui avais trouvé d'abord, n'était qu'apparent ou que la suite de l'habitude du commandement. C'était, au total, un excellent homme qui paraissait fort heureux dans son intérieur, car sa femme était belle, très-distinguée et ses enfants étaient charmants.

Je commençais, comme on le voit, à monter ma maison: j'avais matelas, couverture, traversin. Cependant deux choses manquaient à mon bonheur: un pot à l'eau et une table de nuit. J'aurais même bien volontiers renoncé à la table, si j'étais parvenu à me procurer son meuble intérieur. J'y avais bien songé et fait des démarches pour obtenir un vase quelconque: je n'avais pas réussi. J'étais à bout d'expédients, lorsque je me souvins que, parmi mes premiers camarades de chambrée, les gens au chapeau pointu, il y en avait un qui était propriétaire de deux pastèques. Il en avait découpé une devant moi pour la distribuer à ses compagnons;

puis, après avoir tâté et flairé l'autre, il l'avait jetée dans un coin avec humeur et comme fait un homme à qui on a livré pour un fruit mûr, un objet vert et immangeable. Sous prétexte de chercher une canne oubliée, je fus dans la chambre de ces hommes, et, m'étant assuré que la pastèque était encore à sa place, je demandai à l'acheter. Le marché fut bientôt fait : pour quelques sous, elle me fut livrée, avec cette joie sournoise qu'éprouve celui qui, trompé sur la qualité de la marchandise acquise, parvient à la repasser à un autre.

La pastèque était de belle taille, de forme convenable : je la coupai en deux, j'en enlevai la pulpe avec mon couteau, et j'eus ainsi deux vases entièrement propres à leur double destination : pot à l'eau et pot de nuit.

Mon ménage ainsi complété, j'aurais dû me trouver heureux, mais, dans mon excursion chez mes voisins, j'avais fait une remarque qui ne laissait pas de m'inquiéter. J'étais passé au milieu des soldats qui, étendus sur le plancher, essayaient d'y dormir ; à la respiration difficile de quelques-uns, je ne doutais pas qu'ils ne fussent travaillés par la fièvre. Or, si leur état empirait, si quelque maladie grave venait à se déclarer chez eux, il ne fallait pas compter sur une sortie prochaine.

La fatigue l'emportait sur mes préoccupations soucieuses et, nonobstant les puces qui me dévoraient et les moustiques dont j'entendais le bourdonnement sinistre, je commençais à m'endormir, quand je fus réveillé par le bruit des pas de plusieurs survenants. À leurs voix rauques, aux rires et aux jurements, je reconnus nos gardiens venant s'installer dans la pièce qui touchait à la mienne, et qui, sans s'inquiéter s'ils troublaient notre repos, y continuaient leur bruyante conversation. Arrivés dans ma chambre, ils ne se gênaient pas davantage. L'un d'eux vint même prendre la demi-pastèque que j'avais posée près de mon lit : mais soit remords de conscience, soit qu'il eût deviné sa destination, il la remit à sa place.

Ce tapage dura une bonne heure, après laquelle ils s'assoupirent. Je croyais en faire autant, mais, avant de se coucher, ils avaient fermé les contrevents : l'air ne circulait plus ; la chaleur augmenta en conséquence et l'affreuse odeur qui s'était de nouveau répandue dans les appartements devint intolérable. J'ouvris un volet, ce qui ramena de la fraîcheur vers mon lit, et je respirai plus librement ; mais en même temps, les moustiques, que rien n'arrêtait plus, entrèrent par myriades : tout ce qui n'était pas couvert, mes mains, ma figure, mes jambes et mes pieds, car leur aiguillon traversait mes bas, furent bientôt criblés de piqûres, avec des démangeaisons atroces.

Préférant ce supplice à celui de l'infection, je m'étais empaqueté de mon mieux et j'essayais encore de dormir, quand j'entends sur ma tête je ne sais quel volatile, chouette, hulotte ou chauve-souris gigantesque qui, s'étant introduite par la fenêtre, s'approchait par instant si près de ma figure que je sentais le vent de ses ailes. Je me lève et, avec mon balai de nattes, je fais la chasse au monstre. Ainsi poursuivi, il se réfugie dans la chambre contiguë et s'abat sur la tête d'un des gardiens, qui se réveille en poussant un cri de détresse ; puis, traversant les autres pièces, l'oiseau soufflète de ses ailes deux ou trois dormeurs et, reprenant le chemin par où il est venu, disparaît par la croisée.

Cependant tous nos gens étaient sur pied. Cherchant l'ennemi et ne voyant rien, les uns croient à une mauvaise plaisanterie du voisin, et lui cherchent noise ; les autres disent qu'ils ont reconnu l'oiseau de mort et que quelqu'un mourra dans la nuit. Cela était trop simple et, pour la plupart, c'était le malin ou le diable en personne. Comme on ne le trouvait pas, on en conclut qu'il était entré dans le corps d'un des assistants, car en Espagne on croit encore aux possédés. Si nous avions eu là un prêtre, je ne doute pas qu'on ne lui eût fait conjurer l'esprit.

A défaut, on ferma la fenêtre. C'était, assurément, le plus sûr moyen pour qu'il ne revînt pas : aussi n'en entendîmes-nous plus parler.

A quelque chose, malheur est bon : je ne sais si la bête, hibou ou chauve-souris avait dérouté les moustiques et, par ses mille et mille détours et le mouvement de ses ailes, renouvelé l'air, mais il me sembla qu'on sentait moins mauvais et que les insectes n'étaient plus si nombreux. Je pus donc enfin dormir, ce dont j'avais grand besoin.

CHAPITRE XXI.

—

Suite de la quarantaine. — Le malade.

—

Le 9 septembre, lorsque je me réveillai, le soleil était déjà haut : ses rayons, comme des filets d'or, pénétraient dans la chambre par les interstices des volets. Il n'est pas de si petit trou où la lumière ne passe ; elle trouve sa voie là où l'air et l'eau ne la trouvent pas ; elle n'a pas même besoin de voie, elle pénètre à travers l'eau, la glace, le cristal, le verre, le diamant, enfin toutes les matières qui ne sont pas complètement opaques, et dans celles-ci même, si la moindre fissure s'y déclare, aussi rapide que la pensée, elle s'en empare et s'y loge. Seule entre les éléments, elle peut servir à tous sans que sa masse en soit réduite ni altérée. Il n'y a que l'électricité qui marche plus vite qu'elle.

C'est en causant ainsi avec moi-même que j'allai ouvrir mes volets, et cette lumière, comme pour me payer de mes éloges, m'inonda avec une telle abondance que je ne sentis plus qu'elle, ou, comme dit le vulgaire, je n'y vis plus que du feu.

Quand mon éblouissement fut passé, je commençai à me reconnaître: je respirai cet air matinal que rafraîchissait la brise de mer. Des mouettes et des goëlands, oiseaux qu'on retrouve dans toutes les mers, profitaient comme moi du beau temps. Plus heureux, ils avaient à choisir de l'air, de l'eau ou de la terre, et alternativement ils essayaient un peu de chacun. L'oiseau que sa force ou son isolement met à l'abri des races ennemies, est l'être le plus heureux de la création, et je me suis surpris maintes fois à envier son sort.

Nos figuiers, qui avaient reçu leur part de rosée, n'étaient plus si altérés, ils avaient l'air de revivre; les palmiers me paraissaient plus beaux. Le nombre des navires de la rade était encore augmenté et j'en comptais vingt-trois; mais la rive était déserte. Pas un campagnard, pas un cheval, pas une charrette ne se dirigeait vers la ville, et sur la mer je ne voyais pas un bateau de pêche, non plus qu'un champ cultivé sur la montagne. De quoi donc vit-on à Alicante?

Devant moi était cette cabine où j'avais espéré pouvoir m'installer pour prendre un bain: on a vu comment on avait accueilli ma demande.

A défaut de bain, il fallait obtenir de l'eau pour me laver les mains et le visage, ce que je n'avais pu faire la veille. Je me munis de ma pastèque-pot à l'eau et, traversant les deux salles où mes compagnons, oubliant leurs maux et même nos gardiens, dormaient encore, je parvins jusqu'au bas de l'escalier. Je croyais que l'on allait m'arrêter là; j'appelle le concierge en prononçant *acqua:* il paraît et, à mon grand étonnement, il me montre la cour, cette même cour dont la veille on m'avait si obstinément refusé l'entrée. Comme je ne voyais pas de fontaine, il me conduit à une auge de pierre où un soldat en chemise, que je ne reconnus qu'à son béret, se lavait de la tête aux pieds.

Je m'approche : l'eau qui lui avait servi, et peut-être à d'autres, était d'une saleté repoussante, et pourtant je n'apercevais aucun moyen de la renouveler. Sa toilette finie, il réunit ses efforts aux miens pour soulever l'auge et en faire couler l'eau; puis, il m'indiqua, au ras du sol, un trou que rien n'annonçait et dans lequel un promeneur inattentif n'eût pas manqué de s'engouffrer. Ce trou était un ci-devant puits, que le défaut d'entretien avait mis dans cet état. A un crochet était une mauvaise corde, au bout de laquelle pendait un plus mauvais vase : c'était avec cette machine primitive qu'il fallait tirer de l'eau, et, le puits étant sans margelle, sans poulie, sans point d'appui, ce n'était pas chose aisée. Néanmoins, le soldat m'aidant, je parvins à en avoir un seau; je remplis d'abord ma coupe, puis avec le reste je me lavai le mieux que je pus.

Cela fait, ne sachant pas si, l'escalier remonté, nos tyrans, par un nouveau caprice, me permettraient de le redescendre, je voulus parcourir la cour. Elle était vaste et entourée de magasins pouvant contenir une grande quantité de marchandises, de chevaux, bestiaux, et même d'hommes qui, certes, n'y auraient pas été plus mal que dans nos abominables chambres. Ces magasins dénotaient la même incurie : bien construits dans l'origine, on les laissait tomber en ruines. Des immondices, des restes de marchandises avariées, des tas de fumier à tous les degrés de pourriture, annonçaient que, depuis qu'ils existaient, nul n'avait songé à les nettoyer : c'étaient les écuries d'Augias.

La cour, qui servait de réceptacle à tout ce qu'on jetait des fenêtres, était plus immonde et plus infecte encore : c'était un véritable charnier, au milieu duquel s'élevait un tas de décombres et de scories que couronnait le cadavre d'un chien en putréfaction. A quelque distance, un monceau de gousses de caroubier séchait au soleil; leur odeur nauséabonde, qui tient beaucoup de celle du beurre rance, se mêlait au parfum des chairs corrompues. Enfin, on semblait avoir pris à tâche de réunir ici des miasmes putrides de toutes les natures, et conséquemment toutes les causes de choléra et de maladies contagieuses. Et l'administration qui dirige un tel établissement a le front de s'appeler *sanitaire !* et ce conservatoire de la peste est réputé un lieu de salubrité et la garantie de la santé publique ! Ah ! c'est une odieuse dérision ! Je déclare que, dans les pays les plus barbares, je n'ai pas vu les hommes traités avec cette inhumanité. Honte à ceux qui tolèrent de pareils abus ou qui, plus coupables encore, les encouragent dans un intérêt quelconque. Négligents ou vendus, ils ont mérité d'être flétris, et ils le seraient si je livrais ici leur nom à la publicité. Je n'ai pas voulu le savoir, parce que c'est l'abus que je poursuis et non les hommes : c'est à leur gouvernement à les juger.

Si ce gouvernement se respecte, s'il veut se mettre à la hauteur des pays civilisés, qu'il remédie au mal. S'il ne le fait pas, c'est aux représentants de la France, c'est à notre ambassadeur, c'est à nos consuls, c'est à tous les consuls étrangers à ne pas souffrir plus longtemps qu'on se joue ainsi de la loi des nations et qu'on fasse à des voyageurs honorables ce qu'ailleurs on ne fait pas aux vagabonds et aux malfaiteurs.

J'en étais à l'inspection de la cour. Derrière, s'en trouvait une plus petite, ayant aussi ses magasins non moins malpropres que les premiers. Dans ces cours non pavées, qu'on aurait pu embellir par des arbres et des fleurs, on ne voyait pas un brin de verdure. Ici encore, des débris d'animaux, mais pas un être vivant. C'était d'une tristesse affreuse : ainsi doit être le séjour des réprouvés.

Cette dernière cour était adossée contre une colline également desséchée, où quelques palmiers rappelaient seuls qu'on n'était pas dans l'autre monde.

La chaleur commençait à être forte. A mesure que le soleil atteignait ces charniers, l'odeur en devenait plus infecte : je m'empresse de rentrer. Sous le vestibule, je trouve l'homme à la balafre, qu'égayait fort mon vase improvisé; il me parla politique et me demanda des nouvelles. Depuis près d'un mois, je n'avais pas jeté les yeux sur un journal : celles que j'aurais pu lui donner n'étaient donc pas très-fraîches. Il me parla de Napoléon; c'était quelque vieux carliste enragé, qui n'aimait pas plus l'oncle que le neveu, et qui prétendait que, si le siége de Sébastopol ne réussissait pas, le compte de l'empereur était bon, ce qu'il accompagnait d'un geste fort significatif.

Je ne m'amusai pas à combattre les balivernes de ce vieux rêveur qui, sans doute, pour m'amadouer et me faire oublier les ennuis de la veille, me présenta un melon. Il n'était pas plus mûr que ma pastèque et je le refusai.

Un autre individu, attaché aussi, je crois, à l'établissement, vint m'offrir des figues : quoique petites et d'assez mauvaise mine, elles semblaient mûres. Dans la disette où j'étais, on fait ressource de tout, et j'allais les accepter : mais il les reprit en me parlant d'aqua-vita, de brandwein. Je crus qu'il me proposait de trinquer avec lui en mangeant les figues. Je le remerciai en lui disant que je ne buvais d'aucun alcool. Il me montra une bouteille vide. Alors je compris que c'était de l'eau-de-vie ou du rhum qu'il me demandait en échange d ses figues. Je lui répondis que je n'en avais pas: là dessus il reprit ses figues et me tourna le dos.

J'étais à peine installé dans ma chambre qu'un de gardiens arrive avec les mêmes figues. Il me dit qu le propriétaire de ces fruits me les envoyait en m priant de lui donner en échange un verre de vin. J le lui versai: c'était tout ce qui restait dans la bouteill bien que je l'eusse laissée presque pleine. Nul doute qu'o ne l'eut visitée en mon absence. La moitié de mo pain avait disparu et, ce qui me chagrinait davantage, un verre que m'avait prêté une des voyageuses.

Je mangeai mes figues; elles étaient si sucrées qu'elles me prenaient à la gorge. Faute de vin, je voulus boire de mon eau. Soit qu'elle fût naturellement saumâtre, soit que ma pastèque lui eut communiqué son goût de vert, elle était détestable. Je sortis pour en demander d'autre: la provision était épuisée; le puits, par suite des ablutions des soldats, était à sec. On réclamait de tous côtés, et dans la grande salle il y avait presque une émeute: on pouvait se croire dans le désert de Sahara, après une nuit de simoun.

Enfin les cris des femmes et des enfants, qui mou-raient de soif, furent entendus. Nous obtinmes deux cruches d'eau sur lesquelles chacun se jeta en buvant à l'espagnol par le robinet, car il n'y avait plus de verre, et la perte de celui qui avait disparu devenait, dans la circonstance, une calamité publique.

Abreuvé à peu près, je mangeai le reste de mon pain et de mon raisin, ce qui, avec trois figues que j'avais conservées, me fit un déjeûner splendide.

Quand je rentrai dans la grande salle, je trouvai nos dames aux fenêtres. Une partie des visiteuses de la veille et d'autres encore étaient revenues. Une demi-douzaine de tartanes, qui les avaient amenées, rangées derrière elles, leur procuraient un peu d'ombre, et les conversations, interrompues par la nuit, étaient reprises.

Les arrivantes offraient aux prisonnières des fruits, des pâtisseries, qui leur parvenaient au moyen de paniers attachés à des ficelles. On envoyait aussi des bouquets. J'eus ma part de ces distributions. Une jolie petite dame ou demoiselle me voyant à la fenêtre, et le seul qui ne mangeait pas, alla déposer dans un panier un gâteau et une fleur, en faisant signe que c'était pour moi. Je mangeai le gâteau en saluant ma bienfaitrice, et je mis la fleur à ma boutonnière.

Les dames qui nous donnaient ce régal, en prenaient leur part sur la plage, mangeant des mêmes mets; enfin nous déjeûnions ensemble, quoique d'un peu loin. Les hommes s'envoyaient des toasts et les jeunes filles des baisers. La fraîcheur de cette scène contrastait avec l'aridité du rivage et l'horreur du lieu où nous étions.

Les femmes, en toilette du matin, étaient mises simplement, mais avec la même propreté et le même bon goût que le soir précédent. Tout ceci me donna une grande idée non-seulement de l'hospitalité, mais de la gentillesse et de l'éducation du beau sexe alicantais. Parmi ces femmes, il y en avait de vraiment charmantes.

A mesure que le soleil monte, les tartanes n'en défendent plus nos belles visiteuses: la place n'est plus tenable. Elles se lèvent et gagnent une cabane éloignée de deux ou trois cents pas de notre lazaret. Là, quelques palmiers projettent un peu d'ombre, sous lequel je vois les enfants et les jeunes filles courir et folâtrer; les femmes s'asseoient sur des bancs qu'on a tirés de la cabane. De cette distance, elles échangent encore des mouvements de mains et des saluts d'éventails avec leurs amies qui se sont portées à l'aile droite du logis.

En examinant avec ma lunette ce que je prenais pour une chaumière, je reconnais une sorte de châlet, petite habitation de plaisance à terrasse et bâtie avec soin. Une tente est voisine. On en sort des tables chargées de rafraîchissements. Je m'imagine que ce sont des limonades, des sorbets, ou tout au moins de l'eau glacée, et, comme celle qu'on nous a donnée est tiède, je commets le péché d'envie : pour un verre de cette eau fraîche, j'aurais donné deux pièces d'or.

Des jeunes gens se détachent du groupe en tenant un plateau. Ici, je ne me trompe pas, ce sont bien des glaces qu'ils apportent à nos recluses : qu'ils se pressent, car elles pourront arriver tièdes.

Bientôt je vois des guitares et des mandolines : on chante ; les sons n'arrivent pas jusqu'à nous ; néanmoins je reconnais l'ancienne Espagne. Malheureusement, le costume des hommes, leurs vestes de chasse, leurs laids paletots nuisent à l'effet du tableau. Les femmes, plus habiles ou plus coquettes, ont conservé le costume national.

J'avais oublié mes ennuis et jusqu'au lieu où j'étais, quand un triste incident vint nous ramener à la réalité. Un des soldats était mourant et, pour comble de malheur, de la dyssenterie, chose qu'on pouvait bien accuser de tendance cholérique. Nos gardiens, payés en raison de la durée de notre emprisonnement, ne demandaient pas mieux que de le prolonger. Or, l'appréciation de la maladie et des causes mortuaires dépendait absolument d'eux : dans cette quarantaine, plus abandonnée qu'une prison, il n'y avait ni médecin, ni aumônier, enfin aucun secours matériel ou spirituel.

Je me rendis dans la chambre où ce malheureux gisait sur les planches, sans rien pour le couvrir. Malgré la chaleur, il tremblait et paraissait n'avoir plus que quelques instants à vivre. J'aurais donné beaucoup pour le sauver : il m'inspirait une pitié profonde. C'était un tout jeune homme, à figure intéressante, mais décomposée par la souffrance. J'engageai ses camarades à le mettre hors du courant d'air où il était placé ; comme ils hésitaient à le toucher, car ils croyaient qu'il avait le choléra, je le pris moi-même par les épaules. Alors ils se décidèrent, et nous le transportâmes dans une autre partie de la chambre.

Cela fait, je le couvris de mon manteau pour l'aider à se réchauffer ; mais le soleil qui se montra et qui, dans la position où j'avais mis le malade, donnait sur la partie inférieure de son corps, devait contribuer plus vite à ce résultat. Je recommandai de le changer de place aussitôt qu'il atteindrait la tête.

A ce sujet, je dirai qu'il est des remèdes à portée de tous et que n'emploie personne, probablement parce qu'ils sont trop simples et qu'ils ne coûtent rien. J'ai déjà cité l'excellence de l'eau froide en lotion ou en boisson contre bien des maladies, notamment les rhumes : j'en dirai autant du soleil contre les névralgies, les rhumatismes, certaines fièvres, etc. Si ceux qui en sont attaqués se décidaient à rester pendant un certain nombre d'heures au soleil, en y exposant les parties malades et, dans certains cas, le corps tout entier, ils s'en trouveraient bien.

CHAPITRE XXII.

—

Fin de la quarantaine.—Entrée à Alicante.—Le jeune peuple souverain.

—

Je sortis de cette infirmerie, le cœur serré. Je plaignais ce pauvre soldat et, avec lui, ses compagnons et moi-même, car, s'il venait à mourir, notre captivité se prolongeait indéfiniment.

Je me promenais dans le corridor, en faisant de tristes réflexions, lorsque j'y vis arriver l'homme à la balafre. Il avait l'air encore plus furieux qu'à l'ordinaire, mais ce n'était pas à nous qu'il en voulait, c'était aux gardiens qui, cette fois, n'étaient plus fiers. Allant, venant, regardant, fouillant, ils ne trouvaient probablement pas ce qu'ils cherchaient : ils semblaient tous avoir perdu la tête. Il y avait bien de quoi, la bande des chapeaux pointus avait disparu tout entière. Par où ? A quel instant ? C'est ce que personne ne devinait, et on en était à se demander si le diable, sous la forme de cette bête aux grandes ailes, ne les avait pas emportés ?

Malgré mon chagrin, je ne pouvais m'empêcher de rire de la mine de ces imbécilles de surveillants qui s'étaient ainsi laissé escamoter, tandis qu'ils ronflaient ou batifolaient, une douzaine de prisonniers.

Laissant ces gens à leur recherche, je rentrai dans ma chambre. Accablé par la chaleur, j'allais me jeter sur mon lit, lorsqu'à mon grand effroi, je vis qu'il n'y était plus. J'aurais pu aussi attribuer la chose à l'oiseau; j'aimai mieux croire que c'était le fait des déserteurs. Mais comment l'expliquer à l'officier qui me l'avait si généreusement prêté? Voudrait-il même en accepter le prix? Tout ceci me contrariait plus que je ne saurais dire. Je m'étendis tristement sur la natte, la tête soutenue par mon sac de nuit, et il m'arriva, ce qui m'arrive toujours quand l'agacement et la mauvaise humeur sont parvenus chez moi au paroxisme: je m'endormis. J'ai remarqué que c'était aussi la dernière ressource des animaux dans l'embarras: ils commencent par chercher les moyens d'en sortir et de découvrir une issue quelconque; lorsqu'ils sont convaincus qu'il n'y en a pas, ils se mettent en boule et s'endorment.

Je reposais paisiblement, quand je fus réveillé par un des gardiens qui venait m'inviter à préparer mon bagage, parce que les voitures allaient arriver. Je ne savais de quelles voitures il voulait parler, et ma première pensée fut que le soldat était mort, que le choléra était au lazaret et qu'on allait nous conduire en rade ou dans une autre prison; mais il me répéta en italien: *fuori*. Je ne pouvais croire encore que ce fût l'annonce de notre délivrance, quand il ajouta: Alicante. Je compris alors, et fus bientôt debout.

Passant d'un extrême à l'autre, je m'imaginai que ces voitures étaient à la porte: je mis la tête à la fenêtre et je ne vis rien.

Mon désappointement fut grand : je pensais que ce drôle s'était moqué de moi. L'officier qui survint, m'annonça qu'on avait abrégé notre quarantaine, parce que l'autorité venait d'apprendre que le choléra s'était déclaré à Alicante. Tout le monde savait qu'il y était depuis un mois.

J'allais, non sans quelqu'embarras, lui parler de son lit, lorsqu'il m'apprit, à ma très-grande satisfaction, que c'était lui-même qui l'avait fait enlever.

Usant, dès l'instant, de ma liberté, je descends pour aller prendre un bain de mer, mais on m'arrête à la porte en disant que l'ordre officiel n'est pas encore arrivé.

Je me retourne du côté de la cour et la première chose que j'y aperçois sont les douze déserteurs qui n'avaient pas déserté du tout. Après bien des allées et venues et des recherches inutiles, on s'était aperçu que leurs fusils étaient à la place où on les avait déposés. Or ces gens-là ne s'en vont jamais sans leurs armes, ils ne devaient donc pas être loin. En effet, ils avaient couché dans un des magasins de la cour où ils s'étaient réfugiés pour avoir plus d'air et éviter le voisinage des soldats malades.

Mon homme du matin avait sans doute été content de mon vin, car je le vis arriver tenant encore six figues sur une feuille de vigne. Il m'en fit goûter une, puis il me proposa de me donner les cinq autres pour le reste du liquide : c'était, comme on voit, le libre-échange dans toute sa simplicité. Malheureusement, je n'en avais plus, je lui montrai ma bouteille vide, et notre transaction en resta là.

Nos gardiens qui n'ont plus que quelques instants à nous tenir sous leur coupe, en profitent de leur mieux et se gênent moins que jamais ; ils chantent, ils crient, se poussent, se bousculent jusque dans nos chambres, sans s'inquiéter s'ils nous dérangent, puis ils vont flairer dans toutes les bouteilles, et boivent, sans façon, ce qui y reste.

J'écris ces notes assis par terre, appuyé sur mon sac de nuit, les jambes presque sous le menton : les puces en profitent pour arriver plus vite à destination. Je songe maintenant à ce que je vais faire à Alicante, si je n'y trouve aucun moyen de passer en Afrique; pourrai-je, dans l'état de conflagration où est l'Espagne, parvenir jusqu'en Portugal? Faut-il rejoindre Madrid et retourner à Bayonne? Mais cette route n'est pas plus sûre que l'autre, et, tout ce que j'y ai souffert me revenant à l'esprit, je sens pour cette voie un dégoût insurmontable. Reprendrai-je la mer pour aller à Barcelone? Mais quand partent les paquebots qui y touchent? faut-il attendre quinze jours le retour de celui de Cadix? Si le consul d'Alicante m'avait répondu, je ne serais pas dans cette perplexité; aussi je lui en veux un peu.

Une autre peur me poursuit, c'est celle de manquer d'argent : je n'ai point pris de lettre de crédit. Je perds énormément sur mon or français, et personne ne veut de mes billets de banque.

On nous demande à chacun trois francs pour droit de quarantaine; c'est peu de chose, mais on a pu voir de quelle manière on spécule sur les moindres services. Si on restait longtemps ici, il faudrait louer des meubles : quel prix ne les ferait-on pas payer? Cette quarantaine est un vrai coupe-gorge.

Cependant tout le monde ne s'y laisse pas tondre bénévolement, et les recouvrements n'y sont pas toujours faciles ni même assurés. Lorsqu'on vint réclamer leur quote-part aux chapeaux pointus, ils firent la mine du loup à qui la cigogne demande son paiement, et semblaient dire : « Comment, ingrats, nous ne vous avons pas tordu le cou, nous vous laissons toutes vos nippes, et, loin de nous remercier, vous venez nous parler d'argent? » Là-dessus, faisant un à gauche, ils vont chercher leurs fusils. Puis, passant sur le corps des gardiens qui s'opposaient à leur sortie, ils s'en furent la tête haute et tout aussi fièrement que le Cid marchant contre les Maures.

Quand le chef présent les vit à une honnête distance, il commença à crier contre ses subordonnés, en leur donnant ordre de les poursuivre. On pense bien que pas un ne bougeait. La colère du chef n'en devint que plus terrible. Bien convaincu qu'ils ne pouvaient l'entendre, il traitait les fugitifs de voleurs, de brigands, d'assassins. Aussi jugez de sa stupeur, lorsqu'en se retournant il en vit un qui, resté derrière, l'écoutait en tenant son escopette de façon que le canon lui arrivait droit à l'oreille. L'argument était péremptoire : notre orateur n'acheva pas sa période.

L'autre, prenant la parole à son tour, lui dit qu'il ne laisserait pas partir de pauvres voyageurs sans leur offrir un gage de sa bonne amitié, et, disant cela, il se rapprochait d'une table où le receveur, assez imprudemment, venait de verser sa recette. La position était critique : le gros de la troupe s'était arrêté et n'attendait qu'un signal pour revenir. Le prudent administrateur sentit bien qu'il fallait céder une part pour sauver le reste ; il prit dans le tas quelques pièces, les mit dans la main du quêteur en lui souhaitant bon voyage, vœu auquel se joignit celui de tous les assistants qui craignaient que le pèlerin n'étendit jusqu'à eux sa collecte.

Ces voitures, si impatiemment attendues et qui devaient

nous apporter notre *exeat*, n'arrivaient pas, et chacun de craindre que l'administration n'eut changé d'avis; car sur quoi compter dans un pays où le plus fort ou le plus hardi a toujours raison. Dans ce cas, il ne nous restait qu'à imiter les gens qui nous quittaient et à forcer le passage. J'en avais bien envie. Nos misérables gardiens, qu'encourageait notre patience, semblaient vouloir nous faire payer les bourrades qu'ils avaient reçues. Chaque fois qu'ils venaient de mon côté, je m'attendais à quelqu'avanie, et je ne me trompais pas. En ce moment, ce sont mes effets qu'ils veulent emporter pour qu'on puisse les charger, à ce qu'ils prétendent. Les charger sur quoi? Pas un seul véhicule n'était là. J'étais à écrire: le sac de nuit me servait de siége et la valise de table. Je refuse de les leur remettre. Ils n'en tiennent compte, ils veulent les prendre de force. Je me place en avant et m'apprête à défendre mon bien. Je reprochais à l'un d'eux cette manière d'agir, en lui disant qu'ailleurs il ne se conduirait pas ainsi. Savez-vous ce qu'il me répondit: « *La quarantaine, c'est la quarantaine.* » Ce qui voulait dire, nous sommes les maîtres ici. Ils ne le furent pourtant pas, et je restai possesseur de mes effets.

Ceci me fit souvenir de mon manteau et je sortis pour aller le chercher, craignant bien, malgré mon spécifique, de trouver le soldat mort; mais son état s'était amélioré. Le soleil avait fait merveille; il n'avait pas le choléra; sa maladie était un fort accès de fièvre qui commençait à se passer, et tout annonçait qu'il s'en tirerait.

Je quittais la chambre, lorsqu'on m'annonça les provisions que j'avais demandées pour mon dîner. Notre sortie les rendait surabondantes; je pus donc en faire une distribution à ces malheureux qui, sans la charité du capitaine, seraient, je crois, morts de faim : le gouvernement espagnol ne gâte pas ses soldats.

Je retourne à la salle : je n'y vois plus mes bagages. Nos enragés gardiens n'avaient pas voulu en avoir le démenti, ils les avaient emportés. J'allais me fâcher, mais je les trouvai en bas, près de la porte, où les voitures commençaient à se montrer.

La plus élégante était celle de la famille de l'officier, où l'attendaient plusieurs dames ses parentes. Nous nous quittâmes en nous donnant une poignée de main. Quant aux autres véhicules, je les prenais pour des omnibus. Je veux placer mes bagages sur le premier qui se présente, mais on me montre une charrette où l'on avait déjà entassé pêle-mêle des balles, des matelas, des malles, pour les transporter à la douane : c'était sur cette charrette qu'on allait les charger.

Tandis qu'on y procédait, je vis un individu qui les examinait attentivement et qui, bientôt, se mit à les tâter dans tous les sens. Je croyais que c'était un douanier, mais je reconnus le mari de la dame qui m'avait prêté le verre disparu. Il ne valait pas trente centimes, et j'avais offert de le lui payer au prix qu'il fixerait, ce qu'il avait généreusement refusé ; mais il n'en allait pas moins s'assurer, si je ne l'avais pas caché dans ma valise ou mon sac de nuit : aimable confiance !

Enfin les bagages sont sur la charrette. Je veux prendre place dans la tartane où déjà étaient montés le monsieur aux croix et un autre voyageur qui s'oppose à mon entrée, en me disant : *e mia*. C'était encore un équipage de maître, mais, comme il y restait trois places vides, on aurait pu, en vérité, m'en offrir une. Je ne l'aurais pas acceptée : j'étais convaincu que, parmi ces voitures, il y en avait au moins une envoyée par l'administration ou par l'entrepreneur des transports. Je me présentai donc à une seconde, mais on me ferma également la porte au nez. Il en fut ainsi de la troisième et de toutes celles qui étaient là. Ce qui me mortifia le plus dans ces refus consécutifs, ce fut de voir les deux chiens s'installer à une des places qu'on m'avait refusées. En conséquence, je restai seul avec mes six gardiens, car l'homme à la balafre et le concierge avaient pris les devants après avoir fermé les portes du lazaret, qu'on laissa dans l'état où nous le quittions.

Il était deux heures, la chaleur était atroce, et cette promenade à pied, sans un pouce d'ombre, dans des sables où j'enfonçais jusqu'à la cheville, était assez peu de mon goût. Elle n'était pas même de celui des chiens, puisqu'ils étaient montés en voiture.

Quant à la charrette, il n'y avait pas moyen de s'y asseoir. Aussi ne m'avait-on pas proposé d'y monter, et elle avait pris les devants. Ne me souciant pas de demeurer plus longtemps sur cette plage déserte avec ces six drôles qui restaient là, je ne sais pourquoi, en chuchotant entr'eux, je commençai à marcher bon pas pour rejoindre les bagages. Ils me laissèrent partir et je m'en croyais débarrassé, lorsque je les vis prendre le même chemin et se hâter pour se rapprocher de moi. Je me pressais de mon côté, afin d'atteindre le charretier; habitués à marcher dans ces sables, ils m'eurent bientôt rejoint. Une attaque à force ouverte était peu probable dans un lieu si découvert, mais comme je n'avais rien payé pour le transport de mon bagage de la chambre à la voiture, parce que c'était contre mon ordre qu'ils y avaient touché, je m'attendais à quelque réclamation exagérée et à une avanie, si je ne me soumettais pas. Cependant, à mon grand étonnement, ils ne me demandaient rien, mais ils continuaient à m'entourer comme si j'étais encore leur prisonnier.

Force étant de cheminer ainsi, je me mis à causer avec eux sans avoir l'air de me préoccuper de leurs allures, et nous rejoignîmes le voiturier. C'était un fort bel homme, mais dont la physionomie n'était pas meilleure que celles des autres, et, à quelques signes échangés avec eux, je vis qu'ils s'entendaient. Dans quel but? C'est ce que je ne pouvais deviner.

Nous approchions de la ville, et la solitude était toujours la même; c'était l'heure de la sieste et pas une âme n'apparaissait sur le chemin. Continuellement entouré de mes acolytes, je me trouvais en avant de la voiture : deux chemins se présentent, je suis naturellement celui que prennent mes compagnons. Bientôt je n'entends plus la voiture, je me retourne, et je vois qu'elle suivait l'autre voie : je veux revenir sur mes pas, ils m'en empêchent, en me disant que cette route est la moins longue. Il était trop tard pour reculer : je continue donc, assez inquiet pour mon bagage et un peu pour moi-même, car la voie était devenue un sentier qui nous menait à une cavée.

Ici, j'avais fait un jugement téméraire : ce sentier était plus court et meilleur pour les piétons : ils n'avaient donc eu, en me le faisant prendre, qu'une bonne intention. Ce n'était pas de vive force qu'ils voulaient me tirer de l'argent, ils avaient un autre plan.

Nous rejoignons la voiture; nous sommes en face d'une maison fort propre. Une femme, jeune et belle et convenablement mise, était assise à l'ombre devant la porte, où une autre, plus âgée, lui arrangeait les cheveux. Un homme, son mari ou son frère, ou son futur, était couché à côté sur une espèce de canapé. Cette toilette en plein vent, conforme d'ailleurs aux usages du pays, me parut, peu habitué que j'y étais encore, fort originale.

Plus loin est une halte de chariots attelés de bœufs.

J'admire la taille, la beauté et la mise pittoresque des conducteurs, qui semblent appartenir à une autre province. Leurs manières, tout bouviers qu'ils sont, ne me semblent pas grossières comme celles de mes guides : ils ont même, dans leurs mouvements, quelque chose de digne.

Nous voici au pied de ces murailles que je voyais depuis deux jours et auxquelles j'aspirais comme à la terre promise. Nous traversons un beau pont ; nous franchissons la porte ; nous sommes dans la ville. Beaucoup de maisons sont pavoisées, probablement à cause du dimanche. Les rues ont leurs trottoirs, mais la chaussée n'est point pavée.

J'accompagne à la douane la charrette de bagages. Le concierge nous dit que nous venons trop tard, que le vérificateur est parti, et que la visite ne pourra avoir lieu que le lendemain à dix heures. J'avais besoin de changer de linge, et je ne voulais m'arrêter à Alicante que le moins possible, un tel retard me contrariait beaucoup ; mais, en ce pays, il faut s'habituer aux contrariétés. J'éprouvais, d'ailleurs, en ce moment, un grand soulagement, je ne voyais plus mes six coquins. Ils m'avaient quitté en traversant la ville : il semblait qu'on m'avait ôté un manteau de plomb de sur les épaules.

Ma joie fut courte : je les aperçus dans un coin de la cour, me couvant des yeux. Le dénouement approchait, et je pouvais délier les cordons de ma bourse. J'avais, comme je l'ai dit, des billets de banque pour une assez forte somme, mais il me restait si peu d'or et d'argent que toutes les exactions, même celles auxquelles je n'aurais attaché nulle importance en d'autres circonstances, me semblaient dures.

C'était la douane qui se chargeait du transport des objets à visiter : on m'en avait prévenu en percevant mes trois francs de quarantaine. Je n'avais donc qu'un pourboire à donner au voiturier : encore était-il facultatif. Je lui présentai un franc. Je m'attendais à un remerciement; mais, sur un signe que lui font les autres, il le refuse et exige quatre francs. Je lui réponds que je connais la loi et que je ne lui dois rien. Il me répète insolemment qu'il lui faut quatre francs.

Dans ce moment, le vérificateur entrait : c'était un jeune homme, fort élégamment mis et de bonnes manières. Il fit, avec convenance, la visite de ma valise et ne voulut pas que j'ouvrisse mon sac de nuit. Croyant qu'il avait quelqu'autorité sur ces gens, je lui soumis le litige, en me plaignant de l'exagération du prix demandé. Il fit quelques observations au voiturier et aux gardiens. Ceux-ci, bien loin d'y avoir égard, y répondirent par des clameurs, où je distinguai ces mots : *Francese, quarantina.*

En cette circonstance, j'eus encore la preuve de la terreur que la populace inspire ici à tous les gens des classes aisées et même aux agents du gouvernement. Le vérificateur me dit que cela ne le regardait pas, et que le plus sûr était de m'arranger avec les réclamants. Puis, me tournant le dos, il disparut.

Cette décision me livrait à eux pieds et poings liés. Le voiturier, dans un jargon qu'il prenait pour du français, criait toujours : *quatri franchi,* et il s'était emparé de ma valise pour nantissement. Alors m'adressant à la foule de curieux que cette altercation avait attirés, je leur demandai si je devais quatre francs pour une si petite course et un si mince bagage ? Pas un ne répondit.

De guerre lasse, et pour ravoir mes effets que les gardes-santé, véritables auteurs de l'avanie, encourageaient l'autre à retenir, j'allais payer, quand, du milieu du groupe, j'entends une petite voix s'écrier, en français, que le charretier était un voleur et qu'on ne lui devait pas quatre francs. Je me retourne et je vois un enfant de douze à treize ans qui toisait fièrement le conducteur et qui lui répéta qu'il était un voleur. Une douzaine de galopins, venus à la suite du premier, se mirent, sans même savoir de qui ni de quoi il s'agissait, à crier aussi à tue-tête : *volour! volour!* en sifflant et menaçant mon homme.

Il paraît qu'en ce pays, si les bourgeois craignent la populace, celle-ci craint les gamins quand ils sont en nombre, et ils le furent bientôt. On en voyait déboucher de tous les coins, en vociférant, comme on le fait en Espagne : c'était à devenir sourd. Jamais je n'avais vu tant de marmots réunis en si peu de temps : ils semblaient sortir de terre. Le malheureux voiturier, inquiet pour son cheval et sa charrette, sur laquelle les plus lestes étaient montés pour crier plus près de ses oreilles, ne savait où il en était.

Celui qui avait parlé français et qui semblait exercer un certain ascendant sur les autres, parvint à les faire taire. Je lui demande alors combien je devais payer au charretier? Un franc et demi, répond-il sans hésiter. Le voiturier veut marchander; les huées recommencent. Enfin, très-pressé de tirer son cheval de la bagarre, il accepte. Je n'avais que des pièces de cent sous, et j'allais en donner une pour avoir de la monnaie, lorsque mon jeune défenseur, qui vit bien qu'on ne me rendrait rien, dit qu'il allait me la changer. Je la lui remis. Il revint bientôt. S'apercevant qu'on l'avait trompé de quelques sous, il retourna sur ses pas et se fit rendre ce qui manquait. Je donnai un franc cinquante centimes au charretier, qui les prit sans mot dire.

Cette discussion m'avait fait oublier les gardiens,

mais eux ne m'oubliaient pas, et, m'entourant, ils réclament leur paiement. Je leur demande « de quel paiement ils parlent. — *Per l'incomodo,* » me disent-ils. Je veux savoir ce que c'est que *l'incomodo*. Ils me répondent que c'est leur dérangement et la peine qu'ils ont prise de me conduire à la douane et de veiller sur mes effets. J'étais indigné d'une telle impudence. Néanmoins, pour en finir, je leur offris deux francs qu'ils rejetèrent bien loin, en me menaçant, à leur tour, d'arrêter ma valise. Je ne sais comment je m'en serais tiré, si le gamin et sa bande n'étaient pas encore intervenus. Celui-ci commença par s'emparer du bagage, en me demandant à quel hôtel je voulais qu'il fût porté; et, sur ma réponse, il se mit aussitôt en route, aidé par deux de ses camarades et escorté par les autres. C'était une marche triomphale qui faisait accourir chacun à sa porte. Mes gardiens avaient fait comme le voiturier. Se taisant devant la voix publique et son organe enfantin, ils s'étaient dessaisis de leur gage, et j'aurais pu m'en aller sans leur donner un sou. Je me piquai de générosité, je leur présentai les deux francs, qu'ils reçurent, et je rejoignis mes porteurs et leur escorte.

J'arrivai sans accident, mais non sans bruit, à l'hôtel del Vapore, où je devais loger. Je manquai rester dehors; le portier, effrayé d'un hôte qui arrivait si bruyamment accompagné, avait fermé la porte. Cependant, il se ravisa en voyant que j'étais suivi d'un bagage quelconque, et l'on me reçut.

CHAPITRE XXIII.

Alicante. — Ses bains. — Sa promenade.

Je fus agréablement surpris, en entrant à l'hôtel el Vapore, d'y trouver une apparence de propreté et de confortable auxquels ne m'avaient pas accoutumé les posadas espagnoles. De plus, la situation en était charmante.

Quand mon petit conducteur et ses aides eurent déposé mes paquets, je voulus savoir par quel hasard, lui Français, se trouvait commissionnaire à Alicante. Il me dit qu'il y était né, mais qu'il avait été élevé en Algérie dans une école française. Il me demanda un franc pour le port de mes effets : c'était fort raisonnable. Je lui en donnai dix pour lui et ses aides, et dix autres pour son escorte. Je ne pouvais pas faire moins pour le service que m'avaient rendu ces braves enfants.

J'ai encore rencontré, depuis, sur cette côte, plusieurs

de ces Espagnols nés ou élevés dans notre colonie d'Afrique. Tous étaient reconnaissants de la protection qu'ils avaient reçue de la France, et témoignaient le désir d'être Français. Plusieurs même essayaient de passer pour tels. Il n'est pas douteux que ce peuple gagne au contact des Français. La population espagnole d'Alger et d'Oran, bien que composée d'éléments fort divers, est certainement plus laborieuse et moins brutale que celle d'Espagne. Le Basque français vaut mieux que le Basque de l'autre côté des monts, et pourtant c'est la même famille. D'où vient cette différence? Des institutions. Sous une administration à la fois forte et libérale, on verrait cette belle et brave nation, aujourd'hui la plus inutile et la plus arriérée de l'Europe, rentrer dans la civilisation dont elle s'éloigne tous les jours, moins par sa faute que par la fatalité qui, depuis Charles-Quint, lui a infligé une suite de souverains, parmi lesquels il n'en est pas un seul qui fût propre à l'être.

A défaut de bons gouvernants, il lui aurait fallu une bonne constitution ou au moins une constitution quelconque, mais elle n'a jamais su en conserver; et, pourtant, individuellement, chaque Espagnol en sent la nécessité. Tous ceux à qui j'ai demandé ce qu'ils allaient chercher en Afrique, quand il existe tant de terres en friche en Espagne, m'ont répondu : *un buono governo.*

Profitons donc de ces hommes que leur pays ne sait ni apprécier ni utiliser : ils deviendront un des éléments de prospérité de notre colonie. Un instinct de race les y appelle : ils retrouvent en Afrique le climat et les habitudes de leur patrie; ils n'y perdent que leur indolence. A la longue et par suite d'une justice prompte et impartiale, ils y perdront aussi leur férocité. Nous ne devons donc négliger aucun moyen ni même épargner aucun sacrifice pour les attirer chez nous.

Nonobstant l'air honnête de l'hôtel et de ses maîtres, j'avais trop appris à me méfier des comptes des posadas pour ne pas prendre mes précautions : je fis mon prix à des conditions raisonnables.

Dès que je fus installé dans ma chambre, le camérier vint prendre mes habits pour les épousseter et les purifier, ce dont ils avaient grand besoin. Puis entra, à son tour, la chambrière pour préparer le lit : c'était une fille de vingt à vingt-cinq ans, couleur café au lait, aux formes prononcées, à la chevelure noire, aux yeux flamboyants et cernés de bistre. J'ai rarement rencontré de figure où les passions violentes, l'amour, la haine, la colère, semblaient plus fortement accentuées. Dans son ensemble, elle était plutôt belle que laide, et pourtant elle inspirait une sorte d'effroi. Mais quand elle souriait en entr'ouvrant ses lèvres roses un peu épaisses et laissant voir ses dents blanches, elle n'effrayait plus : c'était tout le contraire.

Ainsi que presque toutes les femmes espagnoles, elle était gaie, leste, serviable. Dans ces posadas, les servantes m'ont paru avoir des mœurs honnêtes, et jamais de leur part aucun geste, aucune parole, n'a pu me faire douter de leur vertu. Ajoutons que le personnel féminin y est ordinairement nombreux : c'est une garantie, elles se surveillent entr'elles.

Ma chambre, placée au premier, était grande et proprement meublée; dans une alcôve immense était un lit qui ne l'était pas moins. Une croisée ouvrait sur un balcon donnant sur une place; une autre avait vue sur la rue et une partie de la promenade; mais un soleil ardent, qui y pénétrait et en faisait une fournaise, ne laissait pas de m'incommoder. Je le dis à la bonne : au moyen d'une poulie, elle fit descendre une natte qui enveloppa le balcon; puis elle ouvrit la porte et l'autre fenêtre qui n'étaient pas exposées au soleil. A l'instant s'établit un courant d'air qui, de la zône torride, me fit passer dans la zône tempérée et presque froide. Il n'y a que dans les pays chauds qu'on sache se garantir de la chaleur : il n'en est pas de même du froid.

Pour compléter mon bien-être, on m'apporta de l'eau glacée, dont je m'abreuvai avec délice. Puis, je songeai à ma toilette. Contre mon habitude, j'étais, faute de place à bord du *Pelayo*, et d'eau propre au lazaret, resté trois jours sans me faire la barbe. Elle avait prodigieusement crû et, devant mon miroir, je me comparais à Nabuchodonosor rentrant dans son palais après sa pénitence.

Si l'on sait en Espagne se précautionner contre la chaleur, on y est fort arriéré sur la distribution des maisons. J'avais remarqué la même chose en Italie et spécialement à Venise. Rien n'y est combiné pour le service intérieur ou la facilité des communications : un appartement commande à l'autre, partout des coins obscurs, des trous perdus et pas un cabinet, pas un lieu de décharge.

Le logis où je suis est un phénomène en ce genre ; les corridors y forment un véritable labyrinthe. Au milieu de l'un d'eux s'élève un escalier, qui semble n'avoir d'autre destination que celle de monter pour redescendre. Si c'est un moyen d'exercice, on devrait, pour ceux qui n'en ont pas besoin, y percer un tunnel : ce serait de la fatigue de moins et du temps de plus. Quant à ces petites marches perfides, véritable casse-cou qu'on évite chez nous avec tant de soins, on semble ici les multiplier à plaisir.

Dans l'un de ces inextricables corridors où je m'étais perdu en voulant gagner la salle à manger, je me trouvai face à face d'une femme fort belle, à qui je m'apprêtais à demander ma route quand elle disparut. Si c'était une vision, je n'y avais rien vu de bien effrayant : c'est moi plutôt qui avais effrayé la vision, cette femme ne me cherchait pas, mais que cherchait-elle ?

Un moment après, et lorsque déjà je n'y pensais plus, un monsieur très-bien mis vint me l'apprendre. Il y avait cinq minutes à peine que j'étais dans ma chambre, lorsque j'entendis frapper à la porte, et sur ma réponse : *entrez*, parut un grand jeune homme, qui paraissait si fort intimidé que je crus qu'il allait se trouver mal. Je l'invitai à s'asseoir ; quand il eût repris ses sens, il me dit, tout tremblant, qu'il avait une prière à me faire.

A ce début, je regrettai presque de lui avoir offert un siége, car je m'attendais à un de ces récits plus ou moins lamentables, invariablement suivis d'un appel à la bourse de l'auditeur, et j'apprêtais déjà ma pièce de cent sous, réponse ordinaire à ces sortes de requête, quand, à ma grande surprise, je vis qu'il s'agissait d'autre chose. C'était de la rencontre que j'avais faite dans le corridor ; il me suppliait de n'en point parler. Comme je n'avais aucune raison de le faire, je le lui promis de grand cœur. Mais sa demande ne se bornait pas là, et c'était cette suite qu'il n'osait me dire.

Sur mon encouragement à continuer, il ajouta qu'on viendrait probablement m'interroger sur cette rencontre, et que je lui sauverais la vie et à cette dame sa réputation, si je voulais dire que je n'avais vu personne.

C'était tout bonnement un gros mensonge qu'il me proposait : or, si dans la conversation j'aime à faire un petit conte pour rire, de ceux que personne ne croit, parce que tout le monde sait qu'ils ne sont pas faits pour être crus, je déteste le mensonge proprement dit ou l'attestation d'un fait contraire à la vérité; cette proposition m'embarrassait donc beaucoup. D'un autre côté, je me serais cruellement reproché d'avoir, par un mot hasardé, causé quelque malheur. Pour me tirer de là, j'adressai mentalement une invocation à Escobard, qui m'exauça en me remettant en mémoire la réponse d'Agnelet dans l'*Avocat patelin*. Maintenant ma conscience était à l'aise; je dis à mon interlocuteur qu'il pouvait se tenir en repos, que tous les alguazils, tous les inquisiteurs, grands et petits, des Espagnes et des Indes, vinssent-ils me questionner, ils ne sauraient rien. Là-dessus mon amoureux me sauta au cou et m'appela son sauveur, et nous nous quittâmes les meilleurs amis du monde. Quant à la suite de l'affaire, je regrette de ne pouvoir vous la dire, vu que je ne la sais pas.

Comme l'heure du dîner était passée, on dîne ici vers deux heures, je pris un à-compte en attendant le souper, et je me rendis chez le consul, dont un large pavillon tricolore indiquait le logis.

C'était le jour des apparitions féminines, car là encore, dans un escalier vaste mais un peu obscur, je me trouvai en présence d'une grande demoiselle, qu'à sa tournure je reconnus pour Française. Je m'informai du consul: elle me montra un salon où ce fonctionnaire ne tarda pas à paraître. Il me demanda des nouvelles de mon voyage et comment je me trouvais de l'Espagne? Je lui dis beaucoup de bien du climat; ensuite, nous causâmes histoire et archéologie. Il en vint enfin à ma lettre: il n'y avait pas répondu parce qu'un marin, qui s'était annoncé comme second du steamer, l'avait assuré que, pour éviter la quarantaine, je comptais aller à Cadix.

Je dus accepter cette explication, bien qu'elle n'expliquât pas grand chose; mais je fus immédiatement consolé quand le consul ajouta que, si j'étais toujours décidé à passer en Afrique, l'occasion s'en présenterait bientôt, peut-être le soir même, et qu'il allait s'en informer.

Il rentra un instant après pour m'annoncer qu'aucun navire n'appareillait cette nuit, mais que demain il en partirait un, pour Alger ou pour Oran, de Santa-Pola, port voisin d'Alicante.

Ces deux destinations me convenaient également; cependant une question qu'il me fit et l'observation qu'il y ajouta tempérèrent singulièrement ma joie. Il me demanda si j'étais seul. Sur ma réponse affirmative, il me prévint que, si je ne rencontrais pas à bord d'autres passagers, il y aurait grande imprudence à partir ainsi isolé, parce que les gens qui faisaient cette navigation, moitié marchands, moitié fraudeurs et forbans par circonstance, ne se feraient pas scrupule de me jeter à la mer pour s'emparer de mon bagage; que plusieurs voyageurs avaient ainsi disparu; et que tout dernièrement encore il s'en était présenté un, dépouillé de tout et qui prétendait n'avoir échappé à la mort que par miracle.

Il faut avouer que la perspective n'avait rien de bien attrayant, car en comptant même sur ce miracle ou la faveur d'avoir la vie sauve, une entrée en Afrique sans argent ni bagage, ne pouvait me flatter beaucoup. Je demandai au consul si la chose arrivait souvent? Il me répondit qu'elle était rare. Voyant que la chance était pour moi, je lui dis que je partirais dans tous les cas. Alors il me promit de ne rien négliger afin de hâter ce départ, et il me donna rendez-vous pour le lendemain.

Je le quittai pour aller prendre ce bain de mer après lequel je soupirais depuis trois jours. Suivant la promenade dans toute sa longueur, je gagne le port. De nombreux navires, tous pavoisés, lui donnaient un air de fête : j'en compte une centaine. Un peu plus loin, sur une plage où l'eau est fort claire, je trouve un établissement de bains, vaste et commode, avec de nombreuses cabines, ayant chacune son petit enclos de nattes, où une dame peut se baigner isolément à l'abri de tous les yeux. Celles qui veulent nager, soulèvent le coin d'une des nattes, sortent de l'enclos et se trouvent sur un sable uni où l'on a autant d'eau qu'on le désire, sans courant ni remous.

Le temps est très-favorable ; la mer est calme et chaude. On distingue au fond de l'eau les plus petits poissons et les plus minces coquillages. La vue du port, de la rade, de la ville, présente un ensemble charmant. Jamais je n'ai pris un meilleur bain : il me fait oublier jusqu'aux ennuis de la quarantaine.

Quand je rentre dans ma cabine, qui a la grandeur d'une chambre, je trouve une serviette proportionnée à l'appartement : elle a la taille d'un drap, ou plutôt c'est un drap véritable. Le tout ne me coûte que quelques réaux, environ un franc vingt-cinq centimes.

En regagnant l'intérieur de la ville, je passe devant une église : j'entre. Comme elle était un peu obscure et que je venais du soleil, je n'y distingue pas bien les objets, mais j'entends une voix dont les inflexions annonçaient un sermon. Quoique la voix fût sonore, elle était presqu'entièrement couverte par un bruit imitant celui d'un rouet, et qui sortait de cent endroits différents. Sans me rendre compte de ce qui le causait, je vis que l'église était remplie de femmes, les unes à genoux, d'autres, et c'était le plus grand nombre, assises sur leurs talons ou demi-couchées à terre ou sur leurs voisines. Toutes étaient vêtues de noir avec le voile de gaze et en mantille, ayant à la main un grand éventail vert: c'étaient ces éventails, que toutes agitaient devant leur figure et sans jamais cesser, qui faisaient l'étrange bruit que je ne m'expliquais pas.

Ces groupes de femmes, nonchalamment étendues comme des esclaves dans un bazar, et ce mouvement de centaines d'éventails, qui ressemblaient à autant d'oiseaux battant des ailes, avaient quelque chose que je ne saurais rendre. Toutes étaient proprement et souvent richement mises. Beaucoup pouvaient passer pour belles. Leurs magnifiques chevelures, leurs beaux yeux noirs qu'elles tournaient de tous côtés, en se saluant les unes les autres, ou que la curiosité leur faisait diriger vers moi, par la raison toute simple qu'avec le prédicateur et deux ou trois enfants de chœur, j'étais le seul individu mâle qui fût dans l'église, rendaient ce tableau plus mondain qu'édifiant. On aurait pu tout aussi bien se croire dans un harem ou une succursale du paradis de Mahomet, que dans une église catholique. Le malheureux prédicateur, que personne n'avait l'air d'écouter, se démenant au milieu de ce murmure assoupissant, n'était pas la moindre rareté du spectacle.

Je ne sais comment se nomme cette église: elle est grande et semble riche dans ses détails. Comme ces dames, ainsi demi-couchées, en couvraient toute la surface, et qu'il eût été peu galant d'enjamber de l'une à l'autre, je me résignai à écouter le sermon que je n'entendais pas, m'agenouillant quand le prédicateur s'agenouillait, me signant quand il se signait, non par grimace, mais parce que, selon moi, lorsqu'on entre dans un temple, même pour le voir, on n'est pas dispensé d'y prier et que, dans toutes les circonstances, on doit s'y comporter décemment et n'y troubler personne.

C'est pour ne pas sortir de cette règle que je ne vais jamais visiter les églises en compagnie des voyageurs à moi inconnus, car il est rare que, dans le nombre, il ne se trouve pas quelque sot qui croira se montrer esprit fort ou philosophe en affectant de se conduire là comme dans la rue.

Ma tenue me valut l'approbation du prédicateur qui, en finissant son discours, se tourna de mon côté et me donna sa bénédiction. Une bénédiction fait toujours du bien; aussi je le remerciai par un profond salut et une pièce d'argent que je mis dans le tronc des pauvres. Si l'on comprenait combien il en coûte peu pour être bien avec les gens, quel que soit le pays, on ne se donnerait pas tant de peine pour s'y mettre mal.

Il m'eût assez plu de voir le défilé des dames et de juger de près ce que j'avais considéré de loin, mais cette inspection, par trop française, me parut inopportune et peu convenable, et je résistai à une tentation qui aurait pu ruiner la bonne opinion qu'on avait conçue de moi.

La nuit approchant et la faim commençant à se faire sentir, car depuis trois jours je n'avais vécu que de fruits et de fromage, je retournai à l'hôtel.

De la disette, je passai à la surabondance. On me servit, et pour moi seul, un repas digne de Gargantua; j'avais quinze plats pour le moins: aubergines, poulet, côtelettes, poisson, jambon, saucissons de deux à trois espèces, autant de fromages; des crêmes, des raisins de Malaga, frais et secs, des figues, des grenades, des oranges, je ne sais quoi encore: enfin, j'aurais pu, de ce dîner, vivre pendant huit jours et, malgré mon grand appétit, je n'en pus consommer la dixième partie.

Sorti de table, je recommence à battre les rues. Toutes les maisons que j'avais trouvé fermées pendant le jour, crainte du soleil, sont maintenant ouvertes; la population est aux portes ou aux fenêtres. On cause, on joue, on rit, et nul ne se douterait que le choléra est dans la ville. Le dimanche et probablement quelque saint indigène dont on célèbre la fête, sont la cause de cette jubilation.

Je rentre dans la promenade qui aboutit à mon logis et m'assieds sur un des beaux bancs de pierre à dossier dont elle est garnie de chaque côté; elle est plantée d'une double rangée d'arbres et illuminée. La société fashionable commence à s'y réunir. Des femmes, grandes, bien faites, coiffées de leurs cheveux et d'un simple voile de gaze noire, s'y promènent par groupes; leur peau un peu brune, à laquelle on s'accoutume bientôt, n'ôte rien à leur agrément. Riches ou pauvres, toutes sont bien chaussées et ont quelque chose à la fois de leste et de princier dans leur démarche.

Le chapeau parisien ou plutôt sa charge, car Dieu sait comme l'on coiffe les têtes étrangères, commence à envahir la Péninsule. Triste révolution! Ce sont des femmes de consuls, des Anglaises ou des Françaises de passage qui ont commencé le mouvement. Ce malheureux chapeau, presque toujours mal porté hors de France, est pourtant ici, comme à Madrid, comme à Valence, un sujet d'envie pour les femmes qui n'osent pas encore renoncer au costume national, mais qui, pour y accoutumer le public, en affublent leurs jeunes filles, qu'on voit marcher devant elles fières et roides et parfaitement ridicules. Il faut véritablement que les Espagnoles soient folles, elles à qui Dieu a donné une si admirable chevelure, pour l'emprisonner dans cette boite enrubanée, dont la fraîcheur, sous ce soleil brûlant, ne dure pas deux jours, et qui, en arrêtant la circulation de l'air, devient un véritable étouffoir. Ainsi travesties, elles ne sont plus Espagnoles et elles ne sont pas Françaises : ce sont des poupées de mode.

Si ces gracieuses Alicantaises ne se tiennent pas en garde contre l'invasion du fléau, si, elles aussi, substituent ces rebuts de nos magasins à leur beau costume, si léger, si bien approprié au climat, à leurs mouvements, à leurs formes élégantes que la mantille ne dissimule pas; si elles repoussent cette mantille pour prendre ces lourdes couvertes, dites *châles*, qui ne sont bonnes que contre le froid ou pour atténuer les déviations de la taille et la proéminence des os, c'en est fait de leur réputation d'élégance et de beauté.

Près de moi est un groupe de femmes, au milieu desquelles j'en remarque une dont les gestes ont un piquant et un entrain vraiment extraordinaires ; on voit qu'ici rien n'est joué : elle est toute naturelle. Elle fait des remarques sur celles qui passent ; je ne les entends pas, mais je doute qu'elles soient fort charitables, car, à chacune, ses compagnes pouffent de rire. Ces femmes ne sont pas de la haute société, elles se rapprochent de la classe ouvrière : ce sont des marchandes, des factrices de magasin, enfin ce qu'on nomme de petites bourgeoises ; pourtant elles n'ont rien de vulgaire. Elles sont mises sans luxe, mais avec goût. Il y en a de vieilles et de jeunes, plus ou moins jolies, toutes très-brunes. Elles ont beaucoup de connaissances, car, à tout instant, quelques femmes se détachent des groupes de promeneuses pour venir jaser avec elles. Celle que j'ai citée a toujours quelques mots à dire aux nouvelles venues, et ils sont ordinairement suivis d'explosions de rires. Elle ne les épargne pas davantage : quand elles s'éloignent, elles ont leur tour : c'est alors à leurs dépens qu'on s'amuse.

Tout-à-coup elle change de place ; je me serre contre

l'extrémité du banc pour qu'elle puisse s'asseoir ; elle se met à côté de moi. Sans me rien dire, elle me regarde ; je vois bien qu'elle a deviné que je suis étranger, mais ce n'est pas assez, elle désire savoir de quelle nation? Comment s'y prendre? Elle voudrait me faire parler, sans parler elle-même. J'ai compris son intention et je ne desserre pas les lèvres.

En ce moment passe le consul de France avec sa famille, je le salue : il n'en faut pas davantage à ma curieuse. Elle retourne à sa première place ; je l'entends distinctement prononcer le mot *Francese*. Je ne doute pas qu'on ne me serve bientôt ma ration d'épigrammes : j'ouvre les oreilles et je la suis du coin de l'œil. Elle jette à bâtons rompus de petites phrases que suivent des éclats de rire étouffés, qu'on veut me cacher en détournant la tête. Il est clair que je suis là sur la sellette, et j'en ai la preuve quand je la vois simuler ces salutations coup sur coup ou cette politesse exagérée qui n'est plus guère d'usage chez nous, mais que la tradition nous attribue encore. Puis, allant successivement à chacune de ses compagnes, la main sur le cœur, elle a l'air de leur faire une déclaration. On peut juger de l'hilarité qu'elle excitait.

J'affectais le plus grand calme et elle pouvait croire que je ne m'apercevais de rien. Mais lorsqu'elle en vint à la femme la plus voisine de moi, à laquelle j'avais tourné le dos pour lui donner la facilité de continuer sa pantomime, je me retourne tout-à-coup et je lui dis en italien : *adesso a me, signora*. Et, imitant exactement sa grimace, je lui fais aussi ma déclaration. Les rires, comme on peut le croire, éclatèrent de plus belle, mais les rieuses étaient alors de mon côté. Elle fût un moment interdite : cela dura peu, et ses rires se joignirent à ceux de ses compagnes.

Parmi les promeneurs la plupart étaient en habit ou en paletot; mais dans la classe bourgeoise ou campagnarde quelques-uns avaient conservé le costume national. J'en remarquai portant une petite jupe ou fustanelle blanche avec une veste noire et une ceinture de même couleur, des guêtres blanches ou noires avec des spartilles ou sandales. Sur leur tête était un chapeau rond noir, très-plat, orné d'un petit plumet également noir. Tout ce qui devait être blanc était d'une blancheur éclatante, sur laquelle le drap noir, propre et bien brossé, tranchait merveilleusement. Rien de plus pittoresque et élégant que ce costume qui rappelait celui des Albanais, sauf la coiffure. J'ignore de quelle province venaient ces hommes, mais tous étaient de petite taille.

Cette promenade, que bordent les maisons de chaque côté, ressemble assez au cours de Marseille. Les femmes y étaient beaucoup plus nombreuses que les hommes. Les unes s'asseyaient sur ces belles banquettes de marbre blanc, d'autres sur des chaises et se réunissaient en petits cercles comme nous le voyons aux Tuileries. Elles se levaient par instant pour se promener trois ou quatre ensemble, les petites filles devant et toutes fières quand elles avaient au front ce malheureux chapeau. Celles qui n'en avaient pas, et qui en paraissaient presque humiliées, étaient nue tête, ou, comme leurs mères, elles portaient un voile: celles-ci étaient charmantes.

Les hommes marchaient près des dames, mais sans leur donner le bras. Les femmes quelquefois se le donnent entr'elles. Un air de gaîté et d'animation se montrait chez tous les promeneurs. Aucun mendiant, ni colporteur, ni chanteur importun, ne venait se jeter à travers de la joie publique, et partout régnaient une décence et une tenue parfaite.

Au milieu de la promenade étaient préparés une vingtaine de pupitres éclairés par des lampes. Bientôt parurent les musiciens en uniforme bleu et blanc : c'étaient ceux de la *guarda nationale,* me dit un des auditeurs. Ils exécutèrent plusieurs morceaux, français et italiens, des valses et des galops. Il y avait de l'ensemble et de la justesse, mais je ne trouvai pas cette chaleur qu'on rencontre dans les musiques militaires, allemande, française et belge. Ces orchestres méridionaux, sans en excepter l'Italie, ont quelque chose de languissant et de mou qui plaît peu à nos oreilles françaises.

La nuit s'avançait, je n'attendis pas la fin du concert ; je rentrai chez moi pour me coucher, ce dont j'avais grand besoin.

CHAPITRE XXIV.

—

Suite d'Alicante. – Départ pour Santa-Pola.

—

Je m'endormis au son de la musique, dont les accords arrivaient jusqu'à moi. Dans la nuit, je fus plusieurs fois réveillé par des cris, des chants, des *frons-frons* de guitare et de mandoline, très-médiocrement harmonieux. La première fois que j'avais entendu ce vacarme, notamment à Madrid et à Valence, j'avais cru à quelque fête, puis à quelque révolution : mais c'est l'état normal du pays. L'Espagnol se promène le jour, cause sur la place ou aux coins des rues ; la nuit, il chante, il danse, il crie. Quand dort-il ? Je n'en sais rien : il fait la sieste, mais elle ne dure qu'une heure ou deux, et ce n'est pas là un sommeil suffisant.

Le 10 septembre, je me lève de bonne heure. Après m'être muni l'estomac d'une tasse de chocolat, excellent en ce pays, je profite de la fraîcheur du matin pour aller voir les parties de la ville que je ne connaissais pas. La première chose que j'observe, en entrant dans une rue aboutissant à la promenade, est une maison de belle apparence, sur la porte de laquelle est écrit: *ciurgiano*. Au fond d'une boutique ouverte est un comptoir sur lequel sont placés deux petits bassins en cuivre, tels qu'on en voit encore servant d'enseigne à nos barbiers de village. J'ai rencontré ailleurs de ces établissements. En Espagne, on se fait tirer du sang, comme on prend chez nous une limonade pour se rafraîchir.

J'examinais la figure de l'Esculape qui, croyant que j'avais besoin de son ministère, venait gracieusement m'inviter à entrer, quand je m'entends saluer du titre d'*eccellenza* par une voix qui ne m'était pas inconnue: c'était le chef de la quarantaine, toujours fort laid, mais alors fort proprement vêtu de noir et qu'on aurait pris pour quelque grosse autorité. Je ne sais s'il allait rendre compte de sa mission à ses supérieurs; mais s'il eût invoqué mon témoignage, je doute qu'il en eût reçu des compliments. Notre fonctionnaire qui avait toujours vu les choses aller ainsi, ne se doutait pas qu'elles pussent aller autrement, car il paraissait très-satisfait de lui-même et, sans doute, aussi de moi, puisqu'il me saisit la main d'une façon si amicale que je crus qu'il allait m'embrasser. Je supportai assez philosophiquement sa main rugueuse, mais l'accolade de cette figure, tannée, ridée, balafrée, qui me rappelait toutes mes douleurs, ne me souriait nullement. Il voulait absolument que j'allasse déjeûner chez lui, et j'eus beaucoup de peine à le convaincre que, n'ayant que peu de temps à rester en ville, je ne pouvais profiter de sa politesse.

Enfin, quitte de mon homme, bon diable au fond, je continue mon exploration.

Alicante, qui a le titre de place forte, bien qu'elle le soit médiocrement, sauf son château, est moins connue comme ville de guerre que comme entrepôt de vin. C'est là qu'on embarque pour l'exportation la plus grande partie de ceux que produisent non-seulement les environs, mais toute la province. Quoique ses vignobles en fournissent une quantité considérable, elle n'approche pas de celle que l'on fabrique en France, en Angleterre et en Allemagne. Cette et Bordeaux en font de première qualité. Le vin d'Alicante est recommandé aux malades et aux convalescents; et c'est par amour de l'humanité que le commerce s'est ingénié à en faire partout, afin que personne n'en manque.

Le vin d'Alicante, qu'on sert sur nos tables, est toujours très-sucré. Quand il est vieux, il a perdu sa couleur pourpre pour prendre une teinte moins foncée; alors, s'il est naturel, il est vraiment bon et se conserve indéfiniment.

Celui qu'on m'a donné à Alicante était d'un rouge noir, plus âpre que sucré, et, malgré sa force en alcool, sans bouquet et assez plat. J'en demandai du vieux. Il ressemblait assez au vin de Roussillon, et, coupé avec de l'eau, il n'était pas désagréable. Il y en a aussi de sucré, mais on en fait peu et il coûte fort cher. Le vin d'Alicante de dix ans, rendu en France, y reviendrait à six francs la bouteille, et comme on en trouve à trois francs chez tous nos débitants, il est bien certain que les dix-neuf vingtièmes de celui que nous buvons est de fabrique française: sa base est du vin de Provence ou de Languedoc, auquel on ajoute une certaine quantité de sucre. Il coûte au fabricant environ cinquante centimes la bouteille: on voit que cette industrie offre un joli bénéfice. Quant à celui d'Angleterre et d'Allemagne, il n'y entre pas un grain de raisin.

Alicante existait sous les Romains qui l'appelaient *Lucentum*. Elle prospérait sous les Arabes qui la nommaient *Hala*. Elle fait encore un commerce assez florissant, et tout y annonce un bien-être qu'on rencontre dans fort peu de villes de la Péninsule. Les uns lui donnent dix-huit mille habitants, d'autres vingt-cinq mille. Les Arabes, qui s'en emparèrent dès l'an 715, la gardèrent près de cinq cents ans : aussi reconnaît-on le sang africain dans beaucoup de ses habitants. Il est à croire qu'elle a été, depuis, rebâtie ou réparée à fond, car les monuments du style purement arabe y sont assez rares.

L'église que j'avais vue est la collégiata de Saint-Nicolas : je vais la revoir. Puis, j'entre dans une autre qui n'a rien de remarquable. Je visite le palais de l'évêque, et l'Ayuntamiento ; enfin, j'escalade le rocher qui domine la ville, et qui est dominé lui-même par le château. De là, on jouit d'une vue de mer fort étendue.

On m'avait parlé d'une collection de tableaux appartenant à un gentilhomme du pays ; mais, sous prétexte du choléra, on m'avait partout refusé l'entrée de ces galeries, je ne voulus pas ici tenter l'aventure.

Comme ville curieuse et artistique, Alicante présente peu d'intérêt, mais elle peut être citée pour son confortable et la grâce de ses habitantes. La chaleur y est grande, bien que tempérée par la brise de mer. Malheureusement, il en faisait assez en ce moment pour soulever la poussière sans rafraîchir l'air. Le soleil était dans toute sa force ; le pavé me brûlait les pieds à travers mes chaussures : aussi, dans les rues sans abri, n'y avait-il que moi et quelques chiens qui dormaient sous les bancs. J'étais exténué ; les piqûres des moustiques de la quarantaine me causaient d'horribles démangeaisons. Ailleurs, ces insectes ne sont qu'incommodes ;

ici ils sont insupportables. Est-ce une espèce particulière, ou l'intensité de leur venin n'est-il qu'un effet local? J'ai remarqué qu'il en était ainsi des mouches communes: elles piquent plus ou moins, non-seulement selon le temps, mais selon les lieux.

On dit la même chose des scorpions, des vipères, de certains serpents: il est des pays où leur morsure est mortelle, il en est d'autres où elle ne l'est pas. A quoi bon le venin des plantes et des animaux? Dans les premiers, le poison modifié se change en remède. Pourquoi n'en serait-il pas de même des seconds, ou des poisons animaux. A-t-on fait des expériences pour le savoir? Rien d'inutile dans la nature, et ce qui nous paraît l'être, ou que nous déclarons mauvais, ne l'est que parce que nous en ignorons l'emploi.

L'heure où je devais avoir une réponse du consul était sonnée, je vais chez lui: il m'attendait. Un bâtiment partait ce jour même pour l'Afrique, non d'Alicante, mais de Santa-Pola, petit port qui n'en est qu'à quelques lieues. Il me dit de bien réfléchir avant de me décider à cette traversée, assez chanceuse comme on l'a vu.

Sur ma réponse que mes réflexions étaient faites et que je partirais, il ajouta que, pour empêcher l'escamotage de ma personne, il me ferait porter sur le rôle d'équipage: mort ou vif, le capitaine serait ainsi forcé de me représenter à l'arrivée. C'était déjà quelque chose.

Il me promit aussi une lettre pour son vice-consul à Santa-Pola; ce fonctionnaire, étant du pays, pourrait me donner d'utiles renseignements sur la moralité de l'équipage.

Il ne s'agissait plus que de viser mon passe-port: le consul sonne pour qu'on le lui apporte. Après un bon quart-d'heure d'attente, le chancelier entre tout bouleversé en disant que le passe-port ne se retrouve pas; qu'il est à craindre qu'il n'ait été confondu avec d'autres papiers et envoyé on ne sait où, car, depuis la veille, plus de vingt capitaines sont venus prendre leurs expéditions pour autant de destinations différentes.

A la mine que fit le consul, on peut juger de la mienne. Partir sans passe-port était impossible. Adieu mon voyage en Afrique; adieu aussi mon retour en France par le Portugal et l'Angleterre. Je ne pouvais qu'être expédié directement sur Marseille et, dès-lors, il me fallait attendre quinze jours à Alicante le retour du *Pelayo*. C'est pour le coup que le second aurait bien ri.

Voilà ce que je me disais tandis qu'on retournait tous les cartons et qu'on feuilletait tous les registres sans retrouver ce malheureux papier. L'on était à bout d'expédients et l'espoir même était perdu, lorsque le fils du consul rentra. Alors tout s'expliqua: le passe-port était dans son pupître, où il l'avait enfermé pour empêcher qu'il ne s'égarât. Grande fut ma joie. Celle du consul et du chancelier dont la responsabilité était compromise, ne fut pas moindre.

Le cachet et le visa bien et duement appliqués, le consul eût l'obligeance de me donner de l'or pour un de mes billets de banque. C'était un véritable service qu'il me rendait, car j'étais au moment de me trouver sans le sou. Je ne connais que l'Espagne en Europe où l'on fasse fi de nos billets de banque. Au surplus, je ne dois pas m'en plaindre, s'ils eussent été plus populaires, on ne les eût pas oubliés en fouillant ma valise et ils eussent suivi les chemises qu'on m'avait volées.

Je prends congé du consul pour me rendre à la voiture de Santa-Pola, qui devait partir à deux heures. Arrivé au bureau, je veux payer ma place, je ne trouve plus ma bourse; je crois l'avoir laissée au consulat, sur le canapé où je m'étais assis, j'y cours : rien. Je m'élance dans la rue, j'examine avec le plus grand soin la voie où je suis passé : si elle y était tombée, il n'était guère probable qu'on l'y eût laissée. Je retournais donc chez le consul pour le prier de me changer un autre billet, lorsqu'en montant l'escalier je sens quelque chose glissant dans mon pantalon : c'était mon or dont le poids avait percé le gousset et qui s'était arrêté dans la doublure.

Je rentrai à l'hôtel pour y solder mon compte. Il n'excédait en rien le prix convenu. Le majordome, en apprenant que j'allais à Santa-Pola, me prévint que je pourrais m'y passer de souper, attendu qu'il n'y avait pas d'auberge; et que si j'allais me loger à bord, il était bon de m'y faire précéder de quelques provisions, car ces caboteurs étaient rarement riches en comestibles. Il me fit donc préparer une bourriche de pain, de viande et de fruits, que je joignis à mon bagage en retournant à la voiture (1).

Je trouvai au bureau, tenant les registres, un jeune commis de dix-huit ans, appelé Valerino. A mon nom français, il fit un bond de joie. Ainsi que mon gamin-défenseur, il avait été élevé en Afrique, mais, de plus que l'enfant, il était naturalisé Français et attaché comme sacristain à la chapelle catholique de Mers-el-Kébir. Venu en Espagne pour quelques affaires, il comptait incessamment retourner à son poste. Il était né à Santa-Pola, où ses parents habitaient ordinairement, mais,

(1) Voici ce que me coûta mon séjour à l'hôtel et le panier de provisions : pour le dîner et la nuit, dix-huit réaux; chocolat, deux réaux; dans la bourriche, pain, poulet, langue, vin, raisin, douze réaux. Total, trente-deux réaux.

effrayés du choléra qui y sévissait cruellement, ils s'étaient réfugiés à Alicante. C'était à eux qu'appartenait la voiture où j'allais monter, servant à la fois de diligence et de courrier des dépêches.

Quand il eût enregistré mon bagage, il me présenta à sa famille, qui se composait de son père, de sa mère, de sa sœur et d'une tante : plus, d'un oncle absent, et qu'il remplaçait en ce moment au bureau.

Je fus immédiatement entouré de toutes ces bonnes gens. Reconnaissantes de l'éducation gratuite qu'on avait donné à leur fils au collége d'Alger, c'était à moi qu'elles en témoignaient leur gratitude. Valerino avait bien profité de ses études, il parlait français purement et sans accent ; il avait obtenu un brevet de capacité et travaillait à devenir bachelier-ès-lettres.

Il voulait partir avec moi pour me faire les honneurs de Santa-Pola. Je lui fis observer qu'étant pour peu de temps à Alicante, il devait y rester avec les siens. Alors il me donna une lettre pour son parent, Joseph-Ramon Parès, qui, en l'absence de son père et de sa mère, tenait le bureau des postes. Il recommandait à son cousin de me loger et nourrir tant que je resterais à Santa-Pola.

On ne voulut pas me laisser partir sans m'offrir quelques rafraîchissements, et l'on apporta de cette excellente limonade glacée qu'on nomme en Italie : *granolata.* Puis je dus embrasser toute la famille, qui se désolait toujours de ce qu'elle n'était pas chez elle pour m'y recevoir.

J'ai remarqué, qu'en ce pays, les habitants d'une certaine classe sont plus hospitaliers dans les ports de mer que dans les villes de l'intérieur : le contact des étrangers semble les avoir humanisés.

J'ai, pour compagnons de voyage, une femme avec

son enfant, un capitaine de navire et une autre personne qui a la mise d'un cultivateur. Le courrier, qui sert aussi de conducteur, est un homme de trente-six à quarante ans, d'une figure franche qui plaît tout d'abord. C'est un de ces beaux types espagnols qui ferait merveille dans un tableau.

Quand je montai dans la voiture, où l'on m'avait réservé la meilleure place, le capitaine avait déjà la parole. Je ne sais ce qu'il disait au cultivateur, mais son discours dura tout le long de la route, c'est-à-dire près de cinq heures, car c'est le temps qu'on met ici pour faire quatre lieues; le paysan, toujours attentif, approuvait par un signe de tête ou quelques mots dits à demi-voix. Le conducteur écoutait lorsqu'il ne parlait pas à ses mules, mais il ne disait ni oui ni non.

Quant à la femme, elle était de l'opposition; souvent elle haussait les épaules, puis, apostrophait bruyamment l'orateur, qui n'en allait pas moins son train; alors c'était à moi qu'elle s'adressait, comme si elle en eût appelé des assertions du préopinant.

Aidée du français et de l'italien, mon oreille avait fini par s'accoutumer à l'espagnol, j'y comprenais quelque chose et je me faisais assez entendre; mais ces gens, sans doute, s'exprimaient en patois, ou leur accent était autre que celui auquel j'étais habitué. Je ne saisissais rien de ce flux de paroles, tout ce que j'ai pu deviner, c'est qu'ils s'agissait de politique et que c'était sur les évènements du jour qu'ils discutaient.

Nous passons devant le lazaret; la mauvaise odeur qui s'échappait de ce lieu de désolation nous atteignait jusqu'au fil de l'eau que nous suivions.

La campagne, si triste aux environs d'Alicante, ne s'embellit pas quand on s'en éloigne. Je ne sais où sont les vignobles qui servent à faire son vin fameux, je n'aperçois pas une seule vigne; de loin à loin, quelque figuier, quelque palmier, mais sur la terre pas une fleur, pas un brin d'herbe : le soleil a tout dévoré.

C'est l'anéantissement presque complet des forêts dont le pays était couvert qui a amené cette sécheresse, et, en rendant stériles des terres autrefois fertiles, a contribué à la dépopulation. L'Espagne actuelle est bien loin de ce qu'elle était sous les Romains et même sous les Arabes. Reviendra-t-elle ce qu'elle a été? Oui; il suffirait d'une succession d'Antonins.

Nous arrivons à une plantation de palmiers. La vigueur et la beauté de ces arbres prouvent que la côte en pourrait être couverte, si l'on voulait se donner la peine d'en planter. On assure que les dattes qu'ils produisent sont d'une qualité supérieure, et valent les meilleures de la côte africaine. Nulle part, en Algérie, je n'en ai vu de plus beaux.

Après ce bois, la campagne redevient inculte: pas d'arbres, pas de maisons, pas un seul passant, ni d'animaux d'aucune espèce. Les oiseaux qui couvrent les rivages du Nord ne se montrent même pas ici; je ne vois pas non plus d'hirondelles.

Nous marchons ainsi solitairement pendant une heure. Enfin, j'aperçois un groupe d'individus habillés de jaune et qui, se dessinant sur la plage, y faisaient, de loin, un singulier effet: on aurait cru voir d'énormes serins. Le conducteur me dit que ce sont des soldats du corps des carabiniers ou douaniers en petite tenue. Si c'est leur costume d'embuscade, ils doivent rarement surprendre leurs ennemis: ils brillaient comme des vers luisants. Ces douaniers, que j'ai eu occasion de revoir à Santa-Pola, forment un corps bien tenu et composé de soldats d'élite.

Nous arrivons à un petit massif d'arbres ombrageant une mauvaise baraque, sorte d'appentis en planches, qui sert de halte et de cabaret. C'est avec une autre du même genre, la seule habitation qu'on rencontre d'Alicante à Santa-Pola. Nous y faisons halte. Il n'y a là pour boissons qu'un vin noir et une sorte d'eau-de-vie légèrement anisée qui ressemble au mastic de chio. J'en bois, noyé dans un grand verre d'eau, comme font mes compagnons. Le capitaine orateur devait avoir besoin de ce rafraîchissement.

Un peu plus loin, quelques figuiers rabougris, blancs de poussière, croissent sans culture à une portée de pistolet de la route. Le conducteur y va cueillir une douzaine de figues qu'il nous offre: elles sont petites et d'assez mauvaise mine, mais très-sucrées, très-parfumées. Je ne m'explique pas pourquoi ces terrains où le figuier vient naturellement, ne sont pas couverts de ces arbres, de dattiers, de cactus et autres, qui ne demanderaient qu'un peu de soin pour enrichir le propriétaire.

Des côteaux se montrent à quelque distance de la plage. Derrière, à droite, apparaissent les montagnes. Nous passons devant cet autre cabaret du même style que le premier. La route, si on peut appeler ainsi une voie de sable hérissée de pointes de roc, est détestable. Les cahots y sont tels que je ne comprends pas comment la voiture, toute solide qu'elle est, ne tombe pas en morceaux. Nos bagages qui, placés dans la voiture même, nous servent de point d'appui, roulent comme les meubles d'un navire un jour de tempête. A chaque instant, ils arrivent sur nous; heureusement qu'ils consistent en valises et en sacs: s'il s'y trouvait des malles ou des coffres, on risquerait d'y perdre ses membres. Le conducteur nous raconte qu'un voyageur s'y étant placé avec un baril, qui n'était pas attaché, ce baril avait roulé sur lui et l'avait tué.

Ainsi sont dans la Péninsule les routes royales et vicinales. On les trace, on les unit et on les couvre de pierres. Ceci terminé la route est censé faite, elle doit durer éternellement; personne n'y touche plus. Tel est le système voyer.

Voici enfin un lambeau de terre cultivée: c'est un petit champ couvert de beaux oliviers. Qui les y a mis? Les Maures. Les Espagnols en profitent, mais en planter d'autres, mais remplacer ceux qui meurent, mais prendre d'autres soins que d'en récolter les olives? n'y comptez pas.

Après ce verger, plus rien: c'est un véritable oasis dans le désert, non que la terre soit plus mauvaise à côté, mais à côté la paresse a étendu la main et à dit: « Cette terre ne produira pas. »

La route devient de plus en plus mauvaise. Nous n'avons pas encore achevé nos trois lieues et il y a quatre heures que nous marchons. Nous perdons la mer de vue et nous entrons dans une suite de collines hérissées de rochers: on se croirait dans les montagnes rocheuses. Les secousses de la voiture sont intolérables, les bagages roulent à terre en passant par-dessus la dame. Je la croyais blessée; une Espagnole ne s'effraie pas pour si peu: elle rit de tout son cœur. Nous descendons pour réparer le dommage. Le capitaine a cessé de parler et tient l'enfant par la main. Il marche avec lui en avant, et là nous l'entendons reprenant son sujet en s'adressant au petit bonhomme qui, de son côté, chante à tue-tête. Le paysan et moi aidons le conducteur à recharger la voiture.

Nous y voilà tous replacés. Nous escaladons, non sans peine, une colline, qu'on pourrait presque appeler montagne, où il nous faut encore mettre pied-à-terre crainte d'accident. Il y en eut un, mais il ne fût que comique. La dame, qui était probablement marchande, portait avec elle une douzaine de chapeaux de paille. Un courant d'air avait été ménagé dans la voiture pour que nous n'y fussions pas asphyxiés. Au sommet de la montagne, le vent, devenu plus fort, chassa dehors tous les chapeaux, qui se mirent à voler comme des pigeons, et nous eûmes grand'peine à les rattraper.

Après quelques minutes de marche sur le plateau, nous revoyons la mer. A nos pieds est une rade, où je distingue toute une flottille de balancelles et de petits bricks. Cette rade est celle de Santa-Pola, et parmi ces navires est celui qui doit m'emmener.

CHAPITRE XXV.

Santa-Pola, son vice-consul, sa cuisine et ses musiciens.

La descente qui nous conduit à Santa-Pola n'est pas plus belle que la montée, et l'aspect de la ville, bourg ou village, n'a rien de bien séduisant. La verdure n'y abonde guère, et les maisons à terrasses, bâties en torchis ou en pierres, sont d'une apparence assez triste. La population, de six à sept cents âmes, se trouvait, momentanément, fort augmentée par les équipages des nombreux bâtiments qui sont en rade : de port, il n'y en a pas. A l'heure où nous arrivons tout le monde se tient aux portes ou sur les terrasses pour respirer la brise du soir, ce qui donne aux rues un air d'animation et même de gaîté auxquelles je ne m'attendais guère après ce qu'on m'avait dit des ravages qu'y faisait le choléra : mais on avait exagéré le mal.

La voiture s'arrête au bureau de poste, c'est-à-dire à la maison des parents de Valerino. Joseph-Ramon

Parès, qui les remplaçait, se présente pour recevoir les dépêches. Je lui remets le billet de Valerino. Après l'avoir lu, il m'invita à m'installer chez lui. Sur ma réponse que j'étais également recommandé au vice-consul et que je ne pouvais pas refuser son hospitalité, il me dit que le vice-consul était dans l'affliction, qu'il avait perdu son enfant du choléra et que sa femme en était atteinte, et qu'il lui serait bien difficile de me loger convenablement. Alors j'acceptai son offre, et je le priai seulement de me donner l'adresse de ce fonctionnaire qui se nommait don Ramon Alba. Il m'indiqua son logis, en s'excusant de ne pouvoir m'y conduire, parce qu'il était retenu pour la distribution des dépêches.

Don Ramon Alba savait déjà mon arrivée par le conducteur. Je lui présentai la lettre du consul : il la lut et, sans même me consulter, il donna l'ordre qu'on me préparât une chambre. Je l'en remerciai, en lui disant que je savais le malheur qu'il avait éprouvé; que déjà j'étais logé à la maison de poste, et que mon désir était de m'embarquer le soir même, si c'était possible. Il m'apprit qu'un bâtiment appareillait justement pour Alger, que c'était un navire neuf et bien commandé, qu'il allait faire appeler le capitaine, et il lui dépêcha son beau-frère.

En attendant, il me fait servir du café et nous causons des affaires du pays. Don Ramon est un petit homme maigre, de chétive apparence ; sa maison ressemble à celles que nous voyons dans beaucoup de nos bourgades maritimes : c'est une sorte de bazar ou magasin-omnibus, destiné à fournir ce qu'on ne trouve ailleurs que dans une demi-douzaine de boutiques. Ainsi, on voyait là de la quincaillerie, de la chapellerie, de la poterie, de la parfumerie, de l'épicerie, de la pharmacie, de la charcuterie, etc.; plus, un débit de liquides : vin, rhum, eau-de-vie, représentés par une suite de grosses barriques placées debout et munies chacune d'un robinet. Enfin, le vice-consul, magistrat, négociant et débitant, était le Michel Morin de l'endroit, et probablement un gros capitaliste, comme le devient, en tout pays, celui que l'absence de concurrence rend maître des prix et de la qualité.

Sa maison, construite ainsi que toutes celles du pays en terre durcie mêlée de pierres, était vaste. La salle du bas, de plain-pied avec la rue, n'était fermée que par une devanture que l'on enlevait à volonté, de sorte qu'on l'aurait prise pour une continuation de la voie publique, et l'on s'y trouvait avant de s'apercevoir qu'on y était entré.

Don Ramon entendait bien le français. Quoiqu'il le parlât mal, je vis tout de suite que c'était un homme intelligent, et je compris sa fortune et le choix du consul.

Son beau-frère rentra pour nous dire que le capitaine allait venir. Ce beau-frère, qui était en même temps le factotum ou le vice-consul du vice-consul, formait un parfait contraste avec son patron : autant celui-ci, débile et exigu, semblait doux et inoffensif, autant l'autre avait la mine redoutable. Les cheveux grisonnants, la barbe hérissée, le front plissé, la tête haute, les membres maigres mais musculeux, jamais homme ne fut plus propre à servir d'épouvantail. Sa veste ronde à l'espagnole et son chapeau pointu contribuaient encore à relever sa terrible face. Ce personnage, l'escopette à la main, en montrant sa figure au milieu d'une route, eût suffit pour arrêter une diligence. Sa voix répondait au reste. Mais, voyez comme l'apparence est souvent trompeuse, il était honnête et d'un excellent naturel.

Le capitaine arriva bientôt : c'était un homme d'environ trente ans, fortement constitué, d'une figure ouverte, qui dissipa immédiatement toutes les appréhensions qu'avaient fait naître en moi les paroles du consul. Je fis prix avec lui pour mon passage, et je lui demandai son heure : il me dit qu'il attendait *un poco d'uva* (un peu de raisin) et qu'il partirait aussitôt après.

On pourra s'étonner que les réponses que je cite soient souvent italiennes : elles sont pourtant textuelles. Ou les Espagnols croyaient se faire mieux comprendre ainsi de moi, ou plutôt ils ont des mots et des phrases qui se rapprochent si fort de l'italien que je n'en sentais pas la différence. Parfois aussi ils me répondaient dans une sorte de patois qui ressemblait assez à la *lingua franca.*

Satisfait de l'assurance que me donnait le capitaine, je me fis conduire chez le commissaire de police pour obtenir le visa d'embarquement. Il me fut accordé sans difficulté.

Le vice-consul chez qui je rentrai voulut me faire souper avec lui, mais il avait l'air si préoccupé de la maladie de sa femme que je le priai de m'excuser. Il se chargea de me faire prévenir, chez Parès, de l'arrivée du raisin, qu'on attendait de moment en moment pour appareiller.

Tout allait donc au mieux ; je ne doutais pas qu'embarqué la nuit même, je n'eusse, au point du jour, perdu de vue les côtes d'Espagne, car le capitaine m'avait assuré que son navire était le meilleur marcheur de cette côte.

Un Français à Santa-Pola n'est pas un spectacle ordinaire : quand je remontai la rue, les yeux de tous les individus assis à leur porte étaient portés sur moi.

Rentré chez Parès, je le trouvai fort occupé à la distribution de ses lettres. M'attendant à chaque instant à recevoir l'avis du départ, je ne voulus pas qu'il fît mettre mes effets dans ma chambre, et je m'assis dans la salle commune, vaste pièce qui s'ouvrait d'un côté sur la rue et, de l'autre, sur une cour donnant dans une autre rue, de façon qu'elle servait en quelque sorte de passage public, en même temps que de bureau, de cuisine et de salle à manger, et, comme je le découvris bientôt, d'apothicairerie.

Réfugié dans un coin, non loin du foyer, près d'une lampe fumeuse, je me mis à écrire : mais les allées et venues continuelles des personnes qui apportaient ou réclamaient des lettres, ou même qui entraient seulement pour me regarder, m'eurent bientôt fait perdre l'envie de travailler.

Parès, à son bureau, continuait sa distribution de paquets, écrivait et répondait aux questions : cependant il se levait de temps en temps, ouvrait une petite armoire où il y avait une douzaine de bouteilles toutes semblables et dont, probablement, les étiquettes étaient perdues ou effacées ; chaque fois qu'il en prenait une, il la tournait, la retournait, la flairait, puis en versait une dose plus ou moins forte, selon que la bouteille avait un goulot large ou étroit, dans la tasse que lui présentaient des jeunes filles et souvent des enfants. Ne comprenant rien à cette opération et mes narines ayant été plusieurs fois frappées d'une odeur très-forte, je lui demandai ce que c'était ? Il me répondit que c'étaient des médecines pour les malades. La Faculté, comme on le voit, est moins formaliste en Espagne qu'en France, et chacun peut y purger ou s'y faire purger, sans diplôme ni ordonnance.

Cependant je commençais à sentir la faim, et je n'aurais pas été fâché, avant de m'embarquer, de manger quelque chose. J'hésitais pourtant à entamer mes provisions, car on m'avait prévenu que je pourrais faire maigre chère à bord. Je demandai donc à Parès s'il ne pouvait pas me faire donner à souper. Il me dit qu'il avait mandé sa cousine pour le préparer.

Il n'y avait que patience à avoir. Je ranimai la lampe et repris mon crayon, mais les survenants me dérangeaient toujours. De nouveau, je remis mes notes en poche et recommençai l'examen des figures. Des capitaines de barques et d'autres marins entraient de moment en moment. Je les reconnaissais à leur costume et à leur tournure. Leur physionomie ne m'eut pas inspiré autant de confiance que celle du patron du *Saint-Antonio*, c'était le nom de mon navire; quoique fort beaux hommes, en général, ils avaient quelque chose de sinistre dans le regard et l'air de vrais forbans: j'en revins à l'opinion du consul.

Des femmes se montraient aussi. Elles ne ressemblaient pas aux Alicantaises: elles avaient des formes plus robustes qu'élégantes, et leurs figures avaient une expression sauvage.

De toutes ces apparitions, une seule me parut gracieuse: c'est celle d'un petit bonhomme qui pouvait avoir douze ans; il arriva jusqu'à la porte sur une mule: ce qui annonçait qu'il était commissionnaire de la poste et qu'il venait de loin. Quand il eut attaché sa mule, il se drapa dans un manteau déguenillé proportionné à sa taille; et, son chapeau pointu sur l'oreille, il entra dans le bureau d'un air si fier, qu'on eut cru voir don César en miniature. Un peintre eut fait de cette graine de matamore un charmant tableau. Sans saluer personne, pénétré de son importance, il se campa devant Parès, en réclamant ses dépêches. Celui-ci, qui les tenait prêtes, les lui remit sans mot dire. L'autre écarta son manteau, les plaça dans une gibecière, à côté de laquelle pendait un pistolet, tandis que de l'autre se montrait le manche d'un couteau. Puis, sortant comme il était entré, il enfourcha sa mule et partit au galop. Bravo, dis-je à part moi, il n'y a plus d'enfants.

Enfin parut la cousine qui remplaçait, pour les soins du ménage, la famille absente. C'était une femme brune, de trente à quarante ans, ayant la mise d'une fermière aisée et les manières décidées. Elle était suivie de sa camériste. Celle-ci était ridée comme le chef du lazaret et on lui aurait donné quatre-vingts ans, si elle n'eût été aussi leste que sa maîtresse. La cousine me toisa de la tête aux pieds; je me levai pour la saluer, elle me fit signe de me rasseoir et, tandis que sa servante allumait du feu, elle fut dans la basse-cour. Bientôt un grand bruit d'ailes et de cris de volailles effarées m'annonça qu'elle était dans un poulailler. Je croyais qu'elle allait m'y chercher des œufs frais et je m'en réjouissais, mais elle rentra avec une poule vivante à qui elle se mit à tordre le cou, en la tenant par la tête et en la tournant en l'air comme elle aurait fait du panier à salade. Puis, sans plus s'informer si la bête était bien morte, elle commença à la plumer, en lui faisant faire encore un tour ou deux quand, par quelque mouvement intempestif, elle réclamait trop vivement contre ce brutal procédé.

La poule ainsi dépouillée ou à peu près, la vieille sortit pour la vider. La maîtresse ouvrit l'armoire aux bouteilles. A son tour, elle les examina, les retourna, les flaira: elle s'arrêta à l'une d'elles et allait en verser le contenu dans le vase placé sur le réchaud, quand Parès l'avertit qu'elle s'était trompée et que la bouteille à l'huile était de l'autre côté. C'est ainsi que nous fûmes sauvés d'une purgation imminente.

L'huile versée dans la casserole, elle y ajouta de l'ail, des oignons, du sel et trois à quatre espèces d'épices qu'elle prenait dans des boites, dont la forme insolite m'effrayait presqu'autant que la couleur des fioles.

La suivante étant rentrée avec la poule, elle la tint par une patte, et sa maîtresse, armée d'un couteau, la prit par l'autre; alors, chacune tirant de son côté, on arriva, le couteau aidant, à séparer les deux cuisses. Par le même procédé, on voulut détacher les ailes: mais la bête, qui semblait d'un âge mûr, tenait bon. On y parvint enfin. On coupa chaque membre en deux ou trois morceaux, qu'on jeta, l'un après l'autre, dans la sauce qui commençait à bouillir.

L'aileron d'une des ailes ne voulant pas céder au couteau qui coupait mal, la cousine se servit de ses dents qui, blanches, fortes et tranchantes comme celles d'un requin, firent immédiatement leur office. Les dents sont un outil qui sert à tout en Espagne, notamment en ménage. En outre, les enfants les utilisent fort convenablement comme arme offensive et défensive. Il est à croire que cet exercice est favorable aux mâchoires, car on n'en rencontre pas de mauvaises.

Après les ailes et les cuisses, on en vint au croupion et à la carcasse, qui, à leur tour, réduits en fractions, prirent la même route.

Tandis que tout cuisait, on pelait des pommes de terre que l'on coupait en quatre et qui allaient successivement rejoindre la volaille en ébullition.

Quoique ces préparatifs n'eussent rien de très-appétissant, ma faim était si grande que je ne les suivais pas sans intérêt, hâtant de tous mes vœux les progrès de la cuisson, car je craignais qu'avant qu'elle fût accomplie on ne vint me prévenir qu'on levait l'ancre. En effet, on achevait de mettre la table et l'on s'apprêtait à dresser le ragoût, quand je vois entrer le factotum. Malgré mon désir de partir, à cette apparition ma mine s'allongea : mais c'était une fausse alerte. Le raisin n'était pas arrivé, et le départ se trouvait ainsi ajourné au lendemain matin.

Je pouvais donc souper à mon aise. Les convives se composaient de Parès, du courrier et de moi. Il n'y avait pas de couvert pour la cousine. J'en fis l'observation à Parès, qui me dit qu'elle mangerait après nous. Je réclamai contre cette décision par trop mauresque, et la dame, non sans quelques façons, consentit à se mettre à table.

Nous avions devant nous chacun une cuillère, mais pas d'assiette, ce qui m'inquiétait un peu. L'absence de fourchette et de couteau ne me préoccupait pas moins. Chacun tira son couteau de sa poche, mais moi je n'avais qu'un grand canif, peu propre à tailler de la viande et moins encore à la porter à la bouche. La cousine me donna une petite fourchette de fer et le conducteur m'offrit de partager son couteau.

Les choses ainsi arrangées, Parès m'invita à plonger ma cuillère dans le plat. Il en fit autant, puis le courrier, et enfin la cousine : chacun avala sa cuillerée ; mais moi à qui étaient échus à la fois une pomme de terre, un morceau de poule et son os, le tout brûlant, je ne savais comment y mordre. La vieille camérière qui avait probablement, dans sa longue vie, vu servir ailleurs qu'à Santa-Pola, me tira de passe, en plaçant devant moi une soucoupe ; de son côté, la cousine, puisant dans la jatte, y prit quelques morceaux de choix qu'elle mit dans ce simulacre d'assiette, nonobstant ma demande de ne pas dévier de la loi commune. Au surplus, je fus bien aise de mon *à parte*, quand je vis le courrier piquer des morceaux de pain au bout de son couteau pour les tremper dans la sauce, et les y replonger quand il en avait aspiré le contenu.

C'était un terrible amateur de sauce que ce courrier: lorsqu'il vit que la partie solide de la fricassée était consommée, il demanda à chacun s'il n'en voulait pas davantage et, sur notre réponse négative, saisissant la jatte à deux mains, il l'appliqua à ses lèvres et avala son contenu d'un trait et sans sourciller. Or, cette sauce était tellement poivrée et pimentée, qu'à chaque goutte la sueur me venait au front.

Pour entremets, on nous apporta un plat d'olives noires, à l'huile; puis succéda une grande tasse dans laquelle était une soupe brune, plus épicée encore que le ragoût. L'on m'engagea à tremper mon pain, ce que je fis; et, chacun à la ronde, continua le même mouvement, jusqu'à ce que la tasse fut vide. Quant à moi, je n'y retournai pas deux fois.

J'avais satisfait mon appétit: il n'en était pas de même de ma soif. Il y avait bien sur la table un pot ressemblant assez à un arrosoir, mais il n'y avait pas de verre. Je vis le courrier prendre le pot et, tenant le goulot à distance, s'en verser dans la bouche. Peu accoutumé à cette façon de boire, je craignais de verser à côté. La vieille, qui savait son monde, vit encore ici mon embarras, et m'apporta un verre que je la priai de remplir d'eau: j'y ajoutai un peu de vin, et je pus enfin me désaltérer. Parès me fit observer que l'eau de la maison était la seule de la ville qui fut fraîche et non saumâtre, et que, lorsqu'il en donnait à ses voisins, c'était pour eux un *gran regalo*.

Pour le dessert, la cousine ouvrit le tiroir de la table: elle en tira une queue de cette morue sèche que les Italiens appellent bacala et les habitants du Nord stokfiche: elle la jeta sur la table où elle retentit ainsi qu'une pièce de bois. Comme je regardais ce qu'elle voulait faire de ce poisson cru, elle en déchira un morceau et se mit à le manger à belles dents. Le courrier en fit autant; quant à Parès, il était retourné à sa distribution de lettres. Sur mon refus de goûter de ce mets, dont l'odeur seule me révoltait, la vieille, devenue ma Providence, m'apporta une grappe de raisin qui, après ce ragoût si furieusement épicé, me fit un plaisir infini.

Le souper terminé, j'allai prendre l'air dans la rue. Il y régnait une obscurité profonde (on réserve ici son huile pour la salade et la friture), mais ces ténèbres n'étaient pas solitaires: il en sortait des cris joyeux et un murmure de voix, sur lequel dominaient par instant un chant nasillard et quelques arpèges de guitare annonçant l'ignorance musicale de celui qui la maniait. Je me retirais ennuyé de cette détestable cacophonie, quand je crus entendre au loin des accords justes, accompagnant des voix dont la vibration perçait tous ces bruits discordants. Ces sons se rapprochent; je distingue deux voix, l'une de contralto, l'autre de ténor, accompagnées d'une guitare et d'une mandoline. Je ne pouvais en croire mes oreilles: comment cette sauvage Santa-Pola produisait-elle des chants si beaux? C'étaient des airs espagnols avec tout leur entrain, toute leur couleur.

En me demandant quels pouvaient être ces rossignols égarés, je les suivais dans les ténèbres: j'étais près de les atteindre, quand ils se turent. Alors je me crus retombé dans le désert, et tel qu'auraient été les Mages, si l'étoile qui les guidait se fût éteinte. Où les retrouver maintenant?

Je me désolais, quand tout-à-coup les deux voix retentissent plus éclatantes que jamais. Il me semble distinguer un air français, et pourtant les paroles sont bien espagnoles. Dans ce chant, les deux voix avaient pris une puissance extraordinaire : on aurait juré qu'elles étaient triplées, quadruplées, elles couvraient tous les bruits de la ville.

De moment en moment, les sons se dessinent plus nettement; oui, c'est bien un air français. Celui-là est partout reconnaissable, c'est *la Marseillaise*, traduite en espagnol. J'avais entendu cet air exécuté par les premiers sujets de l'Opéra; je l'avais aussi entendu chanter par Mademoiselle Rachel : eh bien ! quelqu'admirablement qu'il le fût, ceci l'emportait encore. C'était surtout lorsque les deux voix répétaient le refrain « Marchons » que l'effet était saisissant : on aurait cru que cinquante trompettes sonnaient la charge et que les murailles de Jéricho allaient s'écrouler. Je croyais rêver et j'écoutais encore quand, depuis longtemps, tout était retombé dans le silence.

Curieux de savoir qui donnait ce concert, je m'empressai de rentrer chez mes hôtes.

CHAPITRE XXVI.

Nuit de Santa-Pola. — Le taureau. — Le déjeûner. — Les aveugles.

Je demande à Parès quels étaient ces chanteurs? Il me dit qu'ils étaient frères et qu'ils se nommaient Leonardo et Antonio Sevilla, l'un âgé de vingt-sept ans et l'autre de dix-sept. Ils sont aveugles de naissance. Ils ont deux frères aveugles comme eux et pourvus d'aussi belles voix. Nés à Santa-Pola, ils y demeurent; mais, chaque printemps, ils vont faire un voyage dans les principales villes d'Espagne, où ils sont bien connus, et ils en rapportent des sommes assez rondes pour les faire vivre à l'aise le reste de l'année.

Leur succès ne m'étonna pas, et je mets en fait que, s'ils venaient à Paris et qu'on leur laissât chanter leur *Marseillaise*, ils y feraient fortune.

Je n'ai pu vérifier si les paroles étaient exactement traduites. Quant à la musique, ils y ont changé quelques notes, et, ce qu'on croira difficilement, ces changements sont heureux et contribuent au grand effet que produisent les chanteurs.

De nouveaux hôtes étaient arrivés à la poste pendant mon absence. C'était une famille d'émigrants valençais composée du mari, de sa femme, d'un enfant et de la mère de celle-ci. Ils venaient s'embarquer pour Oran. L'homme était jeune, grand et fort; l'enfant pouvait avoir deux ans; la femme, d'une beauté remarquable et d'une taille imposante, était enceinte. Ces gens, qui ne semblaient pas riches, n'ayant pas été reçus à bord et ne partant que dans deux jours, ne savaient où loger. Parès ne voulait pas les prendre de peur de me gêner. Leur position était donc assez triste. Je levai la difficulté en disant qu'ils ne me gêneraient pas et je le décidai ainsi à les garder. On leur céda, pour s'y coucher, l'endroit même où nous avions soupé. Comme on manquait de matelas, je dis de descendre, pour les femmes, ceux du lit qu'on m'avait préparé. On les remplaça par de la paille.

On me conduisit à ma chambre: elle n'était pas brillante, et, quoiqu'assez grande, elle n'avait pas de fenêtres, mais elle avait deux portes : l'une donnait sur l'escalier et l'autre sur un vaste grenier communiquant avec une terrasse plus vaste encore. La place ne me manquait donc pas.

L'ameublement se composait d'un lit, où il ne restait plus qu'une paillasse, d'un pot et d'une chaise. Les draps étaient d'une propreté plus que douteuse, mais les maîtres de la maison avaient, en partant, démeublé les autres appartements et emporté leur linge. Parès ne pouvait donc me donner que ce qu'il avait, c'est-à-dire son propre lit, dans l'état où l'avait mis un service plus ou moins prolongé. S'il y avait eu un fauteuil, je m'y serais établi; malheureusement ce meuble est rare à Santa-Pola. Le demander eut été faire affront à ce pauvre Parès qui avait déménagé pour moi. Je n'y songeai donc pas, mais je ne poussai pas l'abnégation jusqu'à me mettre au lit en déshabillé. Tout au contraire, je complétai ma toilette. J'y ajoutai des gants, je couvris le traversin de serviettes, je jetai à bas les couvertes et, m'enveloppant dans mon manteau, j'essayai de dormir. Vains efforts! La chaleur et les puces rendaient ma couche insupportable.

Je me lève, j'ouvre les deux portes pour faire circuler l'air: alors l'odeur nauséabonde des gousses de caroubier, dont une partie du grenier était remplie, pénètre dans ma chambre. Je respirais, c'était beaucoup et je commençais à m'assoupir quand l'enfant de l'Espagnole se mit à crier. J'en aurais pris mon parti, tant j'avais besoin de sommeil, mais les mosquitos, par leur bourdonnement sinistre, m'annoncent leur arrivée. Je me souvenais de ceux du lazaret. Je saute à bas de ce lit de douleur et vais me réfugier sur la terrasse.

Tout le monde reposait dans la maison. Il n'en était pas de même dans la ville. Deux heures sonnaient et j'entendais encore les cris, les guitares, les chants, mais non ceux qui m'avaient tant charmé. Vers trois heures seulement, le silence parut régner partout. Quel étrange pays! on n'y dort pas, et, quand le choléra le ravage, on chante, on rit, on danse.

Dès qu'il fait jour, je descends, mais il n'était pas facile de gagner la porte. La belle Espagnole, à demi-nue, est étendue sur un matelas qui barre l'escalier; son enfant est à côté d'elle; un peu plus loin, sa mère, puis son mari et enfin Parès couché sur une natte. Tous dormaient: il me fallait enjamber ce monde pour atteindre la cour. J'y parviens sans accident et je suis dans la rue.

Je vais chez le consul. Par la raison qu'on se couche tard ici, on ne se lève pas de bonne heure; je trouve la maison fermée : il est vrai qu'il n'était que quatre heures. Je gagne le bord de la mer. Examinant les navires qui sont en rade, je cherche de l'œil quel pouvait être le mien. Si ces bateaux étaient nombreux, ils n'étaient pas grands, et sauf deux ou trois bricks, de cent à cent cinquante tonneaux, et une ou deux balancelles assez fortes, tout le reste ressemblait à des pêcheurs d'anguilles. Ils ne pouvaient être destinés à traverser la Méditerranée. Je m'arrête donc à la plus grosse balancelle, ne doutant pas que ce ne fût celle de mon capitaine, puisqu'il m'avait assuré qu'il commandait la meilleure du port.

Comme je n'y apercevais aucun préparatif d'appareillage, je pensai que j'avais le temps de me baigner. Je m'installe dans un canot échoué. J'y laisse mes habits à la garde des mouettes accourues pour me voir; et me voici courant à l'eau sur un sable uni. Mais un banc de cette herbe que rapporte la vague et dont on se sert dans tout le Levant pour l'emballage des choses fragiles, se présente. Je veux passer outre, je m'y enfonce jusqu'au ventre et puis jusqu'au cou. Je parviens à surmonter cette barricade. La mer était parfaitement calme, le ciel sans nuage. Du lieu où j'étais, Santa-Pola avait l'apparence d'une véritable ville. Une forteresse que je voyais devant moi, sur la plage, se dessinait admirablement sous le soleil levant. Le fond du tableau était moins riant, il n'offrait que cette terre désséchée, de laquelle j'ai déjà parlé, et dont l'aspect est loin d'inspirer la joie, quand on se rappelle la belle verdure du Nord.

Je vais faire un tour de ville; j'y visite une église, la seule de l'endroit. Elle est petite et laide, sans clocher, sans ornements d'aucune espèce. On m'a dit que les habitants en faisaient fort peu d'usage et qu'ils étaient aussi maures que chrétiens. Il n'y a qu'un seul prêtre et son vicaire pour toute la ville et sa banlieue; encore ne sont-ils pas très-occupés. Je n'atteste point que ceci soit vrai: je le répète comme on me l'a conté.

A cette heure où les rues sont désertes, Santa-Pola, avec ses maisons grises sans toits, sans jardins, sans eau, sans verdure, ressemble en laid à Pompeïa: c'est le squelette d'une ville.

Je trouve enfin ouvert le logis du consul; une demi-douzaine de carabiniers y boivent leur verre de vin du matin. On leur avait dit, sans doute, que j'étais Français, en y ajoutant, comme il est d'usage, une série de titres et qualités plus ou moins imaginaires; ils se lèvent à mon entrée et se tiennent debout jusqu'à ce que je les invite à se rasseoir et continuer leur déjeûner. Bientôt arrive un vieux brave homme qui s'annonce comme consul sarde; il est Gênois, n'a pas vu sa patrie depuis trente ans et voudrait bien la revoir. Nous causons en italien et, comme il n'en a pas tous les jours l'occasion, il y trouve un grand plaisir: sa satisfaction est au comble quand il m'entend lui parler gênois.

Cependant il n'était pas question du départ. Le factotum me dit que le capitaine attendait toujours son raisin et qu'il était allé au-devant pour en presser l'arrivée. Ce raisin commençait fort à m'ennuyer.

Le capitaine paraît: il n'a pas vu venir le raisin. Je lui fais observer que la mer est belle, le vent favorable, et qu'il ferait bien de ne pas retarder son départ: mais il en revient toujours à son refrain, *un poco d'uva.* Il finit par me promettre de partir à dix heures. Il en est six, je n'en ai donc plus que quatre à attendre.

Don Ramon me donne de nouveaux détails sur les frères Sevilla. Leur père se nomme Antonio Sevilla, et leur mère Josepha Fons. L'aîné est marié et a deux enfants; le second est, comme je l'ai dit, âgé de dix-sept ans; le troisième, de quinze ans; le quatrième, de treize: tous aveugles. Ils ont trois autres frères qui ne le sont pas, mais l'un est boiteux. Le père et la mère sont fort bien constitués. Les enfants du fils aîné le sont aussi.

Je m'apprêtais à sortir de chez le vice-consul: il m'engage à n'en rien faire, parce qu'en ce moment les rues n'étaient pas sûres. Je lui demande pourquoi? Il me dit que le taureau est lâché. Cette réponse ne m'en apprenait pas davantage. Alors il m'explique qu'on avait annoncé, pour le dimanche suivant, un combat de taureau, et que le propriétaire de l'animal, pour que les habitants pussent juger de sa force et de son agilité, l'avait lâché dans la ville.

Cette manière de réclame me parut si extraordinaire que je croyais que le consul plaisantait. Ne tenant compte de son avis, j'allais m'en aller, lorsque j'entends une grande rumeur à l'extrémité de la rue: je regarde, et je vois en effet un taureau d'une taille moyenne, mais d'une vigueur peu ordinaire, que poursuivait la foule en criant et en lui lançant des bâtons et des mottes de terre. De temps en temps, le taureau se retournait et, baissant la tête, se précipitait sur les assaillants, qui se réfugiaient dans les allées ou se suspendaient aux barreaux des fenêtres.

Deux cordes, longues de quinze à vingt mètres, étaient attachées aux cornes de l'animal; des hommes vigoureux les tenaient et l'arrêtaient lorsqu'il était près d'atteindre les assaillants, mais ils ne réussissaient pas toujours, et, quand il était lancé, c'était lui qui les entraînait. Les femmes applaudissaient avec fureur à tous ses bonds, et leurs cris de *bravo*, *toro*, ne finissaient plus si quelque maladroit était atteint. J'en ai vu deux à qui ceci arriva, et que je croyais éventrés !

Je prenais, comme tous les autres, ma part du spectacle, lorsque la bête, changeant de direction, vint droit vers la maison du consul. Celui-ci me cria de rentrer, puis s'empressa de fermer les portes et de les barricader. Je lui en demandai la raison : il me dit qu'il n'était pas rare de voir le taureau, par caprice ou pour échapper à la foule, pénétrer dans les boutiques et les chambres ouvertes, et d'y tout briser.

Dès qu'il fut passé, on rouvrit la maison et je me mis à sa suite pour voir comment finirait la scène. Il ne faut pas croire que c'étaient seulement des enfants et des hommes du peuple qui, au risque de leur peau, taquinaient ainsi l'animal : non, il y avait des gens bien mis, entre autres des marins, et tous les capitaines qui, pour jouir d'une pareille aubaine, avaient quitté leurs navires. Ils n'étaient pas les moins ardents à la poursuite ; quelques-uns poussaient la hardiesse jusqu'à s'en approcher assez pour le frapper avec une baguette.

Le taureau arriva enfin à un endroit vers lequel on s'efforçait depuis longtemps de le conduire. Là, on avait suspendu à une corde traversant la rue, une figure d'homme dont les pieds descendaient assez bas pour toucher l'animal quand il passerait dessous : mais il n'attendit pas d'être ainsi provoqué. Dès qu'il vit le mannequin, il courut à lui et, d'un bond prodigieux, il l'atteignit en plein ventre. Le mannequin fit un tour sur lui-même et vint retomber à cheval sur le dos du taureau qui, s'éloignant de quelques pas, recommença son attaque avec le même résultat. Alors sa fureur n'eût plus de bornes : il sautait comme une chèvre, bousculait son ennemi suspendu et le voyait toujours revenir sur lui.

Il comprit, sans doute, que ce n'était qu'un piége, car il l'abandonna pour se précipiter vers la grande place où, à l'instant même, toutes les maisons furent fermées.

Parès, qui était là, vint m'avertir de me tenir à l'écart, car, si l'on me remarquait, on ne manquerait pas, en ma qualité d'étranger, de diriger la bête de mon côté, pour m'en faire poursuivre et me voir courir. J'hésitais à le croire et je pensais qu'il voulait éprouver mon courage, mais ce qu'il disait était vrai. Quand le taureau fût à une trentaine de pas et lorsque je m'y attendais le moins, car il me présentait sa croupe, ses conducteurs, au moyen de la corde, le firent tourner et le mirent en face de moi. Tous mes voisins s'écartèrent, sauf Parès qui, du geste et de la voix, menaçant les mauvais plaisants, leur enjoignit d'arrêter l'animal. Ils l'arrêtèrent en effet, mais lorsqu'il n'était qu'à six pas. Le tour était bien joué et l'on applaudit, non pas moi, mais ceux qui, après l'avoir lancé, l'avaient arrêté juste à temps. Si je m'étais enfui, j'aurais été sifflé; et je l'aurais été aussi, si j'avais été tué: le taureau seul aurait été couronné. Voilà ce qui s'appelle une plaisanterie à l'espagnole.

N'ayant pu réussir à nous mettre aux prises, ce fût un verrat, qui dormait paisiblement dans un coin de la place, qu'on alla réveiller à cette intention, en l'obligeant, à grands coups de pieds, malgré ses réclamations énergiques, à marcher au-devant de l'ennemi. Celui-ci, dédaignant un tel adversaire, refusait obstinément de l'attaquer. Le cochon, qu'on frappait toujours pour le faire avancer, finit par se mettre en colère, et, se retournant contre ses persécuteurs, il en renversa deux, leur passa sur le corps et s'en fut au plus vite se réfugier dans la maison de son maître. Ici la chose manqua de tourner au tragique. Celui-ci, devenu aussi furieux que son verrat, après avoir fait d'inutiles efforts pour écarter la bande qui prétendait ramener le porc au combat, la menaça de son fusil.

On ne saurait croire à quel degré d'exaltation, disons même de folie, ces jeux sauvages portent les Espagnols de tout âge et de toute condition. A chaque saut du bœuf ou coup de cornes jeté au vent, la foule trépignait d'aise, en poussant des cris assourdissants.

Quant à moi, j'en avais assez; je quitte la place, et Parès me suit. Nous nous trouvons devant l'église que j'avais vue le matin. La cloche n'est qu'une grosse sonnette suspendue dans une espèce de cheminée, faisant les fonctions de clocher. Cette église, qu'on ne distingue des autres maisons que parce qu'elle a un toit, ressemble à une grange. Elle est, comme je l'ai dit, desservie par deux prêtres. Tous les moyens d'instruction de Santa-Pola se bornent à deux écoles primaires, l'une de filles et l'autre de garçons.

Nous allons visiter le fort. Quoiqu'en assez bon état, il est abandonné comme point militaire et occupé par des locataires. On pourrait en faire une belle caserne ou un vaste entrepôt de marchandises, si Santa-Pola, dont la rade est bonne et qui est un point de relâche très-fréquenté, prenait plus d'importance commerciale. Ceci arriverait certainement, si on la dotait d'un port. C'est de Santa-Pola que partent la plupart des navires destinés pour l'Afrique: ceux qui chargent à Alicante touchent ordinairement à Santa-Pola, peut-être parce que les capitaines et les équipages y ont leurs familles. On embarque à Santa-Pola beaucoup de vin et de raisin qu'on y amène des villages intérieurs. Je ne me suis pas aperçu qu'il y ait aucune espèce d'industrie, pas même celle de la pêche. Je n'y ai pas vu d'autre poisson que la morue sèche ; je n'ai remarqué au marché rien qui ressemblât à un coquillage, et, sur la rade, il n'y avait pas l'apparence d'un bateau pêcheur. Cependant la plupart des hommes y sont marins.

Quant aux femmes, on pouvait croire qu'elles n'y faisaient autre chose que rire, chanter, danser et commérer. Quoique les maisons soient assez laides, à l'intérieur comme à l'extérieur, la manière d'être des habitants annonce une certaine aisance, et l'on ne rencontre pas un mendiant.

On voit ici, comme dans presque tous les ports de mer, beaucoup d'enfants : ils sont bien constitués. Je ne sais si cela tient à leur éducation ou a leur nature, mais tous les enfants espagnols, à quelque classe qu'ils appartiennent, sont peu timides et rarement pleureurs. Ils entrent et s'installent partout hardiment. Ils m'ont semblé aussi moins destructeurs et moins gourmands que les nôtres. Quand on leur offre quelque friandise, ils l'acceptent et la mange sans témoigner de voracité ; mais, comme leurs parents, ils sont portés à la cruauté envers les animaux.

J'ai dit que les femmes de Santa-Pola ne m'avaient pas paru jolies. J'en excepterai pourtant celle qui tenait le comptoir du vice-consul, et qui, je crois, était sa nièce ; moins brune que les autres, elle était bien mise : on l'aurait prise plutôt pour une Française, que pour une indigène.

Quand je rentrai chez Parès, je trouvai l'Espagnole chantant, en s'accompagnant de la guitare. On voyait bien qu'elle n'avait aucune notion de musique, elle se bornait à taper sur les cordes. Sa voix était faible et pas très-juste, mais elle-même était si belle qu'en la regardant, on oubliait son chant. Je n'ai jamais rencontré de femme ayant plus de naturel et de laisser-aller. Sans corset, comme la plupart de celles de ce pays, elle n'était vêtue que d'une chemise et d'une robe, si peu serrée qu'à chacun de ses mouvements elle montrait un échantillon de sa personne, ce dont ni sa mère, ni son mari, ni elle-même ne paraissaient s'apercevoir. Ce mari, fort beau aussi, fort bien fait, était un homme du peuple; néanmoins, il avait une certaine dignité dans les manières et autant de réserve que sa femme avait d'abandon. Il conversait avec bon sens et je comprenais son espagnol presque aussi bien que l'italien. Il allait tenter fortune à Oran; il espérait s'y faire naturaliser Français.

Tandis que nous causions, je suivais de l'œil la cousine qui, aidée de sa suivante, préparait le déjeûner, toujours sur son réchaud, car la cheminée n'était là que pour parade. Elle commença, comme la première fois, par verser de l'huile dans le plat, puis vinrent les épices; elle y jeta ensuite du mouton et de gros piments verts, des tomates et des morceaux de quelque chose de blanc que je pris pour du lard: une portion de riz devait compléter le ragoût. Mais, lorsqu'elle eût goûté la sauce, elle en revint encore aux épices et condiments divers, pris dans une douzaine de boites et de pots: c'était véritablement le thé de Madame Gibou.

De temps en temps, la vieille agitait un petit paillasson pour animer le feu et soulevait ainsi une bonne portion de cendres et de poussière qui allait naturellement s'ajouter à la fricassée.

Sur un autre réchaud, elle cuisinait sa pitance, qui se composait des rebuts de tomates, de piments et d'un reste de viande où je reconnus les os que j'avais rongés la veille. Les Espagnols ont du cœur, même en cuisine: ils ne connaissent pas plus le dégoût que la peur.

J'ai dit que la salle où nous étions était un carré long à double ouverture, et qui ressemblait plutôt à un passage public qu'à un appartement. On reconnaissait trois pièces différentes, dont les cloisons avaient été enlevées. Voici quel était l'ameublement: la table en bureau où Parès travaillait et déposait les lettres; en face, une cheminée large de cinq mètres et haute de quatre; sur cette cheminée s'empilait une suite de jattes et de pots en terre rouge. Non loin de la cheminée était suspendue une clef de bois, longue de deux pieds, grosse à proportion, et faite absolument comme nos passe-partout. Le parquet était de la terre battue, dont l'inégalité différait peu de celle de la rue. Contre les murs étaient rangées de nombreuses chaises de paille, grossières mais propres. Au coin d'une des portes et dans l'appartement même, était ce fameux puits dont Parès était si fier. Enfin, quatre chats qui, assis sur leur derrière, regardaient comme moi les préparatifs du déjeûner, complétaient l'ameublement.

Dix heures étaient sonnées depuis longtemps, et mon capitaine ne se montrait pas: je vis que l'*uva* allait encore me jouer quelque tour. En effet, je vois entrer le beau-frère qui vient me dire que l'*uva* était arrivé, mais qu'on en attendait encore *un poco*, et que l'on ne partirait qu'à deux heures. On allait servir le déjeûner: la faim était venue, je me résignai sans regret à ce nouveau retard.

Le nombre des convives s'était augmenté, ce qui avait nécessité l'addition de deux poulets, déchiquetés comme de coutume, qu'on ajouta au ragoût. Voici quelle était la société: Parès, deux capitaines de navire que j'avais vus parmi les plus ardents à l'attaque du taureau, un grand jeune homme coiffé coquettement d'un fort beau chapeau à l'espagnol, et moi. Ces trois personnages, fort proprement mis et à figures énergiques, pouvaient avoir de vingt-cinq à trente ans. L'un d'eux ressemblait à s'y méprendre à feu le chevalier de Vicq, frère puîné de mon beau-frère, et qui avait longtemps servi dans l'armée espagnole ; même figure, même organe, même taille, mêmes gestes : c'était le même homme avec trente ans de moins.

On avait mis devant moi une assiette où l'on allait verser une partie du ragoût, afin que je pusse me servir seul, mais je m'y refusai et je trempai vaillamment ma cuillère dans le plat, en déclarant que je désirais faire comme les autres, c'est-à-dire manger à la gamelle. Je réclamai seulement un verre et un pot d'eau, car il n'y avait sur la table que la cruche au vin.

La cousine ne s'était pas mise à table : elle allait et venait, veillant au service. Derrière moi était assise l'Espagnole avec son enfant ; sa mère et son mari étaient un peu plus loin. Ces gens qui n'avaient pas assez d'argent pour songer à un aussi somptueux repas, faisaient là une triste mine ; l'enfant surtout dévorait des yeux chaque morceau que nous portions à la bouche. Je coupai une tartine, je la trempai dans la sauce et je la lui présentai : il se mit à la manger de très-grand appétit.

Ce que j'avais fait pour l'enfant, Parès le faisait pour moi : quand sa cuillère avait pêché un morceau de blanc de poulet, il me l'offrait gracieusement. Un des capitaines ne voulut pas être en reste de politesse ; il tira une des ailes presqu'entière et, comme elle ne pouvait pas tenir dans sa cuillère, il la prit à la main et la mit dans la mienne. Il fallut du courage pour ne pas la laisser tomber, car elle me brûlait cruellement.

L'enfant avait avalé sa croûte et ses yeux quêtaient encore; un des capitaines lui donna un morceau de viande. L'autre en fit autant au père, qui refusa. Le capitaine insista et, se serrant contre moi, il le fit approcher de la table, et Parès lui mit sa cuillère à la main.

Pendant ce temps, la jeune femme jetait sur le plat des regards aussi avides que son enfant. Je pris une pièce de pain, je mis dessus deux à trois morceaux de poulet et je les lui présentai. Elle accepta sans cérémonie et partagea avec sa mère.

La cousine vint enfin se mettre à table, et sa cuillère qu'elle avait apportée fit son office. Quand la jeune femme eût mangé, je lui offris une nouvelle portion de viande: elle prit ma cuillère, la mangea dedans et me la rendit. A la cuillerée suivante, comme elle tenait son enfant et que son bras droit était embarrassé, elle se contenta d'ouvrir la bouche et je versai le contenu dedans, à la grande joie de la cousine. Sa gaîté ne déconcerta pas la belle Valençaise, bien au contraire: pour m'éviter la peine de me retourner et d'aller chercher sa bouche, elle appuya son menton sur mon épaule et resta ainsi, recevant la becquée, jusqu'à ce qu'il n'y eut plus rien dans le plat. Ce qui m'étonna, c'est que la cousine seule avait ri; quant aux autres convives, la mère, le mari et la jeune femme, ils conservèrent le plus parfait sérieux, et semblaient regarder cette manière de manger comme la plus simple du monde. Chaque pays a ses mœurs et ses idées.

CHAPITRE XXVII.

Suite de Santa-Pola. — Le tambour de basque. — Le bal.

Quand notre Valençaise eut satisfait sa faim, elle reprit la guitare et chanta une romance de son pays, d'un rythme langoureux, qui ennuya bientôt les capitaines. L'un d'eux, lui ôtant l'instrument, entonna, d'une voix qui n'était ni plus juste ni plus harmonieuse que celle qu'il avait fait taire, une chanson sans doute beaucoup plus gaie, car la cousine d'abord, puis la jeune femme et sa mère, enfin tout l'auditoire, excepté moi qui n'y comprenais rien, se mirent à rire aux éclats, et ils continuèrent tant que dura le morceau, qui avait au moins vingt couplets.

L'invité voulut payer son écho, et il envoya chercher un grand plat de dragées avec une pinte de rhum, qu'on versa dans un verre à bière, qui me fut présenté : j'y mis les lèvres. Le verre alla ainsi de main en main ; il passa ensuite aux femmes. Le plat de dragées circula à son tour. Les cavaliers, encore ici, se servirent les premiers; mais, avant de manger, ils présentaient aux dames une partie de ce qu'ils tenaient à la main. La mère chanta un boléro; celui qui régalait en chanta un autre.

Bientôt les hommes se levèrent de table et commencèrent à courir dans la cour, se poussant, se bousculant comme des enfants. Le capitaine à la haute taille, celui-là même qui ressemblait tant au chevalier de Vicq, était le plus animé.

Le jeune homme au beau chapeau avait quitté le jeu, quand je le vis reparaître affublé de ma redingote qu'il avait trouvée dans ma chambre, et faisant mille singeries. Là-dessus le grand capitaine, armé d'une énorme branche de palmier et monté sur la terrasse, essayait de l'atteindre en frappant à tour de bras: n'y réussissant pas, il saisit un seau d'eau et voulut l'inonder, mais l'autre, leste comme un chat, l'évitait toujours. Ce combat me souriait peu, je craignais à la fois l'eau et les coups de gaule, non pour lui, mais pour mon vêtement.

Ce jeu dura jusqu'au moment où parut un individu de taille moyenne et dont la figure avait quelque chose de bizarre et d'inspiré. Un hourra de joie accueillit son entrée; on lui demanda s'il avait son instrument. Sur sa réponse négative, on le pria de l'aller chercher. J'étais curieux de savoir quel était cet instrument: Parès me l'indiqua par un mouvement de la main, en ajoutant que c'était *buono,* mais je ne comprenais pas. Enfin l'objet parut: c'était un tambour de basque.

Je m'attendais à entendre quelque grand instrumentiste, et je fus fort désappointé à la vue de ce pitoyable outil: mais que ne peut-on avec la volonté de la persévérance et du goût? Cet artiste, car c'en était un, avait fait du tambour de basque une étude approfondie et il en tirait un parti dont je n'avais pas même l'idée. Il est à croire qu'il y prenait lui-même un plaisir extrême, car, dans certains instants, il levait les yeux au ciel et, toujours jouant, il semblait en extase et comme s'il eût vu Dieu. Puis, tout d'un coup, sans cesser de jouer et avec une rapidité incroyable, il se levait et exécutait les passes et les poses les plus excentriques.

Les portes étant ouvertes, les passants, attirés par les sons et probablement par la réputation de l'exécutant, s'arrêtaient, puis entraient. Les enfants surtout, très-friands de ce spectacle à la fois pantomime et musique, arrivaient en foule; on n'en renvoyait aucun; ils connaissaient leurs droits, car ils s'installaient là comme chez eux et grimpaient sur nos genoux, s'ils se trouvaient mal à terre. Près de moi était une petite fille qui, pour avoir moins chaud ou pour garantir sa figure des mouches, avait relevé sur sa tête son fourreau de toile, son unique vêtement. Deux ou trois autres et autant de petits garçons n'étaient pas dans un deshabillé moins complet, mais personne ici n'y fait attention: c'est le privilége des enfants.

Tandis que j'admirais mon tambourineur, je sens quelque chose qui me monte le long du dos; j'y porte la main: c'était un jeune chat. Dans ma surprise, ne sachant pas quel animal ce pouvait être, je le saisis et, comme il m'enfonçait ses griffes dans la main, je le secouai, et il alla tomber près d'un des capitaines. Le jeu lui plut, il le jeta à la tête d'un autre; et la malheureuse bête servit ainsi de pelotte à toute la société. Ce jeu cruel, dont j'étais la cause involontaire, ne cessa que lorsqu'un des joueurs, le croyant mort, l'eût lancé par la fenêtre.

En ce moment j'entendis dehors des sons de mandoline: le nom de Sevilla courut de bouche en bouche. Je proposai à la compagnie de la régaler d'un concert, ce qui fut accepté avec acclamation. Je fis apporter quelques rafraîchissements, sans oublier les dragées qui sont ici la friandise à la mode. Composées de sucre, de pistaches et d'amendes, elles méritent leur vogue. Est-ce une industrie du pays? Je ne le pense pas: elles viennent probablement d'Alicante.

Les frères Sevilla commencèrent par un duo de guitare et de mandoline fort bien exécuté, mais ces instruments sautillants m'agréent peu quand ils n'accompagnent pas la voix.

Ils chantèrent ensuite des sequedilles et des barcaroles, puis enfin, à ma demande, ils entonnèrent *la Marseillaise* avec plus d'entrain encore que la veille.

Dans un entr'acte, je causai avec l'aîné, fort bel homme, dont on n'apercevait la cécité qu'en le regardant de très-près. Le cadet, laid, chétif, n'avait pour ainsi dire que la place des yeux; il avait, dans toute sa personne, quelque chose de triste qui formait un étrange contraste avec l'air de jubilation de son frère.

Je leur dis que je ne doutais pas qu'à Paris ils ne gagnassent beaucoup d'argent, et je leur offris de parler d'eux à quelque directeur de spectacle ou de concerts, qui se chargerait de les faire venir à ses frais en leur assurant une somme fixe, s'ils ne voulaient rien donner au hasard.

A ceci, l'aîné me dit que, n'ayant jamais quitté son pays, il craignait de s'en éloigner.

Le chant terminé, il prit part à la conversation, riant de tout son cœur quand on disait une plaisanterie de son goût. L'autre restait impassible. Les capitaines et Parès lui-même avaient l'air de traiter avec eux d'égal à égal, et quand, après les avoir payés, je les invitai à prendre part à la collation, ils acceptèrent comme gens habitués à s'asseoir partout.

Au milieu de ces distractions, le temps passait vite, et je ne me souvins que je devais m'embarquer à deux heures que lorsqu'il en était deux et demie; je cours chez le vice-consul, il avait l'air déconcerté : le capitaine ne voulait plus partir, du moins ce jour-là. Ce retard me contrariait fort; le vent pouvait changer et mon séjour à Santa-Pola se prolonger indéfiniment.

Je me mis à la recherche du capitaine; je le rencontrai. Je lui fis des reproches sur son manque de parole, et il me répondit par son éternel refrain : *l'uva*. Enfin, j'obtins de lui que nous partirions à cinq heures.

Comme le tapage de la maison de mon hôte commençait à me fatiguer, j'allai faire un tour dans la campagne. J'arrive dans un lieu hérissé de pierres, sans trace de culture. J'examinais quelle pouvait être la nature de ces roches et je me croyais dans une solitude complète, quand je vois un homme caché derrière un monticule se lever et s'approcher de moi, le fusil à la main, en prétendant que je suis dans son champ. Je lui montre les pierres et je lui dis que, supposition faite que ce champ soit à lui, je ne puis y faire tort. Je ne sais s'il comprend mes paroles, mais elles paraissent l'exaspérer : il agite son fusil d'un air menaçant, et je croyais à tout instant qu'il allait tirer sur moi. En avait-il le dessein? Je ne sais; mais il avait certainement celui de me chercher une mauvaise querelle, probablement pour m'escroquer de l'argent.

Afin de n'y pas donner prétexte, je m'éloigne en me dirigeant vers le sentier par où je suis venu, mais sans cesser de suivre de l'œil les mouvements de son arme. En même temps, je tenais la main sous mon habit, comme si j'étais moi-même armé. C'est ainsi que j'atteignis le chemin. Deux personnes qui s'approchaient le déterminèrent à battre en retraite.

Des nuages se montrant à l'horizon me faisaient craindre un changement de temps. Si le vent tournait, pourrions-nous partir?

La chaleur était très-forte; on m'avait recommandé de ne pas trop m'exposer à ce soleil brûlant. Je me dirigeai donc vers la ville et j'y rentrai en traversant quelques champs assez bien cultivés.

La compagnie s'était encore accrue chez Parès. On avait quitté la cour où le soleil était parvenu; on se tenait dans la maison. Les deux aveugles ont repris leurs guitares, mais ils ne chantent pas; ils jouent des valses, des polkas. Le tambour de basque les suit dans tous leurs mouvements avec une mesure et un sentiment musical très extraordinaires. Par moment, il se lève, fait quelques passes avec son instrument, puis en touche la tête du spectateur auquel il veut donner une marque de sympathie. J'ai mon tour; il frappe avec la peau du tambour de manière à en faire sortir un son, mais non à vous donner une secousse. A la porte, sont de nouveaux groupes d'enfants, tous nus, et de jeunes filles avec la cruche en équilibre sur la tête. C'est un tableau auquel il ne manque plus que le peintre.

On avait assez de musique: un des marins proposa de danser, mais aucune danseuse ne veut commencer; enfin la cousine se décide, elle s'arme de castagnettes, on joue le fandago. J'avais cru que c'était une danse vive: non, elle ressemble à notre ancien menuet, et les bras y remplissent un aussi grand rôle que les jambes. La parente de Parès n'était pas belle, mais elle le devint aussitôt qu'elle fut en danse. Quant au capitaine, jai dit que c'était un bel homme: il le fut dix fois plus encore quand il se développa. La tête haute, le regard fier, les bras élevés et légèrement arrondis, c'était un plaisir de le voir avancer, reculer, puis tourner autour de sa danseuse sans jamais la toucher ni quitter la terre des pieds; son sourire, surtout, avait quelque chose de charmant; enfin, il y avait dans toute sa personne une grâce, une dignité, qui auraient fait honneur à un prince. Comme danse grave, c'était on ne peut mieux.

La danse de la cousine était moins parfaite, mais pourtant elle ne déparait pas celle de son cavalier. Cette femme, aux manières tranchantes, à la face rieuse, aux gestes hardis, maintenant le regard baissé, la bouche à demi-entr'ouverte, conservait, jusque dans ses passes, une sorte d'immobilité pudique: on l'aurait prise pour une vierge. Jamais je n'ai vu transformation pareille.

Jusqu'ici j'avais admiré et applaudi, bientôt je fus prêt à siffler, tant la scène qui suivit me fit une impression pénible.

Quand la cousine fut lasse, il lui vint en tête de faire danser sa camériste. J'ai dit que la bonne femme devait être plus que septuagénaire. Elle s'en défend; mais, à l'instigation de la première, dix danseurs se présentent. Elle refuse de plus belle. L'un veut l'entraîner de force, elle résiste. Nerveuse encore, elle l'aurait emporté, si sa maîtresse ne lui eût ordonné de danser à l'instant même. La malheureuse, la tête basse et toute honteuse de ce manque d'égards pour ses cheveux blancs, se laisse conduire au milieu de la salle, aux applaudissements moqueurs des spectateurs. On lui présente des castagnettes qu'elle accepte en victime résignée; la musique recommence et la voilà partie. On peut juger des rires et des cris de cette troupe sans pitié.

J'avais entendu citer par mon frère, dans ses *Souvenirs du pays basque*, l'effet électrique que tout air national fait sur un cœur espagnol, mais je ne pensais pas que cet effet pût effacer les rides, dissiper les glaces de l'âge et ranimer la vie. Eh bien! ce miracle je l'ai vu. La vieille, qui avait commencé ses passes le front humilié, les larmes aux yeux, la tête basse, petit à petit se redressa, s'affermit sur ses jambes; sa taille se cambra, et, l'excitation de la musique continuant, elle oublia tout-à-fait qu'elle était là en victime; elle se crut rajeunie de cinquante ans, et bientôt, aux yeux de tous, elle le fut en effet. Tout le monde reconnut qu'elle avait été une excellente danseuse.

Quant à son danseur, il faut dire en sa faveur qu'il traitait sa danseuse avec la même galanterie sérieuse, les mêmes petits soins que si elle eût eu vingt ans. Il dansait bien aussi, je n'ai pas vu un Espagnol mal danser, mais il était loin de l'autre. Le cercle jugea donc qu'elle n'avait pas un partenaire digne d'elle et demanda que le premier reprit sa place. Alors l'exécution ne laissa rien à désirer.

La cousine, très-fière de son œuvre, courait le voisinage pour y chercher ses parentes et ses amies, afin qu'elles prissent part au divertissement. Bientôt la salle fut si pleine, qu'il restait à peine aux danseurs l'espace nécessaire.

Ceci durait depuis près d'une heure. La pauvre vieille, fatiguée, avait plusieurs fois voulu cesser, mais la foule la forçait à continuer; enfin, quand on vit qu'exténuée elle allait tomber, on lui permit de s'asseoir.

Depuis un instant, une de ces femmes allait de chaise en chaise, et toutes les autres chuchotaient entr'elles. Je voyais bien que l'on complotait, mais quoi? Je ne le sus que trop tôt. Une jeune femme, la moins laide du cercle, vint à moi et me dit qu'au nom de toute la compagnie elle venait m'inviter à danser avec elle, et une exclamation de la société entière m'annonça que c'était, en effet, le vœu général. Je compris alors le motif de ces allées et venues, et de l'affluence des voisins: on avait annoncé que, non-seulement la vieille, mais le Français danseraient: j'étais sur le programme, je devais figurer dans la représentation.

Franchement, je ne pouvais accepter cette position: et ce que j'aurais accordé au caprice soudain d'une femme, je devais le refuser à l'exigence d'un public. Je déclarai à la dame que je ne dansais plus depuis longtemps, et que je regrettais de ne pas pouvoir profiter de sa politesse.

Au même instant je vois toutes ces commères lui faire des signes pour qu'elle insiste. Obéissant à cette invitation, elle me prend la main et veut m'emmener: je résiste. Aussitôt ces femmes se mettent à crier qu'il faut que je danse et à exciter la dame, vigoureuse gaillarde, à m'entraîner, et trois ou quatre autres se lèvent pour l'y aider; quelques hommes même paraissent vouloir se mettre de la partie. Les choses se gâtaient.

La cousine commença à s'apercevoir qu'on avait été trop loin: j'avais froncé le sourcil en voyant les hommes s'en mêler, mais je n'en étais point fâché, cela me mettait à l'aise: je ne pouvais point lutter à coups de poing avec des femmes; contre des hommes, on se défend comme on peut, et j'avais déjà saisi une chaise. En dame de maison, la cousine éleva donc la voix et ordonna aux hommes de se rasseoir. Elle fut immédiatement obéie. Elle fit ensuite la même injonction aux femmes; puis, s'approchant de moi, elle me dit que c'est avec elle que je danserais, que je suis chez elle et que je ne peux pas la refuser.

Si elle avait commencé ainsi, je l'aurais fait certainement: maintenant il n'y avait plus moyen. Je refusai de nouveau et très-sèchement. Les clameurs recommencèrent : femmes et hommes se levèrent à la fois, m'entourèrent d'une manière qui ressemblait fort à la menace ; mais je me serais fait plutôt tuer mille fois que de céder.

Je ne sais pas comment ceci allait finir, quand Parès, qui était absent pour les affaires de la poste, rentra. Mis au fait de la cause du débat, il y vit, car il était plus civilisé que les autres, une atteinte à l'hospitalité; il apostropha sévèrement sa cousine et les autres femmes, et il se mettait en devoir de jeter tous les hommes à la porte si je ne l'eusse prié de n'en rien faire, en lui disant que je considérais tout ceci comme une plaisanterie.

Sur un signe que je fis aux deux aveugles, ils recommencèrent à chanter. On se rassit pour les écouter et l'on ne pensa plus à la danse. Jamais bal ne m'avait causé tant d'émotions diverses.

CHAPITRE XXVIII.

Suite de Santa-Pola. — La mule tuée. — Le procès. — Les adieux.

Je commençais à en avoir assez de la maison Parès; comme cinq heures approchaient, je pris ce prétexte pour quitter cette bruyante compagnie qui, d'ailleurs, me prouvait que, si on est paresseux en Espagne, on y sait amuser sa paresse. Ce n'est pas là le *far-niente* d'Italie. Ici, on ne veut pas non plus travailler, mais en ne travaillant pas, on aime à faire ou tout au moins à voir quelque chose.

En quittant un tumulte, je retombai dans un autre. A peine avais-je tourné la rue, que j'entends des cris: la foule, courant à la débandade, se précipitait dans les ruelles ou dans les maisons ouvertes. Je ne pouvais deviner ce qui causait ce désordre, quand j'appris que le malheureux taureau, qu'on n'avait cessé de harceler depuis le matin, ayant cette fois rompu ses liens, avait, profitant de sa liberté, commencé par éventrer une mule attelée à une charrette, puis renversé deux hommes, dont l'un était grièvement blessé. Il continuait, en ce moment, le cours de ses exploits.

Peu soucieux d'y figurer, je me mis à courir comme les autres, non après la bête, mais aussi loin d'elle que mes jambes me le permirent. Ce qui me consolait dans ma retraite assez peu héroïque, c'est que mes vaillants capitaines, si fiers tant qu'ils tenaient la corde, détalaient encore plus vite que moi. Heureusement que l'animal, allant toujours devant lui, enfila une rue qui conduisait dans la campagne, où je le vis se perdre dans un nuage de poussière. J'ignore si les propriétaires le rejoignirent à temps pour donner le spectacle annoncé: s'il fut digne du prologue, il devait être piquant.

Quand j'entrai chez le vice-consul, j'y trouvai le capitaine en grande discussion avec un muletier et un autre individu, que je sus être l'un des maîtres du taureau. A quelques pas était la mule éventrée, qui avait rendu le dernier soupir; la malheureuse était justement attelée à ce *poco d'uva* qui, depuis deux jours, me causait tant d'ennui et qui, je le prévis, allait m'en causer encore. La charrette avait été renversée et le raisin, qu'on avait placé dans des corbeilles, était fort endommagé. Le capitaine voulait s'en faire rembourser le prix par le muletier qui, selon lui, n'avait pas su ranger sa mule; en d'autres termes, qui avait mieux aimé voir la bête éventrée que de l'être lui-même. Celui-ci s'en prenait au toréador, à qui il voulait faire payer à la fois sa mule, sa charrette, le raisin et son *incomodo*, c'est-à-dire la peur qu'il avait eue.

Quoique cinq heures fussent sonnées, parler de départ au milieu d'une discussion si animée, c'était parler à la tempête: j'attendis donc qu'elle fut terminée, et je me mis à causer avec don Ramon, qui m'étonna par la justesse de son esprit. Il se plaignait de son gouvernement, ou plutôt de l'absence de gouvernement, car, personnellement, il paraissait fort attaché à la reine. Il connaissait très-bien l'histoire de son pays, mais, n'ayant jamais été plus loin qu'Alicante, il était sur tout le reste d'une simplicité étonnante. Il se désolait de n'avoir pas de livres à sa disposition, et il reçut comme un grand présent deux petits volumes que je lui offris.

Nous parlâmes ensuite des produits du pays : il en vantait beaucoup le vin ; il voulut me faire goûter le sien, et il fut en tirer à un des tonneaux destinés au débit. Ce vin, comme celui que j'avais bu à Alicante, était fort en couleur, assez clair, pas sucré et ressemblant au vin de Provence. Il était agréable quand on le coupait avec de l'eau. Quoiqu'il soit fort bon marché, j'ai remarqué que les habitants en buvaient peu, et qu'à chaque repas ils en consommaient à peine deux petits verres. Quant aux vins fins ou doux, je n'en ai vu servir nulle part. La liqueur de régal était du rhum : on préfère l'eau-de-vie de France, mais elle est trop chère pour les petites bourses.

On n'a pas ici le luxe de l'argenterie ; je n'ai aperçu chez le vice-consul, quoiqu'il passât pour riche, que des couverts d'étain et de fer; chez Parès, les cuillères étaient de bois: quant aux fourchettes, il n'y en avait pas.

Un homme de haute taille, la badine à la main, entra en ce moment d'un air dégagé. Don Ramon l'introduisit immédiatement dans la chambre de sa femme, puis en sortit, en me disant que c'était le médecin. Je ne sais si je rêvais fandago, mais je l'aurais pris pour un maître de danse.

Après lui parut un jeune garçon d'environ dix-huit ans, qui me salua par mon nom, en me parlant français sans aucun accent. Je le crus Français, mais il était d'Alicante. Cordonnier de son état, il avait été, lui aussi, élevé à Alger, où il comptait retourner bientôt. Comme Valerino, il était venu en Espagne pour y voir ses parents. Il ajouta qu'il s'y ennuyait beaucoup, parce qu'il était accoutumé à la vie française et qu'il gagnait plus à Alger que chez lui. C'était accidentellement et pour y faire quelques paires de bottes qu'il se trouvait à Santa-Pola. S'il ne m'avait pas dit qu'il était simple ouvrier, je l'aurais traité de caballero : il était bien mis et avait tout-à-fait l'air d'un fils de famille. C'était le troisième de ces enfants de l'Algérie que je rencontrais; il doit donc en exister un certain nombre en Espagne. Ce sont des missionnaires y prêchant notre système administratif: tous le préfèrent au leur, et sont véritablement plus Français qu'Espagnols.

La discussion au sujet des raisins et de la mule continuait toujours; elle s'était même fort envenimée: on en était aux gros mots et les coups allaient suivre, car le couteau n'est jamais loin de la main en ce pays. Le vice-consul crut devoir intervenir: il parla raison, et l'on commençait à s'entendre quand arriva un individu qu'on me dit être avocat. A cette annonce, je perdis courage, je vis surgir deux procès au moins et mon voyage me parut indéfiniment ajourné. Désespéré, je quitte la maison et me sauve sur la plage, où, à défaut d'autre consolation, j'espérais trouver la solitude.

Il est cinq heures et demie: je suis assis sur une pierre. Devant moi sont quatre bateaux en réparation; la mer qui est en face, à cent pas, est calme; le vent vient du large. Des nuages se montrent. A gauche, à une ou deux lieues, est une île ou un promontoire hérissé de roches. A droite, dans le lointain, une chaîne de montagnes élevées, dont la cime se perd dans la brume.

Derrière moi est le fort carré, sans soldats ni canons, dont j'ai parlé; derrière le fort, Santa-Pola avec ses maisons plates et basses: j'y distingue deux toits. Je croyais que, dans toute la ville, l'église seule avait le sien. Dans la campagne, quelques petits champs sont cultivés, mais la récolte est faite, je ne vois pas la moindre trace de verdure. Dans un de ces champs sont deux mulets tirant une herse.

Parmi les nombreux bâtiments en rade, je cherche à distinguer le *San-Antonio*, ce marcheur par excellence, ce vaisseau-amiral de Santa-Pola, mais je ne puis, à cause de la distance, lire le nom sur la poupe.

La roche sur laquelle je suis assis est une sorte de brèche rougeâtre, mélangée de coquilles. D'autres blocs sont d'une craie grise et dure, incrustée de silex.

Je vois approcher deux femmes et un enfant; je reconnais l'Espagnole, sa mère et son fils; elles viennent aussi sur la plage s'informer si le vent est bon pour gagner Oran. Elles m'ont aperçu et se dirigent vers moi. J'entre en conversation avec la mère. Pendant ce temps, la jeune femme s'assied derrière moi sur le rocher où je suis, afin que mon dos lui serve de dossier, et là elle s'étale et se dorlote comme si j'y avais été mis à cette fin. Je n'avais pas l'intention d'y rester bien longtemps: j'espérais donc qu'elle ne tarderait pas à continuer sa promenade, mais j'entends la maman lui conseiller, si elle était fatiguée, de dormir un petit somme, ce qu'elle se mit en devoir de faire. Heureusement qu'elle trouva que j'étais un mauvais oreiller, car, cinq minutes après, elle se leva pour gagner la grève. Dès qu'elle fut partie, dans la crainte qu'il ne lui prit fantaisie de revenir, je m'empressai de retourner en ville.

Je rencontrai le beau-frère du vice-consul, qui me dit que l'affaire du raisin s'arrangerait, qu'on partirait dans la soirée et qu'il viendrait me prévenir à la poste, où l'on m'attendait pour dîner. J'y courus, croyant trouver la table mise, mais nous n'en étions pas encore là. Je remarquai seulement dans la salle deux petits quadrupèdes noirs à oreilles blanches qui rongeaient paisiblement des débris de pommes de terre. Je les prenais pour une variété de ce qu'on nomme en France *cochons d'Inde* ou gorets, animaux qui faisaient, il y a quelques trente ans, la joie des enfants et le désespoir des parents; mais je reconnus à leurs longues oreilles que c'étaient des lapins d'une petite et charmante espèce, et que j'aurais certainement achetés si j'avais pu les envoyer en France. Je m'intéressais à ces jolies bêtes de la mine la plus espiègle, lorsque je vis la cousine et sa servante s'en saisir et, avant même que j'eusse eu le temps de réclamer, ils avaient la gorge coupée. Hélas! mon arrivée avait été le signal du sacrifice: c'était là le dîner qui m'attendait. Bientôt dépouillés de leur peau, ils furent, comme les poulets de la veille, tailladés, déchiquetés et jetés dans la marmite.

Ému du sort de ces innocentes créatures, je me promis bien de n'y pas toucher, et d'autant moins que les dents de la vieille, aidant au couteau, avaient fait ici une partie de la besogne, et qu'elles étaient beaucoup moins blanches que celles de la cousine. Sous prétexte qu'on allait venir me chercher pour partir, je dis que je ne pouvais attendre le dîner et je demandai quelque chose de froid. On me présenta de ce même stokfiche qui servait de dessert et un autre poisson fumé qui pouvait être du saumon: leur odeur était telle que je n'y pus goûter. Je les laissai donc là, ne comprenant pas comment, au bord de cette Méditerranée qui produit de si bon poisson, on en fut réduit au saumon du Nord et à la morue de Terre-Neuve.

Je me dédommageai sur des pêches, des amandes et de très-beau raisin, dont on m'apporta un grand plat avec du pain très-blanc et fort bon.

Dans ce moment rentra l'Espagnole avec son mari. Il eût été difficile de rencontrer un plus beau couple; dans leur pauvreté, ils paraissaient heureux par leur affection et leur confiance réciproques. Arrivée sur la grève, la femme avait baigné son enfant; puis la limpidité de l'eau l'avait engagée à se baigner elle-même; elle revenait donc bien reposée et bien rafraîchie, faisant porter par son mari tout le superflu de sa toilette, dont il ne lui restait que sa chemise et une jupe. C'était véritablement l'enfant de la nature, et je ne me lassais pas d'admirer sa douceur, son amour pour les siens, sa gaîté imperturbable et cette innocence qui la défendait mieux qu'un triple vêtement. Mon dessert de fruits parut attirer son attention. Je l'invitai à se mettre à table, ce qu'elle accepta immédiatement, prenant au plat, buvant dans mon verre quand elle avait soif et y faisant boire son enfant. Pendant ce temps, deux à trois fillettes, autant de petits garçons, étaient couchés à terre à quelques pas de la table, non pour quêter à manger, ce n'étaient pas des mendiants, mais pour regarder l'étranger. Tous jolis et bien faits, ils se groupaient dans toutes les positions: on aurait cru voir une nichée d'amours.

J'avais mangé les pêches avant l'arrivée de ma convive: il n'en restait qu'une, je la lui offris. Elle en coupa un morceau avec ses dents, le donna à son petit, en offrit à sa mère une seconde bouchée détachée de même, en mangea deux et me présenta le reste avec une candeur parfaite, bien convaincue qu'elle avait fait la chose la plus convenable du monde.

L'instant du départ approchant, c'était aussi celui de

satisfaire mon hôte, et comme je n'avais pas fait prix avec lui et qu'il avait mis pour moi sa maison sens dessus-dessous, je m'attendais à un règlement de comptes assez rude, très-disposé, d'ailleurs, à tout payer sans réclamation. Je fus donc le trouver, en le priant de me dire ce que je lui devais. Il parut fort étonné de ma question et il me répondit que je ne devais rien. J'avoue que cette réponse me contraria plus que s'il m'avait demandé quatre fois plus que ma dépense. Je lui fis observer que je ne pouvais pas avoir été à sa charge pendant deux jours sans le rembourser au moins de ses avances. Il me dit que j'étais chez son cousin Valerino, qui m'avait envoyé à lui pour me loger et me nourrir, qu'il ne pouvait rien recevoir. J'insistai, mais il ne voulut pas en démordre. Je me rappelai alors que le conducteur à qui j'avais voulu donner la veille la gratification d'usage, l'avait également refusée.

Je dis à Parès que, s'il n'acceptait rien pour lui, il ne pouvait m'empêcher de faire un présent à sa cousine, et à sa vieille camérière, et je lui donnai vingt francs. Il prétendit que c'était beaucoup trop et il voulut m'en rendre quinze, qu'à mon tour je n'acceptai pas. Je croyais avoir gagné mon procès : je me trompais ; je m'aperçus plus tard qu'à mes provisions, qu'il était parvenu à conserver saines en les suspendant dans un courant d'air, il avait ajouté du vin et du pain en abondance, lequel fut très-utile, comme on le verra, à moi et à l'équipage.

Ce Parès était un petit homme d'environ vingt-cinq ans, d'une vivacité extrême, bien fait, intelligent, ayant reçu une certaine instruction, car il tenait fort nettement les comptes et les écritures de la poste, qu'il mit quelqu'orgueil à me faire voir. Il n'était commis du bureau que par intérim et pour remplacer son oncle, le père de Valerino ; c'était lui qui occupait l'emploi de courrier en chef, l'autre n'était que son second. Il paraissait à son aise et il exerçait une assez grande influence sur les gens du pays et sur les capitaines eux-mêmes.

A sa place de courrier, il joignait, je crois, celle d'adjoint ou de magistrat de sûreté, car le premier soir il était sorti en me disant qu'il allait s'assurer si tout était en ordre dans la ville.

L'heure s'avançait et rien encore n'annonçait celle du départ. J'avais envoyé voir sur la rade : aucun bâtiment n'appareillait. Je recommençais à maudire l'*uva* et le capitaine. Pour prendre patience, j'en revins à mon journal.

Tandis que j'écrivais, assis au bureau de Parès, on avait dressé la table. Les convives étaient ceux du matin et deux autres que je n'avais pas encore vus. Ces hommes semblaient ivres et je me félicitais de n'être plus de leur couvert. Parès et sa cousine avaient probablement prévu ce qui s'y passerait, car ils ne s'y mirent pas non plus. Après avoir causé d'abord assez convenablement, nos marins commencèrent à s'égayer bruyamment en frappant sur la nappe et en se disputant, non sérieusement, mais, ainsi que des écoliers en goguette, la viande, le vin, les fruits ; enfin leur dîner devint une sorte de pillage où chacun se plaisait à arracher la portion de l'autre, et tout ceci accompagné de longs éclats de rire, de cris, de chants. Il n'y avait rien de mal dans ce qu'ils faisaient : ils ne se battaient ni ne s'injuriaient ; ils avaient même l'air d'être les meilleurs amis du monde, mais ils se conduisaient absolument comme auraient fait des enfants : ce qui contrastait singulièrement avec leur taille et leur fière mine.

Les femmes qui n'avaient pas voulu se mettre à table, ne paraissaient pas mécontentes de cette scène; c'était pour elles un nouveau spectacle qui excitait leurs éclats de rire. A chaque niche qu'un des dîneurs faisait au voisin, elles applaudissaient en l'encourageant à recommencer. Parès, sans se mêler à leurs jeux, riait comme les autres. J'étais toujours convaincu qu'ils étaient ivres: je le lui dis. Il prétendit qu'ils ne l'étaient pas, qu'ils n'avaient bu que le peu de rhum qu'on s'était partagé le matin, et que la cruche de vin qui était sur la table était encore pleine; que c'étaient des marins heureux d'être à terre et de se retrouver après une longue séparation, qu'il fallait bien leur passer quelque chose. Je crois que Parès avait raison: les têtes méridionales se grisent au choc des paroles comme chez nous on le fait au choc des verres.

Il semblait que les moustiques eussent senti que j'allais leur échapper: ils n'attendaient pas, pour me tourmenter, que la nuit fut venue; ceci, joint à l'agacement que me causait ce bruit de voix et de rires incessants, que, faute de comprendre, je ne pouvais partager, commençait à me fatiguer beaucoup. Le messager ne paraissant pas, je cherchais un prétexte poli de prendre congé de mon hôte; mais voilà qu'une musique de tambour et de flageolet, qu'accompagnait la foule, me coupe le passage, en entrant dans la salle. Les jeux, que les convives avaient cessé pour jouir de cette agréable harmonie, recommencent de plus belle. On se prépare de nouveau à danser. Craignant que l'envie ne leur revint de me mettre de leur ballet, je cherchais à gagner la porte, abandonnant mon bagage à la garde de Dieu: mais je n'y pouvais réussir, lorsqu'au-dessus de toutes les têtes, j'aperçus, comme une étoile de salut, le chapeau pointu du factotum. Il arrive jusqu'à moi, non sans difficulté, et me dit qu'il vient chercher mes effets. Je m'empresse de les lui montrer; je donne une poignée de main à Parès, j'embrasse sa cousine, l'Espagnole, sa mère, son enfant, le mari et une demi-douzaine de capitaines, et trouvant enfin une issue, je m'enfuis au plus vite, laissant mon porteur s'en tirer comme il pourrait.

Chez le vice-consul, je trouvai les choses bien moins avancées que je ne pensais. Pour remplacer le fruit endommagé par le taureau, le capitaine en avait envoyé chercher d'autre: on attendait encore *un poco d'uva;* le capitaine était allé au-devant, me dit Parès, et il ne pouvait tarder.

Me voici donc en faction, examinant dans une demi-obscurité, car la nuit approchait, toutes les charrettes que j'entendais. Enfin on vient me dire qu'on la voyait et qu'elle se dirigeait vers la plage. Justement, le chapeau pointu arrivait avec mon bagage; je dis adieu au vice-consul qui me témoigne son déplaisir de n'avoir pu m'accueillir mieux. Je le remercie de sa bonne volonté; je lui souhaite plus de bonheur et le prompt rétablissement de sa femme, et nous nous quittons presqu'attendris.

Pour rendre justice à ces Espagnols, si brutaux au premier abord, je dirai qu'il faut peu de temps pour qu'ils vous comprennent, vous aiment et vous regrettent.

Je suis mon porteur et nous voilà bientôt près d'un petit môle qui sert de point d'embarquement; j'y trouve le seigneur Rodriguez, c'est le nom de mon capitaine, entouré de paniers de raisin, qu'on chargeait dans deux canots pour les conduire à bord. Son équipage, composé de six matelots et de deux mousses, travaillait activement à cet embarquement, que rendait facile une mer tout unie.

En causant, je lui dis par manière de conversation que le raisin avait manqué en France comme en Algérie, qu'il y était fort cher, et que je ne doutais pas qu'il n'y vendît fort bien le sien. C'était là, je pense, des paroles oiseuses s'il en fût, et pourtant j'aurais bien fait de les garder pour moi. On en verra bientôt la raison.

A l'aide d'un reste de jour, je considère la figure des matelots; elle ne participait pas de celle de leur chef; j'ai rarement vu des mines plus refrognées et moins rassurantes. Mon grand diable de porteur, tout affreux qu'il est, semble beau à côté. Quand l'Espagnol est laid, il l'est bien; mais ceux-ci eussent-ils eu des faces plus atroces encore, m'eût-on même assuré que c'étaient de vrais forbans et des coupeurs de bourses, je ne serais pas resté une heure de plus à Santa-Pola, tant le bruit, l'uva et les mosquitos m'y avaient fait faire de mauvais sang.

Une femme et un enfant étaient assis sur le môle avec un paquet. Je pensai qu'ils allaient s'embarquer avec nous : c'était un autre sujet de contrariété, car il aurait fallu un lit à la femme, et l'on m'avait dit qu'il n'y en avait que deux, celui du capitaine et celui du second. C'était une fausse alerte, et quand, pour gagner le bord, je pris place dans le canot, la femme n'y vint pas.

Je donnai cinq francs au factotum, ce qui lui parut magnifique, car il s'humanisa jusqu'à m'offrir la main. Enfin nous quittons le môle où cette espèce de quai qui tient lieu de cale d'embarquement, et je dis adieu à Santa-Pola.

Quand nous entrâmes dans la flottille des bâtiments à l'ancre, je me mis à guêter le *San-Antonio*. Je le cherchais toujours parmi les plus gros, mais ces gros nous les laissions derrière. Il n'en restait plus qu'un : l'espoir était faible, et je le perdis tout-à-fait quand nous le dépassâmes aussi. Enfin, parmi les petits, je pensais que nous allions accoster le moins exigu. En ceci je m'abusais encore : le fameux *San-Antonio*, ce premier marcheur du port, était une vraie coquille de noix, et je jugeai à l'apparence qu'il pouvait jauger quarante tonneaux. Je me trompais de peu, il en jaugeait trente-cinq ; c'était léger pour un tel voyage. Je me consolai en disant que les navires avec lesquels Christophe Colomb avait découvert l'Amérique n'étaient pas beaucoup plus grands.

CHAPITRE XXIX.

—

Départ de Santa-Pola. — Le *San-Antonio*, sa cargaison et son équipage.

—

J'avais pris mon parti sur l'exiguité du navire. Il était neuf, comme on me l'avait annoncé, et bien coupé pour la marche : c'était une de ces embarcations faites pour se sauver d'une chasse et pour la donner au besoin. A tort ou à raison, ces balancelles espagnoles passent pour faire plus d'un métier, et la contrebande qui inonde le pays indiquerait assez qu'il y a quelque chose de vrai dans cet on-dit. Quoiqu'il en soit, j'étais fort satisfait de la gentillesse du navire et des garanties qu'il offrait, mais ma satisfaction fut courte : quand je voulus y mettre le pied, je n'en trouvai pas la place et je restai la jambe en l'air, me demandant par quel procédé on pourrait manœuvrer dans un pareil fouillis. Le pauvre petit *San-Antonio,* courbé sous le faix, ressemblait à ce bourriquet conduisant au moulin un sac deux fois plus gros que lui. Il faisait peine à voir, autant que le voir était possible. Enterré comme il était sous cet amas de marchandises, le pont avait entièrement disparu et je ne pus qu'embrasser une barrique pour arriver à un ballot, sur lequel je me dressai afin de m'orienter.

Heureusement qu'un ciel resplendissant d'étoiles permettait de s'y reconnaître. Ce qui me frappa d'abord fut, au milieu du navire, une pyramide de paillassons et de ces paniers flexibles qu'on appelle *sporte,* s'élevant jusqu'au sixième du mât, devenu leur point d'appui. Cette pyramide était elle-même flanquée de barriques de vin, sur lesquelles étaient de larges corbeilles contenant chacune de vingt-cinq à cinquante kilogrammes de raisin, maintenues par des bottes d'oignons, des sacs de je ne sais quoi et bon nombre de pastèques et de melons. Le reste du chargement, placé sous le pont, se composait aussi de vins en fûts et de quelques caisses. Au total, notre bateau de trente-cinq tonneaux en portait bien le double, ce qui enchantait le capitaine un peu plus que moi, et même que le second, vieux matelot, qui secouait la tête d'une manière peu rassurante en procédant à l'arrimage.

Toujours perché sur mon ballot, piédestal assez peu solide en raison de sa forme ronde, je ne savais de quel côté me diriger, lorsque le capitaine, voyant mon embarras, trouva moyen de loger dans la cale quelques paniers de raisin; alors je pus gagner le tas de paillassons et m'y étendre. Il fit ensuite réunir et aligner les barriques trop espacées et empiler les melons, de façon qu'un espace d'environ deux mètres de long sur un de large s'ouvrit devant moi: la promenade ne me serait donc pas interdite. C'était une grande consolation. Ces arrangements terminés, je pensais qu'il allait faire lever l'ancre, lorsque je vis le canot retourner à terre.

Je lui demandai si l'on avait oublié quelque chose? Il hésitait à me répondre; enfin il s'y décida, et je restai stupéfait quand j'entendis répéter encore une fois ces mots qui, depuis deux jours, me poursuivaient comme un cauchemar: *un poco d'uva.*

Ici, je n'avais à accuser que moi-même; j'étais la cause de ce nouveau retard. Séduit par ce que j'avais si imprudemment avancé, du bon prix du raisin à Alger, l'insatiable capitaine, marchand avant tout, n'avait pu résister à l'envie d'en avoir un peu plus, et c'était pour lui faire place et non pour moi qu'il avait déblayé ce coin du pont. Adieu ma promenade!

J'étais si exaspéré contre l'*uva* que je ne voulus pas le voir arriver; je dis à mon hôte que j'allais me coucher, en le priant de m'indiquer l'entrée de la chambre, qu'à travers tant d'obstacles je n'avais pu encore découvrir. Il me la montra: la difficulté était d'y arriver. Elle consistait en un trou carré, assez large pour qu'un homme y passât, mais trop étroit pour qu'avec lui on pût y placer une échelle. Il fallait donc y introduire ses jambes, puis laisser descendre doucement le corps en se suspendant a la force des poignets. Dans cette position d'acrobate, il ne s'agissait plus, en balottant ses pieds, que d'atteindre le premier des trois échelons qui précédaient le plancher. Si l'on parvenait à s'y mettre d'aplomb, on était sauvé, ou à peu près certain de ne pas tomber dans le trou du lest, placé immédiatement au-dessous; en un mot, cette entrée de chambre ressemblait fort à celle d'un piége à loup, ou, si vous aimez mieux, d'une oubliette.

Mais ici, comme en bien d'autres choses, il ne fallait pas s'en rapporter à l'apparence. Une fois dans la chambre, qu'éclairait une lampe malheureusement un peu fumeuse, je la trouvai bien plus grande que je ne devais l'espérer, et mon lit, qui n'était autre que celui du capitaine, valait, quant au moelleux et l'ampleur, ceux des meilleurs paquebots. Ajoutez que le linge était blanc, ce qui me réconcilia tout-à-fait avec le *San-Antonio*.

Fatigué de l'insommie de la nuit précédente et me croyant à l'abri des mosquitos, je voulus profiter immédiatement d'un aussi bon gîte. Je me couchai et, malgré le bruit de l'appareillage, je dormis jusqu'au jour.

La lumière n'entrait dans la chambre que par le trou qui servait à y descendre ; il en résultait que de cette chambre, comme du fonds d'un puits, on ne voyait qu'un petit coin du ciel, et ce ciel me parut du plus mauvais aspect : il était sombre, noir même, ne laissant pénétrer jusqu'à moi qu'une lueur blafarde, de celle qui, s'échappant entre de gros nuages, annonce un prochain orage. C'était d'un triste augure.

Cependant, il me semblait que l'air me manquait, ce que j'attribuais à la pesanteur de l'atmosphère. Le besoin de respirer me force à quitter mon lit pour me rapprocher de l'ouverture. Là, je vois que ce noir que je prenais pour un nuage était un coin de la voile qui s'était affaissée sur cette ouverture. En ce moment, le vent la déplaça et un rayon du soleil levant, qui éclairait la chambre entière, me remit en bonne humeur. Je m'habillai aussitôt, car j'avais hâte de monter sur le pont.

Cette montée n'était pas plus facile que la descente, et, là encore, il y avait, pour celui qui n'en avait pas l'habitude, chance de se rompre le col, ce dont je désirais me garer. Comme la réussite dépendait du début, ou du pied par lequel commençait l'ascension, je me fis donner, par le mousse, une leçon de montée, comme j'en avais pris une de descente, et je m'en tirai à souhait.

Une autre difficulté m'attendait : sorti du trou, il fallait poser le pied quelque part. Or, deux matelots couchés dormaient à droite et à gauche de l'entrée, et des agrès ou des corbeilles en obstruaient l'avant et l'arrière. Pour me tirer de ce mauvais pas, m'étendant sur un paquet de cordages, je me glissai entre les corbeilles, et j'arrivai ainsi jusqu'au monceau de paillassons qui, de ce moment, devint mon quartier-général.

J'appris du second que l'*uva* était arrivé vers dix heures et qu'on avait levé l'ancre aussitôt. La nouvelle vendange avait été repartie dans tous les vides, de façon que, sauf un chemin d'un pied de large, ménagé de l'avant à l'arrière, non sur le pont, entièrement couvert, mais sur le versant du tas de nattes et sur les barriques, on avait si bien utilisé la place que, dans tout le navire, on n'aurait pas pu mettre un seul paquet de plus. La conséquence de ceci était que la ligne de flottaison se trouvant dépassée de beaucoup, le moindre coup de mer pouvait nous couler bas. Les précautions qu'on prend d'habitude, en France, en Angleterre et à peu près partout, contre de semblables accidents sont ici dédaignées : tout s'y fait à la grâce de Dieu. On part toujours, puis on arrive si l'on peut.

Il ne paraît pas qu'on mette plus de soin au choix ou à l'instruction des capitaines ; c'est l'armateur qui les choisit et qui les nomme. Il a même la faculté de se nommer lui-même, et tout propriétaire d'un bâtiment en prend le commandement, si tel est son bon plaisir, n'eût-il jamais été à la mer. C'était ainsi, comme je l'appris plus tard, que le capitaine Rodriguez s'était nommé et avait nommé son second : mais l'un et l'autre étaient marins.

Les nattes sur lesquelles je m'étais installé étaient

fort dures, mais elles formaient le point culminant du pont, et je dominais de là toutes les barriques, tous les melons, tous les paniers. Seulement, comme le tas se terminait en pain de sucre, il fallait s'y tenir couché et même, lors du roulis, s'y cramponner assez ferme pour ne pas rouler sur les corbeilles de raisins que quelques pampres garantissaient seules d'un choc malencontreux. C'était, d'ailleurs, le plus beau qu'on pût voir ; des grappes, qui semblaient du crû de la terre promise et du poids de plusieurs livres, offraient des grains d'un bleu pourpré qui, encore dans toute leur fraîcheur, présentaient un reflet argentin. Chacun de ces grains était gros comme une aveline. Il y avait aussi du raisin blanc et du jaune, mais il était moins beau.

Couverte de ces grappes et de ces pampres, notre mignonne embarcation semblait aller sacrifier à Bacchus. Le second pouvait assez bien faire un Silène, et, s'il nous manquait une Érigone, le dieu d'amour était représenté par un charmant petit blondin de huit ans, nommé Tony, qu'on avait mis là pour l'amariner et qui servait de second mousse.

Le mousse en chef était un vigoureux garçon de quatorze à quinze ans, qui joignait à ces fonctions celles non moins importantes de cuisinier.

A ce personnel, il faut ajouter un chat et un chien appelé Leone ou Lion, bien qu'il ressemblât à toute autre chose. C'était un jeune épagneul, à la fois le favori et le souffre-douleur de l'équipage, et qui m'avait fait le sien. Entre autres tours, celui qu'il se plaisait à me jouer était, lorsqu'il me voyait endormi sur mes nattes, de prendre sa course et de parcourir ma personne dans toute sa longueur, en commençant par les pieds et finissant par la tête. Je ne puis dire combien ce mauvais farceur de chien m'a agacé pendant la traversée par cette espièglerie qu'il ne manquait pas de recommencer chaque fois qu'il en trouvait l'occasion.

Le temps était beau, mais le vent faible. Nous avions fait peu de chemin pendant la nuit, et Santa-Pola, avec son château, ses maisons grises et sa campagne désolée, était toujours en vue. Le fait est qu'en ce moment le *San-Antonio,* ce grand marcheur, ne marchait pas. Ces balancelles, d'usage général sur les côtes d'Espagne, remontent peut-être aux Carthaginois et aux Égypticns, car, nonobstant de certains avantages, il leur reste encore quelque chose de la navigation primitive. Elles portent au milieu un mât très-fort et peu élevé, supportant une énorme vergue et une voile latine gigantesque relativement à la grandeur du navire. C'est la manœuvre de cette immense voile qui nécessite de si nombreux équipages. En outre de cette grande voile, il y en a encore deux autres que supportent deux petits mâts placés aux extrémités du bâtiment. Ce genre de grément est favorable à la marche, mais il n'est pas sans dangers, et, dans le gros temps, sous peine de chavirer, il faut renoncer à la grande voile.

Le *San-Antonio* était dans toute sa fraîcheur : il sortait des mains du badigeonneur, et faisait son premier voyage en pleine mer, qui eut aussi été le dernier s'il avait été moins solide, ou, dans cet instant suprême, moins bien commandé.

Ce n'est pourtant pas l'effet qu'il me faisait pour l'heure. Un grand escogriffe, dont la mine farouche contrastait fort avec celle du capitaine, était toujours en contradiction avec lui. Le vieux Silène, remplissant les fonctions de second, était alors pris pour arbitre, et l'équipage, y compris le novice et le mousse, émettait son avis. Il semblait que le gouvernement du navire fut démocratique. Ceci m'inspirait assez peu de confiance :

la démocratie a partout ses périls, mais à bord plus qu'ailleurs.

Quoiqu'il fut encore matin, mon appétit était éveillé. J'avais justement en face de moi une corbeille de raisin de choix qui me tentait beaucoup, et personne ne songeait à m'en offrir. Il est vrai que personne non plus ne pensait à en manger, sauf le chien qui, lorsqu'il voyait passer quelques grains, ne manquait pas de les avaler. Il avait commencé, en animal fort indiscret, par se planter au beau milieu d'une corbeille et à mordre à même, ce qui lui avait valu une correction sévère. Il en avait parfaitement compris le motif; il ne ramassait donc que ce qui tombait, et, lorsqu'il prenait ses ébats, il avait bien soin de sauter par-dessus les paniers, sans jamais marcher dedans. Moi seul je ne pus jamais lui faire comprendre qu'il n'était pas plus poli de marcher sur moi.

Puisque j'en suis sur mon ennemi Leone, il faut que je rapporte de lui un trait d'intelligence. Comme il dînait successivement avec le capitaine, les matelots et les mousses, il ne pouvait pas se plaindre de la cuisine, mais on oubliait quelquefois de lui donner à boire. Un jour je vis le capitaine armé d'une corde et qui, au lieu de charger un des mousses de châtier l'animal, ainsi qu'il le faisait dans les cas ordinaires, s'acquittait lui-même de ce soin avec une sévérité impitoyable; non-seulement il le frappait à outrance, mais il le moralisait à haute voix, en lui tenant la tête contre le robinet de la barrique à eau. Je m'informai de ce qu'avait fait le pauvre Leone pour mériter un si cruel traitement. On me dit que le malheureux, au risque de nous faire tous mourir de soif, avait été surpris tenant, entre ses dents, le robinet de la pièce à eau, et mettant toutes ses forces pour le tirer à lui. Or, c'était la seconde fois qu'il se rendait coupable de ce fait: la première, il avait réussi; il avait pu boire à son aise, mais la moitié du contenu de la pièce avait coulé sur le pont quand on s'aperçut de la chose. Son crime était grave, sans doute, mais le mousse chargé de lui donner à boire méritait tout autant que lui d'être châtié. Je n'en fis pourtant pas l'observation au capitaine, bien certain qu'il eût fait double justice.

Le principal coupable sentit probablement sa faute: il alla consoler le chien gémissant, en lui présentant une jatte d'eau, qui pensa aussi lui porter malheur. Le chat, aussi altéré que lui, n'eût pas plutôt flairé le liquide, qu'il s'élança d'une vergue où il humait l'air en attendant mieux; il voulut avoir à lui seul la possession de la jatte, et abusant de la jeunesse et de l'inexpérience de Leone, moins ancien à bord, il lui allongea de si vigoureux coups de griffes que celui-ci, pour sauver ses yeux, fut obligé d'abandonner le pot à l'eau et d'attendre que le chat n'en voulut plus.

J'en étais au raisin et à mon envie d'en manger. Je fis l'éloge de sa beauté au capitaine: il me comprit et, se levant, m'en présenta une belle assiette. Depuis, c'est toujours ainsi que j'ai commencé et fini ma journée.

Tandis que je prenais cet à-compte, le mousse-cuisinier, secondé de Tony, son élève, procédait à la préparation d'un repas plus solide. Une demi-douzaine de poules ou poulets attachés par les pattes étaient placés entre deux tonneaux: c'était notre provision de chambre. Le cuisinier-mousse en saisit une et l'étrangle, puis, aidé de son second, la plume, la vide et la lave à l'eau de mer et même de la pleine mer, où il la suspend par une corde. Cela fait, il la découpe et la jette dans la marmite, où il avait mis préalablement du riz et des épices. C'était exactement le procédé de la cousine, lequel paraît généralement adopté en Espagne, sur terre et sur mer, comme le plus propre à rendre la viande aussi coriace et peu appétissante que faire se peut. Dieu a donné de bonnes choses à l'homme : pourquoi lui a-t-il laissé la puissance de les rendre mauvaises?

La poule était le dîner du capitaine et le mien. Celui de l'équipage fut à peu près le même; seulement au lieu de poule on mit du mouton.

Le plat de l'équipage fut prêt le premier; on le servit à l'air sur une barrique. Dans l'impossibilité de placer ni siéges ni bancs, les six matelots, servis par les mousses, s'étendirent sur des nattes comme les chevaliers romains sur les lits de Lucullus, et chacun à son tour, en commençant par le plus vieux, tira au plat. Le vin était dans un vase à goulot qui pouvait contenir deux litres; il ne fut pas entièrement vidé.

Quand ils eurent fini, les mousses dînèrent. Le chien et le chat succédèrent aux mousses.

Ce fut alors que le capitaine me demanda si c'était l'heure de mon repas. Je lui dis que mon heure serait la sienne. Il était midi. Nous descendîmes dans la chambre; on mit le couvert sur un coffre, la pièce étant trop étroite pour y placer une table: nous nous assîmes comme nous pûmes, et là aussi, tour à tour, nous puisâmes au plat. Le riz n'était pas mauvais, quoiqu'un peu trop safrané, mais la poule était si dure qu'il me fût impossible d'y mordre. J'essayai d'une langue fumée que contenait mon panier. Quant au reste, sauf le pain, je le donnai aux matelots. Le vin qu'on nous servit ressemble assez au vin de Provence: il me parut bon.

Nous sommes toujours en vue des côtes. Santa-Pola commence à se perdre dans la brume. Le cap ou l'île que j'avais remarqué de la plage est devant nous.

L'honnête Rodriguez ne trouve pas son navire assez

chargé. Nous apercevons, surnageant, une forte pièce de bois, reste d'un mât brisé. Il fait mettre le cap dessus et, avec des peines infinies et au risque de chavirer, nous parvenons à l'embarquer. Cela va gêner encore la manœuvre qui n'est déjà pas facile; nos gens s'en soucient peu, ils vendront ce bois deux écus. On peut bien, pour un si beau profit, courir la chance de se noyer.

De nombreux navires sont au large et paraissent suivre la même route que nous : mais si le vent ne nous aide pas plus, la traversée durera huit jours, et d'ordinaire on la fait en trois ou quatre. Mais sur quoi compter, quand le vent est notre locomoteur. En vérité, la vapeur est une belle découverte : qu'on fasse celle d'économiser le combustible, et l'on ne naviguera plus que par elle. Déjà la voile et ses manœuvres qui étaient la perfection de l'art, n'en semblent plus que l'enfance.

Il y a sans doute, en Espagne, des prononciations diverses selon les villes ou les provinces, car il est des personnes que j'entends facilement, et d'autres que, nonobstant mes efforts, je ne puis comprendre. Notre capitaine et trois matelots sont de ce nombre, tandis que je puis converser avec les deux autres.

Grâce au beau temps, nos marins n'ont rien à faire qu'à changer les écoutes. Étendus sur les nattes, ils dorment ou jouent avec Leone. Jamais chien n'a été plus caressé et plus battu; mais je ne le plains pas; il s'est imaginé qu'on n'a à faire que de jouer avec lui, et allant de l'un à l'autre, sans demander l'agrément de personne, il vient vous tirer, vous agacer, vous provoquer, en faisant, pour éviter les endroits prohibés ou les ouvertures des corbeilles, des bonds prodigieux. Je ne sais comment il ne tombe pas à la mer.

Le chat est beaucoup plus discret : il ne fait d'avances qu'aux mousses et ne paraît sur le pont que lorsqu'il voit tirer la fricassée du feu ou qu'il entend crier quelque poule en danger de mort. En raison de cette discrétion, je le préfère à Leone.

Rendons justice au *San-Antonio:* c'est un bon marcheur, car, malgré la faiblesse du vent, nous laissons derrière nous deux bricks avec qui nous allions de conserve. Et, pourtant, je vois encore Santa-Pola : il semble que cette maudite bourgade court après nous. Par instant, je crois que son image s'est daguerréotypée sur le verre de ma lunette, et je le frotte avec humeur.

Cette lunette, qui bientôt jouera un grand rôle, n'est qu'un binocle d'opéra, de trois pouces de long, fort bonne d'ailleurs. C'est la seule du bord, où tous les instruments de navigation se bornent à une boussole.

Un gros oiseau vient voltiger autour de nous; je veux tirer dessus, mais personne n'a de fusil, on me le dit du moins. Je n'en crois pas un mot. L'absence complète d'armes à feu à bord de tels bâtiments, qui passent pour tout faire et n'être jamais disposés à se laisser prendre, m'étonnerait beaucoup. Un des matelots, pour me railler, me présenta, en me montrant l'oiseau, son couteau catalan.

Le vent devient plus frais; on change la voile. Ce n'est pas une petite affaire que de remuer cette énorme vergue et son interminable toile. Notre petit navire a l'air d'y être pendu.

Parmi les bâtiments en vue sont deux trois-mâts : ils ont toutes leurs voiles. J'en compte treize sur l'un et douze sur l'autre ; les catacois mêmes y sont. Ainsi couvert un navire, même de moyenne taille, paraît énorme : on prendrait ceux-ci, avec leur toile blanche, pour des cygnes gigantesques.

Il faut que cette voile latine et le système de gréement de ces balancelles aient une grande puissance de locomotion, car nous gagnons aussi sur ces trois-mâts.

A trois heures, on voit encore la montagne au pied de laquelle est Santa-Pola, mais ce n'est plus qu'une légère vapeur.

A quatre heures et demie, nous dépassons le navire au treize voiles : c'est un anglais. Je ne sais si je rêve, mais je crois voir encore Santa-Pola.

Cinq heures. Le chien joue toujours ; le chat le regarde ; les deux mousses folâtrent ; le gros oiseau, qui nous avait quittés, reparaît.

Six heures un quart. On ne voit plus que le ciel et l'eau ; le vent augmente ; la mer s'agite ; le souper s'apprête ; magnifique coucher du soleil ; l'oiseau est parti.

Je soupe seul : le capitaine est malade. On me sert du bœuf fricassé avec des pois chiches, durs comme des balles ; la sauce sent le brûlé. Décidément le mousse est un détestable gargotier. Je mange du raisin.

Je remonte un instant sur le pont. La maladie du capitaine m'inquiète ; si elle s'aggrave, qui conduira le navire. Je veux lui rendre son lit, mais il a pris celui du second. Un matelot me dit : le temps est joli, le vent seulement n'est pas bon.

L'obscurité augmente ; je vais me coucher. La houle est très-forte ; ma montre roule à terre. Je crains qu'elle ne soit brisée : je ne sais pas s'il y en a une autre à bord. Heureusement, elle est intacte : le verre même a résisté.

Je ne sais pourquoi, je rêve toute la nuit à M. de Lamartine que je n'ai pas vu depuis un an.

CHAPITRE XXX.

Route d'Afrique. — Mauvaise rencontre.

Le 13, je me lève à sept heures. Le vent est fort; le ciel nuageux; il pleut; notre balancelle saute comme une chèvre. Le capitaine va mieux.

Nous n'avons plus de bâtiments en vue. La discussion recommence entre le capitaine, le second et le grand matelot qui est l'opposition incarnée. Le capitaine semble inquiet: à tout moment il consulte un livre qu'il a tiré de sa malle, et il communique à son conseil ce qu'il y a lu.

Ces pourparlers m'intriguent; quelques mots m'en font soupçonner le motif. Enfin, je l'apprends de mon vieux Silène dont j'ai capté la confiance. La balancelle, comme nous l'avons dit, est à son premier voyage; Rodriguez en a fait d'autres, mais non comme capitaine, et il n'a jamais été en Afrique. Malheureusement personne de l'équipage n'y est allé non plus. On avait compté sur quelque navire suivant la même route : tous ont disparu. On a fait beaucoup de chemin pendant la nuit, le capitaine malade n'a pu surveiller la marche, et l'on ne sait pas trop où l'on est ni conséquemment de quel côté il faut suivre.

Très-bons marins sur les côtes d'Espagne où ils sont habitués à naviguer, ces gens ont été complètement déroutés en perdant la terre de vue. Sans carte, sans guide, nous errons dans le pays de l'inconnu, et comme Christophe Colomb marchant à la découverte de l'Amérique, nous allons à celle de l'Afrique : il ne s'agit plus que de la trouver.

De la manière dont nous nous y prenions, cela pouvait tarder. C'était, probablement, aussi l'avis du capitaine, car il recommanda qu'on ménageât l'eau, dont nous n'avions qu'une barrique. Moi, j'allai voir ce qu'il me restait de pain.

Vers sept heures et demie, le temps s'éclaircit; la pluie a cessé. Je gagne mes nattes en rampant, seul exercice qui me soit permis; le roulis est trop fort pour que je me tienne debout. Les matelots eux-mêmes n'y parviennent qu'en s'accrochant aux mâts et aux cordages. J'admire avec quelle adresse de chat ils grimpent et se maintiennent sur ces vergues dont le terrible balancement semble, à chaque instant, prêt à les lancer à l'eau. Si ce ne sont pas des théoriciens bien savants, ce sont certainement des matelots très-habiles. Le capitaine, quoiqu'encore souffrant, n'est ni moins leste ni moins adroit que les autres, et dès qu'une manœuvre l'exige, il est toujours prêt à payer de sa personne.

En ce moment tout le monde est occupé. On ne chante plus ; mais le chien folâtre comme d'habitude et Tony avec lui. Malheureusement, ils se trouvent tous deux dans les jambes du capitaine qui courait d'un bord à l'autre. Il saisit Tony par sa chemise, il l'enlève et lui donne sur le derrière deux tapes qui le font crier comme un paon, et aboyer Leone. Cela lui vaut un coup de pied qu'il évite en se glissant sous Tony, qu'il se met à lécher pour le consoler de sa mésaventure.

A huit heures, je déjeûne avec du raisin. A neuf heures, le soleil reparaît. La mer est toujours houleuse, mais le vent s'est fixé: il cesse de tourbillonner; nous marchons. Les marins s'étendent sur le pont. Ils recommencent à chanter; le capitaine lui-même fredonne un couplet. Je ne sais si les marins espagnols ont plus d'une chanson, mais ils n'ont pas plus d'un air: il est en mineur et ressemble au miaulement napolitain. Ils n'ont aussi qu'un plat: l'olla podrida; qu'une danse: le fandago; le tout leur venant des Arabes. Dites que ce peuple n'est pas constant.

Je vois avec plaisir que le mousse, pour épargner une correction au chien, n'oublie plus de lui donner à boire et, dans sa justice distributive, pour empêcher tout conflit, il présente aussi au chat sa petite écuelle.

Leone, qui fait des niches à tout le monde, est mystifié à son tour. Il s'est bêtement endormi sur une écoute, dont il s'est entouré comme d'un nid, sans se douter que le vent est variable; tout-à-coup la toile se gonfle, la corde se tend et voilà mon animal parti en l'air, à la grande joie de l'équipage. A cheval sur la corde, ne sachant de quel côté il va tomber, il se démène comme un enragé, en criant à l'aide: il tombe sur le dos; il crie plus fort et se sauve à toutes jambes pour se cacher.

Le dîner a lieu comme d'habitude; deux poules en font les frais: l'une est mise aux oignons et l'autre au riz. Une troisième a disparu par un accident qui ne fit pas rire l'équipage et qui valut quelques tapes au cuisinier. Il avait, comme la veille, pendu sa poule à une ficelle et l'avait mise à la remorque du navire, le tout pour s'éviter de tirer de l'eau. Soit que le nœud d'attache eût été mal fait, soit que quelque poisson glouton fut passé par-là, la ficelle seule revint.

Je n'en ris non plus qu'à moitié, car je vois avec inquiétude que le nombre des volailles est fort réduit et qu'il n'y a pas d'autre viande à bord. Notre pitance pourra devenir fort maigre; j'avais compté sur les pommes de terre, mais ce que j'avais pris pour tel dans l'obscurité, n'en était pas. Sans doute, nous avions du raisin et des melons: si, à la rigueur, on peut avec cela ne pas périr de faim, on risque, en temps de choléra, de mourir d'autre chose; je commençais à m'apercevoir que le raisin d'Espagne, s'il est véritablement, quant à la beauté et la délicatesse, le roi des raisins, n'est pas plus tonique ni plus nourrissant que celui de Suresne.

Le capitaine est assez bien remis pour essayer de dîner. Nous nous mettons à table. Nous sommes tombés sur la bonne poule, elle n'est pas trop coriace; quant au riz, notre cuisinier a oublié de le faire cuire.

Rodriguez, en l'honneur de son rétablissement, veut me régaler de café. Il fait apporter de l'eau chaude dans une soupière; il jette dedans deux à trois cuillerées de café en poudre, y ajoute un peu de cassonade, mêle le tout et me verse de ce lavage qui a la teinte d'un thé léger, et ne me tente nullement. Je lui dis que le café m'empêche de dormir; alors il appelle Leone qui flaire et se sauve. Tony est moins difficile: il avale la potion.

Grâce au vent devenu bon, notre voile, en belle toile

blanche neuve, se déploie maintenant tout entière. Je ne puis me lasser d'admirer sa dimension. Je ne m'explique pas comment un si petit navire peut la supporter avec sa vergue, qui a deux fois la longueur du grand mât. L'écoute de cette voile est un vrai câble.

Tony n'est pas encore très-habile comme marin : il débute. Quant à son collègue, il est d'une adresse merveilleuse, non en cuisine, mais en dextérité pour grimper au mât, aider à prendre un ris ou diriger une vergue ; il rend presqu'autant de services qu'un matelot : aussi est-il nourri de même, bien qu'il ne mange pas au même plat. Tony a aussi une copieuse ration, qu'il partage avec le chien et le chat. Est-ce bon cœur et générosité, ou bien l'une des conditions de son engagement? Je ne saurais le dire.

Nous apercevons une voile, la première de la journée. C'est une balancelle, mais plus forte que la nôtre ; peut-être vient-elle de Santa-Pola. Grande discussion à ce sujet. Mon binocle commence à paraître en scène ; le capitaine me prie de le lui prêter. Il faut d'abord que je lui enseigne à s'en servir. Je le mets à son point : il voit à merveille et déclare que le navire en vue n'est ni de Santa-Pola ni d'Alicante.

Le second prend le lorgnon. Il prétend que le bâtiment est d'Alicante : il le nomme, il désigne le propriétaire. Rodriguez soutient son dire. On en vient à l'arbitrage des matelots. Chacun lorgne à son tour : ils ne reconnaissent pas le gréement et donnent raison au capitaine. Le second espère que le navire se rapprochera de nous et qu'alors on verra qu'il n'a pas tort. Dans tous les cas, il pourra nous renseigner sur la route que nous avons faite et celle qui nous reste à faire. Cette observation est bien accueillie de l'équipage. Le capitaine qui a repris le binocle commence à faire la grimace; il échange quelques paroles avec le second qui, maintenant, ne dit plus rien; l'allure du navire leur a paru singulière. Non-seulement il se rapproche de nous, mais il manœuvre comme pour nous donner chasse. Le capitaine lorgne de plus belle. Tout d'un coup il fait un saut, suivi d'une exclamation. Le second revient au binocle. Il dit un mot à Rodriguez qui s'élance à la barre, en donnant un ordre que je comprends en voyant tout l'équipage courir à la voilure pour virer de bord.

Une pièce de canon qu'ils ont cru voir est la cause de cette alerte. La soi-disant balancelle de Santa-Pola est un aviso de guerre ou quelque chose de pis. Je me souvenais d'avoir entendu dire, à Valence, que des corsaires, sous pavillon russe, couraient la mer, et les journaux avaient parlé de lettres de marques délivrées à des Américains. Mais, sans aller chercher si loin, il n'était pas impossible que des forbans, même espagnols, ne fussent venus rôder dans ces parages.

Après avoir cru reconnaître des canons, on s'imagina voir le pont couvert d'hommes, toutes choses que je ne pus distinguer. Quoiqu'il en soit, l'équipage, même le matelot de l'opposition, avaient partagé l'ardeur du capitaine, non pour aller reconnaître ce rôdeur suspect, mais pour détaler au plus vite.

Quant au flibustier, si c'en était un, il avait certainement l'intention de faire notre connaissance : il avait mis toutes ses voiles. Nous les avions avant lui et il n'y restait pas un ris.

Bientôt, à la satisfaction générale, nous vîmes que le petit *San-Antonio* n'avait pas plus envie que nous de recevoir la visite des mécréants. Il fit merveille : nous gagnions visiblement sur notre adversaire et une heure après nous l'avions perdu de vue.

Était-ce réellement un corsaire? C'est ce que je ne

puis affirmer. Dans le doute, abstiens-toi, avait dit le capitaine, et je crois qu'il avait raison.

Ces allées et venues ne nous faisaient pas avancer, et j'en étais à craindre qu'à l'imitation du pieux Enée et du sage Ulysse, tirant à *hue*, tirant à *dia*, nous ne fussions en train de faire quelque nouvelle odyssée. Bref, je regrettais presque de n'avoir pas ajouté foi aux pressentiments du consul.

Nous venions d'échapper à un danger ou tout au moins de céder à une peur, quand nous tombâmes dans un autre, mais vrai et d'autant plus difficile à éviter, qu'ainsi que l'île de Circé il se présente sous un aspect très-séduisant. Tout-à-coup nous voyons la mer couverte de points noirs que d'abord nous prenons pour des dauphins ou des baleineaux; mais, à mesure que nous avançons, nous distinguons des formes rondes, carrées, cylindriques, et nous reconnaissons des tonneaux, des caisses et des ballots. L'équipage commence à ouvrir de grands yeux pensant être arrivé dans quelque Eldorado, et ne doutant pas que chacune de ces caisses ne fût pleine d'or et d'argent. Certes, ce miracle eut été beau, mais l'Espagnol, bien qu'il ne croie plus grand chose, croit encore aux miracles. Au moyen d'un croc on en atteignit une au passage; on n'eut pas grand peine à la hisser sur le pont: elle était vide. On pêcha ensuite une barrique: elle avait contenu du vin, mais ce qui en restait n'était pas potable. On passa à une troisième, même résultat. Ce qu'on avait pris pour des balles n'était que des enveloppes. On atteignit une troisième barrique: celle-ci avait dû renfermer non des liquides, mais des marchandises sèches, dont on ne voyait que la place. Je me félicitais de cette absence générale. Nul doute que si nos gens eussent trouvé ces caisses et ces tonnes remplies, ils n'eussent voulu les emporter. Cette pêche aurait demandé bien du temps, et cette addition de chargement eût pu avoir pour conclusion de nous faire sombrer.

Quoique l'examen de ces épaves eût été jusqu'alors d'un assez mince produit, l'équipage croyait toujours arriver à quelque bon lot. L'on continuait à courir des bordées de colis en colis, car il n'y avait pas assez de calme pour mettre à la mer notre canot, si petit d'ailleurs qu'il aurait pu disparaître dans un tonneau. Cet exercice de courtes bordées n'était pas sans quelque péril, et le capitaine, qui voyait fatiguer la voilure et son beau navire, en avait assez, mais il cédait aux instances de ses hommes. Cependant, il est un terme à tout. Il me demanda mon binocle, lorgna du côté où nous avions laissé la barque suspecte, fit une certaine grimace comme s'il la voyait encore; puis, prétendit, ce qui était assez probable, que toutes ces caisses vides venaient d'un navire pillé, sabordé et coulé avec son équipage. Puis, profitant des réflexions que ceci faisait faire aux siens, il s'empressa de cingler au large.

Nous quittons donc ce lieu malencontreux pour courir devant nous. Quant à dire où nous allions, le plus malin du bord n'en savait rien. De toute notre chasse aux épaves nous n'avions recueilli qu'un tonneau en assez bon état et une boîte où il y avait un reste de graisse, qui servit à graisser nos poulies et à faire la soupe au chat.

Ceci nous conduisit à l'heure du souper, qui ne différa en rien des autres repas et n'amena que la mort de la dernière poule, qui trouvait ainsi la fin de son long martyre. Depuis le départ, nos matelots, qui ne voyaient dans ces bêtes que des machines insensibles, ne leur avait donné ni à boire ni à manger, et elles seraient certainement mortes d'inanition, si je ne leur avais pas jeté un peu de mon pain et quelques épluchures de raisin. Je suis encore à me demander quels étaient les plus stupides des poules ou des hommes qui, en les laissant périr de faim, s'exposaient à s'affamer eux-mêmes.

Ce soir-là, l'équipage ne mangea que des légumes. Dans l'incertitude où nous étions d'arriver prochainement à une terre quelconque, on sentait qu'il était bon de ménager la viande comme l'eau. Là-dessus le grand matelot se mit à guoguenarder le mousse, en l'engageant à bien nourrir Leone et le chat, qui pourraient nous servir à faire l'olla podrida.

La nuit venue, j'allai m'étendre sur mon cadre, où je ne tardai pas à m'endormir.

CHAPITRE XXXI.

Suite de la traversée d'Espagne en Afrique. — Le rocher sous-marin.
Leone et l'oiseau. — La chute et les raisins.

Le 14 septembre, je commence ma journée en mettant au courant mes notes quotidiennes, dont les incidents de la veille m'avaient empêché de m'occuper. Je monte ensuite sur le pont pour voir où nous en sommes; je ne trouve encore que le ciel et l'eau. Le temps ne paraît pas mauvais. Nonobstant une houle assez forte, le *San-Antonio* se comporte merveilleusement et nous ne recevons presque pas d'eau: c'est heureux pour le raisin, qui pourrait y perdre quelque peu de sa fraîcheur et de son parfum. J'en fais mon premier déjeûner comme d'ordinaire et je ne le trouve pas moins bon. Je veux y joindre une tranche de melon, mais on les a embarqués tout verts pour qu'ils pussent supporter la traversée: ils sont durs et sans arôme.

Une petite mouette vient se reposer sur le navire;

elle est si fatiguée qu'elle ne peut s'envoler, ce qui annonce que nous sommes loin de la terre. Les marins la prennent et viennent me l'offrir. Je veux lui rendre la liberté, elle n'en veut pas: la pauvre bête ne sait pas ce qu'elle refuse.

Ces matelots sauvages qui, au départ, me regardaient de travers et comme un embarras, se sont adoucis; ils me sourient, ils me parlent: c'est moins par reconnaissance des quelques provisions que je leur ai données que parce qu'ils me voient vivre et faire comme eux. Rien ne déplait tant aux gens de mer que les plaintes et les grimaces.

Nous ne sommes certainement pas sur la bonne route, car nous n'apercevons pas une voile, tandis qu'au départ nous en étions entourés, et que presque toutes avaient la même destination que nous. Où pouvons-nous donc être? Voguons-nous vers l'Europe ou vers l'Afrique, ou tournons-nous toujours dans un même cercle? C'est ce que le capitaine désire savoir tout autant que moi; à chaque instant il consulte son livre. Je jette les yeux dessus: c'est un traité de navigation espagnol, il est muni d'une carte. Aux caractères et aux dessins, je m'aperçois que l'édition n'est pas nouvelle; je regarde la date du livre, et je lis: 1795, quatrième édition. Les choses ont marché depuis, et de pareilles cartes ne sont pas une garantie infaillible. Je consulte les miennes; elles valent mieux, mais elles sont sur une très-petite échelle, et je n'ai d'autre guide que Richard, qui parle beaucoup de la terre et pas du tout de la mer.

Ce qui préoccupe surtout le capitaine est un certain rocher sous-marin que signale son traité, c'est là son cauchemar. Le lieu où il se trouve est le grand sujet de discussion entre lui et le grand matelot. A force de parler de ce rocher, il m'avait mis aussi martel en tête;

j'avais rêvé deux fois que le *San-Antonio* était perché sur sa pointe comme un ex-voto sur la corniche d'une chapelle. Était-ce un pressentiment? Je ne sais, mais la chose manqua d'arriver.

Les matelots nomment *comarez* l'oiseau qu'ils ont pris, et qui est encore là près de moi, sautillant sans vouloir s'en aller; il est à peu près de la grosseur d'une bécasse, mais son bec est moins long et il a les pieds demi-palmés, les pattes jaunes; son plumage est zôné de gris, de noir et de blanc; ses ailes ont dix-huit pouces d'envergure. On lui a offert du pain, de la viande, du raisin : il a tout refusé. Le mousse lui entonne du melon, l'oiseau le rejette; alors il lui passe le bec dans un grain de raisin qui l'empêche de respirer. Je lui dis de l'en débarrasser, ce qu'il fait. J'essaie encore de faire envoler la pauvre bête, elle n'en a pas la force. Les matelots s'en emparent; l'un lui passe une plume à travers les narines, de manière à simuler une paire de moustaches, ce qui divertit fort la compagnie. Un autre imagine une farce bien meilleure, selon lui: il saisit le volatile qui, heureusement pour lui, venait d'expirer, et, au moyen d'un lien, il l'attache à la queue de Leone qui dormait. Au premier mouvement du chien, le cadavre lui frappe le dos; Leone se réveille tout-à-fait et se retourne pour mordre la bête qui tourne avec lui et tombe sur son mufle. La peur alors le saisit, il se sauve à l'autre extrémité du navire, mais l'oiseau lui frappe le flanc, le dos, la face: il n'en court que plus vite et il n'en reçoit que plus de coups. Il fait ainsi trois fois le tour du bâtiment roulant dans les paniers de raisin, à la grande colère du capitaine qui seul ne riait pas et attendait le malheureux au passage pour le jeter à la mer. Eh! bien, voyez ce que c'est que l'amour de la vie et l'instinct de la conservation : dans son indicible effroi, le chien garda assez de bon sens pour ne point passer à portée de la main du chef. Entre un danger fantastique ou imaginaire et un danger réel, il ne se trompa pas. Sain et sauf, il se réfugia sous les nattes où, ne bougeant plus, on le laissa tranquille.

C'est là que Tony, qui avait vu d'assez mauvais œil la plaisanterie faite à son ami, alla, pour prévenir un nouvel accès de colère du capitaine, lui dégager doucement la queue, ce qui, sans lui, n'aurait eu lieu que dans le ventre d'un requin, engloutissant à la fois le chien vivant et l'oiseau mort. En ceci, l'enfant fit preuve de plus de raison que les hommes.

Quant à Leone, il est à croire que ce fantôme d'oiseau le poursuivra longtemps et qu'il ne sera guère porté à fréquenter leur espèce.

Malgré le vendredi, nous faisons gras. C'est ce qui a lieu à peu près partout en Espagne, où l'on croirait qu'il n'y a plus de religion ; mais un tel gras peut être considéré comme abstinence : c'est un morceau de lard qui, aujourd'hui, fera notre repas. Il sera partagé entre notre table et celle de l'équipage. Je le lui cèderais volontiers tout entier : il est d'un jaune qui annonce un âge mûr. Qu'importe, eût-il été frais et bon, le ragoût n'en eût pas été moins détestable : le cuisinier espagnol trouve moyen de rendre mauvaises les meilleures choses, comme le Provençal arrive, par le condiment, à rendre mangeables et parfois excellentes les plus médiocres. De chacune de ces poules dures, un Marseillais aurait fait un succulent potage ; puis de sa chair, en y ajoutant force riz et pas mal de légumes, il aurait composé un plat copieux, parfait de goût, et qui eût suffi pour les deux tables. De ceci, Notre-Seigneur lui-même, aussi bon cuisinier qu'il était habile sommelier, ne nous a-t-il pas donné l'exemple, quand il nourrit trois mille personnes avec cinq petits poissons?

Ce que j'admire dans ces matelots, c'est leur sobriété; ils mangent peu et boivent moins, quoiqu'ils aient du vin à discrétion. Quant aux alcools : rhum et eau-de-vie, je n'ai vu personne en user à bord, sauf le capitaine qui, lorsqu'il était malade, en mit quelques gouttes dans son eau.

La sobriété est une qualité précieuse chez un peuple; l'ivrognerie et la gourmandise accompagnent souvent la barbarie, et toujours y conduisent. Il n'en est pas de même de la friandise ou de la délicatesse en cuisine: vous pouvez être assuré qu'un peuple friand est non-seulement un peuple avancé en civilisation, mais un peuple industrieux. L'industrie culinaire donne, à peu près partout, la mesure des autres arts, et, si nous descendons aux détails de famille, nous dirons que le ménage qui se nourrit le plus mal n'est pas toujours le plus pauvre, mais très-ordinairement le plus brut. Dès-lors ce proverbe: *Dis-moi ce que tu manges, je te dirai qui tu es,* n'est pas dénué de vérité. La mère de famille qui apporte un soin habituel dans la préparation du repas de son mari et de ses enfants, est presque toujours une femme d'ordre: c'est le trésor du logis, la poule aux œufs d'or; car avec peu d'argent elle y répand le bien-être. Le contraire arrive sous la ménagère sans conduite: mauvaise mère et mauvaise épouse, elle est infailliblement mauvaise cuisinière. Néanmoins, j'ajouterai qu'elle peut l'être aussi avec toutes les vertus.

Comme j'ai toujours aimé à démontrer par la pratique la vérité d'une théorie, j'aurais volontiers, pour faire comprendre à l'équipage la différence d'un bon à un mauvais repas, consenti à être un jour de cuisine et à remplacer le mousse à son fourneau. J'y avais songé trop tard : on comprend qu'il devient difficile d'utiliser une casserole quand il n'y a plus rien à mettre dedans.

Je commence à me fatiguer de mon immobilité et j'envie le sort des mousses se balançant sur les vergues. Depuis quatre jours je ne fais d'autre mouvement que d'aller de la cabine au pont, pour m'y glisser à l'aide de quelque corde jusqu'à mon tas de nattes, où je suis à demeure ; j'y lis, j'y écris, j'y fais mon déjeûner de raisin. Quant au dîner et au souper, le capitaine croit de sa dignité et de la mienne de me les faire servir dans sa chambre. Je ne veux pas le contrarier, quoique le jour et l'espace m'eussent bien mieux convenu.

J'ai pourtant voulu étendre l'orbite de mes évolutions ; j'ai essayé, à deux reprises, de gagner l'avant du navire, en sautant d'une barrique à une caisse et d'une caisse à un panier, mais cette tentative m'a assez mal réussi ; les points où je mettais le pied, plus ou moins humectés par l'humidité de la mer, n'offraient pas un appui bien sûr. Les soubresauts de notre léger navire, qui semble jouer avec la lame, mettaient en défaut toutes mes prévisions : deux fois, perdant l'équilibre, je tombai à la renverse sur des corbeilles de raisin, dont le jus s'échappant comme d'un pressoir prouvait à la fois la bonne qualité du fruit et la maladresse du sauteur. Aussi mon pantalon d'un gris perlé avait pris une teinte lie de vin qui, par malheur, se trouvait inégalement répartie, et qui, n'étant pas très-bon teint, était sujette à changer de place. Elle ne respectait pas même ma peau. Un jour ayant porté par inadvertance la main à mon visage, la nuance violacée s'y attacha. Plus tard, m'étant regardé au miroir pour me faire la barbe, je me crus menacé d'un coup de sang, et je ne repris ma sérénité que lorsque le savon eût enlevé ce reflet de mauvais augure.

Ce qui me consolait un peu de ces ridicules aventures, c'est qu'elles ne m'étaient pas exclusives. Plusieurs matelots et le capitaine aussi avaient fait la même culbute; enfin, comme Thespis barbouillé de lie, nous portions tous les stigmates de Bacchus. Il n'y avait pas jusqu'à Leone qui, de blanc et noir, était devenu tricolore; sa partie postérieure avait pris une belle couleur de pourpre, témoignage accusateur prouvant qu'il profitait de l'obscurité pour visiter les paniers où il s'asseyait sans façon pour mordre à la grappe plus commodément. Certes, je n'ai rien dit de trop en affirmant que ce chien avait de l'esprit: on le rationnait sur l'eau, il s'abreuvait du jus de la vigne. Cela n'échappait pas au capitaine de qui il s'était fait un ennemi personnel, et c'était par des raisons tout-à-fait politiques ou pour ne pas mécontenter l'équipage que l'animal n'avait pas encore fait son dernier plongeon. Si tu n'y prends garde, pauvre Leone, c'est le sort qui t'attend, mais, pour ta consolation, tu pourras dire: « Je ne l'ai pas volé, » car, de même que beaucoup de gens d'esprit, tu es véritablement insupportable.

Le capitaine, malgré sa figure franche, était d'un caractère peu expansif: nous causions donc peu; d'ailleurs je n'entendais rien à son espagnol, et mon français lui semblait du grec. Un jour, ne pensant plus à l'*uva*, je lui demandai, en finissant de souper, de me faire donner du raisin. Il ne répondit rien, mais je vois mon homme tout pensif répéter bas *zin*, *zin*. Je croyais qu'il m'avait compris et qu'il s'exerçait à prononcer le mot français, lorsque je l'entends appeler le vieux matelot et lui demander ce que c'était que *zin?* Le vieux matelot se met de son côté à répéter *zin*, *zin*; puis, après réflexion, il secoua la tête en disant qu'il n'en savait rien: aveu qui l'humilia beaucoup, car il avait la prétention de parler français. Enfin le cuisinier, qui ordinairement me servait, entendit la discussion et y mit un terme en disant que *zin* signifiait *uva*.

Vers quatre heures, le novice crie qu'il voit la terre. Un matelot monte au mât et dit qu'il la voit aussi. Le capitaine soutient que c'est impossible, qu'elle ne peut être visible de ce côté ; il me demande mon binocle. Après une assez longue exploration, il répond qu'il n'y a rien.

Un petit oiseau jaune ressemblant à un serin voltige autour du navire, mais, apercevant le chat qui le guette, il reprend son vol. Cet indice indiquerait le voisinage de la côte : ces oisillons chanteurs ne s'en écartent qu'en troupe et à l'époque de leur migration.

Le capitaine consulte plus que jamais sa carte et son livre. Le grand matelot, ici encore, n'est pas d'accord avec lui. Le second n'est de l'avis ni de l'un ni de l'autre. La question est de savoir si c'est au nord ou au midi, à l'est ou à l'ouest, qu'on apercevra d'abord la terre ?

A cinq heures, le capitaine monte lui-même à la cime du mât. Il cherche la terre d'un tout autre côté que celui où le novice prétend l'avoir vue. Grande discussion à bord. Est-elle à droite? Est-elle à gauche? Le capitaine dit qu'elle est à droite et qu'on l'y verra avant une heure.

Il avait raison ; à cinq heures et demie, je la distingue moi-même, et au point qu'indiquait Rodriguez.

Maintenant il s'agissait de déterminer qu'elle était cette terre? Après tous les tours et détours que nous avions fait, j'étais à me demander si ce que nous voyions était l'Afrique ou l'Europe. A mes yeux, toutes les probabilités étaient pour l'Europe, et je voyais déjà une traversée à refaire.

Le capitaine penchait pour l'Afrique. Il disait que ce point était le cap Cherchell. Seul, il était de son avis, car il y en avait autant que de têtes, sauf Tony qui ne donnait pas le sien.

Quant à moi, consulté comme les autres, je dus, pour le bon exemple, me ranger de l'avis du capitaine.

La brume qui s'élève et la nuit qui approche viennent mettre un terme à cette dissertation : la terre a disparu.

Le capitaine bien convaincu que nous sommes près de la côte africaine, et non loin d'Alger, en revient à son croquemitaine, son rocher sous-marin. Nous le cherchons sur mes cartes sans l'y trouver, mais je l'ai certainement dans la tête : à force d'en parler, il m'en a donné presque autant de peur qu'il en a lui-même.

Ce soir-là, nous mangeons notre dernier morceau de viande. Il ne nous reste plus que du pain et quelques légumes, la barrique d'eau est presque à sec : il est temps d'arriver.

Le cuisinier se néglige de plus en plus. Si ce garçon entre jamais comme chef d'office chez Véry ou aux Frères-Provençaux, je m'en étonnerai beaucoup. J'avais aussi remarqué, dans les procédés de son aide, quelque chose d'assez peu appétissant. Quand Tony n'avait pas d'eau sous la main, il crachait dans les assiettes pour les nettoyer. De son côté, Léone qui ne quittait plus le fourneau dès l'instant que la fumée s'en échappait ne manquait guère, lors qu'on dressait les plats et qu'on tardait à les enlever, d'y fourrer son museau au risque de s'y brûler, ce qui lui arrivait quelquefois sans le corriger. La gloutonnerie a donc aussi ses martyrs et ses héros.

Le séjour du bord, comme on le voit, n'était pas tout plaisir, mais mon lit me consolait de bien des maux. Je n'y avais pas de mosquitos, le nombre de puces n'y était pas exhorbitant, et je pouvais, en prenant quelques précautions, m'y retourner à l'aise. Depuis ma sortie de France, je n'avais jamais été si bien.

Le temps tournant à la pluie, je me couchai de bonne heure. Je croyais, comme les autres nuits, reposer en paix. Une houle fort désagréable fait rouler mon portemanteau, puis mon sac de nuit et enfin mes habits que j'avais soigneusement ployés sur un banc près de mon lit. On vient relever le tout, qu'on arrime le mieux possible. Un instant après, valise et sac de nuit recommencent à rouler, et je manque de tomber moi-même en étendant le bras pour les rattraper. Autant que j'en pouvais juger à ce mouvement intérieur, notre petit navire dansait une polka échevelée. Néanmoins, en me cramponnant à la barre du lit, je finis par m'endormir. Pourtant, c'était un infernal tapage que le bruit de ces vagues se ruant contre ce pauvre *San-Antonio*, qui craquait comme s'il eût été à l'instant de s'abymer. Mais je savais qu'il était bon, et sans ce malheureux rocher du capitaine, dont le souvenir me réveilla deux ou trois fois en sursaut, j'aurais passé une bonne nuit.

CHAPITRE XXXII.

Côte d'Afrique. — Le temps se gâte — Une triste nuit.

La côte aperçue la veille avait été aussi le sujet de mes rêves; dans mon demi-sommeil du matin, je me berçais de l'espoir d'être à l'entrée de quelque rade et prêt à mettre le pied sur cette terre d'Afrique à laquelle j'aspirais depuis si longtemps. Je sentais bien que la houle qui n'avait pas diminué ne devait pas rendre l'abordage facile, mais nous avions la ressource des pilotes, et la vue du rivage était là pour me dédommager du retard. C'est donc pour jouir de ce spectacle nouveau pour moi, que, dès cinq heures, je sortis de mon lit en me cramponnant à tout ce qui offrait un point d'appui, car un pois dans un tambour n'eût pas été mieux secoué que je ne l'étais dans ma chambre.

Parvenu, non sans peine, à escalader l'entrée, et couché sur le pont, je jette les yeux autour de moi, puis je me les frotte pour m'assurer qu'ils étaient bien ouverts:

ils l'étaient en effet, mais j'avais beau les ouvrir encore, l'ombre d'une terre n'apparaissait nulle part. Je prends mon binocle, je n'en vois pas davantage; seulement il me semble que le pont est moins encombré que la veille. Le morceau de mât et bon nombre de sacs avaient été jetés à la mer; toutes les barriques étaient amarrées. Nos matelots, si criards, si disputeurs, ne disaient plus mot; les yeux sur le capitaine, ils obéissaient à son moindre signe. A chaque instant, le vent qui tourbillonnait nous obligeait à changer la voilure ou à prendre des ris: c'est alors qu'il fallait voir ces hommes s'élancer aux vergues et, suspendus sur l'abyme, exécuter avec précision les manœuvres les plus périlleuses. Pour l'agilité et la vigueur, il n'y a rien qui surpasse l'Espagnol. Deux ou trois fois, en une demi-heure, j'ai vu le mât se placer presque horizontalement et la voile battre l'eau : on aurait juré que le navire chaviré resterait sur le flanc, mais il se relevait toujours.

Le capitaine, attaché à une amarre pour n'être pas emporté et tout à sa besogne, ne m'avait pas encore aperçu; tout d'un coup, se tournant vers moi et la mine allongée comme je ne la lui avais jamais vue, il me dit : *malo tiempo, Monsîou de Perthes.* Le digne homme croyait me parler français; mais, en quelque langue que fussent ses paroles, au ton dont il les disait, elles ne me sortiront jamais de la mémoire.

La nuit avait été terrible. La journée ne s'annonce pas mieux: le ciel est noir et menaçant. Le vent, qui vient par rafales et qui varie sans cesse, met à de terribles épreuves l'expérience du brave Rodriguez, qui, il faut bien en convenir, est, en pratique, un véritable homme de mer. Quel coup-d'œil! quelle énergie au moment du péril! certes, je ne me flatte pas de pouvoir diriger un navire, mais je m'aperçois bientôt si un autre le dirige bien ou mal : sans être marin, j'ai l'instinct du métier.

Aucun bâtiment n'était en vue ; notre ignorance de la côte et du chemin que nous avions pu faire durant une nuit obscure, chassés par la tempête, nous laissait peu d'espoir d'atteindre dans la journée un port et une rade pouvant nous offrir un refuge ; et la perspective de battre la mer pendant un temps indéterminé, lorsque nous étions près de manquer de vivre et d'eau, n'avait rien de bien rassurant. Néanmoins, personne ne se plaignait : pas un regret, pas une plainte ; seulement les figures n'étaient pas gaies.

Trois créatures faisaient ici contraste : c'étaient Tony, Leone et le chat. Ils s'étaient mis à l'abri derrière la pièce à l'eau, et ils jouaient tous les trois sans plus se préoccuper de la mer que s'ils eussent été sur la grande place de Santa-Pola. Une circonstance, pourtant, causa une distraction aux joueurs ; ce fut l'arrivée de mon plat de raisin que j'avais réclamé du mousse qui me l'apportait flanqué d'un tout petit morceau de pain, car le pain aussi commençait à devenir rare. Je donnai une grappe à Tony, quelques grains au chien et une bouchée de pain au chat, et nous déjeûnâmes tous les quatre de bonne amitié.

A six heures, le vent est un peu moins violent, mais il n'en est pas de même de la mer : blanche d'écume, elle fait, par instant, l'effet d'une avalanche ou d'une tourmente de neige. Jamais, dans la Méditerranée, je n'avais vu de vagues si fortes ; elles dépassaient bien souvent la hauteur de notre mât, et, au milieu de ces montagnes, notre petit navire avec sa voile blanche, tantôt haute, tantôt basse, ressemblait à une mouette jouant avec la lame.

Vers sept heures, on retrouve la terre ; c'est encore mon binocle qui fait cette découverte. Quelle est cette terre? Nous mettons le cap dessus et bientôt nous la voyons à l'œil nu. Le capitaine consulte son gros livre et moi mes cartes.

La terre grandit de moment en moment : on ne peut plus méconnaître l'Afrique, car nous avons devant nous la chaîne du petit Atlas.

A huit heures et demie, nous apercevons sur une montagne une sorte de large tour ou de tombelle tronquée, qui doit être ce monument connu sous le nom du Tombeau de la Chrétienne.

Nous avions bien décidément découvert l'Afrique; l'honneur en était au capitaine et ensuite à moi qui avais été de son avis : il est vrai que c'était par politesse.

L'Afrique reconnue, nous n'étions qu'à moitié de notre besogne : il fallait aussi découvrir Alger; serions-nous aussi heureux? Nous savions tous qu'il existe une rade d'Alger, d'assez triste renom : mais, toute mauvaise qu'elle est, elle valait certainement mieux que cette insupportable houle qui ne nous permettait pas de rester sur le pont sans une amarre de précaution, et qui, par ses aspersions continuelles, compromettait fort nos fruits. Ajoutons qu'elle nous empêchait de faire cuire le peu de riz qui nous restait pour toute nourriture, et que nous allions être réduits aux melons et aux raisins ; ce qui faisait faire une terrible mine à l'équipage qui, dans chaque grappe, voyait le choléra.

Nous sommes à vingt-quatre milles de la côte que l'on peut suivre dans une vaste étendue. Un enfoncement s'ouvre devant nous : il est suivi d'une longue ligne montagneuse qui se termine par un cap.

Leone me fait damner; il m'emporte mon mouchoir, il me vole jusqu'à mon crayon. Qu'en veut-il faire? Par moment, je voudrais, tant il m'impatiente, qu'une lame l'enlevât. Je ne sais comment la chose n'est pas encore arrivée, mais ce démon les sent venir : il a, sur ce point, l'œil aussi marin que le capitaine, et, à leur approche, il a bien soin de s'enfourner entre deux paniers.

Le ciel s'éclaircit ; le vent est moins fantasque. Quoiqu'il en soit, nous n'osons pas approcher de la côte, de peur d'y être affalé ; et puis, ce fantôme de rocher sous-marin n'a pas cessé de nous poursuivre.

Les consultations recommencent : on cherche l'entrée de la rade d'Alger. En s'éclaircissant d'un côté, le temps a renvoyé la brume sur la terre ; les nuages sont bas, nous voyons la cime des montagnes et n'en distinguons plus la base. Excellente position pour se jeter à la côte. Or, les côtes barbaresques, qui rappellent l'esclavage, sont toujours un sujet d'épouvante pour les matelots qui en approchent pour la première fois : ils les voient encore comme elles étaient il y a cinquante ans.

La brume s'épaississant, nous recommençons à battre la mer. C'était ce que j'aimais le moins, car je ne voyais plus de terme au voyage. Je me promets bien, si j'ai le bonheur de me tirer de celui-ci, qu'on ne me rattrapera plus à bord des balancelles espagnoles.

Le travail de la nuit fait avancer l'heure du déjeûner : on essaie d'allumer le feu ; ce n'est pas facile. On y réussit pourtant, et voilà le riz dans la marmite. En guise de viande, on y met des oignons et trois à quatre pommes de terre, qui feront le fond du plat de la chambre. J'en suis venu à regretter les lapins de la cousine, ces si jolies bêtes que j'admirais tant : mais la faim rend féroce.

Les matelots ne peuvent manger que chacun à leur tour. Quel métier ! Depuis vingt heures, ils sont sur pied.

Pour la première fois, le capitaine, oubliant sa dignité, déjeûne sur le pont, que lui non plus n'a pas quitté.

Le riz aux pommes de terre n'est pas mauvais, mais une lame vient désagréablement en allonger la sauce.

Nous sommes toujours en quête de quelque bâtiment se dirigeant vers un port quelconque : nous n'en voyons pas. Notre position devient critique ; si la brume ne cesse pas, il nous arrivera malheur. Nous ne savons plus où est la terre et nous pouvons en être fort près : je crois toujours entendre les brisants.

La brume se dissipe. Nous voguons vers la côte. A onze heures, l'Atlas s'élève à environ huit kilomètres devant nous ; partout des montagnes incultes et couvertes de buissons ; nous nous rapprochons encore de terre ; j'aperçois enfin des champs labourés.

D'après la carte que j'ai sous les yeux, je pense que Cherchell ne peut être loin. C'est aussi l'avis du capitaine, mais non de l'équipage, qui, avec le soleil, a retrouvé la parole. Le grand matelot ne veut pas encore que nous soyons sur la bonne voie, il doute même que ce soit l'Afrique. Le capitaine ne l'écoute plus, il chante.

A onze heures et demie, tous les doutes sont levés : nous sommes à un kilomètre de Cherchell, qui se dessine en amphithéâtre. Un vaste édifice blanc et rose, bâti à l'européenne, domine la ville. Je distingue une église et divers établissements neufs, de création française. A notre gauche est une mosquée avec deux dômes blancs sans minarets.

En face de nous est le petit port de Cherchell, dont l'entrée, assez étroite, paraît difficile, en raison d'un écueil voisin où la mer déferle avec fracas. Nous y voyons plusieurs navires ; le pavillon français flotte sur un édifice qui doit être le logis du chef militaire. Autour de la ville et jusqu'à certaine distance, les coteaux sont plantés et cultivés.

Je ne puis exprimer le plaisir que j'éprouve, en quittant

cette Espagne où tout est décadence, de voir la civilisation renaître sous la main de la France, dans une terre naguère barbare.

Plusieurs habitations toutes neuves se montrent dans l'Atlas, et, par leur isolement, témoignent de la tranquillité du pays. Je reconnais beaucoup d'arbres à fruits. On voit des bâtisses jusqu'au sommet du mont: peut-être sont-ce des petits forts d'observation.

Quoique la mer soit encore assez forte, nous aurions pu, avec un pilote, entrer à Cherchell, mais notre mauvaise étoile nous en éloigne.

Nous nous dirigeons vers Alger en suivant la rive dont nous approchons à cinq cents mètres.

A trois ou quatre kilomètres après Cherchell, la côte redevient inculte: c'est une suite de rochers abruptes couronnés par la montagne dont le pied baigne dans la mer; on n'y aperçoit plus la main de l'homme; la nature y est triste et sauvage. A une heure et demie, nous avons repris le large pour doubler un cap que le capitaine cherche dans son livre, sans pouvoir l'y découvrir.

Nous avons retrouvé la grosse mer, et le vent, redevenu variable, tourne à la tempête. Nous commençons à croire que nous aurions mieux fait de tenter l'entrée de Cherchell. Le capitaine qui, lorsque nous nous en éloignions, disait: « Nous souperons à Alger, » secoue tristement la tête.

Nous passons deux bien mauvaises heures. On oublie jusqu'au dîner; tout l'équipage, y compris le cuisinier, est nécessaire à la manœuvre. Le capitaine lui-même travaille comme un simple matelot. Leone, la queue entre les jambes, et le chat, l'air piteux, regardent le fourneau sans feu; l'équipage, sans s'asseoir, grignote quelques croûtes de pain. On m'apporte le reste de notre riz du déjeûner : je le laisse au capitaine qui, plus que moi qui ne faisais rien, avait besoin de se restaurer ; je mange du melon arrosé de vin, en manière de soupe, puis une grappe de raisin en façon de rôti.

Un os retrouvé dans un coin fait le sujet d'un grand combat entre Leone et le chat. Celui-ci, moins fort mais plus leste, finit par saisir le morceau en litige, grimpe dans les agrès et laisse Leone la gueule ouverte. Je lui jette une croûte de pain pour le consoler.

Cette question des vivres devenait sérieuse ; seule, elle aurait dû nous faire relâcher à Cherchell. Nous n'avions compté que sur cinquante à soixante heures de traversée, et nous battions la mer depuis cinq jours, sans savoir combien nous y resterions encore. Telle est la prévoyance espagnole. Au surplus, comme le Turc et l'Arabe, c'est un peuple qui sait souffrir. Quand la marmite est renversée, l'Anglais s'insurge ; l'Allemand soupire ou pleure ; le Hollandais dort ; l'Italien crie ; le Français avise et fait des lazzi ; l'Espagnol ne dit rien et se serre le ventre.

Nous apercevons un navire ; il est plus rapproché que nous de la côte et doit se diriger vers Alger. C'est une bonne fortune. Nous imitons ses manœuvres ; il nous sert de pilote.

Le vent, qui nous portait à la côte, maintenant nous pousse au large. Au moyen de bordées, nous parvenons à nous maintenir en vue du rivage et de notre conserve.

Nous gagnons sur elle ; nous sommes à environ douze kilomètres de terre. Une nuée de petites mouettes voltige à la surface de la mer, attirées sans doute par quelque banc de poissons. Le Tombeau de la Chrétienne est toujours en face.

Le cap que nous voulons doubler semble s'allonger devant nous. Le vent tourne à l'est. La vue d'un second navire qui suit la même route que le premier, et qui se trouve entre nous et la côte, a ranimé l'espoir de l'équipage.

A quatre heures, il y a moins de mer; je suis assis près du gouvernail, sans recevoir trop d'eau, j'y puis même lire. Le capitaine me dit qu'il espère que demain dimanche, 16 septembre, nous serons à Alger. Ceci me remplit de joie. Je calcule que les formalités de la douane et de la police pourront me retenir pendant deux heures, mais, qu'avant dix heures du matin, je serai installé dans un bon hôtel.

A cinq heures, nous sommes à l'entrée d'un golfe, que le capitaine appelle Malamorque, probablement d'après son livre. Le ciel s'est éclairci, mais le vent augmente d'une manière effrayante. Vers la nuit, il tourne décidément à la tempête. Il devient impossible de se tenir sur le pont, on y est sous l'eau. On jette à la mer quelques paniers de raisin. Le capitaine prend Tony, le chien et le chat et les enferme dans la cabine. Tony veut sortir; il tombe, éteint la lampe et renverse une bouteille qui se casse. Le capitaine lui donne une correction et le rejette dans son trou.

Je me couche: je n'avais rien de mieux à faire. Ma valise, mon sac de nuit, recommencent à courir comme la veille; le coffre du capitaine s'en mêle et vient battre en brèche le bord de mon lit; une tablette, servant de bureau, se détache et roule à son tour: c'est une danse diabolique, une scène de tables tournantes à tout rompre et briser. Leone se met à hurler. Tony, que cela ennuie et qui est bien aise de rendre à quelqu'un les coups qu'il a reçus, le rosse pour le faire taire. L'animal crie plus fort. Deux matelots entrent; Tony, croyant qu'ils viennent pour lui, disparaît dans sa cachette.

C'est afin d'étancher l'eau qu'arrivent ces hommes.

Les voici à la pompe, dont le tuyau passe non loin de mon lit. Ce nouveau bruit ne m'aide pas à dormir. Même au milieu du plus infernal tapage, il est de certains sons qui fatiguent plus que tout le reste.

On se rend maître de l'eau ; on amarre ma valise et les caisses ; le chien ne dit plus rien ; la chambre redevient silencieuse. Mais dehors continue le plus abominable vacarme : la mer, le vent et bientôt le tonnerre semblent conjurés contre le pauvre *San-Antonio.* Ah ! grand saint, si tu étais à bord, tu n'aurais guère peur de la tentation ! tu songerais à autre chose.

Le capitaine entre pour boire quelques gorgées de vin. Il vient voir dans mon cadre si je repose. Me trouvant éveillé, il me répète sa phrase : *malo tiempo, Monsiou de Perthes.*

Un craquement horrible, qui ressemble à celui d'un mât qui se brise, le fait ressauter sur le pont. J'entends qu'on cargue une voile.

Cramponné à la barre du lit, j'avais obtenu une sorte d'immobilité relative, et je commençais à m'endormir quand je sens un poids qui me tombe sur la poitrine. Je crus que le pont s'enfonçait, mais ce n'est que ce maudit Leone, échappé de son refuge, qui s'est élancé sur mon lit et prétend s'y installer. Le drôle qui, enfin, a flairé le danger, veut mourir commodément. Je le rejette sur le plancher, et je l'aurais précipité à l'eau tant j'étais en colère.

Le mouvement que j'entends sur le pont m'annonce qu'on change de route. La bourrasque augmente encore. Il me semble que nous sommes entraînés à la côte et, de moment en moment, je m'attends au naufrage. Je remets autour de mes reins la ceinture où sont mon or et mes billets, espérant, si j'échappe, sauver ainsi quelque chose.

On travaille encore à la pompe. Un corps lourd tombe à la mer. Je m'imagine que c'est un homme, je saute en bas de mon lit et cours à l'échelle. Le second me dit que c'est le canot qu'une vague emporte. La mer et le ciel sont aussi noirs l'un que l'autre. Je ne distingue rien. Le vent est terrible, je ne sais comment les matelots peuvent tenir sur le pont. De temps en temps, à tour de rôle, ils descendent dans la chambre pour boire quelques gouttes de vin. Ils ne disent mot et semblent résignés. Un seul se prend la tête dans les mains et fait un signe de croix.

Je me suis remis au lit où je fais d'assez tristes réflexions : je regrette mes parents, mes amis. Quant à la vie, j'ai fait mon temps et je sais qu'il en est une meilleure. Je fais une courte prière.

Il me semble qu'on est un peu plus tranquille sur le pont ; les ordres du capitaine se renouvellent moins souvent. Dans ces occasions, on s'attache au moindre espoir : je ne me crois pas encore perdu.

J'entends ronfler Tony. Pourquoi serais-je moins calme que cet enfant ? Sur cette idée, je finis par m'endormir.

CHAPITRE XXXIII.

Côte d'Afrique. — La tempête. — La mort de près. — Le pilote.
Le rocher. — Le port. — La quarantaine.

Je ne sais pas combien d'heures je dormis, mais, quand j'ouvris les yeux, il faisait jour. J'avais rêvé que nous étions dans un port. Éveillé, je croyais encore y être. Le petit navire dansait toujours furieusement, mais je n'entendais plus la voix du capitaine ni d'autre bruit que celui du vent et de la mer. Par l'ouverture de la cabine, je voyais une extrémité de la grande vergue entourée de sa voile carguée et couchée sur le pont : nous étions donc à l'ancre.

Pressé de connaître dans quelle rade et sur quelle côte, je m'habille ; je mets la tête dehors : je n'aperçois autour de moi qu'une vaste mer blanche d'écume, sur laquelle roulait notre bâtiment, ou plutôt son squelette. Ses trois petits mâts étaient nus comme des baguettes de fusil : la force du vent n'avait pas permis d'y laisser une aune de toile. Les matelots, épuisés de fatigue, étaient étendus sur des nattes. Le capitaine, la tête appuyée sur sa main et couché sur le ventre, interrogeait le temps. Quant à la terre, il n'en était plus question.

Je monte sur le pont : une pluie torrentielle m'en chasse. Rentré dans la cabine, j'écris ce qu'on vient de lire.

La pluie ayant cessé, je vais reprendre ma place sur les nattes, en me couvrant d'un coin de voile afin de me garantir des coups de mer. Pour plus de sûreté, le capitaine m'engage à me tenir aux cordages, et, comme je ne me presse pas, il m'y attache comme il l'est lui-même, puis il finit par sa ritournelle : *malo tiempo.*

L'équipage désœuvré semble plongé dans un morne abattement : ce petit bateau sans voiles et qu'on croirait désemparé, battu par une mer furieuse, sans direction, sans vue de terre, sans grand espoir de la revoir, a quelque chose de vraiment triste. Ce que je souhaitais était moins d'apercevoir cette terre, dont le voisinage n'eût été qu'un danger de plus, que de voir encore une fois le soleil ! je le demandais à Dieu avec ferveur. Ce vœu fut exaucé, un rayon perça la nue : ce ne fut qu'un éclair ; le ciel, gros d'orages, devint plus sombre que jamais.

Non loin de nous flottent un mât et des débris de gréement ; l'équipage croit reconnaître celui d'un des navires que nous avions aperçus la veille au soir.

Nous étions au dimanche 16 septembre 1855, et nos matelots, redevenus dévots, regrettaient de n'avoir pu entendre la messe. Quelques-uns priaient bas et avec calme. Les yeux du capitaine auraient voulu percer l'espace. A tout moment il me demandait mon binocle : il songeait toujours à son rocher. Puis il interrogeait les mouvements des nuages et, au loin, l'état de la mer.

Plusieurs fois nous crûmes voir des brisants : ce n'était que le combat des vagues s'entrechoquant. La mer était livide et, en s'ouvrant, semblait noire comme de l'encre.

Nous faisions ce qu'on nomme : courir devant le temps ; et, quoique nous fussions sans voiles, la bourrasque nous poussait avec rapidité.

Nous ne savons plus où nous sommes. Quand entrerons-nous à Alger ? quand reverrons-nous la terre ? C'était la terre que je voulais maintenant, je ne songeais plus au soleil.

Ce que j'éprouve n'est pas précisément la peur de la mort : je l'ai souvent vue de près. On s'habitue à cela comme à autre chose. Puis, telle est la nature de l'homme, il ne désespère jamais tout-à-fait. Ce couvreur qui tombe d'un clocher croit qu'il arrivera sur ses jambes ; et ce marin, en disparaissant dans l'abyme, compte sur la vague qui le reportera à la surface.

Ma pensée me ramène encore au milieu des miens ; je vois ma sœur, mes frères, mes neveux, mes bons domestiques. Je m'attriste de leur douleur, et si je les voyais consolés de ma mort, je crois que je m'en consolerais aussi. Au fait, qu'est-ce que la mort ? C'est le rajeunissement de la vie, et l'on n'est jamais plus près de renaître qu'au moment où l'on expire.

Le vent est terrible : je n'en ai jamais éprouvé de pareil. On pompe sans cesse. Si le bâtiment eût été moins solide, il y a longtemps que nous ne serions plus.

Je le dis à ma honte, seul je songe à manger. Je réclame ma portion de raisin : on y joint un croûton de pain. On ne voudra pas le croire, puisque aujourd'hui j'y crois à peine moi-même, je mange de très-bon appétit. Jamais raisin ne m'avait paru meilleur.

L'exemple gagne : Tony, le chien, le chat, au bruit de mon grignotement, arrivent sur le pont et ils m'entourent en câlinant. Le capitaine, d'un geste redoutable, les fait rentrer dans leur trou ; il le faisait par humanité, car, sauf le chat peut-être, ils auraient été emportés par la mer. Pour les consoler dans leur retraite, je leur porte un grapillon de raisin et quelques miettes de pain, qu'ils partagent en frères. Le chat est le plus à plaindre : il ne mange pas de fruits et, dans un navire neuf, il n'a pas même la ressource des souris. Le pauvre animal est ici *in partibus*. On donne une petite portion d'eau à Tony qui meurt de soif ; il fait d'abord boire Leone, puis le chat, et avale le reste.

Rodriguez et ses matelots, qui ne pensent pas à déjeûner, éprouvent un besoin que l'aspect de la mort ne peut pas même amortir : celui du tabac. N'a-t-on pas vu des condamnés marchant au supplice la pipe à la bouche? Nos marins sucent la leur sans pouvoir obtenir du feu : l'amadou mouillé ne prend pas, et il n'y a plus à bord une seule allumette. Pendant la nuit, la lumière qui éclairait la chambre et l'habitacle s'est éteinte trois fois, et la dernière on n'a pu la rallumer. On ne sait même plus quelle heure il est : la montre du capitaine s'est arrêtée et j'ai oublié de remonter la mienne.

Les nuages sont moins sombres. A notre droite, on croit distinguer la cime d'une montagne ; bientôt nous reconnaissons le Tombeau de la Chrétienne : nous n'avons donc pas perdu beaucoup de chemin.

Nous remettons une de nos petites voiles. Des ondées se succèdent. Dans l'intervalle, le soleil se montre. La situation n'est pas meilleure et pourtant cette lumière me console et m'égaie. Décidément, j'aime mieux mourir au jour que dans les ténèbres, et je veux une belle illumination à ma dernière heure. Il faut que cette horreur de l'obscurité soit dans la nature, car elle est générale. Sans doute quelques espèces ne se montrent que la nuit, parce que c'est alors seulement qu'elles peuvent surprendre leur proie; mais ces espèces aussi redoutent une obscurité complète, et les hiboux ne vivraient pas dans une privation absolue de lumière.

Nous nous rapprochons de la côte; le vent et les courants nous y poussent. Par moment les nuages s'abaissent et la brume nous enveloppe : on se croirait en pleine mer; alors chaque lame qui blanchit nous fait croire aux brisants : tous les yeux sont ouverts, toutes les oreilles sont au guet. L'imagination s'en mêle; partout nous entendons ce bruit sinistre qui précède l'échouage.

La brume se dissipe encore une fois; c'est comme un suaire qu'on nous enlève du front, nous respirons. Nous sommes un peu abrités par la montagne. On remet la grande voile en prenant des ris. Je vois qu'on dispose l'ancre : je ne m'imagine pas qu'il soit possible de mouiller à cette place avec une pareille mer.

Je reconnais le cap Cherchell et bientôt j'aperçois la ville : c'est là que nous allons essayer d'entrer. A l'aspect du port, je sens mon cœur se dilater; je ne pense plus aux dangers passés, et pourtant le danger et les angoisses vont se renouveler plus poignants que jamais.

La mer se brisait avec fureur contre un rocher qui se trouve non loin de la passe, mais je regardais le port et non ce qui nous en séparait.

Nous avions fait signal pour avoir un pilote, et nous ne voyions pas de canot paraître. Tout-à-coup on nous répond par un autre signal qu'aucun bateau ne peut sortir, que la passe est impraticable, que s'y engager, c'est se perdre infailliblement, et un dernier avis nous dit de reprendre le large au plus vite. Quelques minutes encore, et il n'était plus temps, même de fuir.

Nous voilà donc encore courant au large, et bientôt Cherchell a disparu : ce moment fut cruel, mon cœur se serra. J'éprouvai ce que doit sentir un malheureux suspendu à une branche et qui la voit se détacher du tronc.

Cependant nous virons de bord: c'est une nouvelle tentative que nous allons faire. Nous revoyons l'entrée du port, mais le même signal nous en repousse.

Nous revirons et, cette fois encore, nous perdons la terre de vue. L'idée de battre ainsi la mer indéfiniment m'exaspère, et dans ce moment, si j'eusse été seul à bord, j'aurais demandé à Dieu d'engloutir le navire. Cette alternative d'espérance et de désespoir, de vie et de mort, est plus terrible que la mort même.

On vire de nouveau et nous manquons de chavirer.

Revenus en vue du port, le signal change et nous voyons un bateau pilote sortir des jetées. Pourra-t-il arriver jusqu'à nous? Deux ou trois fois il disparaît et nous le croyons englouti et avec lui notre dernier espoir; il parvient enfin jusqu'à portée de la voix. Un grelin est jeté, le pilote va monter à bord. En apprenant que nous venons d'Alicante, il s'éloigne en nous déclarant en quarantaine. Avec son porte-voix, il indique la manœuvre à notre timonier, mais c'est en français. Le timonier ne l'entend pas: il tire la barre à droite quand il faut tirer à gauche. Je veux rectifier ses mouvements, mais, à travers ce bruit effroyable du vent et de la mer, je ne saisis pas toujours les instructions du pilote. Celui-ci qui voit le péril et nos tâtonnements s'arrache les cheveux de désespoir. Le capitaine veille à l'avant et à la voile: il a bien assez à faire. Tout Cherchell s'est précipité sur les quais; je vois la foule, Français et Arabes, levant les bras au ciel et semblant prier pour nous. Que Dieu les exauce! il en est temps: nous allons droit sur cette roche où la mer se brise avec fureur et où, je l'ai su depuis, un autre navire espagnol, quelques mois avant et dans une circonstance semblable, a péri corps et biens.

Le bateau qui nous guidait, pour n'être pas entraîné dans notre naufrage, s'est rejeté de côté. La voix du pilote n'arrive plus jusqu'à nous; mais que pourrait-elle? Poussés vers le fatal rocher, nous n'en sommes plus qu'à deux mètres. Alors, je ne l'oublierai jamais, j'entends ce cri: *ils sont perdus*. C'est celui de la foule épouvantée. Au même moment, un frémissement du navire annonce que nous touchons; puis je sens une secousse suivie d'un craquement, qu'accompagne le cri d'agonie de l'équipage. Une vague me couvre et me renverse; je me cramponne instinctivement au bastinguage; je ne vois plus rien que l'eau. Un second coup de talon, puis un autre et encore une vague arrivent coup sur coup. A mon grand étonnement, je revois le ciel. Le navire s'est relevé: cette dernière lame et un tour de barre donné à propos l'ont rejeté dans la passe. Chacun se précipite à la pompe, on croit qu'il va couler: mais il n'est pas ouvert et, nonobstant une forte avarie, nous entrons dans le port. C'est en revenir de loin.

Ma joie d'être sauvé fut bientôt tempérée par une nouvelle assez désagréable. J'avais complètement oublié le motif qui avait empêché le pilote de monter à bord; je m'apprêtais donc à descendre à terre, quand on nous cria d'attendre la commission de santé qui devait décider du temps de notre quarantaine, et l'on nous fait ranger près de deux navires venant aussi d'Espagne et qui, depuis trois jours, demandaient la libre pratique.

Ici, je fus pris d'un véritable accès de rage et j'étais prêt aussi à m'arracher les cheveux. L'idée de rester une semaine ou plus dans ce navire faisant eau et à demi-désemparé, m'était insupportable. Je croyais que la France, tous les journaux l'ont dit, avait renoncé à cette absurde pratique de la quarantaine contre le choléra, que presque tous les médecins ont déclaré ne pas être contagieux. Sans même prendre le temps de me changer, je saisis une plume et, tout dégoûtant d'eau, je rédige une pétition aux autorités du pays, en disant que, battus depuis six jours par le vent et la mer, nous devions être plus que purifiés; que chacun à bord se portait bien et que je réclamais pour tous la libre pratique.

Ma lettre, reçue avec les précautions d'usage, est immédiatement expédiée à son adresse.

Bientôt arrive le lieutenant du port: il me dit qu'il va soumettre ma pétition à la commission sanitaire, mais que déjà deux navires, venant aussi d'Espagne, ayant été soumis à la mesure contre laquelle je réclame, il doute qu'on puisse nous en dispenser.

Alors je lui demande à faire ma quarantaine à terre et même dans la prison, si elle est cellulaire. Il me répond qu'il n'y a qu'un lieu de dépôt et qu'il est collectif.

Je lui propose de prendre à mon compte une maison entière, m'engageant d'en payer non-seulement le loyer mais les gardiens; et je lui en montre une isolée que j'apercevais à quelque distance du port. Il me dit qu'il en parlerait; et, comme il était membre de la commission, il sortit pour s'y rendre.

CHAPITRE XXXIV.

Cherchell. — La commission sanitaire. — Délivrance. — Le pèlerinage. Le souper. — La bourrasque.

Je commençai à envisager plus froidement ma position, et je vis que, tout bien considéré, quelque désagréable que fut la quarantaine, elle valait mieux que le fond de la mer. Ceci posé, je descendis dans la chambre, j'ouvris ma valise, je pris mes rasoirs pour me faire la barbe et, tout en me savonnant, je m'expliquai pourquoi le lieutenant du port avait paru si étonné en rapprochant ma figure de mon nom : c'est qu'en vérité, grâce au raisin, j'avais plutôt l'air d'un chef indien, d'un vrai Peau-Rouge, que d'un gentilhomme français. Non-seulement mes vêtements, mais mes mains et mon visage avaient pris cette nuance pourpre, qui donnait lieu de douter si j'étais réellement de race blanche.

Quelques coups de rasoir et une application d'eau tiède mélangée de vinaigre me rendirent une teinte non pas parfaitement blanche, car je portais encore les traces du soleil d'Espagne, mais une couleur qui n'était pas incompatible avec une origine et un nom chrétiens; enfin je pouvais, sans trop craindre un défaut d'identité, être rapproché du signalement de mon passeport.

Ma toilette faite, je remontai sur le pont; un canot venait d'arriver et l'on m'y demandait. Quand j'aperçus le lieutenant du port, je crus qu'il m'apportait un ordre de délivrance; mais il venait seulement me dire qu'on m'accordait la faculté de faire ma quarantaine à terre, et il me montra une espèce de niche placée assez loin des habitations, en me prévenant que je n'y serais peut-être pas très en sûreté, parce que mes bagages pourraient tenter quelque vagabond; qu'en outre, ce lieu, précédemment occupé par des Arabes, devait en avoir conservé le *memento* ordinaire: c'est-à-dire un assortiment d'insectes pouvant être un sujet d'études pour un naturaliste, mais qui présentaient une distraction moins agréable à un antiquaire.

Ces considérations étaient de quelque poids: après un moment d'hésitation, je lui dis que je ferais ma pénitence à bord. Il me donna alors l'espoir qu'elle serait limitée à trois jours. C'était quelque chose, car on nous avait fait craindre la semaine entière.

Ce fut seulement alors que je songeai à demander l'heure pour remonter ma montre. Il était trois heures; je n'avais encore mangé que ma croûte de pain et du raisin, je mourais de faim. Mais le capitaine y avait songé, il avait immédiatement réclamé des vivres, et déjà le mousse-cuisinier, Tony son aide, le chien et le chat, ses assesseurs ordinaires, étaient aux fourneaux: on pelait les légumes, on découpait la viande, enfin tout se préparait pour la ratatouille invariable, qui, depuis qu'elle lui fut imposée par ses vainqueurs, a, dans toute sa pureté originelle, suivi l'Espagnol dans les quatre parties du monde. Si, à son tour, il a vaincu les Maures, à quoi lui a servi sa victoire? Il les a expulsés du sol, de ce sol dont ils faisaient la richesse. C'était de leur cuisine et non pas d'eux qu'il fallait purger l'Espagne! Mais Dieu t'en a assez châtié, malheureux fou! de toutes leurs sciences, de toutes leurs industries, cette cuisine est la seule qu'il t'a laissée et qu'en punition de ta sottise il t'a condamné à manger jusqu'à la consommation des siècles.

Le lieutenant parti, je reçus une autre visite: celle du receveur des douanes, qui venait m'offrir ses services. Hélas! il n'y en avait qu'un qui pouvait m'agréer, et c'était justement celui qu'il ne pouvait me rendre: *la liberté*. Cependant, ayant su qu'il était de la commission sanitaire, je le priai d'y aller au plus vite et de voter pour notre libération.

En attendant le dîner, assis sur un tas de melons sauvés du naufrage, je me mets à analyser les lieux que j'avais entrevus de la mer. En face de moi est un édifice neuf, d'assez bonne apparence, sur lequel est écrit: *Douane*. A une fenêtre se montre une dame, probablement la femme du receveur que je viens de voir, car il m'a dit qu'il était marié. Derrière, dans un endroit abrité du port, des jeunes gens se baignent.

Sur le quai sont des douaniers en tunique verte et garance, comme ceux de France, sauf qu'ils portent, au lieu d'une simple torsade, des épaulettes en laine jaune. Des soldats d'infanterie de ligne, en grande tenue à cause du dimanche, se promènent avec cet abandon du militaire au repos.

Quelques Maures en burnous blanc s'approchent gravement et s'arrêtent devant notre bâtiment. Nos matelots qui ne sont jamais venus en Afrique, les considèrent curieusement : ils chuchotent entr'eux, puis interpellent les visiteurs et leur font la grimace, en imitant leur marche dandinée. Tony leur fait un pied de nez, car ce geste de nos rues a passé les monts. La vieille haine espagnole contre les Arabes éclate dans tous les yeux, même dans ceux de Leone qui, excité par le mousse, aboie et montre les dents.

Les Maures les regardent avec un superbe dédain et comme s'ils voyaient des singes en goguette. L'un d'eux semble porter une attention particulière aux nattes et aux corbeilles de raisin : le capitaine, qui le prend pour quelque gros marchand amoureux de sa cargaison, fait cesser les pasquinades de ses matelots et annonce à haute voix ce qu'il a à bord. L'Africain lui fait un petit signe de tête pour lui dire : c'est bon, et se retire comme il est venu.

D'autres Arabes surviennent. Nos gens recommencent leurs singeries et passent bientôt aux injures. Ceux-ci y répondent par le même mépris. On parle de la gravité espagnole : elle est fort intermittente et toute spéciale aux classes élevées, aux riches, aux fonctionnaires. L'homme du peuple reste toujours enfant ; il en a non-seulement les allures, mais le caractère. De là tant de révolutions sans but, sans résultat.

Ces façons de l'équipage me déplaisent. Faisant partie du bord, je me crois solidaire de leur conduite : je le dis au capitaine. Je lui rappelle qu'il n'est pas ici en Espagne, que ces Arabes sont des sujets français, et que, s'ils se fâchent et portent plainte, ses matelots pourront bien ne sortir de quarantaine que pour aller en prison. Le capitaine le leur dit, ils le comprennent : ils ne s'occupent plus des Arabes que pour leur vanter leur marchandise.

Le port de Cherchell, qui est de création ou au moins de restauration française, passe pour être bon; mais le vent est si fort que je crains toujours que les amarres ne cèdent et que nous ne soyons jetés sur les navires voisins. L'un d'eux est de Santa-Pola. Comme nous, il allait à Alger, mais, plus avisé que nous, il a prévu le mauvais temps, il est entré ici avant la tempête. Depuis trois jours en quarantaine, il ne sait pas quand il en sortira : il y a un malade à bord.

J'y vois plusieurs femmes, entre autres une qui, en l'honneur du dimanche, s'est mise en toilette ; elle profite des moments d'éclaircie pour se montrer sur le pont et faire briller sa parure : elle y produit l'effet de ces mouches luisantes qu'on voit, après la pluie, voltiger au soleil.

Notre petit navire, sans doute à cause du danger qu'il a couru, est devenu l'objet de la curiosité de tous les flâneurs de la ville : ils viennent l'examiner et nous aussi par occasion. Je prends mon crayon : j'esquisse quelques points de vue. Les badauds font des observations sur mon dessin qu'ils ne peuvent voir, et des commentaires sur ma personne qu'ils ne connaissent pas. Me prenant pour un Espagnol, ils ne se doutent pas que je les entends : ils m'arrangent assez mal. « Je suis, selon eux, un entrepreneur de déménagement, c'est ainsi qu'ils désignent les agents de l'émigration, un marchand d'hommes qui va leur amener encore de cette vermine d'Espagne pour faire concurrence aux pauvres ouvriers. » Or, de ces pauvres ouvriers on manque partout en Algérie ; tous les propriétaires, tous les maîtres en réclament, et peut-être même ceux qui bavardent. Mais il faut bien dire quelque chose, et la manie du colon français, fut-il riche à millions, est de se plaindre. Ainsi font, même en France, tous nos marchands. Jamais je n'en ai entendu un seul, sauf celui qui va faire banqueroute, dire que ses affaires sont prospères.

Ennuyé de ces commérages, je me réfugie dans la chambre. En recueillant mes souvenirs, je suis obligé de convenir que, de tous mes voyages, c'est celui-ci où j'ai éprouvé le plus de contrariétés; partout des malencontres qui ont manqué de finir par une catastrophe. Sans ce pilote qui, au péril de sa vie, accompagné d'un seul matelot, s'est décidé à sortir, il est à croire que nous nous perdions sur la côte. Si nous avions gagné le large, nous nous perdions encore, car ce fut cette nuit même que la tempête qui nous poursuivait depuis deux jours et qui, on s'en souvient, a causé tant de sinistres dans la Méditerranée, arriva à son paroxisme.

Cette quarantaine ne durait que depuis deux heures, et ces deux heures me semblaient déjà plus longues que deux jours de mer. Les bavards m'avaient chassé du pont, la chaleur m'expulsa de la cabine. La foule, grâce au mauvais temps, était fort diminuée; quelques Arabes seuls étaient restés; ils regardent et ne disent rien. Ce silence est un soulagement.

Un incident vient nous distraire: c'est l'arrestation de deux curieux qui, pour voir de plus près ce feu follet ou la belle dame du navire voisin, étaient montés à bord. Malheureusement, un factionnaire s'en étant aperçu, les avait dénoncés, et on les mettaient en quarantaine. Voilà des papillons qui ont été se brûler à la chandelle.

Pendant ce temps, autre chose se brûlait à bord: c'était moins poétique, mais plus essentiel, et le mal était sans remède. Notre cuisinier, fort occupé des visages arabes, n'avait pas veillé à ses fourneaux et, quand on nous servit notre pitance, elle avait une telle amertume et une si détestable odeur de brûlé qu'il me fut impossible d'y toucher : il me fallut en revenir au raisin. Quant à Rodriguez et ses gens, ils n'eurent seulement pas l'air de s'en apercevoir et tout fut mangé du meilleur appétit : le chien seul n'en voulut pas. Il faut que les Espagnols aient le palais autrement fait que les autres mammifères.

Cinq heures venaient de sonner et je m'abymais dans mon ennui, quand j'entendis une voix qui m'appelait par mon nom. Je crus que c'était la voix du ciel : c'était celle du lieutenant des douanes qui, de la part de la commission sanitaire, venait m'apprendre qu'en considération des six jours que nous avions passés à la mer et de notre état de bonne santé, la commission avait déclaré que nous étions admis à la libre pratique. On m'aurait dit que je venais de gagner un quaterne à la loterie que je n'aurais pas été plus content.

Je communiquai au capitaine ce qu'on m'annonçait ; il le répéta à l'équipage. Ce fut un hourra général. La question les touchait encore plus que moi ; trois jours de retard pouvaient être la ruine de ces malheureux qui tous avaient un intérêt à bord. Le raisin commençait à fermenter, les autres fruits à se gâter ; les nattes, trempées d'eau de mer, pourrissaient ; le vin coulait des barriques fatiguées par le roulis ; enfin, la cargaison entière allait, par ce délai, perdre les deux tiers de sa valeur. On conçoit de quelle importance était pour eux la faveur que j'avais obtenue ; ils la méritaient par le soin qu'ils avaient pris de moi, j'aurais été un archevêque qu'ils ne m'auraient pas montré plus d'égards et je puis ajouter de probité. Durant un de ces coups de mer, mon porte-monnaie étant tombé, s'était ouvert, et les pièces d'or et d'argent avaient roulé partout : je devais les considérer comme perdues. On dérangea les colis, on les chercha dessous, on les trouva et on me les rendit.

J'avais fait prix avec le capitaine pour le passage, mais non pour la nourriture : quand je réglai avec lui, il me demanda soixante réaux, environ quinze francs, tout compris. Je croyais avoir mal entendu, tant la somme me sembla minime. Je la doublai et j'ajoutai trente autres francs pour les matelots et cinq pour les mousses : total, soixante-cinq francs. Pour six jours de logis et de nourriture, ce n'était certes pas trop. Cependant cela parut magnifique, et le capitaine voulut que, pour souvenir, j'inscrivisse mon nom sur son registre de bord.

Lorsque nous nous préparions à débarquer, je remarquai que Rodriguez et ses matelots mettaient, quoique la journée fût déjà avancée, leurs habits de fête. J'attribuais cette toilette bien moins à la piété qu'à quelque intention de promenade plus ou moins mondaine, mais le capitaine me montrant l'église me fit comprendre que c'était là qu'ils allaient. Je leur dis que j'irais avec eux, ce qu'ils ne m'avaient pas proposé, ignorant si j'étais catholique. Ce doute de notre orthodoxie, généralement répandu en Espagne, date de l'occupation napoléonienne ; les moines, pour exciter le peuple contre nous, avaient prétendu que nous n'étions pas chrétiens. Ma résolution parut donc les étonner, mais en même temps je vis bien qu'elle flattait leur amour-propre et leur faisait plaisir.

L'homme de quart resta seul avec Tony et Leone à la garde du navire, et l'équipage, ayant en tête le capitaine et moi, s'achemina vers l'église. Un des matelots tenait une chandelle faisant fonction de cierge, que le vent ne laissa pas longtemps allumée, mais que nous n'en portâmes pas moins tour-à-tour, comme si elle l'avait été. Je puis donc dire que j'ai fait mon entrée en Afrique un cierge à la main.

Je présume que cette petite procession et la prière qui la suivit, ainsi qu'une aumône que chacun mit dans le tronc des pauvres, étaient la suite d'un vœu que le capitaine avait, au moment du péril, fait au nom de tous. La piété n'est donc pas encore éteinte au cœur des marins espagnols, et je les en félicite, car l'irréligion est le plus grand malheur qui puisse arriver à une nation : c'est un signe certain de décadence et l'avant-coureur de la barbarie ou de la dissolution sociale.

Ce devoir accompli, l'équipage retourna à bord, et moi, conduit par l'officier des douanes, je fus chercher un logement. Ce n'était pas chose facile à trouver ; on m'offrit la table partout, mais quant à un lit, il n'y en avait nulle part ; il fallait donc retourner coucher à bord, ce qui me contrariait fort. Enfin, un capitaine qui occupait deux chambres à l'hôtel du Commerce, consentit obligeamment à m'en céder une.

Cet hôtel, situé dans la partie élevée de Cherchell, donne sur une vaste place où l'appartement avait vue. Quand j'y eus déposé mon bagage, je sentis un tel besoin de faire usage de mes jambes, engourdies par six jours de repos forcé, que, sans attendre le souper, je m'élançai dans la rue, courant au hasard, qui me conduisit dans le quartier arabe. Tel fut mon début chez la population africaine.

En allant toujours devant moi, je sortis de la ville. Je vis une promenade plantée d'arbres conduisant à une grande route. Là, je retrouvai l'Europe : des officiers en uniforme et des dames à chapeau y prenaient l'air, absolument comme ils l'auraient fait aux Champs-Élysées; seulement cet air était un peu brutal, il se ressentait de la bourrasque, et les dames avaient fort à faire pour en défendre leurs jupes. Quelques Arabes n'étaient pas moins embarrassés de leurs manteaux; ils faisaient comme notre balancelle, ils prenaient des ris.

La demi-obscurité, car le jour commençait à baisser, m'empêchait de distinguer le visage des promeneuses, mais je les entendais causer: c'étaient des compatriotes, et je ne doutais pas qu'elles ne fussent charmantes.

La faim me ramène au logis. On me sert à souper dans une chambre garnie de petites tables, ainsi que nos restaurants parisiens. L'heure ordinaire des repas était passée, et, de toutes ces tables, deux seulement étaient encore occupées, et l'une fort bruyamment. Les convives étaient de jeunes officiers qui, se retrouvant après une longue absence, avaient bien des secrets à se confier. Ces confidences se faisaient à haute et intelligible voix, aussi je fus bientôt au courant de leurs affaires de cœur et autres. Ils en avaient beaucoup, et je ne sais comment ils pouvaient y suffire et s'y retrouver, s'ils n'en tenaient pas registre.

Les tables sont servies par deux jeunes personnes brunes, sœurs probablement et filles du maître de la maison. Gracieuses et malignes, elles savent très-bien remettre les galants à leur place quand ils leur adressent quelque galanterie un peu trop épicée.

Mon souper est fort bon; on me sert du gibier, des légumes et des figues délicieuses. Le vin blanc que je bois est du pays: après ces vins liquoreux d'Espagne, il me paraît excellent. Tout devait me sembler tel après les privations dont je souffrais depuis tant de jours, et pourtant ma santé n'avait jamais été meilleure. A bord, je n'avais pas, nonobstant le gros temps, éprouvé le moindre symptôme de mal de mer et l'appétit ne m'avait pas quitté.

Le lit où je me couche est fort propre ; la chambre est rafraîchie par un double tuyau qui y renouvelle l'air. Je n'avais vu, nulle part ailleurs, employer ce moyen si simple de ne pas étouffer.

J'étais endormi depuis une heure, quand je fus réveillé par un bruit épouvantable : on aurait juré que cinquante tambours faisaient tous ensemble un roulement à ma porte. Je me demande ce qui pouvait me valoir cette aubade, lorsque les contrevents de ma fenêtre, s'ouvrant et battant avec furie contre les murs, m'annoncent qu'il ne s'agit pas de musique. C'était la tempête qui, toujours croissant depuis trois jours, s'était changée en ouragan et se déchaînait contre la maison qu'elle semblait vouloir emporter. Erreur ou réalité, je la sentais trembler. Je pensai aussitôt au petit *San-Antonio* et comme il devait danser dans le port. Mais que serait-il devenu si nous avions été en mer ? Hélas ! ce que devinrent tant de bâtiments qui périrent dans cette nuit fatale et la précédente.

Je fus longtemps sans pouvoir me rendormir ; enfin la fatigue l'emporta, et je ne me réveillai qu'au jour.

CHAPITRE XXXV.

—

Cherchell, ses monuments, ses rues, ses habitants.

—

La tempête s'était éteinte dans ces dernières convulsions. Le vent ne soufflait plus, le soleil était resplendissant; je me lève. Mon premier soin fut de m'informer s'il n'était pas arrivé d'accident dans le port: je craignais que mon pauvre *San-Antonio,* déjà malade, n'y eût reçu quelque nouvelle blessure. Arrivé le dernier, la place qui lui était échue n'était pas la meilleure ; si ses amarres s'étaient rompues, le reste de sa cargaison était fort aventuré. On me dit qu'on n'avait entendu parler d'aucun sinistre. Voulant m'en assurer, je descendis jusqu'au bassin où je le trouvai dans le même état que la veille, s'occupant à réparer ses avaries.

Rentré chez moi, je mets mon journal au courant et j'écris à ma famille, qui ne me savait pas sur la terre d'Afrique. En partant, je n'avais pas dit où j'allais, je le savais à peine moi-même, ne me déterminant d'ordinaire qu'en faisant ma malle ou dans le cabinet du consul qui va viser mon passe-port.

Mon courrier fini, je descends pour déjeûner. En attendant, je mets la tête à la fenêtre de la salle donnant sur une vaste place. Elle était toute blanche, comme si elle eût été couverte d'un troupeau de moutons; des centaines de Bédouins, avec leurs ânes et leurs chameaux, la remplissaient entièrement. J'aurais pu croire à l'invasion de Cherchell, si cette armée n'eût pas été toute pacifique. C'était l'époque de la vente des grains, et des milliers d'hommes de toutes les tribus s'étaient rendus en ville pour acheter ou pour vendre. Les acheteurs étaient, pour la plupart, des Maures et des Juifs.

Je me mêlai à cette foule, où je ne vis pas une seule coiffure européenne. Il y avait bien des chapeaux, mais des chapeaux arabes, dont un seul suffirait pour faire une demi-douzaine des nôtres : ils auraient pu coiffer Polyphème. Leurs bords avaient le diamètre d'un parapluie ordinaire; la coiffe, deux pieds de haut; le tout en paille. L'un des porteurs de ces gigantesques couvre-chefs, homme de grande taille, monté sur un chameau, avait l'air d'un monument : il ne lui manquait qu'un piédestal. D'autres, à califourchon sur de très-petits ânes, faisaient l'effet contraire, et le cavalier et la bête disparaissaient sous le chapeau.

Mais le grotesque n'atteignait ici que le petit nombre. Drapés dans leur beau burnous blanc, la tête ceinte de la corde de chameau, la majorité de ces Arabes n'avait rien que de vénérable. Quant à la face, il y en avait de toutes les nuances, depuis le blanc européen jusqu'au noir nubien; mais toutes ces figures, belles ou laides, annonçaient la race blanche et le type caucasien. Chez les Bédouins, à l'opposé des Turcs, l'obésité est fort rare; je n'en ai pas vu un seul qui fût gras. Il est vrai qu'à leur régime on n'engraisse guère.

Des nègres et surtout des négresses, accroupis contre les bâtiments qui forment un des côtés de la place, étalaient le genre de victuailles qui conviennent au pays: des pains ronds, des courges, des pastèques, des figues, des raisins, etc. Quelques Françaises, dont l'agitation contrastait avec l'apathie des autres vendeurs, débitaient les mêmes marchandises. Les Arabes allaient de marchand en marchand, examinant, tâtant, flairant, demandant le prix, marchandant beaucoup, et le plus souvent n'achetant pas. Tel est le Bédouin; il fera trois lieues dans l'espoir d'acheter cinq centimes meilleur marché un objet qui en vaudra trente, et pour ces mêmes six sous vous pouvez lui faire faire vingt lieues: le temps et la fatigue ne sont rien pour lui quand il y a de l'argent au bout.

D'un côté de la place est un marché couvert, ou halle au blé; c'est là qu'on mesure les grains et que se traitent les grandes affaires. On peut juger de l'importance qu'y attache l'Arabe, qui parlemente une heure pour faire ajouter cinq centimes à un sac d'écus; aussi voit-on dans ces figures, nonobstant leur calme apparent, une animation qui se trahit par le mouvement des yeux. Quoiqu'il en soit, je n'ai vu éclater aucune querelle, et deux agents de police suffisent pour maintenir l'ordre parmi ces milliers de trafiquants.

Tous ces grains, qui m'ont paru d'une très-belle qualité, viennent du Chéliff, et une route qui en faciliterait l'arrivée et l'embarquement à Cherchell, serait un grand bienfait pour le pays.

Je revois l'église où j'ai été avec l'équipage du *San-Antonio:* c'est une ancienne mosquée.

Je vais chez le commissaire de police pour y faire

viser mon passe-port et le remercier de l'avis favorable qu'il a donné comme membre de la commission sanitaire. M. Lacoste est non-seulement un magistrat intelligent, mais c'est un archéologue instruit. Il me conduit au musée, qui serait beaucoup plus riche si les anciens administrateurs avaient fait comme ceux d'aujourd'hui et eussent tenu à ce qu'aucun objet, trouvé dans le pays, n'en fût distrait. Ce déplacement des antiquités locales, à moins qu'il ne serve à combler ailleurs des lacunes ou à compléter des séries, est toujours funeste à la science et bien souvent à l'art.

Entre autres statues plus ou moins mutilées, je remarque le torse d'une Vénus qui est fort beau, et deux figures drapées qui ne sont pas mal.

Deux fonds de plats en terre rouge méritent, quoiqu'à l'état de simples tessons, une attention particulière. L'un porte une croix à quatre branches, croix de Malte, avec un agneau à chaque angle; l'autre a également une croix, mais au lieu d'agneaux aux angles, on voit trois colombes. Ils appartiennent, sans doute, aux premiers siècles du christianisme. Ces tessons, qui sont là oubliés dans un coin et qui n'ont aucun mérite artistique, pourraient être déplacés sans inconvénients; ils figureraient mieux au musée céramique de Sèvres, où il n'existe que bien peu de poteries de cette époque.

J'y trouve aussi une dent fossile d'éléphant, de douze centimètres de hauteur; une autre de mastodonte, de vingt-six centimètres; une défense d'environ un mètre de long et de dix-huit centimètres de large. Malheureusement on ne sait pas de quel lieu elles proviennent: on n'est pas même sûr qu'elles soient du pays. Cette incertitude de la provenance des objets d'histoire naturelle leur fait perdre une grande partie de leur intérêt, puisqu'on n'en peut tirer aucune conclusion certaine.

Du musée je me rends chez M. Pain, le chef de la douane. Je lui dis que j'étais fort satisfait des soins que j'avais reçus à bord du *San-Antonio*, et je le priai d'autoriser le plus tôt possible le débarquement du raisin et des melons, en grand danger de se gâter. M. Pain donna immédiatement des ordres en conséquence. S'étant aperçu que des spéculateurs peu délicats s'entendaient pour profiter de la position du capitaine et lui acheter sa marchandise à vil prix, il l'en prévint et le renvoya à des marchands honnêtes.

L'on manquait de fruits à Cherchell; tout fut donc fort avantageusement placé. Le capitaine réserva sa cargaison de vin pour Alger, où, vu sa bonne qualité, il avait la certitude de le bien vendre.

Cette affaire terminée à la satisfaction de tout le monde, je fus faire une visite à la femme du receveur, cette même dame qu'à mon arrivée j'avais aperçue à la fenêtre. Elle se louait beaucoup, ainsi que son mari, de la bonne harmonie qui existe à Cherchell entre toutes les familles françaises, et entre celles-ci et les Arabes.

Je dois dire qu'une des choses qui m'a frappé là comme à Alger, Blidah et les autres localités que j'ai visitées, est l'excellente tenue des fonctionnaires. C'est surtout dans les provinces conquises et dans les colonies que l'on ne doit mettre que des hommes qui puissent donner aux indigènes une haute idée de la mère-patrie. Sous le premier Empire, on a bien souvent nui au pays et à l'administration française en faisant le contraire, c'est-à-dire en y tolérant des administrateurs incapables ou malhonnêtes. Il ne faut pas oublier que l'étranger qui n'a pas vu la France ou les Français chez eux, les juge tous par les spécimens qu'il a sous les yeux.

Madame Pain me donne des détails intéressants sur les visites qu'elle a eu occasion de faire dans les harems. Les femmes, me disait-elle, y demeurent dans une oisiveté complète, fumant, jouant, dormant. Parées quelquefois avec un grand luxe, elles sont le plus souvent dans un négligé qui tient de l'abandon. Traitées avec beaucoup de douceur, elles ne sont esclaves que de nom ; elles se voient entr'elles quand elles veulent ; elles sortent pour aller au bain, à la promenade, dans les bazars. Non-seulement elles ne se plaignent pas de leur sort, mais elles ne consentiraient pas à l'échanger contre celui des chrétiennes.

On sent qu'il n'est question ici que des femmes dont les maîtres ou les maris ont une certaine aisance. Les Mauresques et les Bédouines pauvres semblent assez malheureuses, mais celles-ci non plus ne voudraient pas quitter leur pays pour devenir Françaises. Qu'y gagneraient-elles? Quelque misérables qu'elles puissent être chez elles, elles ne le seront pas plus que la grande majorité des femmes de nos artisans. Insouciance ou inconduite, les ouvriers de fabrique, de France, d'Angleterre, enfin de presque tous les États manufacturiers, sont les êtres les plus pauvres, les plus dégradés qu'on puisse imaginer. C'est ce mauvais régime des grands établissements industriels qui est la cause première de l'abrutissement et de l'étiolement des peuples.

Madame Pain me dit qu'elle était sur le quai quand notre bâtiment toucha, et qu'au cri de la foule : *ils sont perdus,* elle avait failli s'évanouir. Elle avait été témoin du naufrage du navire dont l'équipage, quelques mois avant, avait péri à la même place.

Cherchell jouit de l'avantage, rare sur cette côte, d'avoir de très-bonne eau. A quelques pas de la douane, sur la colline, est une fontaine dont je désirais goûter.

Malgré la chaleur, son eau était d'une limpidité et d'une fraîcheur admirables.

C'est peut-être l'abondance et la bonté de cette source qui ont déterminé la première fondation de la ville. Elle était célèbre sous les Romains, qui la nommaient *Julia-Cæsarea*, dont nous avons fait Césarée. Outre cette Césarée, il y en avait quatre autres : en Bithynie, en Cappadoce, en Cilicie, en Palestine. La nôtre est celle de Mauritanie.

M. Pain me propose de faire une excursion archéologique, ce que j'accepte.

La ville actuelle, qui a repris quelqu'importance depuis l'occupation française, ne couvre qu'une petite partie de la cité ancienne. De magnifiques colonnes, dont plusieurs ont été transportées à Alger, prouvent qu'elle avait ses temples et ses palais. Située à quatre-vingt-quinze kilomètres d'Alger, Cherchell appartient à la France depuis 1840. Seize années ont donc suffi pour les constructions qui l'ornent aujourd'hui et lui donnent de loin l'apparence de nos petits ports de Provence : Cassis, la Ciotat.

On n'y compte guère qu'un millier d'habitants, mais sa garnison et les employés doublent cette population. Le voisinage des plaines du Chéliff, fertiles en grains, et ses communications faciles avec Alger par terre ou par mer, rendront un jour à Cherchell son antique prospérité.

Nous visitons d'énormes murs, qui doivent être les restes des remparts romains. D'autres ruines, fort respectables par leur âge, mais où il reste peu de traces d'architecture, peuvent être celles d'un amphithéâtre.

Nous rencontrons, chemin faisant, des Turcs, des Maures, des Kabyles, des Bédouins ; toutes races différentes, professant la même religion, pourtant ne s'aimant guère et s'alliant rarement entr'elles. Mon conducteur m'apprend à les distinguer par leur costume et leur figure.

Les Turcs, les moins intelligents de tous, se croient bien au-dessus des autres indigènes, qui, par habitude, leur portent une sorte de respect. Ils sont aujourd'hui très-peu nombreux en Algérie.

Les Maures viennent après les Turcs, qu'ils dépassent fort en intelligence et en activité; aussi s'enrichissent-ils vite *per fas et nefas*. De tous les musulmans, ce sont eux qui ont le mieux compris l'avantage de l'alliance française. Ils ne nous en détestent pas moins; mais, tout en nous détestant, l'intérêt parle si haut chez eux, qu'ils envoient leurs enfants dans nos écoles pour y apprendre le français. Quelques-uns leur font même suivre un cours de droit. Gare les plaideurs, quand il y aura des avocats et des avoués de cette famille!

Les Arabes ne sont pas moins intéressés que leurs coreligionnaires maures; mais moins habiles, au lieu de faire valoir l'argent, quand ils en ont, ils l'enterrent.

Les Kabyles n'ont pas l'humeur vagabonde des Bédouins, ils tiennent au sol et sont cultivateurs. C'est sur eux qu'on doit compter pour fonder la colonie agricole; ils comprennent mieux que tous les autres les avantages de la culture et sont plus probes. Les Kabyles, comme les Arabes, sont d'un tempérament sec et nerveux.

La race la plus belle, quant aux traits du visage, m'a paru être celle des Maures. Il y a des Mauresques véritablement jolies.

Un détachement de spahis fait partie de la garnison de Cherchell; tous les soldats et la plupart des sous-officiers sont indigènes; les officiers, à de rares exceptions près, sont Français. Ces hommes, qui font le service d'ordonnances et de gendarmes, sont tous parfaitement montés. Nous en voyons exerçant leurs chevaux. Habiles cavaliers, beaux hommes en général, leur costume rouge est, à certaine distance, d'un effet très-pittoresque; je n'ai jamais vu de cavalerie d'apparence plus martiale. Leurs chevaux leur appartiennent, mais ils sont payés en conséquence. Ils servent fidèlement; c'est une troupe d'élite.

Plusieurs groupes sont arrêtés devant un café maure placé dans la campagne. Cette halte militaire aurait fait le sujet d'un tableau.

Lorsque je rentrai dans la ville arabe, une jeune fille de dix à douze ans vint me demander l'aumône. Il est impossible de voir une figure plus fine, plus distinguée que celle de cette enfant.

Me voici près des deux marabouts ou mosquées que j'avais, la veille et la surveille, aperçus de la mer. Là, il y a environ dix-huit ans, vingt-cinq Français se sont défendus contre une nuée d'Arabes. Quand on vint les dégager, il ne restait que sept soldats et le sergent blessé qui commandait encore.

Deux enfants sont, pour l'instant, les seuls gardiens du temple dans la cour duquel nous entrons : ils n'en ont pas les clés et nous n'en voyons que la porte. Un chat attaché à une longue corde pour lui donner la facilité de circuler, est, avec les enfants, le défenseur du lieu. Il était là, me disent-ils, pour en écarter les rats et les souris, mais je ne sais jusqu'à quel point un chat au bout d'une corde peut remplir son office. Le tombeau de l'aga, père de l'aga actuel, est dans l'un des marabouts. Cet aga fut délivré par les Français au moment où Abd-el-Kader allait lui faire trancher la tête. De là l'attachement du fils à la France.

Nous visitons, non loin des ruines de l'amphithéâtre romain, le tombeau du capitaine Vautrain, qui a défendu Cherchell le 10 janvier 1841. Il est enterré au lieu même où il fut tué.

En se rapprochant du port, on trouve, à trois cents pas du bassin, des bains romains d'une rare conservation. L'étage inférieur est encore entier; les peintures rouges et bleues des murs ont résisté au temps; le stuc qui recouvre l'intérieur est fait d'un mélange de sable, de briques et de poteries pilées. Ce stuc, d'une dureté extrême, est très-agréable à l'œil. Ne pourrions-nous pas utiliser ainsi nos pots cassés et nos tessons de porcelaine?

Ces bains, qu'alimentait probablement la fontaine dont j'ai parlé, se composaient, en outre des accessoires, d'une piscine longue de trente-cinq mètres et large de dix. Ils sont faits sur un modèle que nous devrions suivre, c'est-à-dire assez grands pour qu'on y puisse nager. Solides encore, il n'y manque que de l'eau.

La chaleur est atroce et j'aurais donné beaucoup pour prendre un bain. La mer est à deux pas, mais l'eau du port ne me paraissait pas d'une propreté irréprochable, et hors du port il faisait encore trop de houle pour tenter l'aventure. Je recule donc; cela m'arrive rarement.

Je retourne à la douane pour m'y reposer; j'étais assis sur le quai à l'ombre de l'édifice, à côté de Madame Pain, quand un capitaine espagnol me présente une dépêche qu'il essaie en vain de déchiffrer et qu'il me prie de lire. C'était l'annonce de la prise de Sébastopol. Elle venait, à l'instant même, de parvenir à Cherchell: il était trois heures et nous étions au 17 septembre. Cette nouvelle fut également bien accueillie par les Français, les Espagnols et les indigènes.

Je vais de là visiter la maison de l'aga des ulémas. Il se nomme Gobrini ; il est d'une très-ancienne famille du pays; c'est son père dont nous avons cité le tombeau. Chargé de faire rentrer les impôts, il reçoit, me dit mon conducteur, douze mille francs du gouvernement français. Il est propriétaire d'immenses terrains, mais dont le revenu est peu proportionné à leur étendue; cependant ils lui rapportent, dit-on, cent mille francs de rente.

Un très-beau nègre richement vêtu, qui paraît être le chef de ses domestiques, me montre ses chevaux, ses mulets. Quant aux appartements, comme le maître est absent, je ne puis les voir. Sa maison, à l'extérieur, n'a nulle apparence, on la prendrait pour une ferme; mais à l'intérieur il y a, dit-on, un salon meublé à l'européenne avec un grand luxe; dans les autres pièces, on ne voit qu'un divan et des trophées d'armes.

En repassant dans la promenade qui est fort belle, et dont la vue sur l'Atlas d'un côté et la mer de l'autre est magnifique, j'aperçois beaucoup d'Arabes qui attendaient l'aga. C'est à cette place et sous un arbre, à la manière antique, qu'il rend la justice. Ses fils y étaient déjà pour assister leur père dans ses fonctions.

La montagne qui domine Cherchell est, assure-t-on, visitée par les panthères. Les chacals et les hyènes entrent sans façon dans la ville. Animaux peu dangereux, les hyènes n'attaquent guère les hommes.

Je ne sais si les palmiers ont été détruits par suite de la guerre ou si ce terrain ne leur convient pas, mais ils sont ici assez rares et ne peuvent être comparés, pour la vigueur et la beauté, à ceux que j'avais vus en Espagne. De loin à loin sont d'énormes cactus couverts de leurs fruits, dits : *figues de Barbarie*. J'avais rencontré bien souvent de ces cactus, sans avoir occasion de goûter de leurs produits ; je satisfais ici ma curiosité. La pulpe est fondante et sucrée, mais je préfère la figue ordinaire.

Devant la promenade où l'aga tient ses assises, sont couchées sur le sol des colonnes en granit, en marbre et en brèche d'Espagne; restes d'une grandeur déchue. Leur volume, la beauté du travail qu'on distingue encore dans leurs chapiteaux corinthiens, la richesse de la matière indiquent ce que devait être *Julia-Cœsarea*, et l'on ne s'étonne plus qu'elle ait donné naissance à un empereur, Macrin, et qu'elle fût, sinon la capitale, du moins l'une des principales villes de la Mauritanie césarienne. Ce fut en l'honneur d'Auguste que Juba, second du nom, qui y régnait, la nomma *Cœsarea*.

Un peu plus loin, sur la route qui conduit à Alger, est un beau jardin fondé par M. Boquet, sous-intendant militaire qui habite l'Afrique depuis la conquête.

Nous voyons aussi l'abattoir, bâtiment de construction nouvelle. Celui qui en tient les écritures est un Maure nommé Omar; il parle français purement, et M. Pain me dit qu'il l'écrit non moins bien. Il est impossible de voir une figure à la fois plus ouverte et plus régulièrement belle que celle de cet Africain. Il a voyagé en France ; sa grande beauté et la distinction de ses manières auraient pu lui procurer un établissement avantageux : il l'a refusé par scrupule religieux, et il a épousé une Mauresque que Madame Pain m'a dit être aussi belle qu'il était beau. Elle vantait beaucoup aussi une des femmes de l'aga.

Je terminai ma course par quelques visites. Je commençai par M. Beuret, lieutenant de vaisseau, commandant du port, et qui par ses soins avait plus contribué que personne à me faire admettre à la libre pratique. M. Beuret, jeune encore, est un officier très-distingué, mais sa santé altérée par les fatigues de la mer lui a fait désirer le service des ports. Il venait de recevoir sa nomination à Saint-Servan ; depuis il a été placé à Bordeaux. Je lui recommandai M. Jouve, le courageux pilote qui avait exposé sa vie pour venir à notre aide.

J'allai ensuite chez M. Pernaud, commissaire civil. Nouvellement arrivé à Cherchell, il a déjà pris les meilleures mesures pour la prospérité du pays. J'ai voulu concourir par mon obole à la formation d'une bibliothèque publique, et j'ai fait don à la ville de la collection de mes œuvres.

Pour ces visites je m'étais muni de cartes : en voulant en prendre une dans mon portefeuille, je m'aperçois qu'elle ne portait pas mon nom. Or, c'était justement celui d'un homme de ma ville, fort estimable sans doute, mais qui me causait un tel ennui que jamais pour lui je n'étais chez moi. Ce nom malheureux m'avait poursuivi jusqu'en Afrique..

Les seules maisons qui ont quelqu'apparence sont de construction européenne ; les autres ont un aspect plus ou moins délabré, et celles des quartiers arabes ressemblent plutôt à des huttes qu'à d'honnêtes habitations. Toutefois, je dois dire encore ici que dans nos villages et même dans quelques-unes de nos villes de France, les pauvres ne sont pas mieux logés.

CHAPITRE XXXVI.

Suite de Cherchell. – Le dîner. — L'illumination. – Les fumeurs. Une apparition. – Le départ.

J'avais rempli ma journée et bien gagné mon dîner. Les promenades par le soleil, et le soleil d'Afrique, brisent les jambes et alourdissent le front; je rentrai chez moi harassé et avec un grand mal de tête. *Le mal de tête veut paître*, me disait dans mon enfance ma vieille gouvernante, qui est restée cinquante ans au service de ma famille; la bonne femme avait des principes d'hygiène qui différaient tant soit peu de ceux de la Faculté. Elle avait remarqué que les personnes qui se portaient bien mangeaient bien; elle en avait conclu que bien manger suffisait pour se bien porter, et que si, nonobstant, le mal nous prenait, il fallait manger encore pour le faire passer. Ce régime lui a réussi, puisqu'elle a vécu quatre-vingt-sept ans, sans autre indisposition qu'une indigestion de temps à autre.

Fort dévote, elle avait fait de son goût pour la table un principe de religion, et dans sa vieillesse, devenue fort grasse, elle répétait : *qu'il fallait faire un bon corps pour rendre une bonne âme à Dieu.*

L'hôtel du Commerce est, toutes proportions gardées, presqu'aussi riche en chiens que Constantinople, mais ceux-là sont plus civilisés : ils étaient Français tout au moins de cœur. Je ne sais s'ils m'ont reconnu pour compatriote : ils me poursuivent de leurs caresses avec une persistance telle qu'ils me fatiguent presqu'autant que Leone avec ses taquineries.

En attendant mon dîner, je vais revoir le marché où la vente continue avec la même activité et la même harmonie. Est-ce toujours ainsi? La police l'assure. Quelques-uns de ces Arabes portent des bâtons à tête recourbée, semblables à ceux qu'on remarque sur les anciens bas-reliefs.

Parmi les Bédouins, on voit beaucoup plus de laids visages que de beaux, mais il y en a peu d'insignifiants. On ne rencontre aucune de ces faces de niais si communes dans nos villages ; en revanche, les mines atroces n'y sont pas rares.

Je retrouve ces Françaises, qui doivent donner aux Africains une singulière idée du beau sexe de notre pays. Leur maigreur contraste avec l'embonpoint des négresses, étalant à côté leurs noirs appas qui rivalisent en rondeur et en volume avec les pastèques qu'elles vendent. D'une de ces noires on pourrait faire trois de nos blanches ou ci-devant telles, car elles aussi ont pris la teinte locale. Au surplus, musulmanes et chrétiennes, bien qu'en concurrence et faisant le même commerce de fruits, paraissent vivre en paix. Je n'en ai pas vu se chamailler comme il arrive si fréquemment dans nos halles.

Ces fruits, destinés à la consommation des indigènes, sont sans doute appropriés à leur goût du bon marché. Je n'en vois pas de beaux; je crois même reconnaître le rebut de ceux que nous avions à bord. Je remarque avec étonnement que le raisin qui est mûr en Espagne l'est à peine ici.

Je rencontre le capitaine Rodriguez qui venait visiter le marché. Il me confirma qu'il avait vendu à des conditions avantageuses toute sa cargaison, sauf le vin, dont on lui donnait bon prix, mais qu'il espérait vendre mieux encore à Alger. Je l'invitai à dîner, et nous rentrâmes à l'hôtel.

On m'y avait conservé une table, toutes les autres étaient occupées. A la plus voisine de la nôtre étaient assis deux personnages à longue barbe dont la figure me frappa. Ils avaient l'air triste et préoccupé; ils parlaient peu et bas. On m'a dit, depuis, que c'étaient des transportés.

A une autre table, trois hommes, de stature athlétique, discouraient fort haut: c'étaient des colons-propriétaires venus pour la vente ou l'achat du blé. Leur conversation roulait sur la culture et les produits de leurs terres.

A une troisième table étaient des agents du génie, qui parlaient constructions et fournitures.

Pas un mot de la nouvelle du jour. Elle se rattachait à la politique, or, les conversations politiques sont interdites ici. De même qu'en France, toutes les opinions y sont libres, pourvu qu'elles ne se manifestent pas.

Je fus, comme la veille, servi fort convenablement. Mon convive, qui n'avait jamais été en France et qui ne connaissait d'autre cuisine que celle de son bord ou des posadas, regardait curieusement les plats qu'on mettait sur la table. Deux perdreaux rôtis et fort bien piqués de lard, excitaient surtout son admiration. C'était pourtant avec une certaine défiance qu'il me laissait remplir son assiette ; mais son hésitation durait peu, et, en le voyant fonctionner, j'ai acquis la preuve que quand les Espagnols trouvent une bonne cuisine, ils ne regrettent pas la mauvaise.

On m'avait servi, la veille, du vin blanc de Cherchell; je voulus connaître le rouge. Il ne valait pas le blanc; néanmoins, il n'était pas mauvais, et je suis convaincu qu'avec un peu de soin on arriverait à le faire très-bon. Ce n'était pas l'opinion de mon honnête Rodriguez: il le trouvait détestable. Je fis apporter une bouteille de Bordeaux, Saint-Émilion excellent, il ne le trouva pas meilleur. C'était tout simple, il avait sa cargaison à vendre. M. Josse est de tous les pays.

J'avais encore sur le cœur ce lavage qu'il nommait café, dont il avait voulu me régaler à bord : je fis servir du café à la française. Quant à celui-là, il le trouva bon: il n'en vendait pas.

En me quittant, il me remercia encore de l'avoir tiré de la quarantaine qui, disait-il, aurait mis à l'aumône son équipage. J'ai déja fait observer que ces quarantaines contre le choléra étaient peu rationnelles. En Espagne, elles avaient été établies de ville à ville par jalousie de clocher. Ici, c'était par une rancune internationale et un échange de mauvais procédés entre la France et l'Espagne. En un mot, la quarantaine était imposée aux Espagnols comme punition de celle qu'ils faisaient subir aux Français. Il en résultait que j'étais en quarantaine en France, en expiation de ce que j'y avais été en Espagne; ce qu'on peut comparer au procédé d'un médecin qui dirait à son client: « Vous vous prétendiez guéri: c'est possible; il se peut même que vous n'ayiez jamais été malade, mais n'importe, vous prendrez de l'émétique, parce que mon confrère vous a fait prendre de l'ipécacuanha. »

Un Espagnol vient me vendre une tête de marbre antique d'un assez bon travail, dont il avait fait un mortier pour piler des oignons. Ce fut cette dernière main-d'œuvre qui me la fit perdre. On rencontre peu d'antiquaires en ce pays, mais les amateurs de soupe à l'oignon y sont fort communs : l'un d'eux me vola ma tête.

Je suis convaincu qu'un collecteur d'antiquités, ayant l'habitude des fouilles, qui étudierait ce sol, y ferait de belles découvertes.

Pour employer ma soirée, je vais courir les rues. Chacun, selon ses moyens, avait, en l'honneur de a grande nouvelle, illuminé sa maison. Il y avait des devises en espagnol, en français, en arabe.

Allant de carrefour en carrefour, car je voulais savoir si la joie publique avait pénétré jusqu'aux chaumières, je me trouvai dans la campagne. Le calme qui y régnait contrastait avec le tumulte de la ville. La journée avait été brûlante et la brise du soir répandait une fraîcheur délicieuse; le ciel était couvert, et la différence de la lumière d'où je sortais augmentait encore l'obscurité et n'était qu'un charme de plus. Depuis si longtemps je ne m'étais trouvé seul avec moi-même, que j'éprouvais une douceur infinie à cet isolement. Je m'assis sur une pierre, n'entendant d'autre bruit que celui du vent et quelques voix lointaines.

Il y avait une demi-heure que je jouissais de ma solitude, quand mon odorat fut frappé d'un arôme qui se rapprochait de celui du tabac. Je crus me tromper : j'étais à une assez grande distance des habitations. Comme l'odeur se prononçait de plus en plus, je ne pus mettre en doute qu'elle ne provînt d'une pipe, d'un narguillet ou d'un cigarre ; j'en conclus que le vent l'apportait de loin.

Bientôt la fumée narcotique, dont j'avais détourné la tête, sembla sortir d'un autre côté ; alors je regardai autour de moi : le ciel s'étant éclairci, je crus distinguer quelque chose de blanc. L'immobilité parfaite de l'objet me le fit prendre pour un fragment de marbre. A un léger murmure que j'entendis derrière moi, je me retournai ; j'aperçus un autre corps semblable, puis un troisième, et successivement une demi-douzaine. Étonné, je me demandais si j'étais dans un cimetière turc ou au milieu des ruines, et si c'étaient des fûts de colonnes, quand j'en vis un se dresser. Le ciel s'étant couvert de nouveau, tout disparut, mais le parfum qui augmentait sans cesse, me prouva que j'avais singulièrement choisi ma solitude. Dans mon ignorance des usages locaux, je m'étais tout simplement placé au milieu d'un cercle d'Arabes, qui, loin du monde, s'étaient réunis là pour fumer, rêver et ne rien dire, selon l'usage oriental, célébrant ainsi à leur manière la prise de Sébastopol. Nul doute qu'ils ne m'eussent vu et entendu, car les yeux de ces gens-là voient et leurs oreilles entendent là où les nôtres sont impuissants, mais ils n'en avaient pas bougé davantage.

Il en fut de même lorsque je me levai pour partir ; je passai près de l'un d'eux sans qu'il eût l'air de m'apercevoir. Cette rencontre était sans conséquence pour moi, voyageur innocent et qui ne suis ni conspirateur, ni amoureux. J'en ai pourtant tiré la conclusion, qu'en affaire comme dans autre chose, lorsqu'on veut se confier à la solitude, il est bon d'interroger les buissons.

Bientôt je me retrouvai à la lumière des lampions et des transparents. Déjà quelques soldats avaient fêté la victoire à la française : au lieu de se réjouir en silence, comme mes fumeurs, ils chantaient à tue-tête. L'harmonie était médiocre : la mesure et les musiciens n'allaient pas toujours ensemble, et les oscillations des jambes prouvaient que le vin d'Afrique n'est pas plus ami de l'équilibre que celui de France. Aussi plus d'un chanteur alla-t-il finir son couplet contre une borne.

Pendant le jour, je n'avais aperçu que quelques femmes indigènes ; le soir je n'en vis pas une seule. Il y avait même par les rues fort peu d'Arabes. Les musulmans ne sont pas promeneurs : quand ils marchent, c'est toujours pour aller quelque part ou chercher quelque chose.

La soirée s'avançait. Je devais partir le lendemain de bonne heure, je repris le chemin de l'hôtel. Tout le monde y était couché, hors un homme de service ; cependant les portes étaient ouvertes. J'appris qu'elles restaient ainsi toute la nuit. Celles des appartements, notamment la mienne, n'ayant pas de serrure, j'en conclus que l'âge d'or régnait encore à Cherchell.

J'ai dit que l'hôtel était parfaitement disposé contre la chaleur. La température intérieure était rafraîchie par des courants d'air, ingénieusement disposés partout, mais ils avaient, la nuit, leur inconvénient : il était impossible de circuler avec une bougie sans qu'elle s'éteignît, et j'eus grand'peine à parvenir jusqu'à mon appartement.

Cette nuit fut plus calme que la précédente ; néanmoins, elle eut aussi son incident, incident rare dans notre siècle incrédule : *une apparition*, non point totale, car je ne vis qu'un bras et je ne sentis qu'une main, encore ne puis-je pas dire précisément à quel être ils appartenaient ; mais, à la rondeur et à la finesse de la peau, je pencherais pour un bras féminin.

J'étais donc profondément endormi quand je fus réveillé

par quelque chose de doux et de tiède qui se posait sur ma figure, absolument comme le faisait ma bonne, lorsque j'étais petit garçon, pour savoir si je dormais. En raison de la chaleur, j'avais les bras hors du lit; mon premier mouvement fut, ainsi qu'on le pense, de les allonger et de chercher à quoi ou à qui aboutissait l'extrémité que je venais de sentir. Je saisis bien positivement un corps charnu, mais je ne serrai pas assez fort pour qu'il ne me glissât entre les doigts comme eût fait une anguille; j'entendis un léger frôlement, puis ma porte s'agiter, et puis rien.

Je sautai en bas du lit: la porte était entr'ouverte. Je fis le tour de l'appartement: ma valise était à sa place, ma montre faisait sur ma table de nuit son tic-tac ordinaire, et ma bourse gisait à côté. Ce n'était donc pas un voleur. Si c'était une femme, ce ne pouvait être pour moi qu'elle venait, puisqu'elle s'était enfuie. Je présumai que quelque voyageur ou voyageuse, voulant prendre l'air, était sorti dans le corridor; puis, en croyant rentrer dans sa chambre, s'était trompé de porte. A moins pourtant que l'obligeant officier qui m'avait cédé la sienne, eût oublié d'annoncer qu'il couchait dans l'autre.

Cette petite aventure ne me fut pas inutile, car je ne pus me rendormir; je me trouvai donc éveillé à temps pour faire mon paquet, régler mon compte et me rendre à la poste.

La voiture qui devait me conduire à Blidah était le courrier d'Alger, gréé en omnibus. Il pouvait contenir huit personnes dans l'intérieur, et trois à quatre au dehors. Quand j'arrivai, il y avait déjà plus de voyageurs que de places; force était donc de préparer une voiture supplémentaire, ce qui demandait un peu de temps.

Pour prendre patience, j'entrai dans l'auberge voisine

et je demandai du café. Des sous-officiers déjeûnaient à une autre table.; ils étaient quatre. Deux pour qui on arrangeait la voiture de suite, allaient joindre leur cantonnement; les autres étaient venus pour leur dire adieu. Les choses se passaient fort paisiblement, quand parut un trouble-fête, disons même deux.

C'étaient deux odalisques, qu'à leur parler je reconnus pour Normandes des environs de Caen ou de Cherbourg, et qui, d'aventure en aventure ou de régiment en régiment, étaient arrivées en Afrique. Si celles-ci n'avaient pas de chevrons, on les leur devait, car elles les avaient bien gagnés: sur leur front martial on lisait plus d'une vicissitude, et à la cicatrice qui parait la joue de l'une, on voyait que l'amour et la guerre avaient passé par là. En somme, c'étaient deux femmes anciennement jolies, mais dont l'accent rappelait la patrie et de qui les formes, vigoureusement accusées, devaient offrir un certain attrait à la sensibilité militaire.

Or, ces dames avaient fait la conquête des partants, et réciproquement. Ces deux ingrats ne les avaient pas prévenues de leur voyage: grand grief, que l'auditoire apprit d'une des survenantes, dont l'éloquence foudroyante se dessina tout d'abord par un coup de poing qu'elle donna sur la table. Il était bien appliqué: les quatre militaires en firent un saut et une tasse de café fut renversée. C'était un terrible poing que celui de cette nymphe normande; la Vénus guerrière et Bellone elle-même n'eussent pas fait mieux.

Le discours fut digne de l'exorde. Il était riche d'images; tous les mots en étaient gros d'indignation.

D'abord abasourdis de cette attaque inattendue, nos quatre héros se regardaient sans mot dire. Mais celui qui était la cause du scandale, le chéri de la dame, crut de son honneur de prendre la défense de ses camarades, collectivement compris dans une épithète peu parlementaire. Se levant donc et lui montrant la porte par un geste digne d'Auguste, il prononça cette simple phrase, dont le laconisme n'exclut pas la clarté : *Fiche-moi le camp.* C'est en style militaire, comme chacun sait, la manière ordinaire d'inviter quelqu'un à se retirer. Il n'y avait donc là rien qui sortît précisément des usages, ni conséquemment qui dût blesser la susceptibilité de la préopinante. Au lieu de tenir compte à son amant de cette modération, elle releva ce terrible poing déjà cité, le balança en arrière, à peu près comme Entelle quand il voulut tuer le taureau, puis étendant les doigts par un reste de sentiment et pour transformer le coup de massue en simple claque, elle allait l'envoyer sur la face de son bien-aimé, quand le conducteur qui, derrière, attendait au comptoir qu'on lui servît le coup de l'étrier, lui retint le bras en disant : « Doucement, petite mère, on ne se caresse pas ici. » La belle se retourna et sa colère fut retombée sur l'intervenant malencontreux, si la vue du fouet qu'il tenait n'eût tempéré son ressentiment.

Quoique la main n'eût pas porté, l'insulte n'en était pas moins flagrante, et une scène très-vive allait s'en suivre, lorsque le conducteur, espèce de colosse, qui était aussi le maître de la maison, dit aux sous-officiers que leur voiture était prête. Ceux-ci, notamment le quasi-battu, voulaient continuer l'explication. Mais faisant approcher la voiture, le maître poussa ou plutôt porta dedans les deux amoureux, ferma la portière et ordonna au cocher de filer en avant ; ce qui fut exécuté en dépit des réclamations des deux belles qui se cramponnaient aux roues, qu'elles ne quittèrent qu'au bruit du fouet.

Tout n'était pas fini. Ces nouvelles Ariadnes, moins

résignées que l'ancienne, prenant résolûment leur course, allaient, à pied, suivre les fugitifs, quand les deux restants se joignirent aux gens de la maison pour les y faire rentrer. Alors nos galants soldats, les invitant poliment à s'asseoir, leur offrent les deux tasses encore à demi-pleines et les petits verres que les partants n'avaient pas même eu le temps de toucher. On les but à leur santé, puis on en but deux autres, et je n'avais pas encore achevé mon café que les absents étaient oubliés et les nouveaux couples parfaitement d'accord.

Y avait-il infidélité?—Non.—Ainsi l'aurait décidé une cour d'amour. Elles restaient au corps, et une femme, dans cette position, ne se déshonore que lorsqu'elle change d'arme. On excuse même l'inconstance, quand elle n'oublie que le numéro et qu'elle ne trahit pas l'uniforme.

CHAPITRE XXXVII.

Route de Cherchell à Blidah. — Zurich. — Marengo. — Les camps arabes. Les gourbis.

La scène que je viens de raconter se passait à la clarté des lampes et des lanternes : il n'était encore que quatre heures du matin et nous attendions depuis une heure. Enfin, les dépêches étaient arrivées, les effets chargés, il ne restait plus qu'à emballer les voyageurs, ce qui se fit par ordre de numéros : répartition assez indifférente; dans ces voitures-omnibus toutes les places sont à peu près égales, c'est-à-dire aussi mauvaises les unes que les autres.

La compagnie se composait d'un jeune homme à taille de Patagon et à formes analogues; fils de colon probablement, car c'est comme cela qu'ils poussent en Afrique.

Venait ensuite un Espagnol à figure vraiment satanique : petit, marchant difficilement, on aurait pu le prendre pour le diable boiteux.

Il formait, par sa laideur, un contraste bien tranché avec deux indigènes à turban, jeunes et beaux tous deux. Je les croyais Turcs, mais l'un était Juif, reconnaissable à son nez ayant bien la coupe de sa race; l'autre était un Maure à la face légèrement bronzée. Ils étaient à peu près vêtus de même et avec une certaine élégance: seulement, le Juif portait des bas, et le Maure n'en avait pas. Depuis que les Israélites algériens jouissent des droits civils, ils sont devenus tout autres; ils étaient renommés pour leur saleté, mais elle n'était souvent qu'un masque pour cacher leurs richesses. Aujourd'hui qu'ils ne craignent plus qu'on les en dépouille, ils aiment assez, surtout leurs femmes, à les laisser deviner.

Un homme de moyen âge, à la tournure magistrale, était à côté du Maure. C'est un médecin : il habite Blidah.

Pour compléter la voiture, il nous restait à prendre deux voyageurs. Elle s'arrêta devant une maison placée hors de la ville, et je reconnus ce même jardin que j'avais admiré la veille. Je sus ainsi que ces derniers venus étaient M. Boquet, sous-intendant militaire, et sa fille.

Notre équipage est traîné par quatre vigoureux chevaux du pays : ceux de France perdent ici leur vigueur et dépérissent. Nous marchons très-bien et ne tardons pas à rejoindre notre conserve. Les deux sous-officiers paraissent consolés de leur mésaventure. Fiers de courir en cabriolet, ils voulaient à peine nous céder le pas, à nous courrier des dépêches. On les fait passer derrière.

Nous rencontrons de nombreux Bédouins, à cheval, à mulet, à âne, à chameau, voyageant par groupes, ou chassant devant eux leurs troupeaux.

Quelques-uns cheminent isolément, ayant leur femme et parfois un enfant sur le devant de la selle; ils les soutiennent d'un bras, en tenant la bride de l'autre.

Un convoi d'Arabes, conduisant des chariots, croise notre voiture, qui s'accroche à l'un d'eux. Notre postillon, selon l'usage de tous les postillons chrétiens, s'en prend au bon Dieu d'abord; puis il en vient au charretier qui ne dit rien: ce qui exaspère encore l'automédon, qui lui applique un coup de fouet; l'autre le reçoit sans s'émouvoir davantage. Si j'avais eu ici une autorité quelconque, j'aurais puni le postillon. Des voies de fait de cette espèce, il résulte des haines; des haines naissent les meurtres, et de ceux-ci la guerre. Ainsi le coup de fouet d'un brutal a quelquefois causé le soulèvement d'une province et la mort de milliers d'hommes.

Je le dis à regret, ce n'est pas le seul exemple de sévices sur les indigènes dont le hasard m'ait rendu témoin. Le lendemain, étant sur la place de Blidah, je vis, jouant ensemble, plusieurs enfants maures et arabes. Un petit garçon français, de sept à huit ans, conduit par un domestique, passa au milieu des joueurs, et comme ils ne se dérangeaient pas assez vite, il les frappa à coups de pied et à coups de poing, sans que son conducteur y mît obstacle. Assurément cet enfant ne se fût pas conduit ainsi en France, car il n'eût pas ignoré que les battus lui eussent rendu ses coups. Ici, il savait bien qu'on ne l'oserait pas.

En effet, les jeunes indigènes, cessant leurs jeux, s'éloignèrent sans se plaindre. Ses parents lui avaient donc dit qu'il était d'une autre espèce que ces étrangers, qu'il avait des droits sur eux, enfin qu'il était, lui, fils d'un vainqueur, eux, les enfants des vaincus. N'en déplaise à ces parents, je leur ferai observer, notamment s'ils sont administrateurs, qu'en parlant ainsi ils servent très-mal leur pays, et pas mieux leurs enfants. Celui qui sème les coups en récolte. Est-ce avec de pareils enseignements qu'on pacifiera l'Algérie, qu'on la colonisera?—C'est une sottise de l'enfant, dira-t-on. —C'est celle du père répondrai-je. Un sot, s'il est au pouvoir, est plus à craindre que deux méchants.

A notre droite se montre un aquéduc romain. Ce pays est couvert de ruines. Combien de populations s'y sont succédé depuis Rome, et combien avaient précédé Rome? Les traces de l'occupation romaine ont seules survécu. Rome se croyait pour toujours la reine du monde, elle construisait en conséquence. Nous avons fait comme elle, lorsque, nous aussi, nous étions les maîtres.

La route où nous sommes suit le pied du petit Atlas, qui n'est qu'une ramification du grand. Nous y apercevons quelques établissements agricoles : des fermes, des vergers. A gauche, nous avons la mer.

La nuit a tout-à-fait disparu. A cinq heures, nous sommes à Zurich, joli bourg entouré de jardins, que domine la montagne couverte de buissons d'une verdure sombre.

Le chemin offre ici une animation que je n'avais pas vue en Espagne. Entre un pays et l'autre, il y a toute la différence d'une chose qui naît à une chose qui meurt. L'Afrique française sort de la barbarie, l'Espagne y retourne ; nous rendons aux Maures d'Afrique ce qu'ils nous avaient donné : *la civilisation*. Depuis leur expulsion, cette Espagne et les Maures eux-mêmes ont toujours été en décroissant. Qui peut dire où en serait aujourd'hui la civilisation arabe et la prospérité de la Péninsule si les deux peuples avaient pu s'entendre, et qu'on eût fait pour leur instruction et leur moralisation ce qu'on a fait pour les abrutir? A quoi donc ont servi tant d'exils, tant de bûchers, tant d'échafauds? Il est cruel de penser que l'Espagne chrétienne a été inférieure à l'Espagne païenne, puis à l'Espagne musulmane, même à l'Espagne napoléonienne et philosophe. Faut-il en accuser le christianisme? Non, mais les passions des hommes et une fatalité qui, depuis des siècles, ne lui a donné que des souverains corrompus ou inintelligents. Malheur au pays dont la prospérité repose moins sur les institutions que sur le caractère des individus: les hommes changent, les institutions restent.

Cette prospérité croissante de l'Algérie n'est pas de vieille date; on y a tâtonné longtemps, et on a perdu vingt ans à se demander ce qu'on y ferait. Il est des gens qui ont écrit des volumes pour prouver qu'on devait la rendre aux Barbaresques; ils regrettaient la piraterie et les marchés d'esclaves: on ne peut pas disputer des goûts. Ce n'est que depuis cinq à six ans qu'on s'est enfin franchement décidé à conserver la colonie et à y faire autre chose que des razzias et la chasse aux Arabes. On a reconnu qu'il valait mieux les utiliser vivants que de les compter morts. C'est le général Bugeaud qui, le premier, s'est aperçu de cela; mais c'était un habile arithméticien, chose rare parmi les gens de guerre, et pas très-commune parmi ceux de plume.

Quoiqu'il en soit, ces cinq à six ans d'administration meilleure ou moins vacillante ont fait merveille, et l'on peut prévoir à quel point de prospérité l'Algérie sera dans un quart de siècle. Elle contribuera alors à celle de la mère-patrie, en lui donnant un débouché pour l'exubérance de sa population, première cause de ses révolutions.

Par un concours heureux de circonstances, la race européenne ne dégénère pas en Afrique. Les premiers colons ont souffert, mais la faute en était moins au climat qu'à leur ignorance des lieux et du régime qu'il faut y suivre. Aujourd'hui l'aspect de ces colons et de leurs enfants fait assez connaître que ce ciel leur est prospère. On les distingue au milieu de leurs domestiques espagnols ou arabes, à leur air de bien-être, à leurs formes robustes, à leur tête haute; et pourtant ils partagent les mêmes travaux; comme eux, on les voit conduisant des chariots ou chassant devant eux des troupeaux, et s'il y a un effort à faire ou un danger à courir, c'est la part qu'ils choisissent.

Nous voici à Marengo, qui, de même que Zurich, est d'origine nouvelle. Tout ici annonce une population industrieuse, et les abords de la route que nous suivons sont plus ou moins cultivés.

Tout-à-coup, je vois surgir devant moi le Tombeau de la Chrétienne que, durant bien des heures, à bord du *San-Antonio*, j'avais suivi des yeux, désespérant de toucher jamais cette terre qu'il dominait. Ce sont les Arabes qui l'ont nommé ainsi, car c'est la traduction littérale des mots *Gobo-el-Roumyed* par lesquels ils le désignaient, que nous avons adoptée.

Quelle est la chrétienne qui a été enterrée là? Y a-t-il même jamais eu de sépulture à cette place? C'est ce qu'il est très-permis de demander. M. Boquet, qui a visité ce monument, me dit que c'est un énorme pâté de pierre. Qui l'a construit? Dans quel siècle le fut-il? Quelle fut sa destination primitive? C'est ce que le docteur lui-même, homme instruit et qui habite le pays depuis longtemps, n'a pu me dire.

Tombeau, forteresse, temple ou palais, il est certain que l'intention du fondateur a été de montrer son ouvrage, car de la terre comme de la mer, on l'aperçoit d'une distance considérable. Il en est de même du tombeau de Trajan, sur le Danube, il semble qu'il vous suive.

Cette route de l'Algérie est si connue, que ce que

j'en pourrais dire ne serait que des redites. D'ailleurs, partout de nouveaux travaux se préparent, et la description que je donnerais aujourd'hui ne serait plus celle du lendemain.

C'est peut-être ce motif qui a empêché de faire une carte routière et un livre descriptif du pays. S'il y en a, je ne les connais pas. Le guide que j'ai sous les yeux a fait son temps. N'apprenant donc les noms de lieux que par mes compagnons de voyage, qui, Juif, Maure, Espagnol et Français, les prononcent chacun à sa manière, je serais fort exposé, en les écrivant, à les estropier. Il vaut mieux ne rien dire que de dire mal. D'ailleurs, mon récit n'est pas plus géographique que scientifique, je rapporte ce que je sais et j'en raisonne comme je puis. Si, de même que le Petit-Poucet, je jette des pois sur la route, c'est dans l'espoir qu'ils y pousseront, et qu'en aidant les voyageurs futurs à s'y reconnaître, ils les engageront à en semer d'autres.

A onze heures, nous passons le Oudjer, rivière.

Nous traversons un village abandonné, c'est celui qui avait été construit pour les transportés. La position qu'on avait cru saine ne l'était pas : il en mourait beaucoup. On envoya les autres ailleurs. Les maisons désertes tombent en ruines. L'aspect de ce lieu est fort triste et contraste avec la campagne qui précède.

De loin à loin, nous apercevons, dans la montagne, des gourbis ou campements arabes.

Dans ces vastes plaines qui, ici, ne sont pas toutes cultivées, les yeux s'arrêtent souvent sur une plante pyramidale de deux à trois pieds de haut et d'un bizarre aspect : c'est le scille maritime.

La voiture se trouve engagée au milieu d'un nombreux détachement d'Arabes, montés sur de beaux chevaux ou sur des mulets. Un cheik, couvert d'un burnous rouge, conduit cette petite caravane. Le bruit du courrier effraye les chevaux; un des mulets se cabre et roule, avec l'Arabe qui le monte, dans le fossé qui borde la route. Je crains qu'il ne soit grièvement blessé.

Les plaines que nous traversons sont celles de Mitidja, terre fertile, mais où manquent encore des bras. Pourquoi les Allemands qui vont chercher fortune en Amérique, sans toujours la trouver, ne viennent-ils pas ici? — Sans doute parce que nous ne savons pas les y attirer ou que nous nous y prenons mal pour les y retenir. Nous les effrayons par mille et mille formalités qu'ils redoutent plus que le scalpel des Indiens; au lieu de rencontrer des hôtes qui les aident, ils trouvent des commis qui les arrêtent, et leur pioche se rouille dans l'encre avant qu'il leur soit permis d'en user.

Je faisais ces réflexions à la vue des champs incultes où l'abondance et la vigueur de l'herbe annonçaient une terre excellente; mais nous arrivâmes devant une belle plantation de coton, qui conduisait à un plus beau champ de tabac : ceci dissipa ma mauvaise humeur.

Nous rencontrons un camp de soldats de ligne; c'est, si je lis bien le numéro, le 65e régiment. Les tentes sont placées dans un taillis; aucune habitation n'est en vue. C'est un lieu sauvage. A quoi peut-on y passer le temps? pas de livres, pas de cabarets, pas de demoiselles : on n'a pas même la distraction des grandes manœuvres, des revues et de la salle de police. Quant aux coups de fusil, il n'y faut pas songer : il n'y a pas plus d'ennemis au petit Atlas qu'au bois de Romainville. Mais il y a du gibier, ne pourrait-on pas chasser? — Non, c'est défendu. — Pêcher? — La rivière n'a plus de poisson. — Reste la lecture de la théorie et l'école de peloton. — Triste ressource pour de vieux soldats! — Enfin ; on a trouvé un moyen, je ne dirai pas de plaisir, mais de diversion à l'ennui : c'est la réparation d'un chemin qui, fort à propos, est venu à s'enfoncer. Nos braves le relèvent et y portent des cailloux ; c'est moins maussade que de ne rien faire ; c'est aussi plus sain. Avant qu'on eût eu l'idée de leur donner ce travail, il y avait bien des malades dans la petite garnison, maintenant il n'y en a plus. L'oisiveté est la mère de tous les vices, a-t-on dit ; elle l'est aussi de bien des souffrances. Il meurt presqu'autant de gens d'oisiveté que de fatigue ; c'est l'oisiveté qui amène la moitié des suicides et des maladies mentales. Sans doute, un homme laborieux peut devenir fou ou désespéré, mais c'est rare : la peur de manquer nous préserve du désir de mourir.

Ce n'est pas sans motif qu'on procède à cette réparation : elle était nécessaire. Le chemin, très-beau jusqu'en cet endroit, est devenu un véritable casse-cou. Il y a un mois environ qu'une pluie torrentielle, ou de celles qui tombent ici quand il en tombe, a fait le mal. Par prudence, le conducteur nous conseille de quitter la voiture, ce que chacun s'empresse de faire.

Nous y rentrons bientôt pour traverser plusieurs ruisseaux qui attendent encore leur pont. Cette eau fraîche et limpide invite à boire et à se baigner, invitation perfide, nous dit l'intendant ; si on y cède, la fièvre en est la suite.

A midi, nous sommes à Bousara. Non loin de là, dans la montagne, sont des mines, et, du même côté, une grotte, qu'on dit remarquable par l'abondance et la beauté de ses stalactites.

Nous traversons l'Oued-el-Kébir, rivière que nous retrouverons à Blidah.

Nous arrivons au village de la Chiffa, qui a pris son nom de la rivière. Là s'élève une belle plantation. Nous passons la Chiffa. Sur ses bords sont campés des Arabes avec leurs troupeaux de chevaux, de moutons, de vaches; celles-ci sont d'une petite espèce et me semblent bien inférieures aux nôtres.

J'aime à considérer ces Arabes dans leurs fonctions pastorales, je crois lire une page de la Bible. C'est un grand sujet de réflexions que ce peuple restant le même depuis trente siècles. Tout change sur la terre, excepté l'homme : il tourne sans cesse dans un même cercle. Des peuples ont disparu ou se sont confondus dans d'autres, mais ceux qui subsistent et des plus anciens, les Chinois, les Indiens, les Juifs, les Arabes, etc., sont demeurés ce que la tradition et l'histoire nous les montrent. Le changement de religion même n'a pu changer leurs habitudes, leurs mœurs, leurs vices ou leurs vertus. Qu'en conclure? — C'est que s'ils ne disparaissent pas à leur tour, car il est, chez les hommes comme chez les animaux, des types qui se perdent, nos neveux et arrière-neveux les retrouveront juste au point où nous les avons trouvés.

Cette immobilité de certains peuples doit-elle empêcher ceux qui marchent de porter chez eux la lumière? — Non, parce que chez eux comme chez nous il y aura toujours des yeux qui la verront et qui la feront voir à d'autres. La véritable civilisation ou la suprématie de la raison peut donc pénétrer partout, s'y maintenir et s'y étendre, et même par instant y dominer. Néanmoins, elle n'y sera de longtemps le partage que du petit nombre. L'homme est encore trop imparfait pour qu'on puisse espérer voir s'élever sur la terre un peuple de sages; l'enfance perpétuelle, l'enfance à vie est le lot de la foule. Sans doute, de cette foule un homme surgit de loin à loin, mais c'est le papillon qui s'échappe du nid où pourrissent cent mille chenilles, et longtemps encore il sera l'exception.

C'est cette exception qu'il s'agit d'étendre, en faisant en sorte que le papillon ne reste pas enseveli sous la masse des chenilles, toujours prêtes à lui briser les ailes.

Si vous voulez qu'il les déploie, donnez-lui donc de l'espace et de l'air. Le génie ne naît qu'avec la liberté. Offrez à tous la lumière, mais ensuite sachez distinguer ceux qui ouvrent les yeux de ceux qui les ferment, et, dans aucun cas, ne vous laissez guider par les aveugles.

Me voilà encore une fois retombé dans mes rêveries; je me suis levé trop matin et je dors debout. Ne faisons pas dormir les autres et revenons à notre voyage. Voici un bras desséché de l'Oued-el-Kébir; puis une belle plantation de tabac et quelques oliviers; malheureusement, ils sont rares. Ce sont les arbres qui manquent ici; je ne vois pas un seul palmier. Je ne compte pas comme tels ces palmiers nains, sorte de mauvaise herbe qui montre sa petite tête jusque dans les ornières du chemin, et dont j'aurai occasion de reparler.

Nous passons devant un village arabe établi au bord d'un ruisseau, village nomade comme ses habitants qui le transportent ailleurs quand les pâturages sont épuisés ou que la position ne leur plait plus. Celui-ci se composait de gourbis et de tentes. Les tentes sont en feutre et diffèrent peu des nôtres. Les gourbis sont de grandes baraques en paille. Dans celles qui sont ouvertes, je vois des Arabes assis et tissant ou raccommodant des couvertes; d'autres sont étendus sur des nattes et dorment.

Leur manière de clore le seul côté ouvert de ces gourbis, dont la forme ressemble à nos granges villageoises, m'a paru curieuse. Ils y suspendent une masse de ces roseaux que nous nommons cannes, en les laissant dans leur longueur et garnis de toutes leurs feuilles. Ainsi étendus, ils descendent jusqu'à terre. On n'en réunit pas les extrémités inférieures ; il en résulte qu'ils n'arrêtent point la circulation de l'air, et que, balancés par le vent, ils font, pour ceux qui sont dans le gourbis, l'effet d'un vaste éventail rafraîchissant constamment la température. Quoique simple et rustique, ce mode de ventilation n'en est pas plus mauvais : il date probablement d'Abraham.

On nous montre une levée de terre précédée d'un fossé, sorte de fortification, qui s'étend du pied de l'Atlas à la mer. Elle n'était bonne qu'à arrêter la cavalerie. On nomme ce rempart : l'Obstacle continu ; il fut construit pour contenir les Arabes. Aujourd'hui ce n'est plus qu'un souvenir. Il en est de même des portes à meurtrières que l'on voit à l'entrée des bourgs et des villages.

Nous rencontrons d'autres détachements du 65e régiment, travaillant aussi à la route. Ils ont pour auxiliaires des Arabes.

Les tentes de nos soldats sont établies sur le même système que celles des Bédouins, et j'aurais pu prendre les unes pour les autres. Ici, on se plaint de la fièvre. Elle vient souvent de l'imprudence des soldats qui, pour dormir plus à l'aise, se déshabillent entièrement. Comme les nuits sont fraîches, ce passage d'une chaleur extrême à un froid piquant, amène des maladies. Son vêtement de laine que l'Arabe ne quitte jamais, est parfaitement calculé contre les vicissitudes de la température.

CHAPITRE XXXVIII.

Suite de la route de Cherchell à Blidah — Blidah.

Nous nous arrêtons pour déjeûner dans un hameau dont j'ai oublié le nom. Nous trouvons dans l'auberge, attendant la voiture, une jeune femme française avec son petit enfant et son mari, sous-officier des douanes. C'est un jeune homme bien tourné, il se nomme Bernard; sa femme a une figure intéressante et même distinguée. Le mari, la femme et l'enfant pris de la fièvre sortent de l'hôpital; la pauvre jeune femme a, en outre, une ophtalmie. D'après ce qu'elle nous dit, le poste que commandait son mari, placé entre la montagne et la mer, était complètement isolé; il se composait de quatre maisons, la sienne comprise, en tout quinze habitants. Il n'y avait d'autre eau que celle d'un étang. Elle ajoutait que cette eau n'était pas trop mauvaise au goût, mais qu'elle était remplie de vers rouges qui la rendaient peu ragoûtante. C'était cette boisson qui leur avait donné la fièvre

Depuis deux ans elle habitait ce lieu, ne voyant d'êtres humains que quelques Bédouins et les officiers en inspection; cependant, ajoutait-elle, on ne s'y ennuyait pas trop, et le temps ne lui parut long que lorsqu'elle a su qu'elle devait aller ailleurs. Accablée de souffrances et presqu'aveugle, elle se disait bien heureuse: son mari était nommé à Alger, où elle se retrouverait dans sa famille. Je n'ai jamais vu tant de courage et de résignation. Dans son état normal, elle devait être charmante, car, malgré sa fièvre et son ophtalmie, elle était encore bien. On ne saurait exprimer avec quelle douceur elle disait à l'intendant, qui l'avait vue chez ses parents: « Vous devez me trouver bien changée? » Agée de vingt-deux ans au plus, il est à croire que l'air d'Alger la rétablira.

La vie doit être peu chère ici: on nous sert quatre plats de viande, un de poisson, du vin passable et à discrétion, des fruits, le tout pour un franc cinquante centimes par tête. Dans la plus mauvaise posada espagnole, on aurait, de ce déjeûner, demandé trois francs.

Une partie de nos voyageurs nous quitte, ce qui laisse une place pour la jeune mère et son enfant. Le mari se met dans l'autre voiture à la place d'un des sous-officiers; celui qui reste est chargé de conduire, mission dont il n'est pas peu fier si l'on en juge à la manière dont il fait claquer son fouet. Il ne s'en tirait pas mal, mais l'ambition perd les hommes: il voulut bientôt en savoir plus que le postillon de notre voiture et il se met à l'apostropher en lui disant qu'il n'allait pas. Le postillon ne tenant compte de ses observations, notre sous-officier prétend passer devant, et il manque de verser dans une fondrière, au grand effroi de la jeune femme qui crut son mari tué. Le courrier alors se fâcha, et retirant le fouet à l'étourdi Phaéthon, il le remet au brigadier Bernard, qui le manie avec non moins d'habileté et plus de prudence.

Une troupe d'Arabes montés sur des chameaux se montre. Parmi eux, il y avait un petit garçon grimpé sur le plus grand de ces animaux; il était de l'espèce des Bédouins noirs, et non de la belle. A vingt pas, on aurait juré que c'était un singe.

Cette noirceur de certains Bédouins ne leur vient pas des nègres, car ils ont les traits des autres Bédouins, c'est le soleil qui a dû les noircir ainsi. Mais pourquoi sous un même soleil y a-t-il des Bédouins blancs? et pourquoi les enfants des premiers sont-ils noirs avant d'avoir été au soleil?

En approchant de Blidah les campagnes sont de mieux en mieux cultivées: on reconnaît l'influence du voisinage d'un grand centre de population. J'aperçois dans le faubourg deux frères de la Doctrine-Chrétienne; ils portent les moustaches et la barbe comme le font aussi les curés et les religieux dans toute l'Algérie: c'est par suite d'une décision papale. Les Arabes respectent tout ce qui a l'habit ecclésiastique; dès qu'ils voient une soutane ou une robe, ils ne s'informent pas de la religion de celui qui en est revêtu: pour eux l'habit fait le moine, mais la barbe, à leurs yeux, est le complément de l'habit; ils douteront de la qualité et même du sexe d'un lévite sans barbe. Voyez pourtant ce que c'est que la différence des pays. Si l'un de ces curés barbus débarquait à Naples, où la barbe est regardée comme un symbole démocratique, il y serait rasé par ordre supérieur, et peut-être emprisonné.

Prêtre ou laïque, la barbe, ornement naturel, convient à l'homme. En outre, elle lui est utile comme moyen hygiénique. En garantissant du froid ses joues, ses mâchoires et son cou, elle leur évite des maux de dents, des fluxions et des rhumes. Il est à remarquer que lorsque l'usage des moustaches et de la barbe a été aboli en France, les ecclésiastiques ont protesté contre cette innovation et y ont longtemps résisté. Nous voyons par les portraits du cardinal de Richelieu et ceux de tous les prêtres de son époque, qu'ils portaient la moustache et la barbiche dite *royale,* lorsque la cour et les militaires mêmes ne la portaient plus.

Blidah s'annonce bien ; les rues que nous traversons sont régulières et assez larges. Il y a un excellent hôtel, celui de la Régence, mais, par amour pour l'antiquité, je vais loger à l'auberge des Bains français, établie dans une maison arabe, qu'on m'avait citée comme méritant d'être vue. Elle est dans la rue du Bey, qui fait partie de l'ancienne cité. Cette maison étant la principale du quartier, il est à croire qu'ancienne habitation d'un bey, elle a donné le nom à la rue. On la reconnaît à sa porte mauresque en ogive qui conduit dans une vaste cour carrée, dans laquelle on descend par un large perron en pierres. Au milieu de la cour était une source alimentant un bassin, dont l'eau jaillissante retombait en gerbe ; mais on a comblé le bassin pour reporter l'ouverture de la source dans le jardin. Dans cette cour croissaient trois vignes, dont deux existent encore : on les dit vieilles de cinq à six siècles ; leurs ceps ont seize centimètres de diamètre. La cour était couverte d'un grillage sur lequel elles s'étendaient il y a peu d'années, mais le médecin a prétendu qu'elles interceptaient l'air et entretenaient dans les appartements du rez-de-chaussée une humidité malsaine. Le propriétaire, sans respect pour l'âge de ces doyennes des vignes de l'Algérie, voulut les faire arracher : le locataire actuel s'y est opposé, et maintenant elles tapissent la galerie formant cloître au premier étage.

Cette galerie à quatre faces dessine un carré sur la cour au-dessus de laquelle elle s'avance en balcon; elle est supportée par des cintres, soutenus eux-mêmes par des colonnettes. Sur elle s'ouvrent douze chambres, dont j'occupe la troisième.

Une femme, qui n'a rien d'une houri, m'introduit dans mon appartement d'une simplicité tout arabe. Son ameublement consiste en un lit, deux chaises et une table, sur laquelle figurent un pot à l'eau et deux serviettes. Quant aux glaces, il n'en est pas question; sur ma réclamation, on m'accorde un petit miroir. On voit que c'est ici la transition entre l'hôtel garni et le caravansérail. Peut-être y avait-il des appartements plus richement meublés, mais ils étaient occupés, il fallait donc me contenter de celui qui restait.

J'oubliais de dire que le jour n'arrivait dans ma chambre que par la porte et quelques carreaux qu'on avait placés au-dessus. Cette porte, de même que celles de Cherchell, était sans serrure, et comme il n'y avait rien dans ma chambre pour y renfermer mes hardes, mon argent et mes papiers, le tout restait à la disposition des survenants. Mais ici non plus, personne n'a l'air de s'en préoccuper. On a confiance en la moralité publique.

Nous avions fait la route fort vite; il était de bonne heure encore, j'avais grandement le temps de visiter la ville, où les monuments n'abondent pas.

Blidah, occupée par les Français en 1839, leur appartient depuis cette époque. A douze lieues d'Alger, elle est au pied du petit Atlas, dans une vallée des plus fertiles qui touche aux plaines de la Mitidja, dont nous venons de traverser une partie. Le territoire de Blidah est propre à toute espèce de culture, et l'on cite ses orangers. Malheureusement, quoiqu'on ne connaisse aucun volcan à proximité, les tremblements de terre n'y sont pas rares; celui de 1825 y a causé d'immenses dégâts, on dit même qu'un grand nombre d'habitants y ont péri. Aujourd'hui on y compte douze mille âmes.

Avant d'aller voir la ville, je voulus visiter le reste de la maison, et avoir une idée de l'ensemble d'un logis arabe. Le jardin où je retrouvai la fontaine, qui est d'une limpidité et d'une fraîcheur admirables, ne gardait, de son ancienne magnificence, que quelques beaux arbres. D'un côté devait être le harem, et de l'autre ses dépendances: les chambres des domestiques et des esclaves, les écuries, etc. Malgré cet état de délabrement, il ne serait ni difficile ni très-cher, au moyen de cette source si belle et si abondante, de faire de ce lieu une habitation délicieuse. Si j'avais dû rester à Blidah, j'aurais acheté ce terrain qui, m'a-t-on dit, était à vendre.

En sortant, je me trouve en face d'une femme maure, qui s'échappait d'une maison en portant un enfant. Un homme au même instant s'élance à sa poursuite et, saisissant l'enfant par les pieds, il s'efforce de le lui arracher. La femme tenait ferme, criait beaucoup; l'homme furieux et dont les yeux semblaient sortir de la tête, prononça des paroles qui avaient bien l'air de récriminations, de menaces et d'injures. Les commères du quartier, car il y en a ici comme ailleurs, accouraient de toutes parts, et bientôt il se forma un véritable rassemblement, presqu'entièrement composé d'indigènes: les uns paraissaient être pour la femme, d'autres se rangèrent du côté de l'homme, et, de même que chez nous, tous parlaient à la fois, sans s'entendre mieux. La plupart de ces femmes étaient voilées, quelques-unes ne l'étaient pas. Il y en avait peut-être de jolies, mais, en cette circonstance, elles ne le semblaient guère; il est fort peu de visages que la colère embellisse. Ici, elle avait eu un effet électrique, et de la première femme elle avait gagné toutes les autres. Quel en était le sujet? C'est ce qu'il me fut impossible de savoir. La garde qui arrivait, allait sans doute s'en informer. Je la laissai faire et je poursuivis mon chemin.

En quittant la rue du Bey, où je n'avais pas vu un seul Européen, je gagnai la grande rue par où j'étais arrivé, et là je me retrouvai en Europe. Des uniformes s'y montraient à chaque pas; beaucoup étaient nouveaux pour moi: c'étaient des chasseurs d'Afrique, des zouaves, des turcos. Avec ceux-ci se croisaient des soldats de la ligne, des hussards, des artilleurs, enfin des spahis. Cette diversité de couleurs, mêlées aux burnous blancs des Arabes, aux fracs noirs et aux blouses bleues, présentaient un spectacle aussi animé que bizarre.

La presque totalité des magasins de cette rue est tenue par des Français. On y voit à peu près tout ce qu'on débite en France dans nos quartiers marchands, et l'on s'y croirait encore; mais dès qu'on pénètre dans les rues latérales, on retrouve la boutique arabe avec la natte sur laquelle l'ouvrier indigène procède à l'œuvre de son métier. J'ai vu ainsi fabriquer des selles et des housses brodées d'un goût parfait et d'un très-grand prix.

J'arrive sur une place où sont exposés force pastèques et melons. En y entrant, je mets le pied sur un tapis étalé devant un café de mince apparence; sur ce tapis des Arabes jouaient aux échecs, aux cartes, aux dames. Tous assis, les jambes croisées, ils n'étaient séparés de la pierre que par ce mince tissu. Le soir, je les retrouvai dans la même position. Dans l'intérieur du café, d'autres fumaient en prenant des rafraîchissements, ou dormaient.

Un peu plus loin, je m'arrêtai pour considérer deux

petits Bédouins se drapant dans leurs loques et marchant aussi graves et aussi fiers que des pachas. Les enfants maures semblent plus vifs et plus gais que les enfants arabes. J'en vois courant après la charrette qui arrose les rues, et se mettant dessous l'arrosoir du tonneau pour se faire baigner, profitant ainsi de ces douches économiques; d'autres jouent à des jeux qui diffèrent peu de ceux de nos enfants.

Je sors de la ville en longeant l'Oued-el-Kébir, rivière ou torrent descendant de l'Atlas. En cette saison, il est à peu près sans eau, et le peu qui lui en reste est détourné pour faire marcher des usines que j'aperçois sur ma gauche au pied de la montagne. Des chariots remontent à grand'peine son lit poudreux et hérissé de pierres; je m'assieds sur la rive, élevée de quinze à vingt mètres. Je suis à l'ombre d'un arbre à grandes feuilles, propre à ce pays, et d'un aspect charmant. On l'appelle ici belomba.

Devant les moulins sont de nombreux groupes d'Arabes avec des chevaux, ânes et mulets, apportant du blé à moudre, ou en emportant la farine. On voit, dans les sentiers qui serpentent à droite et à gauche, des femmes kabyles ou bédouines, regagnant péniblement la montagne où sont leurs gourbis; d'autres suivent la grande route. Chaque fois que j'en rencontre, leurs yeux noirs et brillants s'attachent curieusement sur moi; souvent un ou deux enfants les suivent. Les plus pauvres sont drapées dans des couvertures de laine grossière et d'un blanc douteux. Des filles toutes petites sont déjà voilées comme leurs mères.

De la pente de l'Atlas où je suis on a la vue de Blidah, de sa vallée et d'une partie de la plaine de la Mitidja, qui, par l'effet de la chaleur, extrême en ce moment, paraît couverte d'une brume qu'on prendrait pour la mer. Cette vue est fort belle. Sur le torrent se penche un énorme saule pleureur, d'une beauté remarquable.

Non loin de là on élève un édifice presque monumental; on me dit que c'est un moulin : ce sera le géant de son espèce. Partout ici on construit ou l'on défriche.

Un officier, un chirurgien-major en uniforme et un troisième personnage passent près de moi pour gagner un défilé qui conduit dans la montagne; je les vois longtemps suivre ce sentier qui, presqu'à pic, ressemble à l'échelle de Jacob. Il n'y a que des Français qui peuvent se promener en Afrique à trois heures après-midi, sous un soleil que réfléchit la montagne. On est ici dans une fournaise, et cependant le charme de la position est si grand que j'y reste.

Le Tombeau de la Chrétienne se montre encore au loin. L'Atlas, dont je suis entouré de deux côtés, est couvert d'une verdure noirâtre, qui tranche bien avec la clarté du reste du paysage. Comment un volcan peut-il couver sous ces montagnes vertes? Je n'aperçois nulle trace volcanique; peut-être cet ennemi secret de Blidah est-il un volcan sous-marin?

Je me rapproche de la ville que je parcours dans une autre direction, et j'arrive au jardin botanique. Blidah, de ce côté, est entouré de murailles en terre battue. Hors de cette enceinte est une guinguette où je vois écrit en grosses lettres : *Le Tapis vert,* nom que lui valent quelques massifs d'arbres assez frais encore, malgré la poussière à laquelle le voisinage du grand chemin les expose.

Une longue file de chameaux est arrêtée devant la porte. Les conducteurs voudraient leur faire traverser la ville : la consigne s'y refuse. On leur indique une voie pour tourner l'enceinte, détour qui ne paraît guère les arranger. Néanmoins, la mesure est sage : on comprend que cette quantité d'animaux allant au pas rendrait les rues impraticables. Ajoutez-y les accidents : les courriers et les diligences passent par cette rue. Les chameaux, peu accoutumés à nos usages et sans soucis du règlement, n'aiment pas toujours à leur céder le pas.

Me voici de nouveau arpentant les rues : les enfants sont les mêmes partout. Je vois une bande de petits Maures ou Kabyles, venus avec les chameaux, courir après la voiture, se pendre au marche-pied ou monter derrière, au risque de se faire tuer. Les conducteurs, pour les rappeler à la prudence, leur allongent le coup de fouet de l'amitié, absolument comme s'ils étaient chrétiens et leurs propres fils.

Des accords que j'entends dans le lointain, et vers lesquels je me dirige, me conduisent à une belle promenade, qu'on me dit être l'Orangerie, aujourd'hui la place d'Armes. Cette musique est celle du 18e de ligne. La place est encore vide de promeneurs fashionables : des Maures ou Arabes seuls garnissent les bancs, et des enfants indigènes jouent ensemble à grand bruit. Je ne vois avec eux aucun enfant français : ils font bande à part. Les petits filles en font autant. Un marmot bédouin, fidèle à l'esprit de sa race, fait une excursion vers le cercle des fillettes et enlève le jouet de l'une d'elles. Celles-ci se réunissent pour poursuivre le pillard qui pouvait avoir six ans. Ses compagnons, à peu près du même âge, arrivent pour le soutenir. Les jeunes amazones ne reculent pas, et le combat allait s'engager, quand une bonne, comme Junon, s'interposant entre les combattants, reprend le jouet dérobé et le remet à la propriétaire. La cause de la guerre n'existant plus, les parties belligérantes rentrent dans leurs quartiers.

Des officiers du 7e hussards, montant de fort jolis

chevaux arabes, les font caracoler autour de la place. Les cochons qu'on laisse ici vaguer, comme dans plus d'une ville chrétienne, veulent aussi faire leur partie; l'un se jette dans les jambes d'un cheval, qui s'abat, à la grande colère du cavalier. Le cochon se sauve en grognant, le cheval se relève en boitant, et le hussard en jurant.

Les dames commencent à arriver; ce sont toutes des Françaises, probablement femmes d'administrateurs et d'officiers. Elles sont élégamment mises; quelques-unes sont très-jolies. On reconnaît bien vite celles qui ont fait un long séjour en Afrique: adieu la fraîcheur de leur teint.

La musique du 18e régiment est fort bonne, et j'entends avec un vif plaisir nos airs français.

Quelques femmes mauresques ou arabes s'arrêtent pour écouter, ou plutôt pour voir la toilette de nos dames, mais elles n'osent pénétrer dans la promenade, et, se tenant aux abords, y restent debout quelques instants soigneusement enveloppées dans leur voile, puis elles s'éloignent lentement.

Lorsque je suis rassasié de musique, je vais visiter les quartiers marchands indigènes; c'est l'heure où il faut les voir, notamment ceux où l'on vend des comestibles. Il y règne une animation extraordinaire. Là, des nègres, des Turcs, des Bédouins, des Juifs, vous offrent mille petits objets, et surtout des légumes ou des fruits, criant, dès qu'ils aperçoivent une Française: *Madama, Madama*. Un nègre, Gascon sans doute, me dit, en me montrant une grappe maigre et demi-mûre: *Il piou beau raisin qu'on a jamais viou*. Là, des ouvriers raccommodent des souliers; d'autres travaillent des matières d'or et d'argent. Toujours la boutique est de plain-pied avec la rue. On reconnaît le Turc à son immobilité et à son silence; accroupi dans son coin, il attend l'acheteur en fumant.

Des Juives aux bras nus et la tête couverte d'oripeaux, des négresses surtout, se démènent pour vendre ou acheter. Des Mauresques et des Arabes voilées regardent beaucoup, ne vendent rien, marchandent quelquefois et achètent rarement. Elles semblent flâner, et promènent leur ennui. Elles vont deux à deux, quelquefois seules. Cet isolement annonce d'ordinaire des femmes d'un âge mûr, qu'on reconnaît bientôt à leur démarche indolente et au cercle bistré de leurs yeux que dissimule mal leur voile.

Au détour d'une rue, l'une de ces solitaires m'adresse, dans un baragouin qu'elle croit être du français, des phrases qui m'indiquent la fondée de pouvoirs de quelque houri de garnison. Je mourais de faim et Vénus ellemême ne m'aurait pas fait détourner d'une semelle; aussi, sans répondre à la tentatrice, je poursuivis ma route et je fus bientôt dans la rue du Bey.

Cette fois je suis reçu à l'hôtel par les maîtres de la maison, absents lors de mon arrivée. Ce sont des Français du département de l'Orne. Le chef de cuisine est la maîtresse elle-même. Elle tenait sans doute, en qualité de compatriote, à me donner une haute idée de son talent culinaire: elle me fit servir un excellent repas, non par le nombre de mets, mais par leur qualité. Je retrouvai là cette cuisine classique dite *bourgeoise*, dont, au grand dommage de l'estomac et même du palais, la tradition se perd tous les jours et qu'on ne retrouve plus que dans nos provinces et quelques antiques familles des quartiers de Paris, éloignés du centre.

Cette cuisine sans masque et ennemie des métamorphoses, qui a pris pour devise: *Rien n'est bon que le vrai,* est celle que j'aime et vénère. Elle respecte la nature et ne s'étudie pas à en transformer la figure et le goût: elle veut qu'un chou soit un chou, qu'un lapin soit un lapin. C'est cette manie de déguisement, née de l'école moderne, qui a facilité la sophistification et a amené, par des condiments anormaux ou incendiaires, l'hérésie du goût et l'atonie du palais. C'est elle enfin qui fait que le menu est un problême et qu'on mange sans savoir ce que l'on mange, et à peine si l'on mange.

Puisque nous en sommes sur les falsifications et empoisonnements industriels et commerciaux, et qu'avec grande raison la police leur fait la guerre, elle devrait bien, en s'adjoignant quelque docteur de la Faculté et un chimiste expert, porter ses investigations sur les fourneaux des restaurants et s'assurer que ce n'est pas de leur officine, nouvelle boîte de Pandore, que sortent tant de maladies d'estomac, que ne connaissaient pas nos pères.

Il ne manquait à mon dîner qu'un melon, et j'en avais vu le matin de si beaux que le désir d'en manger m'était venu. Je le dis au domestique, mais j'éprouve ici des obstacles analogues à ceux que, quelques temps avant, on m'avait opposés en Espagne. Bien qu'on n'allègue pas le choléra, le motif est le même: l'abondance et le bon marché. En tout pays, le peuple croit qu'un homme riche ne doit pas manger ce qu'il mange, et que son estomac ne peut digérer que ce qui coûte cher. Bref, le melon semblait à ce garçon indigne d'un honnête homme. — La saison en est passée, me répondit-il, il n'y a plus que des melons arabes: c'est bon pour eux; Monsieur ne voudra pas goûter de cela. — J'insistai. J'eus mon melon; il était excellent. Ce fruit est ici, quoiqu'en eût dit mon serviteur, d'usage général; les indigènes comme les Européens en font une consommation énorme, et ce qui le prouve, c'est que ceux du pays ne leur suffisent pas et qu'on leur en apporte de Majorque et d'Espagne. Dans l'un et l'autre pays, on pourrait les perfectionner par une culture plus soignée; ils ont autant et même plus de suc que nos cantaloups de Normandie et de Picardie, mais ils sont loin d'être aussi beaux, et la chair n'en est pas si délicate. Leurs pastèques n'approchent pas non plus de celles de Toscane et de Naples.

Après le dîner, je fis mon compliment à la dame cuisinière, qui fut très-flattée de mon approbation. Elle, son mari, ses enfants, ses domestiques, tout dans cette maison annonçait de bonnes gens et l'esprit d'ordre.

J'oubliais de dire que, pendant le repas, j'avais suivi un cours, non d'économie politique, mais d'économie militaire. A une table voisine de la mienne dînaient deux vieux sous-officiers chevronnés, décorés, médaillés, appartenant à deux corps différents, qui s'étaient rencontrés à Blidah. Pour fêter cette rencontre, ils dînaient à l'hôtel des Bains. Ce n'était point par des dires d'amour et de bruyantes menteries qu'ils manifestaient leur satisfaction, ils ne causaient même pas de leurs prouesses militaires: ils parlaient de ce qu'ils avaient fait pour assurer le bien-être de leurs soldats, et des bonnes leçons qu'ils donnaient aux fournisseurs cherchant à rogner les portions ou à tricher sur la qualité. Je vois encore l'indignation qui se peignait sur la figure d'un de ces braves en racontant qu'on lui avait offert de l'argent, à lui, pour qu'il fermât les yeux sur certaines malversations. « Moi, assassiner le soldat, disait-il; moi, prendre sur sa nourriture! mais chaque homme que je verrais entrer à l'hôpital je croirais que c'est moi qui l'y envoie, et je n'oserais point paraître à son enterrement »

Mon dîner fini, je retourne dans le quartier arabe.

Le nègre y criait toujours son raisin; il était au bout de sa provision, mais non de son éloquence. C'était aux grappes de rebut, aux grapillons qu'il prodiguait la pompe de ses images: l'exagération de ses éloges croissait en raison de l'avilissement de la marchandise. Il en est ainsi dans beaucoup d'autres industries, et l'art de la réclame dans nos journaux n'est pas autre chose.

Parmi les promeneuses nocturnes, je remarque quelques belles Juives, toutes les bras nus jusqu'aux épaules, et la poitrine serrée dans un justaucorps de velours pourpre ou d'autre couleur voyante. La figure de ces femmes est plus belle qu'agréable; contrairement aux hommes qui ont quelque chose d'obséquieux et de patelin dans l'œil et les manières, celles-ci ont le regard dur et la démarche altière: peut-être est-ce parce qu'elles ont moins souffert de l'oppression. Quand une femme est belle ou l'a été, elle a toujours eu ses jours de royauté.

Si l'on distingue au teint les Françaises nouvellement arrivées de celles qui déjà sont acclimatées, il est plus facile encore de reconnaître celles qui sont nées en Afrique. Elles sont, en général, parfaitement constituées. Je suis convaincu que, de notre colonie d'Afrique, il naîtra une race belle et forte, et que la jeunesse de la vieille France ira un jour chercher des épouses en Algérie.

Je me retrouve sur la promenade et j'entre dans un café qui rappelle, par son luxe, nos cafés parisiens. Il est rempli d'officiers, dont les uniformes représentent sept à huit régiments différents. Ces costumes brillants forment un agréable mélange de nuances sur lesquelles tranchent les burnous blancs ou rouges des officiers arabes. Contre l'ordinaire, dans cette réunion de militaires, jeunes pour la plupart, on ne faisait pas grand bruit.

La présence de quelque chef en était probablement la cause, et puis il y avait là beaucoup de joueurs d'échecs, de dames, de dominos, de whist, et ces jeux excluent les conversations bruyantes et continues. Un trictrac seul dominait le murmure des *à parte*.

Par la chaleur qu'il faisait, je plaignais nos officiers d'être ainsi emprisonnés dans leur uniforme de drap. L'ampleur du costume arabe, où l'air peut circuler, devait leur faire envie.

Dans ce café, bien que le plus élégant du pays et conséquemment le plus cher, tout coûtait moins qu'en France : la tasse d'excellent café avec le verre de cognac ne se payait que quarante-cinq centimes.

Deux de ces officiers vinrent me saluer, et je les reconnus pour les avoir vus chez moi, à Abbeville. Ils se louaient beaucoup du séjour de Blidah, qu'ils trouvaient préférable à celui de bien des garnisons françaises. Les soldats paraissent être du même avis pour l'Algérie entière, car les trois quarts des rengagements n'ont lieu qu'à la condition de retourner en Afrique. Cela s'explique : la vie y est bon marché. Sauf quelques journées brûlantes, le climat y est agréable. Partout, dans la plaine, on y est à l'abri de ces cruels hivers qui rendent la vie si douloureuse, notamment pour le pauvre.

L'été a pourtant ici quelques inconvénients : tous les animaux piquant, suçant, mordant, y mordent, y sucent, y piquent plus fort et plus serré qu'ailleurs. La nuit du 18 au 19 septembre fut cruelle pour ma peau; les moustiques d'Espagne m'avaient fait des ampoules dont je me sentais encore; ceux d'Afrique ne voulurent pas être en reste, et j'étais comme Guatimozin sur les charbons ardents. Peut-être l'impossibilité où je m'étais trouvé de prendre des bains froids en était-elle la cause. Dans cette saison, il ne faut pas chercher d'eau dans les rivières de cette partie d'Afrique : s'il en reste, on la réserve pour la boire, et on serait très-mal reçu si l'on parlait de s'y baigner. C'est peut-être pour vous en dégoûter qu'on dit qu'elle donne la fièvre.

Devant partir le 19 au matin, j'avais demandé mon compte. Mon dîner et mon coucher à l'hôtel des Bains me coûtent trois francs cinquante centimes. Dans tout mon voyage, nulle part je n'avais payé aussi peu. En Espagne, on aurait exigé quinze francs, savoir : cinq pour la nourriture, dix pour l'*incommodo*. Ici, on ne me réclame rien pour la politesse et les soins.

CHAPITRE XXXIX.

Départ de Blidah. — Bouffarik. — Les Quatre-Chemins. — Bereadey. — Alger.

Le 19 septembre, après une courte promenade en ville, je vais prendre le courrier d'Alger. Je me trompe de voiture, car il en partait deux, mais je m'aperçois à temps de mon erreur.

Parmi les voyageurs est une femme maure soigneusement voilée, et une Juive toute couverte de brocarts et de dorures. Elle porte une demi-douzaine de poulets qu'elle veut mettre dans la voiture; le conducteur s'y oppose, il les jette sur l'impériale: alors elle y monte avec eux, plantant là son époux, qui bientôt se décide à la suivre.

La femme voilée est aussi accompagnée de son mari, qu'à son costume je reconnais pour un Maure.

Les domestiques de la diligence sont tous musulmans; ce sont deux Kabyles, un nègre et un jeune Arabe d'une beauté singulière: sans son costume, je l'aurais pris pour une femme.

La Mauresque est grasse, lourde, de tournure commune; ses yeux, la seule chose visible de son visage, sont fort beaux. Elle se dispute d'une voix rauque avec le domestique nègre qui veut taxer son bagage d'après son poids réel, ce qu'elle trouve fort mauvais. Elle en appelle au commis. Il dit que le nègre a raison. Elle s'adresse au directeur, qui galamment lui accorde une réduction de quelques livres. Pour tout remerciement, elle accable le nègre d'injures, en lui reprochant d'avoir voulu la voler. Le nègre lui fait la grimace et lui tourne le dos. Toute cette conversation a lieu en arabe mêlé de mauvais français, accompagné de poses et de contorsions fort bizarres.

Des Juives plus ou moins parées, ce qui ne les empêche pas d'être plus ou moins sales, viennent prendre congé de la dame aux poulets, qui leur donne audience du haut de son impériale. Toutes appartiennent à une même famille, qui descend probablement de quelque oiseau de proie: des yeux fixes et perçants, un nez en bec d'aigle; il ne leur manque que des serres. On eût pu les trouver belles, artistiquement parlant, mais c'est d'une beauté qui fait peur. Une seule fait exception: sa mise est plus fraîche que celle de ses compagnes. Cette gaze blanche, transparente comme la vapeur, qui couvre les bras et les épaules des Juives quand elles sont en toilette, a quelque chose de lévitique et de virginal; le reste de leur costume n'y répond pas, et il faut qu'elles soient bien jolies ou bien jeunes pour n'être pas ridicules sous ce petit bonnet en pain de sucre qu'elles portent à l'extrémité de leur chevelure, nattée et rejetée en arrière.

Une autre de ces femmes a des yeux d'une grandeur démesurée, qui la font ressembler à ces divinités indiennes qu'on voit dans les pagodes. L'excès, en tout, est un défaut, dit la chanson. Ici encore on en a la preuve. Avec ces yeux qui seraient admirés chez une Vénus de huit pieds, cette fillette juive, qui n'en a que quatre, est parfaitement laide.

Pendant qu'on charge la voiture, j'entre dans l'un de ces ateliers où l'on brode des housses et des selles. Il y en a là d'une richesse incroyable et qui valent, dit-on, quatre à cinq mille francs. Ces objets ne se font que sur commande; ils sont destinés à des chefs arabes. Parer leurs femmes et leurs chevaux, tel est leur grand luxe. Quelques-uns se couvrent aussi de brillants vêtements: c'est l'exception. En général, ils se bornent à leur burnous de laine; mais il en est qui, dans leur simplicité, n'en sont pas moins fort chers, à cause de leur finesse et de la perfection du tissu.

La parure de leurs enfants devient aussi, notamment chez les Turcs, une grande occasion de dépense.

Ceci a gagné les chrétiens; j'ai rencontré à Alger, conduits par des bonnes, de petits bons-hommes très-richement et très-ridiculement enharnachés. Ici, les Osmanlis l'emportent sur nous en bon goût, et les enfants parés que j'ai vus en Turquie l'étaient avec une élégance de bon aloi. Il est facile d'employer l'or et la soie, mais il l'est moins de les répartir convenablement et artistiquement.

Nous voyons défiler le 7e régiment de hussards, qui se rend à quelque revue. Ce corps, qu'à son uniforme vert je prenais pour des chasseurs, est parfaitement tenu. C'est le général Yousouf qui commande la division de Blidah.

Nous partons enfin. Bientôt la voiture se trouve arrêtée par une file de chariots, que conduisent des colons. Ils paraissent fort peu disposés à se déranger pour nous; cependant, en reconnaissant le courrier, ils s'exécutent. Un peu plus loin, nous rencontrons une caravane d'Arabes ; on croirait qu'ils viennent de faire une razzia, car une armée de bêtes les entoure. C'est quelque camp qui déménage. L'un de ces Arabes monte un cheval magnifique et très-vif, qui se cabre au bruit de la voiture. Le cavalier tient devant lui une toute petite fille, probablement la sienne. Les terribles sauts du cheval nous font trembler pour cette enfant, mais l'adresse de l'écuyer nous rassure bientôt.

A sept heures, nous sommes au village des Beni-Hammer, où l'on nous fait remarquer un obélisque élevé en 1842, à l'occasion du beau fait d'armes de nos soldats.

Dans la diligence est un homme à moustaches grises ; ancien officier du 32e de ligne, il est en Afrique depuis vingt-cinq ans. C'est lui qui a planté le drapeau à Staouëli, à l'endroit même où est aujourd'hui le cimetière des moines. Décoré pour ce fait, il est maintenant agriculteur. Il fait bon marché de ses exploits militaires, mais il est très-fier de ses conquêtes agricoles. Son ennemi intime est ce palmier nain, dont j'ai déjà parlé. « Après avoir vaincu les Arabes, me dit-il, voilà l'adversaire qu'il faut dompter, et pour cela il faut des bras, et beaucoup de bras, car ne croyez pas qu'il soit méprisable : c'est le tyran de la plaine dont il absorbe les sucs nourriciers. Devant lui ont reculé les forêts, les prairies, les animaux et les hommes mêmes. Vainement on croit en avoir purgé le sol ; renaissant d'un côté, tandis qu'on le détruit de l'autre, combien de fois n'a-t-il pas forcé le colon, demi-mort de faim, à fuir avant qu'il ait pu même tracer son premier sillon ? Oui, continuait-il en s'animant toujours, c'est le fléau que nous avons à combattre ; c'est à ce parasite, à cet avorton vorace qui prend toujours et ne rend jamais qu'il faut arracher la terre qu'il usurpe. Dans cette guerre contre l'ennemi de tous, contre ce voleur du pâturage et de la substance du troupeau, contre ce démon de la famine, le chrétien, le Bédouin, le Maure et le Kabyle, devenus frères pour la défense commune, ne sont pas de trop; car s'ils ne réunissent pas leurs efforts et leur volonté, ils seront vaincus. Que de fois, après labour, binage et sarclage, n'ai-je pas vu l'insolent végétal venir jusque dans mon potager étouffer mes choux et mes laitues? Mais, ne perdant pas courage, je retournais résolûment au combat, et aujourd'hui plus d'un champ d'où, par un travail opiniâtre, je l'ai enfin extirpé, prouve qu'il n'est pas invincible. »

Et moi, en l'écoutant, je me disais: S'il a gagné une croix pour avoir planté un drapeau, il en mérite bien deux pour avoir déplanté ce méchant arbuste.

Nous apercevons une grande maison, ferme ou magasin; puis, nous entrons dans une ville où est une église de bonne apparence, et plus loin, une halle encore ornée des drapeaux et des guirlandes placés pour célébrer la prise de Sébastopol: c'est Bouffarik, l'un des points importants de la plaine de Mitidja, et qui a déjà vu trois générations de colons. La fièvre les tuait tous. Aujourd'hui, le pays est sain, tout y annonce la prospérité; les environs sont bien cultivés. De belles plantations de platanes bordent les routes qui aboutissent à la ville.

Sur la place où nous changeons de voiture est un saule pleureur, non moins beau que celui que j'avais admiré à Blidah. Il sert de couverture à un atelier de charronage: cela suffit sous ce ciel où il pleut si peu.

Il y a ici beaucoup de Mahonais, gens laborieux, et des Espagnols de la côte d'Alicante, qui cessent d'être paresseux quand ils ne sont plus chez eux.

En quittant Bouffarik, nous côtoyons une jolie petite rivière, puis nous la traversons sur un pont. Ces champs sont cultivés presqu'aussi bien qu'ils le seraient autour de Paris, mais ici la fertilité est bien autre.

A huit heures et demie, nous arrivons dans des plaines où cette culture cesse, non que la terre soit plus mauvaise, mais les bras y font défaut. Hâtons-nous donc d'y appeler des colons. Laisser en friche un bon terrain, c'est un crime de lèse-humanité.

Nous voyons un puits, près duquel est établi un camp de Bédouins, composé de tentes et de baraques en paille. Là aussi, je vois des hommes dormant, d'autres accroupis et rêvant. Cette somnolence et cette oisiveté font un étrange contraste avec l'activité française. La route est couverte de colons allant au travail, à pied, à cheval ou en charrette.

Nous traversons un village formé par un double rang de maisons blanches : c'est celui des Quatre-Chemins, ainsi nommé à cause de quatre routes qui viennent y aboutir. Là encore sont groupés des Arabes et des Kabyles, venus probablement pour y vendre leur blé ou s'approvisionner d'objets de ménage. Des poteries de terre, de diverses formes, composent la meilleure partie de leur ameublement. Quelques-uns sont coiffés de ces chapeaux de paille gigantesques, qui semblent copiés sur celui de Polichinelle et les font ressembler à des masques.

Je ne sais pourquoi les chiens des colons sont toujours disposés à aboyer contre les Bédouins et à leur montrer les dents ; est-ce qu'eux aussi se rangent parmi les vainqueurs et les souverains du pays ?

On fait halte pour déjeûner. Le pain de ce village est excellent. Le vin blanc, qui est aussi du pays, n'est pas mauvais.

A neuf heures et demie, nous passons devant un autre camp, ou halte d'Arabes. Dans la prairie voisine, les femmes et les enfants jouent et s'évertuent. A la vue d'une troupe à cheval se dirigeant vers les tentes, elles s'empressent de rentrer : ce sont sans doute leurs maîtres et leurs époux ; elles ne folâtraient de si bon cœur que parce qu'elles les croyaient loin. L'Arabe n'est pas rieur.

Ces aloès aux énormes feuilles épineuses, dont on fait des haies en Italie, sont ici plus forts encore. Quelques-uns sont fleuris : la tige s'élève de vingt pieds au-dessus des feuilles.

Une ferme est à droite. De beaux figuiers, des groupes de palmiers, des cactus, en annoncent l'approche.

D'autres bâtisses se montrent, et bientôt un bourg, Bercadey, où nous changeons de chevaux. Il y a là une église et, à gauche, une très-jolie maison d'architecture arabe.

Sur la hauteur est une construction carrée, maison ou redoute.

Ici, nous commençons à monter ; à dix heures nous atteignons le sommet.

Tout-à-coup la mer est devant moi. Je m'y attendais si peu, que je croyais que c'était un effet de mirage. Nous passons près d'une colonne où est une inscription, que je n'ai pas le temps de lire. Est-ce la rade d'Alger que j'aperçois? J'hésite encore à le croire, car je n'espérais pas arriver si tôt. Mais voici un port, puis des navires ; j'en compte cinquante. Bientôt je distingue des forts, des batteries, des fortifications, puis la rade entière. Sur le penchant de la montagne se dessinent, au loin, des maisons blanches, qui rappellent les bastides des environs de Marseille. La vue que l'on a d'ici est encore de celles qu'on n'oublie plus.

La rampe formant la descente est un chef-d'œuvre

d'art. Au moyen d'une suite de zigzags, on est parvenu à rendre praticable et presque douce cette montagne abrupte. A chaque détour, la rade, le port, les forts et la campagne se présentent sous un aspect différent; cependant nous ne voyons pas encore la ville.

Le nombre des navires augmente à mesure que le port se découvre: j'en pourrais maintenant compter une centaine et plus. Puis apparaissent de belles maisons de campagne qui précèdent le faubourg; ensuite des établissements publics, et partout des guinguettes, des cafés, des cabarets, accompagnements ordinaires des villes populeuses.

Le faubourg que nous avons passé est, je crois, ce que l'on nomme Mustapha-Supérieur. La ville est devant nous; nous suivons une rue où les voitures, les piétons, les cavaliers se croisent, comme dans un faubourg de Paris. Elle nous conduit à la place du Gouvernement, où je remarque d'abord une belle plantation d'orangers et des barraques en bois, annonçant une foire.

Tandis qu'on décharge les bagages, je vois partir des omnibus remplis d'Arabes; d'autres arrivent; des groupes de Mauresques voilées se disputent les places. Des Juives aux bras nus tournent autour de nous.

Je descends à l'hôtel d'Orient. L'appartement que je choisis donne sur une terrasse, où je retrouve ce que j'avais admiré du sommet de la montagne: le port, la rade, la campagne, etc. A mes pieds est la place du Gouvernement avec ses belles maisons, ses orangers, sa foire et la foule. Je ne pouvais être mieux quant à la vue. Pour le soleil, c'est différent: frappant d'aplomb sur la terrasse, il répand dans l'appartement une chaleur atroce. Telles sont toutes les habitations bâties par les Français. On a dédaigné l'expérience arabe, on a construit comme on l'aurait fait à Dieppe, à Nancy ou à Strasbourg, et s'il gelait ici, on serait, en effet, bien garanti du froid. Mais contre la chaleur, il n'en est pas ainsi : toutes les maisons nouvellement construites sur les places et les rues larges, et dont les ouvertures sont au Midi, deviennent, dans la saison chaude, à peu près inhabitables, et nombre d'administrateurs ont été obligés de renoncer à leurs appartements officiels pour aller se caser dans les plus humbles logis des quartiers arabes.

Devant la porte de l'hôtel j'avais remarqué une grande affiche, annonçant pompeusement l'ouverture de l'établissement des bains de mer. Après avoir pris possession de ma chambre, mon premier soin est de m'y rendre. La course était longue : il me fallait sortir de la ville par la porte opposée à celle par laquelle j'étais entré ; mais je n'en étais pas fâché, en la suivant ainsi dans toute sa longueur, j'en prenais un aperçu.

Arrivé devant l'établissement annoncé, je le cherchais encore, ne pouvant m'imaginer qu'une ville de l'importance d'Alger eût des bains de mer inférieurs, quant à l'apparence, à ceux qui existent dans le plus misérable bourg des côtes de la Manche.

La réalité ne valait pas mieux : les cabines se composent d'un rideau sale séparant une chaise d'une autre chaise, et l'espace donné à chacun est d'environ deux pieds carrés. Encore le rideau fait-il défaut par devant.

J'aurais passé par-dessus les cabines si j'avais vu un moyen facile d'atteindre ce que promettait le programme et qui était le but de ma course : la mer. Je me trouvais précisément dans le cas du renard flairant le brouet mis en bouteille. J'étais déshabillé, aspirant après l'eau, et je ne savais comment y atteindre : elle était à six mètres au-dessous de moi, et des rochers glissants ou hérissés de pointes en défendaient l'approche. Ajoutons que sur ces rochers la mer se brisait d'une manière fort peu rassurante, et en supposant qu'on y pût entrer, il était au moins douteux qu'on pût en sortir avec bras et jambes. Enfin, outre la difficulté des lieux, il y avait celle du temps; aussi étais-je, avec le gardien et son chien, les seuls êtres vivants qui fussent, à cette heure, dans ce célèbre établissement.

Ce gardien, baigneur, directeur et propriétaire, comme il voulut bien me l'apprendre, était un Marseillais pur-sang, que je reconnus tout de suite à son accent, et qui se mit à me démontrer que rien n'était plus commode que l'arrangement de ses bains, et qu'on pouvait parvenir jusqu'à l'eau avec toutes les facilités désirables. Comme preuve, il me montre une corde amarrée à un pieu: en m'y suspendant, j'avais toutes chances de ne pas rouler jusqu'en bas. J'aurais aimé autant un escalier ou une échelle, mais il n'y en avait pas, et force fut bien de courir les hasards de la corde.

Après m'être assuré qu'elle était solide, ce qui m'avait paru assez problématique, je pus, conseillé par mon homme qui m'indiquait sur quelle saillie je devais poser le pied, parvenir jusqu'en bas, sans m'être fait plus de trois à quatre écorchures. Là, je voyais l'eau tout près de moi, mais une nouvelle difficulté se présentait: il s'agissait de saisir une autre amarre et de s'y bien tenir, car, sous peine d'aller se perdre corps et biens sur le rocher en face où la mer déferlait avec un bruit de tonnerre, il ne fallait pas, comme eût dit un marin, chasser sur ses ancres. C'était là véritablement le bain à la lame et la douche héroïque: si elle n'emportait pas le mal, elle emportait le malade. En vérité, il fallait quelque courage pour s'y hasarder.

Cependant j'allais très-étourdiment tenter l'aventure,

quand mon Provençal, malgré l'éloge qu'il m'avait fait de la commodité de son établissement, mû par un sentiment d'humanité, me cria que, tout bien considéré, il y avait trop de mer en ce moment, et que si je voulais, il me conduirait au bain des dames. L'offre était trop séduisante pour y résister et me voici remontant à la force du poignet et au grand péril de ma peau.

Plus heureux encore que la première fois, je n'y attrapai qu'une écorchure de plus : total, cinq. Qu'est-ce que cela, quand on vous promet un si beau dénouement ? Je ne voyais plus, dans mes mésaventures, qu'une suite de ces épreuves qu'on imposait aux chevaliers avant de leur ouvrir les portes du jardin d'Armide. Dans ce bain enchanté, j'apercevais déjà Amphitrite entourée de ses nymphes marines, parées de roseaux et de coquillages, jouant comme des dorades dans une eau pure et limpide.

Malheureusement, il n'y avait pas plus de naïades dans le bain des dames que de tritons dans celui des hommes. Seulement, la vague s'y ruait un peu moins brutalement, et là, à l'aide encore d'une corde, car ces bains, c'est une justice à leur rendre, en sont fort bien pourvus, je pus me plonger jusqu'au cou dans une eau d'une fraîcheur charmante; et sans la turbulence du vent, l'entraînement du courant et le clapotement tracassier du remous, j'aurais été parfaitement tranquille.

Enfin, j'avais surmonté toutes les difficultés : je voulais un bain, je l'avais, et, ne l'oubliez pas, le bain des dames. Je sortis donc satisfait. Néanmoins, toute galanterie à part, j'étais bien déterminé, en raison des écorchures, à aller ailleurs, car je ne pouvais croire que cet établissement fût le seul. Or, en ceci je me trompais, il n'y a pas d'autres bains de mer à Alger, et quiconque en veut prendre un à son aise doit attendre un calme plat, qui n'arrive pas tous les jours ; ou bien aller au loin, hors la ville, chercher une plage, au risque d'y trouver des Bédouins à terre et des requins dans l'eau.

Cependant ce bain rocailleux, si j'en puis croire le propriétaire, a ses nombreux amateurs et n'est pas dédaigné du beau sexe. Il m'a assuré qu'il n'était pas rare d'y voir arriver des Mauresques et même des chrétiennes. Il est à croire qu'avant d'y venir elles s'informent du temps.

CHAPITRE XL.

—

Alger. — La Kasba.

—

Rafraîchi par le bain, je voulus, en dépit de mes écorchures qui, par l'effet du sel, me piquaient fort, tenter l'escalade de la ville maure, que je voyais en éventail se dresser devant moi. Malgré les mille et mille détours de ses rues étroites, ici je ne pouvais pas me perdre : il ne s'agissait que de monter toujours.

Dans les ruelles obscures, je m'attendais à ne trouver que des masures, et ce n'est pas sans surprise que je vois ces entrées, petites en apparence, construites en marbre précieux, taillées en ogives et souvent ornées d'arabesques du travail le plus délicat. Ces portes conduisent à des vestibules soutenus par des colonnettes. Là se trouvent ordinairement de larges bancs ou divans en pierre, sur lesquels, les jambes croisées, le visiteur peut, au frais, attendre l'heure du maître.

De cette première entrée on va à une seconde qui

s'ouvre sur la cour, entourée elle-même d'une galerie couverte, sorte de cloître que nous avons déjà décrit. Au milieu de cette cour est un bassin et, autant que possible, une fontaine. Tout était donc calculé pour se défendre d'un air embrasé et amener la fraîcheur.

J'en appréciai bientôt l'avantage, et lorsque je trouvais une porte ouverte, croyant y voir un appel de l'hospitalité, j'allais, pour respirer, m'asseoir sur l'un des bancs de pierre intérieurs.

Ce luxe, que n'annonce guère l'exiguité des rues, s'explique par les noms des anciens propriétaires. Là demeuraient les plus riches familles d'Alger et les descendants de ses plus célèbres corsaires. L'or des chrétiens et la rançon des captifs avaient servi à bâtir ces demeures luxueuses.

Assis sous ces portiques, je croyais y voir entrer ces prisonniers, libres encore quelques heures avant, et qu'un hasard malheureux avait jetés sur la route de ces terribles raiss. Je les voyais chargés de chaînes et ployant sous les coups dont les accablait un conducteur impitoyable, qui croyait faire œuvre-pie en maltraitant des infidèles. De quelle terreur ces infortunés ne devaient-ils pas être saisis dans l'attente du maître qui allait décider de leur sort et peut-être, dans un accès de fanatisme ou de désappointement, leur faire trancher la tête!

Rien n'était plus fait que ces équipages barbaresques pour glacer d'épouvante même les plus braves; nos corsaires malouins, boulonnais, dieppois, dunkerquois, qui pourtant, pendant les guerres de l'Empire, ne négligeaient rien pour s'enlaidir, eussent pu passer pour des mignons à côté de ceux-ci. Je puis en parler par expérience, car j'ai vu les uns et les autres, et de très-près. Si jamais je fais imprimer mes *Mémoires*, c'est là que je vous raconterai ces premières impressions de ma jeunesse.

Dans toutes les ruelles que je parcours règne une animation extraordinaire ; quelques-unes sont très-commerçantes. Là, des boutiques de toute espèce y sont tenues par des Français, des Espagnols, des Allemands, des Maures, des Juifs, etc. Les soldats de diverses armes, dont les casernes sont dans la partie la plus élevée de la ville, contribuent à rendre la foule plus compacte : on se croise, on se coudoie.

Des femmes indigènes voilées se montrent aussi en grand nombre, et toutes à pied. On conçoit que dans ces rues, larges de quelques pieds, on ne rencontre ni chevaux ni voitures. Des oiseaux en cage, des chiens et des chats, sont les seuls animaux qu'on y voie. Sans cavaliers ni équipages, Paris semblerait mort ; ici on ne s'aperçoit pas de leur absence, on se croirait dans une ruche humaine. Le contraste de la foule qui monte avec celle qui descend est surtout curieux ; d'un côté, des individus haletant, soufflant, suant, paraissant compter leurs pas ; de l'autre, entraînés par la rapidité de la pente et poussés par ceux qui les suivent, ils roulent comme un torrent ou sautent de marche en marche, car, dans certains endroits, cette pente est telle qu'il a fallu établir des escaliers, qui ressemblent beaucoup à ceux de nos moulins. Tel est l'ancien Alger. Il n'y manque que ses ordures.

Aujourd'hui, grâce à un règlement sévère, toutes ces ruelles sont propres. La police oblige les habitants à les balayer et à les arroser ; mais on peut juger de ce que c'était quand on ne faisait ni l'un ni l'autre et que le soin de les nettoyer était laissé aux chiens. Aussi la peste, sous une forme ou sous une autre, ne cessait guère d'y sévir. Depuis l'occupation française, il n'en a jamais été question, ni là ni ailleurs. Peut-être le choléra y est-il pour quelque chose : un fléau chasse l'autre. La médecine devrait faire des expériences à cet égard. J'ai toujours pensé qu'on pouvait adoucir une maladie par une autre, c'est-à-dire diviser le mal pour le détourner.

Les rues, près desquelles les moins larges de celles de nos cités françaises paraîtraient spacieuses et aérées, conduisent à des ruelles plus étroites encore, rues marchandes aussi, mais d'une autre marchandise, ou celle-là même qu'on exposait autrefois au bazar des esclaves. Ce genre de commerce étant défendu par notre code, on a dû se tenir dans les limites de la loi : faute de pouvoir vendre des odalisques, on en cède en viager ou à terme; on en loue au mois, à la semaine, au jour, à l'heure, selon le goût et la commodité des consommateurs.

Bien qu'il n'y eût pas d'enseigne, je n'avais pas fait vingt pas dans ce quartier, assez rapproché des casernes, que je reconnus l'industrie qui s'y exerçait. Ces dames, assises à leur porte ou respirant à la fenêtre, causaient entr'elles ou échangeaient quelques paroles avec les guerriers qui montaient ou descendaient la rue. Beaucoup étaient Françaises ; les autres, qu'on distinguait à leurs traits prononcés et leur chevelure noire, devaient être Italiennes ou Espagnoles. Au total, toutes aussi peu séduisantes les unes que les autres, le soleil de l'Afrique et les vicissitudes de la guerre avaient plus ou moins endommagé la fraîcheur de leur teint. Pour guérir de la tentation et des pensées mauvaises, une promenade dans ces ruelles valait une page de morale et le plus beau sermon.

Continuant mon ascension, j'arrivai à une rue pas plus luxueuse, mais moins bruyante ; je la croyais même complètement inhabitée, lorsque, derrière une lucarne entr'ouverte, je vis deux yeux noirs illuminant une figure café au lait, dont les sourcils arqués étaient joints par une trace chocolat : figure assez jolie, malgré cette apparence carnavalesque. Tandis que je la regardais, ébahi, elle me fit une petite moue très-significative.

Je poursuis ma route. Cette fois ce fut la porte qui s'ouvrit, et toute grande : une négresse, colosse que j'aurais pris pour un nègre si elle n'avait pas eu une jupe, se présente en me montrant de larges dents blanches, si tranchantes que je bondis en arrière, comme si j'avais vu un requin. En y réfléchissant, je pensai que ce pouvait être un sourire ; mais, dans le doute, je filai au plus vite.

La maison qui suivait était de moins triste apparence, elle avait sa fenêtre ; il est vrai qu'elle n'était pas grande, n'importe. Voilà que j'en vois sortir un bras, puis une épaule, qui, si le reste y répondait, annonce une nymphe de cent kilos au moins. De la figure, je n'en saurais rien dire : l'apparition s'était arrêtée là, ou à la dimension de la croisée.

J'apprends d'un officier qui suivait la même route, que ce quartier est celui des Bédouines et des Mauresques qui font concurrence à leurs sœurs chrétiennes, lesquelles, me dit-il, les mangeraient à belles dents, si on les laissait faire. Quant aux Mauresques, elles se contenteraient de faire coudre leurs rivales dans des sacs et de les jeter à la mer, selon la coutume turque.

J'avais suivi les rues qui se présentaient devant moi, ou que je croyais devoir me conduire le plus tôt au sommet, et, en effet, j'y étais arrivé assez promptement, en soufflant beaucoup, il est vrai, car si cette voie est la plus courte, elle est aussi la plus roide. Il en est une autre où l'on a pratiqué de larges marches, de manière à ce que les chevaux y puissent monter et descendre. Il le fallait bien, puisque la Kasba, habitation du dey, est au plus haut de la ville, et qu'à pied, pour peu que le souverain fût obèse, il aurait pu rendre l'âme avant d'avoir fait la moitié du chemin. Alger est, après Syra, la ville la plus montagneuse que je connaisse.

Sorti de ces ruelles et échappé comme Tancrède aux enchantements des fées, je vis devant moi une muraille, puis une porte de ville, et sur cette muraille et plus haut que cette porte, une batterie. Parvenu là, il fallait aller jusqu'au bout. Après avoir admiré un figuier qui, entre deux grès, sans autre base que la pierre et le ciment, croissait et prospérait sur les créneaux à vingt pieds du sol, j'escaladai la batterie, et d'une embrasure veuve de son canon je retrouvai une vue plus belle, plus étendue encore que celle que j'avais tant admirée.

J'étais là au point le plus propre à prendre le panorama d'Alger, j'avais sous les yeux tous ces lieux si souvent cités dans nos annales militaires : Mustapha, le fort l'Empereur ; au loin, la Maison-Carrée ; tout près, la Kasba, etc. Mais il fallait mettre les noms aux choses : ma bonne étoile envoya justement un honnête promeneur, vieil habitant d'Alger et qui se fit un plaisir de guider mes yeux dans cet immense labyrinthe.

Le temps était favorable. Je voyais, sur ma droite, se développer la côte où s'élève cette multitude de fermes, de maisons de plaisance et d'ouvrages militaires, qui m'avaient frappé à mon arrivée. De belles routes se croisant dans tous les sens annonçaient qu'entre tous ces établissements les communications étaient faciles.

De mon embrasure je planais aussi sur la ville et sur ces terrasses, remplaçant ici les toits. Posées en étagères et arrivant jusqu'à moi, elles ressemblaient à un escalier construit pour quelque Titan, quelqu'ogre aux bottes de sept lieues qui, en enjambant rues et places, aurait été, en deux pas, poser son pied sur le môle qu'on apercevait à l'autre extrémité du port.

J'avais peine à m'arracher à ce lieu et aux récits de mon voisin, qui y mettait une inépuisable obligeance et un véritable intérêt de narration, mais les heures s'écoulaient et je ne voulais pas redescendre en ville sans avoir visité la Kasba.

Elle avait changé de destination, et ce séjour des houris était devenu la caserne des zouaves. Quand je me présentai à la porte en demandant au sergent de garde la permission d'entrer, il m'indiqua poliment le chemin; mais il n'était pas très-facile de se retrouver dans ce dédale, et je priai un jeune soldat de me conduire, ce qu'il consentit à faire.

La distribution de la Kasba est, sur une échelle beaucoup plus grande, à peu près la même que celle des autres maisons arabes. Une vaste cour est entourée de deux galeries ouvertes, superposées et formant le premier et le deuxième étages. Les portes d'une multitude de chambres, de cabinets et de salles donnent sur ces galeries: c'est ainsi que nos pères empêchaient les pièces de se commander. L'inconvénient de ces corridors ouverts était d'y être mouillé et éventé et de rendre les appartements intérieurs assez tristes; aussi avons-nous renoncé à ce genre d'architecture.

La Kasba, quoiqu'encore debout dans toutes ses parties, est bien déchue de sa grandeur passée; ce ne sont plus des présents qu'on y apporte, des ordres qu'on y signifie ou des ambassades qu'on y reçoit. Si l'on y prend encore des mesures, elles sont toutes pacifiques: les plus beaux appartements, notamment ceux du harem, sont devenus des ateliers de confection militaire. Une odeur très-prononcée de cuir m'annonce les chaussures qu'on y confectionne. Un peu plus loin, ce sont des pantalons, des habits et des vestes. Les seules chambres où l'on retrouve quelques traces de leur ancienne splendeur sont celles qui servent de bureaux à l'état-major. Plusieurs sont encore revêtues de ces carreaux de faïence dont les Maures ornaient leurs murs.

Non loin de l'atelier des tailleurs se trouve le cabinet où fut donné le fameux coup d'éventail qui amena la guerre et valut à la France une des plus belles colonies du monde. Ce cabinet, qui a tout au plus douze pieds carrés, ressemble à une cage et gâte l'ensemble du bâtiment. Il est demeuré là comme un objet de curiosité et n'est occupé par personne.

S'il est regrettable qu'on n'ait pu conserver la Kasba telle qu'elle était au jour de la conquête, pour en faire un monument public, un musée, une galerie d'antiquités; on doit pourtant convenir que sa destination actuelle était la moins mauvaise qu'on pouvait lui donner. Le genre de travail qu'on y pratique ne détériore rien, et l'on sera toujours à même de faire ce que je propose. L'ordre le plus parfait règne, d'ailleurs, dans cette maison; partout j'y étais reçu avec prévenance, et nos ouvriers s'occupaient de leur tâche avec une activité et une gaîté toute militaire. Il n'y a guère que le Français qui chante sur l'établi.

Mon jeune conducteur est de Bordeaux, il se nomme Adrien Clochard; il est attaché aux écritures de l'état-major; il paraît instruit et intelligent. Fils d'un sergent qui était à la prise d'Alger, tout son désir, quand son âge le permettrait, était de servir en Afrique et d'être incorporé dans les zouaves. Beaucoup avaient fait la même demande, mais il n'en fallait que sept: aussi quelle avait été sa joie en apprenant qu'il était au nombre des élus. Maintenant il soupirait après le moment où il lui serait permis d'aspirer au grade de caporal. Je lui demandai si je ne pouvais pas hâter cet instant en disant un mot à son capitaine. Il me répondit que non, qu'aux zouaves il n'y avait pas de passe-droit, qu'il était bien noté, n'avait jamais été puni, et qu'il passerait à son tour.

Je n'osai pas offrir une pièce d'argent à un garçon qui avait des sentiments si délicats; je l'engageai à travailler pour perfectionner son instruction, et j'ajoutai que, s'il y mettait de la bonne volonté, je pouvais lui prédire qu'à vingt-cinq ans il serait officier; mais il ne pouvait pas croire à tant de bonheur. Cela aurait pu arriver, disait-il en soupirant, si j'avais obtenu d'aller en Crimée, mais j'étais trop jeune zouave et je n'avais aucun droit.

Au lieu d'argent, je voulus lui laisser quelque chose qui pourrait lui être plus utile: je lui donnai ma carte avec mon adresse, en lui recommandant de me l'envoyer quand il aurait besoin de moi.

Lorsque je sortis de la Kasba pour rentrer en ville, il désira m'accompagner. Comme je reprenais la route par où j'étais venu, il me dit que ce n'était pas la bonne et qu'on y faisait de vilaines rencontres, et il me conduisit par une autre, plus courte et moins mal habitée, mais elle était si roide qu'elle semblait avoir été faite pour les seuls zouaves et pour les apprendre à monter à l'assaut. Malheureusement, elle n'apprenait pas à en descendre, et, sur ces pierres glissantes, ce ne fut qu'à l'aide de mon compagnon et en me cramponnant aux murailles que je pus, sans tomber sur le dos, arriver jusqu'en bas.

En gagnant l'hôtel d'Orient, je vois une troupe de femmes voilées, au milieu desquelles était un nègre qui avait l'air de les conduire; il leur adressait de temps en temps quelques paroles. Était-ce pour leur dire d'aller plus vite ou de causer moins? — Je ne sais; mais à sa démarche molle, à sa figure flasque et sans barbe, il me faisait l'effet d'un eunuque préposé à la garde d'un harem, à qui on faisait prendre l'air.

Quoiqu'il n'y ait pas de table d'hôte à l'hôtel d'Orient, on m'avait prévenu qu'on n'y pouvait manger qu'à des heures déterminées: le matin, de dix heures à midi, et le soir, de cinq heures à huit. Il en était sept, j'étais donc dans les limites.

La salle à manger est une vaste et belle pièce au premier étage, richement décorée et donnant sur la place du Gouvernement. La compagnie était nombreuse et présentait un curieux et brillant spectacle. A une quantité de tables rondes, ovales ou carrées, disposées pour deux, quatre, six ou douze personnes, étaient assis des officiers de tous grades et de toute arme. Cette diversité d'uniformes, parmi lesquels on remarquait des burnous arabes, donnait à la salle un air de fête. Il y avait aussi des hommes en habits noirs, et quelques femmes en chapeau avec leurs maris et leurs enfants. Alger était alors dans son éclat: c'était l'époque des courses et d'une foire qui devait s'ouvrir le lendemain et dont on voyait les préparatifs sur la place, couverte par quatre à cinq rangs de boutiques en bois. Cette double circonstance avait attiré des curieux des diverses parties de l'Algérie. Les indigènes surtout y étaient venus en grand nombre pour y faire leurs acquisitions annuelles, ou pour y disputer, avec leurs chevaux les plus célèbres, les prix de la course, soit enfin comme simples curieux et flâneurs, car le Bédouin est le premier flâneur du monde; sa vie entière, de même que celle de ses moutons, se passe à ne faire guère autre chose que changer de place.

Le dîner qu'on me servit se composait de cinq plats : viande, poisson, légumes ; plats fort petits, mais bons. Partout où l'on est traité à la carte, il n'y a nul avantage à être seul. Je voyais mes voisins, quoique le prix et les plats fussent les mêmes, être relativement bien mieux traités.

Une musique militaire fit entendre, sur la place, son premier accord. Mon repas terminé, je me hâtai d'y descendre.

La foule y était compacte, et nulle part je n'en avais vue de plus bariolée : Bédouins, Kabyles, Maures, Juifs, Turcs, Espagnols, Mahonais, Français, nègres, auxquels il fallait ajouter un certain nombre d'Anglais et d'Allemands, présentaient toutes les nuances du visage, depuis le plus blanc jusqu'au plus noir. Quant à la diversité du costume, elle était telle que nos bals masqués et déguisés eussent pâli à côté. Je sais qu'on s'accoutume bientôt à ce spectacle et qu'il paraît tout simple et fort naturel aux habitants, mais pour moi il était d'un intérêt saisissant.

Je n'étais pas le seul qui fût étonné, et je me plaisais à considérer la mine des Arabes qui, pour la première fois, venaient à Alger. On les reconnaissait aussitôt, et à travers leur gravité, souvent affectée, on voyait qu'ils étaient vivement impressionnés.

Le nombre des femmes était bien inférieur à celui des hommes ; c'étaient des Françaises, des Juives, des Espagnoles, des Mahonaises, quelques Anglaises et Italiennes, et fort peu de Mauresques et d'Arabes. Les Espagnoles, très-nombreuses, appartenaient toutes à la classe ouvrière. Leur coiffure, assez peu élégante, était un mouchoir en marmotte, qui ne les embellissait pas. Les dames à chapeau se hasardaient peu dans cette foule, mais on en voyait assises, entourées de leurs enfants, sur le côté de la place qui s'étend vers la mer. C'étaient des femmes d'officiers et d'administrateurs.

Quant aux promeneurs, ils se regardaient entr'eux, ou s'arrêtaient devant les boutiques encore fermées, en tâchant de deviner ce qu'elles contenaient. J'aurais pu le leur dire, car toutes les foires se ressemblent, mais nos indigènes pour qui la chose était nouvelle, croyant que ces planches couvraient d'étranges mystères, séchaient de curiosité. De quelque masque qu'il s'affuble, l'homme est partout le même : un grand enfant.

La musique était celle d'un régiment de ligne ; elle était bonne. Les ouvertures de nos meilleurs opéras étaient parfaitement exécutées.

Je rencontrai M. Boquet, le sous-intendant militaire avec qui j'avais voyagé la veille. Nous fîmes quelques tours ensemble, puis, fatigué de ma journée, je rentrai à l'hôtel et je gagnai mon lit.

CHAPITRE XLI.

Suite d'Alger. — La cathédrale. — La prison. — La foire.

Le lendemain, mon premier soin fut de me rendre au port, pour y faire ce qu'en terme de nageur on appelle une pleine eau, en prenant un bateau muni d'une tente et de l'échelle de rigueur. Mais il me fut absolument impossible de rencontrer ce que je cherchais; soit par suite de quelqu'ancienne défense, soit que la rade fréquentée par les requins présentât réellement un danger, soit enfin qu'on eût peur d'être mis en quarantaine, personne ne voulut m'y conduire. Ma course ne fut pas inutile, elle me donna l'occasion de visiter le port et ses dépendances, ainsi que la douane et les entrepôts.

Ceci m'avait peu rafraîchi. Malgré mes blessures encore saignantes et ma répugnance bien naturelle pour les rochers, l'amour de l'eau l'emporta et je retournai aux bains de Bab-el-Oued.

Comme la veille, j'y étais seul. Je pus donc choisir ma place : bains des hommes et bains des dames, salons et cabinets, tout me fut ouvert, et j'eus l'usage exclusif de toutes les cordes et amarres. Je trouvai, ainsi que la première fois, la descente peu commode. Néanmoins, la mer étant moins agitée ou les rochers moins durs, je m'en tirai sans avaries nouvelles.

Après le bain, je fus dans la rue des Lotophages pour y voir le musée et visiter son directeur, M. Berbrugger. A Alger, tout est différent d'ailleurs, et je n'aurais jamais pu croire qu'un si laid chemin pût conduire à un musée des beaux-arts. Les rues d'en haut étaient belles en comparaison, du moins on y voyait clair et l'on savait où elles conduisaient. Quant à celle-ci où l'on entrait par une sorte de voûte, à chaque dix pas on s'y croyait dans une impasse : la rue était aussi étrange que son nom.

Je m'en serais consolé si j'y avais rencontré M. Berbrugger ou quelqu'un à qui parler, mais j'eus beau chercher, frapper, crier à la porte de cet inexpugnable musée, personne ne parut; et je fus obligé de m'en aller comme j'étais venu.

Je n'avais encore visité d'Alger que ses rues et sa Kasba : restaient à voir ses monuments. Je commence par la cathédrale, qui est l'ancienne mosquée Djameà-ell-Diouami. C'est un bel édifice, dont la façade à deux minarets fait un effet bizarre, et qui ne m'en plait pas moins. Malheureusement, l'intérieur est trop petit pour la population d'Alger, et les jours de fête on risque d'y être étouffé.

On m'avait vanté la prison civile comme un modèle du genre. Elle était près de la Kasba : il fallait recommencer cette ascension, peut-être fort bonne l'hiver, mais qui, dans cette saison, est vraiment pénible. Cependant le souvenir de cette belle vue et le désir d'en jouir encore me décidèrent.

Je pris la route la plus longue comme étant la moins rude, et sans trop m'essouffler j'arrivai à la prison. En présentant mon passe-port, j'obtins du directeur l'autorisation de la visiter. C'était le jour où les parents des prisonniers peuvent les voir; aussi une foule de femmes et d'enfants assiégeaient les portes, et ce ne fut pas sans quelque peine que je parvins à y pénétrer.

Cette geôle, qui est de construction toute moderne, ressemble à une vaste lanterne, du haut de laquelle les gardiens aperçoivent ce qui s'y passe. L'autel est au milieu, et de toutes les salles, de toutes les cellules, de tous les cachots, on peut voir le prêtre et entendre la messe.

Une immense citerne est sous le bâtiment: à l'aide d'une pompe on en fait jaillir l'eau. Une autre pompe, placée en face, donne de l'eau de fontaine. Chacune de ces eaux est fort bonne, mais le gardien me disait qu'on préférait généralement l'eau de citerne, comme plus légère.

Des religieuses concourent au service intérieur et s'occupent spécialement des femmes, des enfants, des malades, etc.

Cette prison est cellulaire. Il y a des préaux pour chaque espèce de prisonniers, et aussi pour les degrés divers de culpabilité. Là, les détenus d'une même catégorie sont réunis plusieurs fois par jour: c'est donc le système cellulaire très-mitigé. Il y a aussi des ateliers pour les femmes: alors on ne les sépare que la nuit. Dans chaque préau de femmes, on voit une grande table et des chaises afin qu'elles puissent y travailler, si cela leur convient.

Les prisonniers des deux sexes se composent des

prévenus, des accusés, des condamnés et des appelants.

Il y a ordinairement, dans la prison, plus d'Arabes que de chrétiens, et les Arabes y sont presque toujours pour crimes commis contre leurs coreligionnaires; les délits contre les chrétiens sont l'exception, et une exception assez rare.

Ma visite terminée, je retourne à la batterie. La ville avec ses rues tortueuses, ses terrasses et ses maisons blanches se développe encore devant moi. Je ne pouvais me lasser de regarder cette terrible Al-Gezair, car tel est le vrai nom de l'antique *Icosium*, de cette cité numide, puis romaine, devenue un nid de pirates, qui, pendant neuf cents ans, a été le fléau et la honte de la chrétienté. L'Europe entière était sa tributaire, et un misérable dey, jouet lui-même d'une poignée de soldats turcs, n'ayant pour toute force navale qu'une cinquantaine de mauvaises barques montées par quelques milliers de matelots médiocres, bravait la colère de tous les rois, de leurs armées et de leurs flottes, faisait des esclaves de leurs sujets, des concubines de leurs femmes et des eunuques de leurs enfants; et l'on souffrait cela, ou pour y échapper, avec plus de lâcheté encore, on leur payait un tribut! Que fallait-il donc pour aller saisir le brigand dans son repaire, anéantir ses flottes, enchaîner ses séïdes ou en purger le sol? Il fallait le vouloir. Eh bien! neuf siècles d'affronts se sont écoulés avant que cette volonté vint sérieusement à aucune des puissances offensées. Et quand elle nous est venue, que d'obstacles, que de réclamations, que de plaintes ne se sont-ils pas élevés de la moitié des cabinets de l'Europe! N'y a-t-on pas proclamé la légitimité du dey et demandé la restauration de la piraterie!

Aujourd'hui encore n'agissons-nous pas à peu près de même à l'égard de l'empire ottoman, quand il est reconnu que ce n'est plus qu'un tronc pourri, dont aucun pouvoir humain ne peut relever les branches : tronc qui, de même que le mancenilier, frappe de mort tout ce qu'il couvre. Pourquoi l'Europe tarde-t-elle donc à en débarrasser le sol? Qu'on laisse au Turc sa vie, ses mœurs, ses richesses, sa religion, mais qu'il disparaisse comme pouvoir politique. Tout le monde y gagnera, même lui.

Ma vue se reporte encore sur le fort l'Empereur ou Sultan-Kalassi et la Casaubah, dont, selon notre habitude de défigurer les noms, nous avons fait Kassaba, puis enfin Kasba. Il faut espérer que nous nous tiendrons à celui-ci.

Après une station assez longue dans mon embrasure, je passe la porte de la ville, je franchis les fortifications et je me trouve dans la campagne. La foire, qui devait s'ouvrir dans la journée, avait attiré en ville un certain nombre d'habitants de la montagne; je me mis à examiner la figure des passants, tâchant de distinguer les Arabes des Berbers ou Kabyles. Ceux-ci, qui habitent les parties les plus élevées de l'Atlas, sont les premiers propriétaires du sol, ou les vrais indigènes. Les Arabes, les Maures, les Turcs, ne sont que des intrus et des usurpateurs ; ce sont les Berbers qui ont donné leur nom au pays, qu'on n'appelle Barbarie que par corruption.

En feuilletant les dictionnaires pour établir un point de comparaison entre ce qu'ils disent du pays et ce que j'y ai vu, j'y trouve des remarques ainsi conçues : « L'air de la régence d'Alger est tempéré, le pays est fertile et bien peuplé, et l'on y rencontre plusieurs espèces d'animaux singuliers. » Voilà des détails statistiques qui ne nous rendront pas bien savants. Malheureusement, c'était ainsi qu'on les donnait il n'y a pas encore cinquante ans.

Après avoir fait mon cours de physiologie sur la grande route, je m'en écartai un peu pour savoir quelle était la nature du sol. Arrivé à un point où je croyais trouver la solitude, j'y vis une femme voilée, Bédouine ou Kabyle, causant avec un homme de sa nation à barbe blanche, qu'on aurait pu prendre pour Abraham ou Jacob. Je m'éloignai discrètement, en m'étonnant cependant que ce vénérable patriarche eût choisi ce lieu désert pour y prêcher. Mais honni soit qui mal y pense, peut-être était-il le père ou le mari de la dame qui, d'ailleurs, sous ce voile épais, pouvait être tout aussi respectable que lui. Bientôt j'aperçus mon homme se dirigeant seul vers la montagne. Je continuais à muser dans les champs, lorsqu'au détour d'un monticule, je me retrouvai en face de la dame voilée. Comme elle semblait attendre quelqu'un, je crus que l'homme à la barbe blanche l'avait laissée là pour quelques instants et qu'il allait venir la chercher. Ne voulant pas être indiscret, je hâtai le pas pour regagner la route, mais quand je passai près de la dame, elle se tourna subitement vers moi, écarta son voile et me laissa voir une toute jeune fille. Je ne m'arrêtai pas davantage; mais sans faire de jugement téméraire, je pouvais croire que la belle Kabyle ou Bédouine n'était pas là pour rien.

J'ai su depuis qu'il y avait à Alger bon nombre de ces montagnardes, qui quittaient leurs gourbis avec l'autorisation de leurs parents pour venir à la ville gagner quelqu'argent, Dieu sait comment. Lorsque la somme amassée leur paraît suffisante, elles retournent chez elles y recevoir du marabout une sorte d'absolution qui les rend à leur pureté virginale. Alors elles ne sont pas moins considérées que les autres filles, et elles se marient sans la moindre difficulté; elles sont même fort recherchées, si elles ont la réputation d'avoir eu beaucoup d'adorateurs : on y voit une preuve de leur mérite.

Je rentrai à l'hôtel pour dîner. A la table voisine de la mienne, mangeaient trois dames fort parées, femmes d'administrateurs ou de chefs militaires sans doute, car plusieurs personnes vinrent les saluer.

A quelques pas plus loin, on voyait quatre Arabes en burnous blanc, dont deux étaient décorés.

A une troisième table se trouvaient deux ecclésiastiques, dont la soutane noire contrastait avec la blancheur du vêtement arabe.

Plus loin, c'était un papa avec ses deux petits enfants, à qui, pour l'ouverture de la foire, il avait probablement promis un dîner au restaurant.

Beaucoup de tables sont occupées par des officiers. Le service est fait par des domestiques adroits et propres. Au comptoir, la dame de la maison, fort belle personne, trône comme au café de Paris ou à la Maison dorée.

Après le dîner, je descends au champ-de-foire. Il avait tout l'éclat d'un début. La foule y était encore plus compacte et plus bigarrée que la veille. Les magasins étaient ouverts, les curieux pouvaient donc complètement s'y satisfaire : aussi y en avait-il beaucoup.

La première chose qui frappait, non les yeux mais les oreilles, étaient les cris de ces marchands à prix fixe, dont les étalages forment, avec les exhibitions de pain d'épices, le fonds de nos foires. La seule différence consistait dans le prix : les boutiques à six liards devenaient ici les boutiques à deux sous ; celles à onze sous étaient à treize, celles de treize étaient à quinze. Le voyage et les frais motivaient bien cette petite augmentation. Chaque boutiquier annonçait sa marchandise en français avec ce roulement de langue particulier à ce genre d'appel. Ils étaient secondés par un compère arabe, maure ou juif, qui répétait la réclame dans l'idiome indigène. Du reste, les marchandises étaient les mêmes que celles qu'on débite en France : bimbelotterie, quincaillerie, coutellerie, brosserie, ferblanterie, etc.

Les étalages de pain d'épices se distinguaient par un article dont je n'avais pas l'idée : c'étaient des figures de deux à trois pieds de haut, représentant des arlequins, des polichinelles, des soldats au port d'arme, etc. Ces monuments au miel attiraient moins les regards des Arabes que les images de papier ; il y en avait presqu'autant que de pains d'épices, et parmi celles qui fixaient surtout leur attention, étaient des portraits de la sainte Vierge en buste et de grandeur naturelle, où les couleurs les plus éclatantes avaient été prodiguées, non seulement sur les vêtements, mais sur la figure. Ce n'était pourtant pas cet éclat qui émerveillait le plus nos Africains, c'était l'ampleur que l'artiste avait donnée au buste et notamment au visage, qu'on aurait pu prendre pour la lune dans son plein. Il avait véritablement travaillé pour ce pays, où une femme n'a droit à l'admiration et au respect que dans la mesure du volume qu'elle présente. Aussi je ne saurais exprimer l'extase dans laquelle tombaient les indigènes en face de ces étranges peintures ; ils ne pouvaient en détacher leurs yeux, et si jamais on en convertit, nul doute que ce ne soit au culte de la Madone.

Quelques portraits de l'impératrice, absolument du même style, les arrêtaient aussi ; mais la face en était moins ronde, et dès-lors ils étaient loin d'exciter, au même degré, leur vénération.

Une seule chose faisait concurrence aux images, c'était un de ces jeux dits : *chemin de fer,* espèce de loterie où l'on gagne des macarons. Ce n'était ni la mécanique, ni les macarons qui émerveillaient les Arabes, c'était une grande poupée qui distribuait les lots gagnés.

La grande poupée attirait aussi quelques femmes, mais la majorité se portait aux boutiques de modes, lingerie, rubanerie : là on voyait pêle-mêle Françaises, Espagnoles, Juives, Mauresques. Parmi les Juives, il y en avait de richement parées. Une entr'autres, que me fit remarquer mon compagnon de promenade, avait sur elle, assurait-il, pour plus de trente mille francs de pierreries.

Outre ces boutiques françaises, on en voyait d'arabes qui, bien que peu nombreuses, éclipsaient par leur richesse tout le reste de la foire. Il n'y avait là que des articles du pays et de fabrique algérienne : broderie, bijouterie, sellerie, armes de luxe, le tout éclatant d'or et d'argent. On y voyait aussi des objets de curiosité, notamment des œufs d'autruche couverts d'arabesques et de couleurs artistement distribuées.

Ces magasins étaient tenus par des Maures, parlant tous français et ne négligeant aucune câlinerie pour attirer les dames et déterminer leur choix. Il y en avait un surtout qui y réussissait au mieux : il y mettait une habileté vraiment extraordinaire. Si vous aviez l'imprudence d'arrêter vos regards sur quelque bijou, il vous priait d'abord de le considérer de plus près ; puis, en vous en vantant le travail, il vous entortillait si bien que vous finissiez presque toujours par céder. Les Maures en remontreraient aux Juifs dans le talent de bien vendre.

CHAPITRE XLII.

Suite d'Alger. — Staouëli. — Les Trappistes. — Sidi-el-Ferruch — Cheraga.

Je n'avais pas à me plaindre du temps depuis que j'étais en Afrique : le soleil y était ardent, mais la brise de mer soufflait, et je n'y avais pas plus souffert de la chaleur qu'en Italie et beaucoup moins qu'en Espagne. Cette nuit du jeudi au vendredi, les choses changèrent. Quoique j'eusse laissé ma fenêtre et ma porte ouvertes pour établir un courant d'air, il me semblait que j'étais à la gueule d'un four et, qu'au lieu de fraîcheur, il entrait dans ma chambre un gaz desséchant. Alors les piqûres des mosquitos, quoique déjà anciennes, se réveillent avec d'horribles démangeaisons ; à celles-ci s'en joignirent de nouvelles, et je passai une cruelle nuit.

En me levant, j'étais brisé ; pouvant à peine me soutenir, je croyais avoir la fièvre ; mais les premières personnes que je rencontrai se plaignaient du même mal, et je sus d'elles que le vent du désert, ou le siroco, soufflait depuis la veille. Ah! damné vent! je te connais maintenant et je sais ce que tu vaux!

Croyant y échapper en me sauvant de la ville, je prends une calèche pour aller à Staouëli visiter le couvent des Trappistes.

Nous remontons la route par où je suis entré à Alger, et j'admire de nouveau les nombreux et savants détours qui conduisent, par une pente douce, au sommet de la montagne, si difficile à escalader dans le quartier arabe. Là, je m'arrête pour revoir encore ce magnifique spectacle, dont on ne se lasse pas.

Nous rencontrons un régiment de hussards qui nous envoie de la poussière, ce qui ne rend pas le siroco plus supportable; nous atteignons, après avoir passé l'embranchement de Delhys-Ibrahïm, un bois d'oliviers qui annonce une bonne récolte, car chaque arbre est couvert d'olives; puis le joli village de Cheraga. La route est très-animée; à chaque instant nous y trouvons des Maures, des Bédouins, et, ce qui prouve combien le pays est tranquille, des femmes, des jeunes filles chrétiennes allant aux champs ou d'un village à l'autre.

A neuf heures et demie, des fermes isolées se montrent de distance en distance; une vaste plaine mi-cultivée est devant nous; la mer est à droite; au loin, les cimes élevées de l'Atlas.

J'arrive au couvent, dont l'approche est annoncée par une croix plantée sur la route et la belle culture des champs. Le frère portier, après m'avoir demandé mon nom, me dit que puisque je viens dans la maison pour la première fois, on me fera, selon l'usage, une réception solennelle. Deux moines entrent, ils sont vêtus de blanc; ils saluent, se couchent à terre et la baisent; ensuite, ils me conduisent à leur chapelle, m'y offrent l'eau bénite et me montrent l'autel où je dois m'agenouiller et faire ma prière. Nous rentrons au parloir, où l'on me lit un chapitre de l'*Imitation*.

Le cérémonial achevé, je visite les diverses parties du couvent. Je vais voir le dortoir; chacun a sa cellule; elle est ouverte: le lit consiste en un maigre matelas et une couverture.

J'entre au chapitre, puis au réfectoire. La table y est mise pour le dîner. A la place de chacun est une bouteille de grès remplie d'eau. L'odeur qui s'échappe de la cuisine n'est pas mauvaise, c'est celle d'une soupe aux légumes.

Je vais faire une visite au père Augustin, qui remplace le prieur. Avec celui-ci je puis causer, car on m'avait prévenu de ne rien dire aux moines. Nous parlons de mes voyages, puis du couvent. Il contient quatre-vingts moines; on trouve peu de novices en Afrique, ils viennent de France, d'où l'on n'envoie le plus souvent que d'anciens frères, dont la vocation est éprouvée. Les jeunes restent rarement.

Les quatre-vingts moines ne suffisent pas pour les travaux de la maison et l'exploitation des terres, car tous travaillent. Ils ont cinquante domestiques arabes dont, m'a dit le supérieur, on est fort satisfait.

Je retourne au chœur pour entendre chanter les frères. Ce n'est point par le chant que brillent les moines. J'en rencontre plusieurs occupés à lire ou méditer sous les galeries. J'en vois un appuyé sur la balustrade, la tête baissée, l'œil fixe et les traits immobiles: il personnifiait bien le découragement et le dégoût de la vie. Il ne se retourne même pas quand nous passons.

Le supérieur, peut-être parce qu'il a la permission de parler, ne semble pas triste comme les autres. Nous allons visiter les jardins; on me présente un petit fruit jaune, qui vient sur un arbuste dont j'ai oublié le nom : il a un goût acidulé assez agréable.

J'admire de belles plantations de citronniers et autres arbres fruitiers ; les produits se portent à Alger. Le beurre qu'on fait au couvent est d'une excellente qualité ; il se vend quatre francs vingt centimes le kilo. On n'y fait pas de fromage.

Je visite les étables, non moins propres que nos écuries de luxe ; aussi les vaches et les bœufs de labour y sont d'une beauté et d'un embonpoint qui contrastent avec la maigreur des maîtres. Un matérialiste, forcé de faire ici un choix, préfèrerait au régime des frères celui de leurs bestiaux. Ceux-ci ont une nourriture de leur goût et à discrétion, une excellente litière pour se coucher ; ils dorment leur nuit entière sans soucis du lendemain et ne travaillent qu'autant qu'il le faut pour entretenir leur santé. Personne ne mangeant de viande au couvent, on ne les engraisse que pour le travail, comme les vaches pour leur lait : ils sont assurés ainsi d'une longue vie. Sauf le bœuf Apis et le veau d'or, je ne pense pas que, dans la création, il y ait jamais eu de ruminants plus heureux, et si Nabuchodonosor avait fait là sa pénitence, il aurait certainement, après cette double expérience, renoncé à redevenir roi.

Je visite le cimetière des moines, où je remarque quelques fragments antiques, entr'autres un reste d'amphore. C'est à cette place même que se donna, en 1830, la bataille de Staouëli ; ce fut au point le plus élevé du cimetière que l'officier, dont j'ai parlé, planta le drapeau français. C'est sous un palmier qui existe encore dans la cour du couvent que l'aga, parent du dey et qui commandait son armée, avait placé sa tente.

Le couvent ne date que de 1843 ; un bataillon d'infanterie fut envoyé pour aider à sa construction et aux défrichements des terres. Dans les fondations est un lit de boulets ramassés sur le champ de bataille, et partout où il y a un pignon ou un pilier c'est un boulet qui en termine le couronnement.

De ce cimetière, on a une très-belle vue : on aperçoit la mer, le bourg de Saint-Ferdinand et le cap de Sidi-el-Ferruch, où les Français débarquèrent en 1830.

On m'invita à dîner, je remerciai; je voulus seulement goûter le vin du crû, qui m'a paru bon.

En quittant le supérieur, je déposai mon offrande chez le frère portier, qui me donna un chapelet et des médailles. Puis j'allai faire une promenade jusqu'à Sidi-el-Ferruch qui n'est pas loin de Staouëli. J'aurais désiré y prendre un bain, mais j'étais seul et j'eus peur qu'on ne m'y volât mes habits, ce qui m'aurait fort embarrassé: je n'aurais eu alors pour ressource qu'une robe de moine.

Au retour, mon cocher me demanda la permission de s'arrêter à Cheraga pour y visiter un ami. Je fus avec lui chez cet ami qui se nomme Berbillon, natif du département de l'Oise et ancien soldat du 35e de ligne. M. Berbillon, en apprenant que j'habitais le département de la Somme qui touche à l'Oise, voulut absolument me faire boire du vin de Cheraga : j'avais goûté de celui des moines, je ne refusai pas celui du soldat. Ma foi! le crû de Cheraga vaut au moins celui de Staouëli : c'est un vin rouge léger et qui ressemble au Beaujolais. J'engageai le propriétaire à persévérer dans ses essais, en lui prédisant du Pomard et du Clos-Vougeot africain. N'ai-je pas bu du Bordeaux d'un crû de Calabre, et du Bourgogne fait à Madère avec des vignes bourguignonnes? Il ne faut donc désespérer de rien, et l'Afrique aura aussi son Champagne.

En revenant, je rencontre trois femmes voilées à cheval, conduites par un Maure; et un peu plus loin un marchand de vin ambulant qui, pour enseigne de sa marchandise, portait sur la tête un large entonnoir en manière de casque : les bords le garantissaient du soleil et le tuyau lui envoyait de l'air.

Près d'arriver à la ville, nous passons à côté d'un camp établi sur la pente de la montagne.

La journée n'était pas encore fort avancée, je voulus tenter un nouvel effort pour voir M. Berbrugger et le musée. On m'avait dit qu'en m'adressant au café maure voisin, je pourrais peut-être découvrir le gardien et obtenir l'entrée des galeries. Je trouvai le café maure, qui était grand comme une échoppe de moyenne dimension, et le cafetier assis les jambes croisées, mais il avait bien trop à faire pour me répondre. Une puissante négresse, de l'espèce dont les dents de cannibale m'étaient encore présentes, l'avait justement entrepris, et bondissant de colère elle semblait tout-à-fait disposée à lui faire un mauvais parti. Était-ce l'une de ses épouses? A la mine déconfite qu'avait l'homme et aux airs vainqueurs que prenait la dame, j'étais tenté de le croire. Si le malheureux en a beaucoup de cette trempe dans son harem, il n'a guère le loisir de s'y ennuyer.

Après avoir épanché sa bile en cris, en menaces, en démonstrations du poing, elle se retira majestueusement, et je pus à mon tour demander audience. Le Maure, qui savait un peu de français, me dit que le gardien venait précisément d'entrer au musée; il m'indique une porte grillée où je pouvais frapper. J'arrivai à point, je l'aperçus, dans l'intérieur, couché sur un banc de pierre. Je frappe : à ce bruit, je vois mon homme se lever doucement, puis se glisser de côté et disparaître. Je crois qu'il a pris un couloir pour m'ouvrir, mais personne ne vient. Je refrappe, rien ; bref, j'y perdis mon temps comme la première fois.

J'étais piqué au jeu. Jamais je n'avais vu de portier se sauver quand on était à sa porte. Aiguillonné par la difficulté, je n'en éprouvais que plus d'envie de connaître M. Berbrugger. On m'avait dit que sa fille était en pension aux Ursulines, je pensai donc que je n'avais rien de mieux à faire que d'y aller : par la fille je pourrais obtenir l'adresse du père.

Me voilà en route : j'arrive au couvent ; une sœur tourière me présente à la supérieure qui me reçoit fort bien et me dit qu'en effet Mademoiselle Berbrugger est sa pensionnaire, mais qu'elle est maintenant en voyage avec son père. Il fallait renoncer à la fois à M. Berbrugger et au musée, mais c'est M. Berbrugger que je regrettais le plus ; j'en avais souvent entendu parler et je le connaissais pour un homme de science.

Quoique passablement fatigué, je ne manquai pas la promenade du soir. Rien de plus divertissant que cette foire : on se croirait au bal masqué ; c'est une vraie macédoine humaine. Cependant une chose y manque, ce sont ces boutiques de saltimbanques, d'animaux savants, d'escamoteurs, d'hercules du nord, d'hommes et d'enfants phénomènes et autres curiosités qui tiennent la première place dans nos foires et marchés européens et y attirent constamment le public. On dira qu'ici le public est lui-même un spectacle trop curieux pour qu'on en ait besoin d'autre. C'est vrai : néanmoins, l'absence du vacarme des parades me contrariait, j'aurais voulu tenir nos Bédouins en face de Pierrot et de Paillasse et entendre ce qu'ils auraient dit des coups de batte. Peut-être, étrangers qu'ils sont à nos mœurs, auraient-ils pris Arlequin pour quelque haut fonctionnaire, dont le costume diapré était un glorieux souvenir, rappelant plus d'un drapeau et les vicissitudes de sa conscience politique.

Polichinelle faisait aussi défaut. Cependant il n'est pas inconnu des musulmans. J'en ai parlé ailleurs, et je n'en ai pas fait l'éloge : sans être plus moral que le nôtre, il n'est pas si gai et il est beaucoup moins décent.

Quant aux escamotages et jongleries, je m'étonne peu que les Européens ne viennent pas ici s'y exercer : les Arabes, lorsqu'ils s'en mêlent, de même que les Indiens et les Chinois, sont de beaucoup nos maîtres, et la race des prestidigitateurs que citent leurs contes n'est pas encore éteinte.

Aux alentours du champ-de-foire sont de beaux cafés. Le café d'Apollon est le plus fréquenté des Européens. Les officiers indigènes préfèrent celui qui est à l'autre extrémité de la place. A toute heure, vous en voyez là fumant sous la galerie extérieure, prenant du café, des sorbets, des limonades, de l'eau glacée ; je n'en ai jamais vu boire ni vin, ni punch, ni eau-de-vie. Cependant ils ont adopté quelque chose de nos mœurs : ils sont assis sur des chaises.

Ce luxe de siége est inconnu dans les cafés maures, qu'on rencontre partout près des endroits frais ou dans les coins les plus obscurs des rues. Là, les jambes croisées, on se pose à terre ou sur de larges bancs de pierre et de bois.

Outre les cafés maures et les cafés fashionables, il y a des cafés métis, formant médium entre le café proprement dit et le cabaret pur et simple. Sur les murs de ces bouchons, je lisais en gros caractères : *champorau*. J'avais pris ce nom pour celui du maître de la maison. Le voyant si souvent répété, je compris que tous les cafetiers ne pouvaient pas s'appeler ainsi ; je pensai donc que c'était le titre d'une compagnie ayant le monopole des liquides. Enfin, passant devant l'un de ces établissements, j'y vis deux militaires attablés, dont l'un criait au garçon : champorau. Je m'arrêtai tout court, heureux de la circonstance qui allait me révéler si champorau était un homme ou une chose. Je n'attendis pas longtemps; je vis apporter à mes deux consommateurs deux verres remplis d'un mélange noirâtre, assez trouble, et dont il s'échappait une fumée très-intense. La vue en était peu appétissante. Quoiqu'il en soit, comme elle ne me faisait connaître la chose que très-imparfaitement, j'en voulus l'explication. J'entre au café, je demande un champorau, et trois minues après j'avais la potion devant moi.

Je flairai beaucoup et soufflai longtemps, car c'était bouillant. Enfin, après dégustation, je reconnus un mélange de café, d'alcool et de quelqu'autre ingrédient que je ne définissais pas : au total, une drogue analogue à celle qu'on vend toute faite à vingt centimes la demi-tasse dans tous les bouchons français et qu'on nomme *gloria*. Le champorau était plus fort en café et en alcool, aussi le payait-on trente centimes. Je n'en aurais pas fait mon ambrosie. Ma curiosité satisfaite, je n'y revins plus. Il n'en faut pas dire de mal, car le breuvage est officiel, et si le gouvernement ne l'a pas inventé, il en a du moins encouragé l'usage, beaucoup moins pernicieux que l'alcool pur, que l'absinthe surtout, et préférable, dans ce climat brûlant, aux boissons débilitantes, bière, orgeat, limonades, qui produisent des dyssenteries et des cholérines dont on se débarrasse difficilement. J'en sais quelque chose; le siroco aidant, je fus vivement éprouvé pendant mon séjour à Alger, et si ma constitution avait été moins robuste, cela aurait pu me jouer un mauvais tour. J'engage donc tous les arrivants à se méfier des rafraîchissements et à s'en tenir au champorau.

Du reste, l'armée, sans distinction d'arme, d'uniforme ni même de croyance, paraît avoir adopté ce mélange hygiénique, et j'ai vu les turcos eux-mêmes, tout musulmans qu'ils sont, s'en abreuver comme de vrais chrétiens.

Ces turcos, qui font partie de la garnison d'Alger, forment un fort beau régiment; leur costume est le même que celui des zouaves quant à la coupe, seulement la nuance en est différente : les zouaves sont en bleu de roi, ceux-ci sont en bleu de ciel. Descendants des Turcs et des Maures, les turcos offrent une race d'hommes robuste, belle, et vaillante quoique portée au pillage. En leur faisant espérer une razzia, on peut les conduire partout; mais s'il n'y a pas quelque chose à gagner au bout de la campagne, sans être moins braves, ils se montrent mous et insouciants dans leur service.

Il y a des turcos de toutes les couleurs, depuis la blancheur de l'Européen jusqu'au noir Nubien. On compte aussi dans leurs rangs des Maures, des Bédouins, des Kabyles. Ils deviennent sous-officiers, rarement officiers, cependant on en voit quelques-uns. Il y en aurait davantage, s'ils avaient plus d'instruction. Tous les officiers supérieurs et la grande majorité des capitaines et lieutenants sont donc Français. Ces soldats se recrutent par engagement volontaire; leur paie est d'un franc par jour : c'est ce qui les attire. Ils sont fort sobres, ne boivent le plus souvent que de l'eau et se nourrissent, comme les Maures et les Arabes, principalement de fruits et de légumes. Ils ne dépensent pour vivre, me disait un officier, que vingt ou vingt-cinq centimes par jour, et tout le reste de leur argent ils le dissipent avec des femmes ou ils le perdent au jeu.

On trouve dans ces turcos et aussi chez les Maures un élément de civilisation, qu'on ne rencontre pas au même degré dans les autres races. Les Maures surtout ont de l'ambition : ils se souviennent que leurs pères ont été savants avant nous, et ne dédaignent pas la science. Il serait, je crois, d'une bonne politique, d'établir à Paris ou à Marseille un collége supérieur arabe avec des professeurs français et arabes. Là, les jeunes musulmans pourraient pousser leurs études jusqu'au baccalauréat et même au doctorat, car il faut bien croire qu'un jour l'Algérie aura ses représentants indigènes dans nos chambres. L'intelligence ne manque ni aux Maures, ni aux Arabes, ni même aux Kabyles: il ne leur faut que plus de savoir et moins de préjugés.

Il est d'ailleurs impossible, quels que soient ces préjugés, qu'ils ne sentent pas que leur affiliation à la France leur est profitable ; ils peuvent maintenant s'enrichir et à leur gré thésauriser ou acquérir, sans avoir la crainte d'être dépouillés par une administration qui reconnaît des droits égaux à tous ses administrés. Ils ont déjà une telle confiance en l'équité de notre gouvernement que, dans leurs affaires litigieuses, ils préfèrent souvent s'adresser aux magistrats français qu'à ceux de leur religion. Sans adopter nos croyances, ils ont donc cru à notre justice : c'est déjà une conversion.

Quant aux conversions religieuses, si jamais on en fait parmi les Maures et les Arabes, ce ne sera qu'à la longue et dans les classes élevées qui, de génération en génération, auront prospéré au service de la France. Les tentatives qu'on ferait aujourd'hui ne serviraient qu'à éloigner de nous les indigènes de toutes les races, et probablement à ramener la guerre. On ne doit pas se dissimuler que les musulmans sont plus croyants que nous, plus fidèles aux pratiques de leur religion; nous ne les convertirons donc qu'après nous être convertis nous-mêmes, car ils trouveraient fort étrange que nous prétendissions les soumettre à un culte que nous ne pratiquons pas. Les conversions que vous verriez seraient le résultat de l'ambition ou de quelqu'autre intérêt humain, et non celui de la conviction. Or, à ce prix, il vaut mieux qu'il n'y en ait pas.

Ces réflexions m'étaient suggérées par la conversation et les remarques très-judicieuses de M. ***, officier d'état-major, avec qui je causais en regardant circuler la foule. La nuit s'avançait; je le quittai pour regagner mon logis, en priant Dieu de m'accorder quelques heures de sommeil dont j'avais grand besoin et que personne ne voulait me promettre. Par un effet que je ne m'explique pas, ce malheureux siroco qui nous assoupit le jour nous empêche de dormir la nuit.

CHAPITRE XLIII.

—

Suite d'Alger. — Les baigneuses. — Les pêcheurs. — Le jardin Marengo.

—

Dieu m'a exaucé, j'ai dormi quelques heures, et quoi que ce vent maudit souffle toujours, je me sens moins lourd que la veille. Je me lève pour aller aux bains Bab-el-Oued, auxquels j'avais fini par m'accoutumer. La mer était des plus calmes et je m'en félicitais, espérant pouvoir enfin m'y tenir sans cordes ni amarres. Vain espoir, ce beau temps avait attiré des baigneuses et le bain des dames était occupé.

On m'offrit celui des hommes, mais la descente en est si peu commode et mes écorchures me tenaient tant à cœur qu'y renonçant je me disposais à m'en aller, quand le baigneur me dit que ces dames s'apprêtaient à sortir et que la place serait bientôt à ma disposition. En effet, quelques minutes après, je les vis s'éloigner.

Maître du lieu, je m'empressai de revêtir le costume officiel et je me mis à l'eau.

J'y étais à peine, quand parurent deux femmes voilées, Arabes ou Mauresques. Elles entrèrent dans un cabinet. Je crus qu'elles allaient demeurer là jusqu'à ce que je quittasse le bain, ce qui me contrariait beaucoup, car, par cette mer paisible, il était vraiment délicieux et je comptais en profiter. Néanmoins, ne sachant pas faire attendre des femmes jeunes ou vieilles, j'allais me retirer, quand je vis mes deux Mauresques arriver en peignoir et s'apprêter à se mettre à l'eau.

Pour leur laisser le meilleur endroit et le plus facile à descendre, je m'éloigne en nageant quelques brasses, mais là je fus arrêté par une barrière de rochers. Alors je vis mes deux belles, sans s'inquiéter de moi le moins du monde, ni beaucoup plus du mouvement oscillatoire de leur peignoir, entrer dans l'eau justement à la place que je venais de quitter. Là, elles commencèrent à barboter, puis à s'éclabousser et à s'arroser en riant aux éclats; enfin, elles s'apprivoisèrent si bien, que me mêlant à leurs jeux, elles se mirent à me jeter de l'eau.

Quelles étaient ces femmes?— C'est ce que je ne saurais dire; mais le baigneur ne m'avait pas trompé en m'assurant que bien souvent des dames indigènes venaient à son bain et même en compagnie.

Comme l'eau est très-fraîche entre ces rochers, je commençais à me refroidir et j'aurais voulu regagner ma cabine, mais il n'y avait d'autre endroit pour remonter que celui que j'avais laissé aux deux baigneuses, et c'était là que, fatiguées de leurs jeux, elles s'étaient assises. Or, il fallait non-seulement les déranger, mais les prier de se lever, et en vérité je ne savais en quelle langue leur faire cette proposition.

Le maître du lieu me tira de passe en me disant que d'autres dames venaient d'arriver, que c'étaient des

Françaises, et qu'elles attendaient. Les deux Mauresques comprirent sans doute, car elles sortirent de l'eau immédiatement.

J'en fis autant, mais non si prestement que les dames françaises n'eussent vu les Mauresques et moi ensuite. Bien que je fusse très-innocent de la rencontre, quelles conclusions ne pouvait-on pas en tirer? Or, une galanterie, une simple politesse envers une femme indigène est ici regardée par nos belles compatriotes comme un crime irrémissible, une sorte d'abjuration de la couleur nationale; en un mot, on est censé s'être fait Arabe avec toutes les conséquences de la chose, et il ne reste plus qu'à se pendre à une corde de chameau. Voilà pourtant à quoi on est exposé en voyage.

En quittant la maison des bains, on se trouve sur une rampe qui a vue sur la rade et une partie du port. Au pied de cette rampe, parmi beaucoup d'autres rochers, il y en a un que les flots battent de tous côtés et qui, tel qu'un pic ou un clocher, domine son entourage. Plusieurs pêcheurs à la ligne, car on en rencontre dans tous les pays, étaient assis au pied de ce roc; j'en vis un autre qui était perché à la cime et je ne m'expliquais pas comment il y était parvenu. Immobile, il y faisait l'effet d'une statue sur son piédestal.

En le considérant, il me vint en idée de savoir s'il était heureux et si le poisson mordait; puis, comme il y avait là des pêcheurs de cinq à six nations différentes, je me demandai quelle était celle qui maniait mieux l'hameçon, et j'attendis que quelques coups de ligne me donnassent la mesure de leur talent. Ici encore, j'eus occasion d'observer que lorsque la ligne est l'instrument de capture, la quantité de poissons pris est toujours en raison inverse du nombre d'individus qui essaient de les prendre. La raison de ceci c'est que, parmi beaucoup de pêcheurs, il y a toujours beaucoup de maladroits : ils sentent bien l'animal mordre, mais ils ne savent pas le tirer de l'eau. Or, le poisson, quand il s'agit de son salut et de celui des siens, n'est pas plus bête qu'une autre créature ; une fois piqué, non-seulement il ne mord plus à l'hameçon, mais il empêche les autres d'y mordre, il les avertit et les en détourne.

C'est ce qui arrive à Alger comme ailleurs, car, malgré la quantité de pêcheurs et la longueur de leur corde et de leur perche, durant une demi-heure que je les examinai, je n'en vis pas un seul prendre le plus petit fretin.

Paris a aussi ses joueurs d'hameçon, personne ne l'ignore ; on en voit toujours quelques-uns aux abords de la Seine. Autour de chacun vous êtes également assuré de rencontrer un certain nombre de curieux, mais, parmi ces spectateurs bénévoles, vous ne verrez jamais de femmes. Ici, il y en avait, et deux Bédouines drapées et voilées suivaient, comme moi, le mouvement du fil et du bouchon.

Quand j'eus assez de la pêche, je gagnai une place où est un parc d'artillerie. On y passait en revue un bataillon de turcos et un autre de zouaves. Ce rapprochement des turbans et des vestes de couleurs différentes donnait à cette troupe l'apparence d'une mosaïque ou d'un parterre du plus brillant éclat. L'uniforme a, comme les pièces d'artifice, été surtout inventé pour la réjouissance des yeux. Ce n'est pas le vêtement le plus commode que l'on préfère, ce n'est pas même le plus favorable à la défense, à la santé, au mouvement de l'homme, c'est le plus beau. Malheureusement, on est si peu d'accord sur le beau en fait de costume, que ce qui paraît tel au ministre de l'année présente, semblera le contraire à celui de l'année prochaine : il en résulte qu'en taille et retaille d'habits, fourbissage de casques et retapage de schakos, nous avons dépensé, depuis cinquante ans, une somme qui aurait suffi pour faire une seconde édition de Paris. Voilà, selon moi, de l'argent bien mal employé, car il n'en reste que des loques. Les Bédouins sont plus sages : depuis trois mille ans ils portent le même costume et ils s'en trouvent bien.

Je vais visiter le jardin Marengo, placé à l'extrémité de la rue Bab-el-Oued. Taillé dans la montagne et pratiqué par étages, il est bien harmonié à l'ensemble de la cité, dont il forme une des extrémités. On en parle moins qu'on ne devrait le faire. Personne ne m'en avait dit mot, et c'est par hasard que j'y suis arrivé. Ce mélange de plantes européennes et d'arbres africains : palmiers, lauriers rose, orangers, bananiers, etc. ; ces bassins d'eau limpide et ces poissons aux teintes brillantes, ces kiosques avec leurs murs de faïence coloriée, ces Maures fumant les jambes croisées sur leurs tapis ou dormant sur les bancs, enfin la vue de la mer d'un côté et de la montagne de l'autre, présentent un ensemble et offrent une promenade dont il serait difficile de rencontrer les analogues.

Parmi les ornements d'art, on remarque un buste colossal de Napoléon Ier et une colonne où sont inscrites toutes ses victoires. Sur une des faces de la colonne est un aigle en demi-bosse, puis le petit chapeau du grand homme avec cette inscription : *Il avait rêvé cette conquête.*

Parvenu à la porte la plus élevée du jardin, le spectacle change : on se trouve en face d'une route et de divers sentiers conduisant à la Kasba, à quelques forts ou casernes et aux maisons les plus élevées de la ville. Dans ces sentiers, on voyait passer tour à tour des soldats, des femmes voilées, des Arabes, des chevaux, des ânes, des chameaux, qui, par je ne sais quel effet de mirage, car la distance n'était pas grande, semblaient des miniatures.

En rentrant dans la ville, je rencontrai un Bédouin fort sale, portant un yatagan à fourreau d'argent du plus beau travail; arrêté devant une boutique, il marchandait quelque chose. La maîtresse du logis, jeune Française de bonne mine, lui demanda à examiner ce fourreau; le Bédouin le lui montra, mais en le tenant toujours. Un officier, qui était dans le magasin, dit à la dame: « Il vous le laissera voir aussi longtemps que vous voudrez, mais quant à le lâcher ne pensez pas qu'il ait en vous ni en aucun des siens cet excès de confiance: un Bédouin ne lâche jamais ce qu'il croit précieux. »

Je voulais aller à la poste: il me fallut demander dix fois mon chemin pour la trouver. Je n'avais jamais rencontré, même à Venise, même à Constantinople, un tel labyrinthe de couloirs et de ruelles: il y en avait qui n'avaient pas un mètre de large. Quant à la poste elle-même, je ne sais si l'aspect du bâtiment avait déterminé le choix qu'on en a fait, mais il a une grande analogie avec une masure que j'avais vue à Cumes et qu'on appelle: l'Antre de la Sybille. Au surplus, je ne blâme pas cette préférence: ce rapprochement a son actualité. N'est-ce pas aujourd'hui par la poste et son télégraphe que parviennent les oracles? Le grand temple sybillin n'est-il pas son hôtel?

Comme il faut être juste en tout, je dirai que si les rues d'Alger, sauf quelques-unes, s'écartent de la ligne droite autant et même plus qu'il est possible d'imaginer, elles sont généralement bien pavées, grâce à l'administration française, car, sous le dey, elles ne l'étaient, selon l'usage turc, que de chiens et d'immondices.

J'ai déjà parlé de l'étonnement qu'on éprouvait en rencontrant à chaque pas, dans ces extraits de rues, des entrées de maison en marbre sculpté, du travail le plus délicat. Je citerai entr'autres celle qui est près du passage des Consuls; la porte en est formée par deux pilastres corinthiens d'un goût et d'une élégance parfaits. Est-ce une œuvre arabe ou bien quelque fragment d'un temple grec, dont on aura ainsi tiré parti? Une suite d'arabesques, chefs-d'œuvre de patience, feraient croire qu'une main orientale a passé par là. Cette porte conduit dans un vestibule où sont des arceaux soutenus par des colonnettes. Comme d'ordinaire, des carreaux de faïence décorent les murs.

Toutes ces maisons, grandes ou petites, sont couvertes par des terrasses où, dès que la fraîcheur est revenue, se rendent les habitants du logis. En ceci, les chrétiens ont imité les Maures. Ceux-ci y transportent même leur lit et y dorment, ce que nous ne faisons pas encore.

Je ne trouvai pas à la poste les lettres que j'attendais : j'en fus fort chagriné, depuis longtemps je n'avais pas reçu des nouvelles de France. Pour me distraire, j'allai à une exposition d'horticulture dont l'ouverture avait été annoncée pour le jour même. Je demandai à un passant le chemin d'une rue qui devait m'y conduire; ce passant ne me comprenant pas, j'allais m'adresser à un autre, lorsqu'une femme voilée qui m'avait entendu me dit, en très-bon français, qu'il fallait prendre à droite, puis à gauche, etc. Je crus que c'était quelque Française déguisée, mais depuis j'ai eu occasion, dans les omnibus, d'entendre des Mauresques et des Bédouines parler français, même entr'elles; seulement, quelques expressions un peu hasardées indiquaient qu'elles avaient appris la langue à l'école militaire.

L'exposition agricole avait lieu au collége, dans une vaste cour entourée d'une galerie couverte. En entrant, je vis un des commissaires qui enregistrait les divers produits qu'on venait exposer. Il avait devant lui un grand assortiment de courges et de potirons : — Comment nommez-vous ces *machins-là?* demande-t-il à l'exposant.— Des *courges* dites *d'Espagne*, répondit celui-ci.—Et celles-ci?—Des *courges de France* dites *potirons*. —Bien, dit le commissaire; et il enregistre la réponse. Mais, à la demande, j'avais compris que c'était un naturaliste improvisé : il y a beaucoup d'experts de cette force.

Parmi les produits, j'ai remarqué d'abord diverses sortes de blé, toutes d'excellente qualité. En outre des fruits propres au pays, on en voyait venant de greffes françaises, entr'autres de belles poires et d'énormes pommes de reinette. Parmi les légumes, des choux gigantesques; puis, des caisses contenant des cactus en pleine végétation et couverts de cochenilles vivantes. L'étiquette portait : cochenilles de Bermanduis, de MM. Feraud et Saulcy. — Ceci est une véritable conquête.

Il y avait un grand nombre de fort beaux échantillons de tabac, de coton, et une suite très-respectable de bouteilles de vin rouge, blanc, jaune, provenant de toutes les parties de l'Algérie. Je lis sur une étiquette : vin de Cherchell, vigne de trois ans, culture de M. Caroli; vin rouge de Baaouda, 1855, de M. Michel Vidal. Je remarque aussi diverses espèces de vin mousseux.

Viennent après une collection non moins nombreuse de flacons de liqueurs, avec des paquets d'ingrédients nécessaires pour les fabriquer, intitulés : essence africaine de Blidah, etc.

Je cite ceci seulement pour mémoire et comme indication

des soins que prend ici l'administration pour encourager l'industrie locale. Nous avons, à Paris, une exposition bien plus complète de nos produits africains.

Lorsque je rentrai à l'hôtel pour dîner, je trouvai la grande salle envahie par une nombreuse société de personnages en habit noir, buvant et banquetant. C'était une réunion d'autorités municipales et de notabilités commerçantes, célébrant quelque anniversaire. Un second salon avait été réservé pour les habitués militaires. Quant à nous, dîneurs vulgaires, on nous avait relégués dans les petits appartements. Nous nous ressentions de la solennité du jour, et comme au grand dîner civique il y avait eu beaucoup d'appelés et non moins d'élus, nous qui n'étions ni l'un ni l'autre, nous fûmes traités à la portion réduite : c'était véritablement la cuisine homéopathique. J'y admirai surtout une tourte de la grandeur d'une pièce de cinq francs où figuraient deux uniques cerises, tourte la plus mignonne que j'aie jamais vue, et qui, pompeusement placée dans un plat, en avait l'entière jouissance.

Au surplus, la faute en était moins au maître de la maison qu'à nous qui étions arrivés trop tard. Le nombre des convives de la journée avait dépassé toutes les prévisions, et le maître d'hôtel, qui crut devoir prendre la parole dans cette circonstance difficile, nous avait prévenus qu'il n'y avait plus rien, dès-lors qu'il ne pouvait pas nous donner grand'chose : il avait tenu parole.

L'esprit libre et l'estomac peu chargé, ce qui convenait fort à ma disposition cholérique, je descendis au champ-de-foire. J'y observai ce soir une sorte de rapprochement entre les têtes chrétiennes et les têtes indigènes : c'était un commencement de conquête morale. Il est vrai que l'effet en était peu flatteur et pas du tout artistique. Un certain nombre de Maures, fashionables d'ateliers, renonçant à leur turban, s'étaient affublés d'une casquette de fabrique parisienne, ce qui, sur leur tête rasée, était d'un effet des plus comiques. J'en vis même un qui portait un chapeau, mais ce devait être un Israélite. Tout ce qui est musulman a horreur du chapeau, car il ne faut pas considérer comme tel son gigantesque couvre-chef de paille, qui tient autant d'un parasol que d'une coiffure.

Ce jour-là il y avait abondance de Juives, coiffées de leur petit bonnet de pourpre posé à la cime de leur abondante chevelure d'un noir de jais. L'une d'elles attirait tous les regards par sa taille majestueuse et sa rare beauté : fort richement mise, elle aurait pu représenter avec avantage la reine de Saba.

Ce climat doit être favorable à l'enfance ; malgré leur teint cuivré et leur tête rasée, les enfants maures sont charmants et ont un air de vigueur et de santé.

Les Mauresques et les Bédouines, fort promeneuses le jour et qu'on rencontre partout, sont beaucoup plus rares la nuit : on n'en aperçoit qu'une de loin à loin, n'osant pas se mêler à la foule et ne laissant voir que ses grands yeux noirs et leurs longues paupières.

Les marchands imagers attirent toujours les indigènes, qui s'arrêtent devant les Madones et devant une grande image, également coloriée, sur laquelle est écrit en français, en espagnol, en arabe : *véritable portrait du Christ.* Remarquez bien que chaque marchand a le sien, et que pas deux ne se ressemblent.

Les boutiques de joujoux sont aussi un grand sujet de contemplation pour les Bédouins nouvellement arrivés ; j'en ai vu un surtout que j'aurais pu comparer à Champollion essayant, pour la première fois, de déchiffrer les hiéroglyphes ; mais moins heureux, mon Arabe s'est retiré sans y avoir rien compris.

Chose étrange, c'est que les enfants de tout âge, de toute couleur et de toute tribu, sont en ceci plus habiles que les hommes. De même que le jeune chat reconnaît une souris, bien qu'il n'en ait jamais vu, le petit Arabe comme le petit Maure, comme le petit chrétien, comprend du premier coup-d'œil qu'un jouet a été imaginé à son intention, que c'est son bien, son patrimoine. Dès qu'on l'approche de lui, il tâche d'y atteindre, et s'il y réussit, il ne veut plus le lâcher. J'en fis immédiatement l'expérience. Je pris un de ces bambins, Kabyle ou Maure, haut de deux pieds, qui me grouillait dans les jambes, et, le soulevant, je le mis à portée de la marchandise. Je n'eus pas une minute à attendre: allongeant la main, il saisit un pantin par la tête, l'attira à lui et l'empoignant de l'autre il partit de toute la vitesse de ses courtes jambes. Je payai les deux francs que valait le pantin, et je ne regrettai pas mon argent.

Quand je fus fatigué de la cohue, je fus retrouver le monde paisible de l'autre côté de la place. C'est là que s'élève la statue du duc d'Orléans. Le prince est à cheval, l'épée à la main. Lors de la dernière République on voulait la jeter bas, mais son inscription la sauva. Le piédestal porte qu'elle a été dédiée au pays par la ville et l'armée. La ville et l'armée la regardant comme leur propriété, la défendirent contre les iconoclastes. Depuis, on n'a plus renouvelé cette tentative. Je ne connais pas de guerre plus stupide que celle qu'on fait aux monuments: malheureusement elle a existé de tous les temps, et dans certains pays elle existe encore.

CHAPITRE XLIV.

—

Suite d'Alger. — Ses rues, ses mosquées, ses bazars, ses Juives, ses négresses.

—

Si l'on n'appréciait l'ancien Alger que par ses rues, on ne pourrait certainement pas le citer comme une belle ville. Les principales sont celles de Bab-el-Oued et Bab-Azoun, auxquelles on a eu la bonne idée de conserver leur nom, la rue de la Marine, etc. Sans être ni bien larges ni très-régulières, ces rues, par leurs édifices, leurs élégants magasins et le mouvement qu'elles présentent, ont un intérêt que leur envieraient des cités plus importantes. C'est surtout par cette animation et le pittoresque des costumes que celle-ci plait tout d'abord. Ajoutons que le séjour qu'on y fait ne détruit pas cet intérêt. La société y est nombreuse et agréable, et l'on y rencontre, dans le civil comme dans le militaire, beaucoup d'hommes distingués. En outre, la vie animale y est bonne, abondante et moins chère qu'en France.

Parmi les rues, on peut citer aussi, pour ses bâtisses

et sa population, celle de l'Intendance, ainsi nommée de l'intendance militaire et de l'intendance civile, dite *Direction de l'intérieur,* qui y sont placées.

Non loin de là est un ancien palais du dey, car il ne se tenait pas toujours dans sa cage de la Kasba. Près de la place du Gouvernement en est un autre: on en a fait l'évêché; très-bonne destination, puisqu'il est à croire qu'il sera ainsi conservé. En voici donc un de sauvé, et c'est quelque chose. Déjà bon nombre de ces chefs-d'œuvre des Maures ont disparu, et l'on doit s'attendre à ce que la ligne fatale, la ligne officielle, la ligne droite, ne tardera pas à mettre bas les autres. Je reviens souvent sur ce fanatisme de l'alignement; c'est qu'il a fait autant de ravages en France que les sauvages spéculations de la bande noire: c'est le vandalisme moderne. Moi aussi j'aime la régularité dans les villes, mais non pas quand elle s'attaque aux monuments et aux souvenirs historiques et lorsque, pour placer deux baraques, elle renverse un palais sous prétexte qu'il empiète sur la voie publique. Avec ce système, vous raseriez Gênes, Venise, Rome, et pour avoir de belles rues vous renonceriez aux belles villes. C'est ainsi que ce chef tartare, dont les idées sur ce point étaient plus radicales encore, voulait détruire toutes les cités, afin d'avoir, pour y placer ses tentes, des plaines où rien n'arrêtât la vue.

Mes conclusions ici sont celles de la chanson: *l'excès en tout est un défaut.* Faisons des rues et des routes droites, mais ne les faisons pas aux dépens de nos monuments nationaux, ni même de ceux des peuples chez qui la victoire nous conduit. Il est toujours facile de détruire, il l'est beaucoup moins d'édifier, et l'édifice qui rappelle un grand souvenir ou qui caractérise une époque ne se réédifie pas: sa perte est irréparable.

Parmi les maisons conservées, est la mairie, ancien hôtel Bacri, d'où est sorti le motif ou le prétexte de la guerre de 1830. Une somme de sept millions dus à M. Bacri, Israélite algérien, par le dey régnant, qui préférait les garder, amena la querelle. C'était une affaire de juge-de-paix ou tout au plus de tribunal civil, mais la politique, habile à grandir comme à rapetisser, en fit un sujet de guerre qui manqua de devenir européenne. Elle coûta au dey ses États et à son vainqueur sa royauté, car il est certain que, sans la conquête d'Alger, les ministres de Charles X n'eussent pas osé faire paraître les ordonnances, et la révolution n'avait pas lieu. On dira qu'elle eût éclaté plus tard: c'est possible, mais ce n'est pas certain.

Près de la porte Bab-el-Oued, celle-là même qui conduit aux bains et au jardin Marengo, est une place où, chaque semaine, se tient le marché aux bestiaux. C'était là que, sous le gouvernement du dey, les individus non musulmans étaient mis à mort, et c'est encore là, aujourd'hui, que la peine capitale est appliquée sans distinction de religion. Il faut dire, en l'honneur de la civilisation européenne, que ces exécutions ne s'élèvent pas à la dixième partie de celles qui avaient lieu sous les tribunaux ou le bon plaisir musulman.

De la place du Gouvernement, dont un côté donne sur le port, si l'on descend un long escalier, on trouve, avant d'arriver au quai, le marché aux légumes et aux fruits. Avec nos produits d'Europe, vous y trouvez ceux d'Afrique: des dattes, des bananes, des limons, etc. En continuant d'avancer vers le quai, vous êtes dans la poissonnerie où le naturaliste peut faire, avec succès, un cours d'ichthyologie. On voit bien que les pêcheurs à la ligne ne sont pas seuls chargés de l'approvisionnement; je n'ai vu nulle part une telle variété de poissons et de coquillages. Comme ces poissons viennent d'être pêchés, ils ont encore leurs brillantes couleurs. Parmi les coquillages, sont des moules de la forme des nôtres, mais ayant douze à quinze centimètres de longueur: avec une demi-douzaine on ferait un plat.

Ce qui n'est pas moins curieux que les poissons et les coquilles, ce sont ceux qui les vendent. Il y en a aussi de toutes les couleurs. Espagnol, Mahonais, Maltais, Toscan, Maure, nègre, Juif, Arabe, c'est à qui vous vantera sa marchandise, qu'ils vous offrent en cinq à six langues diverses où ils s'efforcent de glisser quelques mots français. Je ne sais si l'un d'eux, mulâtre ou quarteron, avait appris la grammaire sous un maître picard, mais je me frottai les oreilles en l'entendant me crier, en me montrant un merlan : *not moitre, bieu pichon.*

Les dames ne manquent pas au marché. Les Espagnoles, bonnes ménagères, y étaient en majorité. Le mouchoir en marmotte ne les coiffait pas toutes ici; il y en avait d'une classe plus élevée, ainsi que l'annonçaient leur voile noir et leur mantille; mais, pauvres ou riches, toutes ces femmes étaient bien chaussées.

On y voyait quelques Françaises en chapeau, suivies d'une bonne. Les indigènes ne s'y montrent guère, soit que leurs maris n'aiment pas le poisson, soit qu'elles s'occupent peu de leur cuisine. Je ne saurais dire ce que font les femmes maures et arabes à Alger, et si même elles font quelque chose; dans aucun pays, je n'ai rencontré plus de personnes du sexe musant par les rues, allant et venant sans but apparent, à peu près comme ces petites filles qu'on envoie seules à l'école et qui, pour y arriver le plus tard possible, s'arrêtant devant chaque mouche qui vole, ne font point deux pas par minute. Ces femmes semblent personnifier l'ennui; aussi leur aspect me faisait une sorte d'effet narcotique, et, plus d'une fois, je me sentis bâillant à leur approche.

Les Juives forment contraste avec elles ; elles circulent également, par toute la ville, une bonne partie du jour : ce n'est probablement aussi que pour y flâner, mais leur flânerie a quelque chose d'affairé qui écarte l'idée du désœuvrement complet.

Les Espagnoles n'ont cet air occupé qu'à l'heure de la provision, car si l'Espagnole fait de mauvaise cuisine, ce n'est certainement pas faute de s'en occuper, c'est plutôt parce qu'elle s'en occupe trop.

En revenant du port, je vais visiter une mosquée dont la porte est voisine de la place du Gouvernement. Donnant sur une rampe qui descend vers le quai, cette porte est assez difficile à trouver. En voulant y entrer, je me trompe de route, et me voici dans une pièce ornée de belles nattes où sont plusieurs indigènes très-proprement vêtus. Je les prends pour des dévots se préparant à la prière ; j'ôte mes souliers, j'avance vers une portière en étoffe que j'écarte et je me trouve en face d'un vénérable Turc en turban, assis à un comptoir sur lequel étaient des piles d'écus et des pièces d'or. A mon apparition, il fit un mouvement comme pour dissimuler son trésor, et je vis que si j'étais bien dans un temple, ce n'était pas celui que je cherchais. Mon homme était un banquier-changeur, et je le surprenais au moment qu'il vérifiait sa caisse. Je le saluai et je me retirai comme j'étais venu.

Cette fois je trouvai la bonne porte ; quelques Maures prosternés faisaient leurs dévotions. L'un d'eux près de qui je passai, me voyant ôter mes souliers, me dit : *buono*.

Cette mosquée, sans être remarquable comme architecture, est fort bien tenue. Elle a la forme d'une croix, ce qui lui donne assez l'air d'une ancienne église chrétienne. Des lampes suspendues à la voûte en sont le seul ornement.

En suivant la rue de la Marine, on arrive à une seconde mosquée qui vous frappe tout d'abord par sa façade formée de dix-huit colonnes en marbre et huit plus petites soutenant des ogives. Cette façade est de construction française et date de peu d'années ; bien harmoniée à l'ensemble de l'édifice, elle est le plus bel ornement de la rue. L'intérieur du monument est un curieux spécimen de l'architecture mauresque ; rien de plus original que ces cent quatre colonnes, ces arceaux et ces dômes.

Cette mosquée a sa cour, mais petite, et son jardin avec sa fontaine. Une galerie extérieure l'entoure, donnant sur la rade, le port et une partie de la ville. Les musulmans tiennent à laisser libres les abords de leurs temples ou à les faire précéder d'une cour ou d'un jardin. C'est le contraire chez nous, et les trois quarts de nos grandes cathédrales sont masquées par des maisonnettes que nos pères se sont empressés d'y adosser et qui y font l'effet de ces petuncles et autres corps parasites qui s'attachent à la surface des plus belles coquilles. Dans quelques villes, on a eu le bon sens de dégager les temples de ces constructions déplorables. Ailleurs, on en ajouta à celles qui existaient, et j'en pourrais citer qui ne remontent pas à dix ans.

Ces deux mosquées n'ont chacune qu'un seul minaret, peu élevé comme l'édifice lui-même ; la seconde surtout est basse et demi-souterraine. En sortant, je donnai trois francs au gardien ; cela lui parut sans doute une grande générosité, il me remercia en croisant ses mains sur sa poitrine d'une façon tout-à-fait dramatique. Il en fut de même de deux petits Maures très-éveillés qui m'avaient suivi et à qui j'avais donné quelques sous.

En rentrant sur la place du Gouvernement, je m'arrête de nouveau devant la statue du duc d'Orléans, que je n'avais vue que la nuit ; je fus frappé de la ressemblance : c'est bien là sa pose et ses traits. L'histoire gardera de ce prince un bon souvenir ; brave, il avait, avec un jugement sain, une instruction véritable et un cœur excellent ; il aurait donné à la France un souverain digne d'elle. J'en parle avec connaissance de cause, car je l'ai connu personnellement.

Je vois la place Mahon et celle de Chartre ; je remonte la rue du même nom, à laquelle viennent aboutir des bazars qui semblent autant de ruches. Il y a là peu de flâneurs, tout le monde est occupé ou semble l'être ; les uns vendent, les autres achètent, mais le plus grand nombre travaillent à la manière du pays, assis sur un tapis les jambes croisées. Ces ateliers ouverts où l'on entre de plain-pied semblent faire partie de la rue ; là, on rencontre à chaque pas des brodeurs en or et en soie, nombreux partout dans les états musulmans, où l'on pousse le goût de la toilette bien plus loin que chez nous.

Il est assez remarquable que, chez les hommes, cet amour de parure est toujours en sens inverse de leur degré de civilisation. Le Turc, le Maure, le Persan, demi-civilisés, se parent plus que le Français, l'Anglais, l'Allemand, etc., et l'homme encore barbare, le sauvage, plus que tous les autres. Ce chef indien, pour paraître dans un banquet, un combat, une cérémonie funéraire, emploiera dix fois plus de temps à peindre et orner son corps, à disposer les plumes de son bonnet et de son manteau, que n'en mettrait chez nous la coquette la plus raffinée. Notre garde-robe, si nous ne sommes ni administrateur, ni général, ni colonel de hussards, vaudra quelques centaines de francs; celle d'un Arabe ou d'un Maure, y compris l'équipement de son cheval, s'élève quelquefois à des sommes fabuleuses. C'est qu'on devient d'autant plus fier de son corps qu'on a moins de raison de l'être de son esprit, chose qui arrive toujours chez les peuples où l'esprit ne compte pour rien.

Cette rue de Chartre présente, aux voitures près, un mouvement comparable à celui du quartier Saint-Denis ou des rues les plus populeuses de Naples. Je ne sais s'il en est toujours ainsi, ou bien si la foire avait attiré à Alger cette masse de Bédouins et de Kabyles, mais la rue entière en était blanche. Beaucoup de têtes noires se montraient sous le burnous, alors elles me rappelaient ces troupeaux de moutons blancs à tête noire qu'on rencontre quelquefois dans la campagne de Rome.

A chaque coin de rue, on voyait accroupies deux à trois négresses vendant des pains, des fruits, des légumes. Elles sont toujours entourées de Bédouins, marchandant un pain, un melon, une botte de carottes, car ils marchandent tout.

Certains magasins, et ce ne sont point les moins riches, n'offrent que des objets à l'usage des Arabes: des caftans, des burnous, des selles maures, etc.; les marchands sont des Turcs, des Juifs, des Maures, des Italiens. Les Français sont là en minorité: leurs comptoirs sont dans des rues plus aérées.

Je passais non loin d'un Turc qui vendait des parfumeries; tout d'un coup je le vois frapper au visage un Bédouin en vociférant beaucoup, et le Bédouin le lui rendre en ne criant pas moins. Je ne sais où ils allaient en venir, quand, me remarquant dans la foule, j'étais le seul Franc qui s'y trouvât, le Turc me fait invitation d'approcher; puis il me montre à son adversaire: je vis qu'il me proposait pour arbitre. Le

Bédouin acquiesça par un signe à cette proposition, et moi par un autre. Le Turc parlait la langue franque : je compris aussitôt l'affaire. Il vendait des petits pains de savon parfumé à cinq centimes la pièce ; il en avait vendu quatre au Bédouin pour vingt centimes, mais celui-ci en avait pris un de plus et ne voulait pas le rendre, prétendant qu'il n'en avait que quatre, qu'il montrait en effet dans sa main. Je m'aperçus qu'il tenait l'autre fermée : je lui dis de l'ouvrir, il s'y refusa ; alors je pris dans sa main ouverte un des quatre pains et je le rendis au marchand. Le Bédouin ne fit aucune observation, il referma sa main et partit sans ouvrir l'autre, hué par la foule qui s'était approchée pour voir le dénouement. Le Turc replaça gravement son pain dans le tiroir, me remercia d'un signe de tête et se remit à fumer.

J'avais besoin d'un cordon pour attacher ma montre, car la chaîne d'acier, à laquelle je la tiens ordinairement suspendue, s'était tellement oxydée par suite des coups de mer, qu'il fallait la réparer ; j'entre donc dans une boutique de passementier. Au comptoir était un jeune Maure de neuf à dix ans, qui me demanda, en très-bon français, ce qu'il y avait pour mon service. Je lui réponds en lui montrant une pelotte de cordonnet que je voyais dans un bocal : c'était un tissu de bourre de soie assez commun. Je veux savoir combien cela coûtait le mètre ? Il me dit un franc. C'était quatre fois sa valeur. Sur mon refus, il m'en montre d'autres en coton qu'il me fait quarante centimes. Ici, c'était huit fois, ou trente-cinq centimes de trop. N'importe, je paie ; il me mesure un mètre, et je vois qu'il m'en rogne quelques centimètres. Je lui compte huit sous ; il les vérifie tous l'un après l'autre, et il m'en rend quatre en me disant qu'ils ne sont pas bons. Je les examine, ils étaient absolument comme les autres : mais l'un, selon lui, était trop petit, l'autre avait une ébréchure, un troisième était faux, un quatrième n'était pas bien marqué. Ennuyé, je prends une pièce d'un franc ; c'était probablement où il voulait en venir. Après l'avoir bien soupesée, il me rend douze sous que je reçois sans les regarder. Plus tard, quand je voulus m'en servir, je m'aperçus que sur les douze il n'y en avait que quatre qui eussent cours à Alger ; le reste était des pièces étrangères sans marque ou démonétisées. Je me dis : ce garçon-là est un habile financier, il fera fortune.

Parmi les marchands de cette rue, il doit y avoir aussi des Juifs, car j'y rencontre beaucoup de femmes et de jeunes filles de cette nation. Une chose assez bizarre, c'est que ces Juives ne brunissent pas ici comme les Européennes ; elles n'ont pas cette fraîcheur rosée de nos filles du nord, mais elles sont aussi blanches.

Les Juifs de toutes les classes ont, depuis la conquête, gagné en tranquillité et en considération : ont-ils gagné en fortune ? Je ne saurais l'affirmer. Il leur était plus facile d'exploiter des Turcs que des Français ; néanmoins, il y en a beaucoup de riches, et ils le deviendraient tous s'ils n'avaient pas pour concurrents les Maures, qui, eux non plus, ne sont pas maladroits en affaires.

Si les mariages entre les chrétiens et les Israélites sont rares en Afrique, il n'en est pas de même des unions passagères, et, sous ce rapport, les Juives n'ont contre les chrétiens aucun préjugé invincible. Les chrétiens, les militaires surtout, semblent en avoir moins encore ; il en est même qui, aimant à la fois la belle et la dot, pousseraient l'aventure jusqu'au mariage. Probablement que la belle préfère être aimée pour elle-même ; elle veut bien d'un Français pour adorateur, elle n'en veut pas pour mari.

Mes goûts d'antiquités ou des souvenirs d'autres temps m'ont, comme tous les autres pionniers de la science, conduit, pendant mon séjour en Afrique, dans les boutiques dites *de bric à brac* ou de curiosités. Or, en tout pays, ce genre de commerce est dévolu aux enfants de Moïse. Mes recherches ne furent pas heureuses en ce qui concernait les choses anciennes ou de ma compétence. Ç'eût été tout différent pour les articles nouveautés, et, dans ces magasins, les joyaux les plus brillants et aussi les plus courus étaient d'ordinaire les yeux des demoiselles de la maison.

Après avoir exploré le vieil Alger, je gagne le nouveau, ou ce qu'on appelle le quartier neuf. Là, on se retrouve en Europe. C'est Londres ou Paris, avec des noms français illustrés en Afrique : la rue Joinville, la rue Bugeaud, etc. Je salue, en passant, la statue du père Bugeaud, comme on nomme encore à Alger ce soldat orateur et agriculteur, qui maniait aussi bien la charrue que la parole et l'épée. Ces rues nouvelles, larges, droites, ornées de grandes et belles maisons, font honneur à l'administration française ; je crains seulement qu'on n'ait pas pris assez de précautions contre le soleil et les tremblements de terre.

Avant d'arriver à la porte d'Isly, on rencontre un palmier assez beau, ce qui n'est pas très-commun ici. Après cette porte, à droite, est une place, sorte de caravansérail, où s'arrêtent les chameaux et leurs propriétaires maures et bédouins. Il y en a, en ce moment, un nombre considérable, venus pour assister aux courses. Leurs animaux au long cou, les uns à genoux, les autres couchés ou debout, rappellent les scènes de la Bible.

Non loin de là, je m'arrête devant un petit camp de négresses vendant, comme d'ordinaire, des comestibles divers. Un Arabe, perché sur son chameau, marchande quelques pains; la négresse, assise à terre, lui répond et finit par les lui envoyer par un jeune nègre, son fils ou son domestique. Le Bédouin remet l'argent au porteur: la négresse ne trouve pas son compte; le Bédouin veut partir, la négresse se lève, saisit la bride du chameau. Le cavalier se baisse pour la dégager; dans ce moment, elle lui allonge un vigoureux coup de poing et, tandis qu'il secoue les oreilles, elle lui arrache ses pains, lui jette son argent à la face et va tranquillement se recroiser les jambes.

Le Bédouin avait quelque envie de se fâcher, mais toutes les négresses et les négrillons du camp se mirent à vociférer contre lui d'une telle manière, qu'il prit le parti de la prudence: il descendit de sa monture, ramassa son argent et s'en fut gravement acheter du pain un peu plus loin.

De cette petite aventure et d'une ou deux autres que j'ai citées, j'ai conclu que les dames noires formaient, en Algérie, un corps très-respectable, et qu'il ne faisait pas bon d'empiéter sur leurs droits. J'en ai rencontré qui, si l'on en pouvait juger à leur taille et à la carrure de leurs épaules, auraient pu lutter avec nos hercules du nord.

Il y en a aussi de mignonnes et de fort jolies. J'en ai, un jour, vu une qu'accompagnait un officier arabe décoré; elle était mise à la mauresque avec une élégance parfaite. A la couleur près, il était difficile de rien voir de plus beau que cette jeune femme. Elle rappelait tout-à-fait ces odalisques qu'on voit dans le tableau de *la Smalla* et quelques autres toiles de Vernet. Mais elles ne sont pas toutes ainsi, tant s'en faut, et nulle part on ne rencontre de contrastes plus frappants et mieux tranchés. Au lieu de faire aller nos jeunes peintres copier ce qui l'a été mille fois, on ferait mieux de les envoyer chercher en Afrique des types originaux. En peignant le beau, il ne faut pas toujours négliger le laid. Si le bien est, physiquement et moralement, la conséquence de la possibilité du mal; si l'un est impossible sans l'autre, il en est de même pour nous du laid et du beau. La laideur fait merveilleusement ressortir la beauté, qui cesserait d'être appréciée et même comprise si elle était une et générale.

C'est pour cela peut-être que telle négresse nous paraît si belle: le contraste la divinise à nos yeux, parce que, sous la même peau, nous en avons vu d'effroyables. Effroyables est le mot, car il en est qu'à leurs mâchoires proéminentes, leurs grosses lèvres, leurs narines ouvertes, leur nez écrasé, on dirait tenir autant du babouin que de l'homme.

Pourtant celles-là aussi trouvent des adorateurs, et même des maris. J'en ai remarqué une de cette physionomie accompagnée de deux enfants qu'à leur laideur native, on reconnaissait pour les siens. Chose plus curieuse encore, ils étaient mulâtres et parlaient français: un blanc était donc l'heureux époux de cette Vénus quadrumane.

Malgré mon désir de paix universelle et de la confraternité des peuples, je me soucierais peu d'une semblable variété de citoyens français.

CHAPITRE XLV.

Suite d'Alger. Le théâtre. — La bourrasque. — Promenade dans l'Atlas. Le chameau.

Le siroco souffle toujours; il fait un temps lourd qui rend la vie insupportable. Pour comble d'infortune, la glace, assurait mon hôte, manque en ce moment à Alger, et, sous ce prétexte, on vous sert de l'eau tiède. C'est alors aux indigènes qu'il faut s'adresser : ici, les Maures seuls savent se procurer de l'eau et de l'air frais. Si le siroco soufflait toujours, j'aurais peine à m'accoutumer à ce pays. De ce temps, il est difficile de travailler et pas plus aisé de manger; je n'ai pris, aujourd'hui, qu'un petit gâteau pesant à peine deux onces. Je conçois la vie des Arabes : le jeûne et la paresse.

Espérant retrouver l'appétit en changeant de nourriture, je vais dîner dans un restaurant, où je suis fort bien servi à un prix très-minime. Il faut que l'Algérie offre bien des ressources pour que, dans sa capitale, avec le surcroit de population qui s'y trouve à cette époque, on puisse vivre à si bon marché.

Les moyens de locomotion ne sont pas plus chers : on a une calèche ou une berline à quatre places, fort propre, à deux chevaux, avec un cocher bien tenu, moyennant deux francs par heure.

De la place du Gouvernement partent, à tout instant, des omnibus pour la ville et pour les environs. Les femmes arabes en font grand usage ; deux à trois fois je n'y pus trouver place, parce que tous étaient occupés ou retenus par ces dames. Les omnibus et plus encore les diligences ont fait grand tort aux chameaux. Les Maures et même les Arabes n'ont pas tardé à les apprécier pour les voyages, comme leurs femmes faisaient des omnibus pour leurs promenades ou leurs courses en ville, et, toutes les fois qu'ils le peuvent, ils s'en servent soit pour leur famille, soit pour eux-mêmes. Je serais curieux de voir un ménage arabe faisant sa première course en chemin de fer.

Après le dîner, j'entre dans un temple protestant, portant cette inscription : Au Christ rédempteur. Ce temple, à colonnes ioniques crénelées, est petit mais d'un bon goût. C'est une construction toute nouvelle. Le pasteur est un jeune homme très-soigneusement mis, en habit noir, et qu'on croirait paré pour une soirée dansante ; il fait une exhortation en très-bons termes à une douzaine de dames et à autant d'enfants, puis leur chante un psaume d'une voix assez juste, mais qui aurait besoin d'accompagnement.

Quoique l'habit ne fasse pas l'homme, je n'aime, dans aucune religion, les prêtres vêtus comme les bourgeois, surtout quand ces bourgeois le sont comme des pantins. Quelque mérite qu'ait l'officiant, un costume étriqué lui nuira toujours, en chaire comme à la tribune.

Admettons que nos curés disent la grand'messe en frac et que les chantres, les enfants de chœur et le suisse soient en veste ou en paletot, si cela n'influe en rien sur les personnes véritablement pieuses, il n'en sera pas de même sur les autres, et vous en ferez bientôt des chrétiens indifférents.

J'entre dans plusieurs maisons mauresques. Quoique toutes bâties d'après un même système, elles offrent, dans leur détail, une variété qui charme : cela n'a rien de grandiose, mais c'est gracieux. Ces cloîtres à arceaux avec ces doubles colonnettes droites ou torses, ces murs garnis de faïence aux couleurs vives et tranchantes, ces divans de marbre blanc assez larges pour s'y asseoir ou s'y étendre, présentent un tout qui satisfait et qui repose, parce qu'il est bien approprié au climat. C'est seulement là qu'on peut respirer et trouver quelques instants de bien-être.

Je descends la rue Bab-el-Oued et j'arrive en face du grand théâtre, bel édifice à colonnes, nouvellement construit, et qui fait honneur à l'architecte et à l'administration municipale.

C'était l'heure du spectacle, j'y entre. L'intérieur de la salle est également fort convenable et digne d'une grande ville. Il y a peu de dames dans les loges : la chaleur en est cause ; mais les stalles, les avant-scènes, les galeries sont remplies d'hommes, la plupart en uniforme.

Le parterre est comble de sous-officiers et de soldats. Parmi les sous-officiers, une demi-douzaine, fort jeunes ou fort gais, sont arrivés avec des mirlitons qu'ils ont achetés à la foire. Usant du privilége de ce temps de jubilé, ils entonnent, en attendant qu'on lève le rideau, un sextuor de leur instrument. On juge de l'effet ! Quelques amateurs, car il y en a de tout, applaudissent et crient *bis*. Ils recommencent. On applaudit de nouveau et l'on crie *ter*. Alors l'opposition siffle. Elle était toute bourgeoise; conséquemment tous les militaires se lèvent en faveur des mirlitons; personne ne voulant céder, on en vint aux mots. Les coups allaient suivre, quand le commissaire arriva; or, un commissaire est ici un personnage redouté, au moins du civil. A son aspect les sifflets se taisent. Les mirlitons commençaient à chanter victoire, mais, à leur tour, il leur prescrit le silence. Plus récalcitrants, ils n'en tiennent compte; il les menace de la porte et deux gendarmes se montrent. L'effet dulcifiant du gendarme est le même partout, c'est un calmant auquel l'homme du midi ne résiste pas plus que celui du nord; aussi, au seul aspect du tricorne, les mirlitons rentrèrent en poche.

Je n'aperçus aucune femme indigène, mais plusieurs burnous étalaient leur blancheur dans les stalles. On donnait les *Mousquetaires de la Reine*. Il y avait deux bonnes chanteuses, deux bons ténors ou barytons, une excellente basse, enfin un orchestre qui n'était pas mauvais. Au total, l'ensemble de la représentation valait tout ce que j'ai vu de mieux dans nos provinces, sans en excepter Marseille et Bordeaux.

Étant sorti pendant l'entr'acte, je vois la foule les yeux fixés sur le versant de l'Atlas : toute la montagne est en feu. Les uns disent que le siroco est la cause de cet embrasement spontané; d'autres, que ce sont les Arabes. Ces incendies, s'étendant quelquefois à des distances considérables, atteignent les bois, les moissons et font beaucoup de mal.

Je rencontre mon officier du 35e et nous échangeons quelques paroles. C'est un caractère bien tranché, et l'on s'explique, en le voyant et en l'entendant, l'action d'éclat qui l'a fait décorer.

Il y avait longtemps que je n'avais, au théâtre, entendu de bonne musique; je fus, jusqu'au bout, satisfait de celle-ci, et je regrette de n'avoir pas conservé le nom des chanteurs et chanteuses qui méritaient une mention honorable.

Malgré l'horrible chaleur qu'il fait au dehors, la température était modérée dans l'intérieur de la salle et bien moins élevée que dans nos théâtres de Paris, où l'on semble être sous la machine pneumatique. Ces ventilateurs inaperçus et placés de manière à ne pas exposer les spectateurs à des courants d'air, devraient être appliqués partout.

Après la représentation, nous retrouvons la terrible illumination de la montagne; elle s'était considérablement accrue et, se réflétant dans la mer, formait un vaste tableau qui me rappelait l'Etna et son courant de lave. C'est à l'est que s'étendait l'incendie qui avait commencé sur huit points différents.

Malgré l'heure tardive et la foule qui se trouvait encore dans la rue, je n'y remarquai aucun symptôme de désordre, et il en fut ainsi tout le temps de mon séjour à Alger. Lorsque tant de nations, et dès-lors tant de passions et d'intérêts divers, sont en présence, maintenir la concorde n'est pas chose aisée. Honneur donc à l'administration qui y parvient. Le nombre de crimes et de délits qui se commettent ici n'excède pas, à population égale, celui de nos villes de France; il y est moindre, m'assurait un Espagnol, que celui de bien des villes d'Espagne.

Après avoir fait la part de la police, il faut aussi faire celle de la sobriété. Est-ce l'exemple des Arabes qui nous a gagnés? Est-ce l'effet du climat? Il est bien certain que les orgies de table, les excès de boissons sont ici plus rares qu'ailleurs, et qu'on n'y rencontre que peu ou point d'ivrognes. J'en ai certainement moins vus à Alger qu'à Constantinople, quoiqu'à l'époque où j'y étais pas un seul soldat allié n'y eût encore mis les pieds.

J'ajouterai que, malgré le grand nombre de filles publiques de toutes les couleurs, que le séjour constant d'une armée et une population en majorité célibataire, attirent à Alger, on n'y est, même dans les quartiers qu'elles habitent, ni insulté, ni grossièrement provoqué, comme cela arrive dans bien des villes européennes, notamment en Angleterre. Cela vient encore de ce que ces malheureuses boivent moins qu'en Europe; on n'y voit pas de femmes ivres, rencontre qui n'est pas rare à Paris et qui est très-commune à Londres.

J'arrive chez moi véritablement fourbu. Ce vent du désert brise les jambes, coupe l'appétit et rend inhabile à tout; s'il règne souvent ici, j'aimerais autant habiter la Sibérie.

En me couchant, j'avais laissé ma croisée ouverte pour avoir un peu de fraîcheur, et grâce au courant d'air j'avais pu m'endormir. Tout-à-coup je suis réveillé par un vacarme si épouvantable et un tel soubresaut de mon lit que je crus qu'un tremblement de terre renversait la maison. Des carreaux qui se brisent à droite et à gauche me confirment dans cette idée. Je m'élance dans la chambre, m'attendant à tout instant à une seconde secousse.

Elle ne vint pas. Il n'y en avait même pas eu du tout: c'était le vent qui avait, en poussant la fenêtre, fait tomber la table et ébranlé mon lit. Je ne compris pas ceci d'abord et je courus au corridor où j'entendais un grand mouvement: la même alerte ou le même bruit de carreaux cassés avait éveillé tous ceux qui, comme moi, avaient laissé leurs fenêtres ouvertes. Le jour, heureusement pour les dames, n'y avait pas encore complètement pénétré; cependant, il y en avait assez pour qu'on y aperçût un étrange pêle-mêle: hommes, femmes, enfants, tous en chemise, s'y précipitaient, les uns pour s'informer de ce qui arrivait; les autres, ceux qui croyaient au tremblement de terre, pour atteindre l'escalier. Enfin on reconnut qu'il ne s'agissait que d'un coup de vent, mais personne ne retrouvait sa chambre. Moi, j'entrai dans celle de mon voisin, officier de spahis, qui, par suite de l'habitude, me cria: *qui vive* en sautant sur ses pistolets.

Quand je regagnai mon logis, une dame s'y était égarée. Engagée entre mon lit et ma table renversée, elle ne pouvait plus trouver d'issue et appelait à l'aide. Je la reconnus à son gentil accent. Arrivée tout nouvellement de Paris, elle se croyait revenue aux jours néfastes des barricades. J'avais justement passé une partie de la soirée au spectacle avec elle et son mari, officier d'état-major; elle me reconnut aussi et me pria de la tirer de ce mauvais pas, ce que je m'empressai de faire, en lui demandant si elle n'était pas blessée? Un franc éclat de rire me prouva que le mal était moins grand que je ne craignais.

Je ne sais si cette excursion nocturne m'avait calmé le sang ou si la tempête avait rafraîchi l'air, mais je dormis profondément le reste de la nuit, et quand je me réveillai il faisait grand jour.

Le ciel se montrait sans nuages, mais le siroco était revenu; la chaleur était déjà si forte que je ne me sentais pas disposé à sortir. Je me demandais à quoi j'allais employer mon temps, car je n'ai jamais su que faire dans un hôtel. La réponse vint toute seule. La tempête m'avait taillé de la besogne. Ainsi que la Sybille, j'ai l'habitude d'écrire mes notes sur de petites feuilles détachées, or, la veille, j'en avais posé une grosse poignée sur la table pour les réunir et les numéroter; quelle ne fut pas ma stupeur en ne les retrouvant plus à leur place et d'en voir jonchés tous les coins de la chambre : il fallait donc retrouver par le sens des phrases ce qui ne pouvait plus l'être par la superposition des feuilles. Ce n'était pas une petite besogne et, cette fois, je maudis tout de bon la bourrasque.

Après un quart-d'heure donné à ma colère, je m'exécutai. Je ramassai une à une toutes les pages éparses, forcé souvent, ce qui renouvelait ma fureur, de me coucher sur le ventre pour les atteindre sous le lit.

Quand je n'en vis plus à terre, je commençai la mise en ordre. J'avais entrepris une œuvre véritablement digne des Bénédictins; telle phrase s'adaptait assez bien à la dernière d'une autre page et prenait place à sa suite, puis, quand je poursuivais, je voyais que l'une s'appliquait à l'Espagne et l'autre à l'Afrique : il fallait recommencer. Alors je ne m'y reconnaissais plus du tout; il y avait pis que du désordre, il y avait lacune. Le vent ne s'était pas contenté de brouiller les cartes, il en avait emporté. C'était à en devenir fou, et j'allais, pour sortir de passe, envoyer à ce vent voleur ce qu'il m'avait laissé, quand j'entendis frapper à ma porte et je vis entrer la femme de chambre de ma visiteuse nocturne. Elle venait me rapporter les feuilles que sa maîtresse, lors de sa sortie, avait entraînées avec elle par le mouvement de ses pantoufles ou les ondulations de sa robe. On peut juger si je les reçus avec reconnaissance. Je fis amende honorable au vent qui n'avait été qu'espiègle. Ces feuilles si miraculeusement retrouvées comblèrent la plupart des lacunes; ma mémoire pouvait suppléer au reste, et quand je descendis pour déjeûner le mal était à peu près réparé.

Ceux qui auront la patience de parcourir ces très-futiles pages, pourront s'étonner de l'importance que j'apportais à les retrouver et du mal que je me donnais pour les remettre en ordre. Comme l'observation n'est pas sans quelque poids, je dois y répondre et dire que, parmi les notes que je regrettais, il se trouvait des études géologiques et archéologiques qui ne font point partie du cadre de ce léger volume, ayant pris pour habitude de ne pas mêler les contraires, ou les choses sérieuses à celles qui ne le sont pas. M'écartant ici de mon plan et de mes habitudes, si je vais vous parler d'une de mes excursions sérieuses, c'est que j'y employai des moyens de locomotion qui l'étaient moins.

Ce jour-là donc je voulus exécuter une petite course que j'avais projetée dans l'Atlas, et pour laquelle je m'étais assuré le concours d'un Maure parlant assez bien français et de deux Bédouins de ses amis, qui devaient me conduire dans leur village, près duquel, selon ce Maure, il y avait des pierres arrangées symétriquement et, qu'à la description qu'on m'en avait faite, je soupçonnais être un monument celtique.

Je finissais de déjeûner lorsque le Maure me dit que les Bédouins étaient en ville, qu'ils s'apprêtaient à partir et que je pouvais voyager avec eux en toute sécurité. Quant au mode de transport, mes conducteurs, arrrivés avec d'autres individus de leur tribu, pouvaient, à mon choix, m'offrir, cheval, âne, mulet ou chameau : ce choix fut bientôt fait.

Depuis longtemps j'avais envie d'essayer de la monture des rois mages; je choisis le chameau, au grand divertissement du Maure, honnête marchand, qui était tout aussi curieux que moi de me voir perché sur l'animal. Tout mon bagage se bornait à mon parapluie faisant fonction de parasol et une chemise dans ma poche.

Je trouvai mes Bédouins au camp des chameaux, hors de la porte d'Isly. Mon compagnon me présenta à eux. Ils n'étaient pas beaux, mais ils avaient l'air bonnes gens, et l'un d'eux baragouinait la langue franque. Je dis donc à mon Maure qu'il pouvait retourner à ses affaires et que je me confiais à ses amis.

Avant de s'éloigner, il ne voulut pas se priver du plaisir de mon ascension. On me choisit le chameau le plus propre et le meilleur selon mes guides, mais c'était aussi le plus haut; j'aurais tout autant aimé qu'il le fût moins, et je commençais à m'accuser de témérité. Il n'était plus temps de reculer; on le fait agenouiller, on m'indique comment je dois me placer, et on me met en main une espèce de longe, en me prévenant de bien me tenir quand il se relèverait: ce qui ne m'empêcha pas de recevoir une secousse telle que je me crus lancé dans l'espace. J'en fus quitte pour la peur. Alors on m'enseigna de quelle façon, selon la circonstance ou la fatigue, je pouvais changer de position, et, ces préliminaires achevés, nous nous mîmes en route.

Notre caravane se composait de vingt individus, tous Bédouins ou Kabyles, plus quelques enfants et deux femmes. Il y avait, en outre, une trentaine de bêtes, chevaux, ânes, chameaux, les uns montés par leurs propriétaires, les autres chargés de divers approvisionnements, parmi lesquels je remarquai bon nombre de pains.

Comme une partie de la caravane était à pied, nous n'allions pas vite et j'en bénissais le ciel, car je n'avais pas tardé à m'apercevoir que le mouvement de ma monture n'avait rien de précisément agréable; cela ressemblait assez au tangage d'un navire à l'ancre dans une mauvaise rade. Si nous avions trotté, en supposant qu'un chameau trotte, tout habitué que je sois à la mer et au roulis, j'aurais pu, comme le marin novice, compter mes chemises. La poussière que produisaient tant de bêtes n'était pas commode, mais elle était en situation et, sans les fiacres qui nous croisaient à chaque pas, il n'aurait tenu qu'à moi de me croire dans le Sahara et sous l'influence du simoun.

Enfin, nous quittons la grand'route; je n'en fus pas fâché. Ailleurs, on aurait pu me prendre pour quelque infortuné voyageur prisonnier des Bédouins; cela m'eût entouré d'une sorte d'intérêt, mais ici je ne me trouvais que ridicule, et j'en étais venu à penser que mes graves compagnons riaient dans leur barbe et que les deux odalisques-voilées me tiraient la langue.

A mesure que nous avancions, quelques-uns de nos cavaliers, appartenant à d'autres gourbis, prenaient les sentiers et disparaissaient entre les rochers ou dans des massifs d'arbres rabougris, parmi lesquels je reconnaissais l'olivier sauvage. Tant que nous suivîmes la route, nous avions, à droite et à gauche, des champs cultivés, mais, arrivés aux chemins de traverse, nous ne vîmes plus d'habitations et les terrains défrichés devinrent de plus en plus rares.

Après cinq heures de marche, nous arrivons à un camp arabe; il y avait sept à huit tentes et deux grandes maisons de paille, semblables à celles dont j'ai parlé. Les deux femmes et trois hommes appartenaient à ce village; mon chameau en était aussi. On me prévint que nous allions le laisser là et qu'il fallait descendre. Je ne me le fis pas dire deux fois. J'avais tenu bon jusqu'au bout et satisfait mon caprice, mais je n'aurais pas recommencé pour beaucoup; cependant je ne pouvais me plaindre, car je reconnus, avec quelque satisfaction, que ma peau était intacte.

Les habitants du lieu, accoutumés à voir des flâneurs,

ne firent pas grande attention à ma personne, ce dont je leur sus infiniment de gré.

Sur ma demande, ils m'apportèrent du lait, que je trouvai excellent; je mangeai un morceau de pain et, après une heure de repos, nous continuâmes notre voyage. Ici, j'avais eu à choisir entre une demi-douzaine d'ânes, deux mulets et un cheval: pour l'honneur du pavillon, je pris le cheval. Il avait fort bonne mine, mais il avait encore plus mauvais cœur, car ce damné animal, sans avoir égard à ma fatigue précédente et peut-être en haine du nom chrétien, se mit à me jouer tous les tours imaginables: quand le chemin était bon, il s'entêtait à aller au pas; dès qu'il était mauvais, il se mettait au trot, et pour peu qu'il fût détestable, il prenait le galop. Remarquez bien que nous étions maintenant en pleine montagne, que bien souvent le sentier fort étroit avait pour ruelle le précipice; bref, mon quinteux coursier en fit tant que je regrettais mon chameau.

Le pays que nous traversions était des plus sauvages: c'était l'Atlas dans toute sa sévérité, et ce n'était que le petit. On se serait cru à mille lieues de la civilisation. De temps en temps, quelque belle échappée de vue se montrait à nous, mais le moyen d'en jouir avec le satan que j'avais entre les jambes et l'idée qu'un de ses soubresauts pouvait me lancer dans l'éternité? On me dira: — Vous aviez là six ânes, que n'en preniez-vous un? — Je me le disais aussi et je regardais ces dignes animaux en enviant la béatitude de leurs cavaliers qui, aussi paisibles que des chanoines dans leurs stalles, humaient leur tabac avec délices. Ici encore, l'amour-propre me retenait: j'avais pris le cheval, y renoncer, c'était me dégrader aux yeux de ces gens; c'était manquer à mon caractère, à mon nom de Français, c'était avilir la patrie. Voilà ce que je me répétais avec d'autres raisons tout aussi bonnes. Eh bien, quand je vous ai dit que l'amour-propre rend stupide, avais-je tort?

La chose aurait fini par mal tourner, et les frasques de ma bête, qui semblait avoir résolu mon martyre, étaient telles qu'il fallait, un peu plus tôt, un peu plus tard, que la catastrophe arrivât, quand ma bonne étoile voulut encore que le cheval n'appartint pas à mes guides. Nous étions arrivés au point où le propriétaire devait nous quitter, il réclama sa monture, que je lui cédai de grand cœur, et, plus sage que moi, il se garda bien de l'enfourcher.

Alors je compris que j'avais assez fait pour ma gloire et l'honneur de la France, et, sans scrupules, je me dirigeai vers l'âne qui me parut le plus pacifique. Il n'avait pas la mine trompeuse, et ce fut sur cet honnête animal que je fis mon entrée chez mes hôtes.

Là, on me reçut avec plus de cérémonie. Celui qui paraissait le chef du village et qui était un beau vieillard vint me faire un discours auquel je ne compris rien; je lui fis une réponse qu'il n'entendit pas davantage, ce qui n'empêcha pas que nous ne fussions très satisfaits l'un de l'autre. Puis, on m'invita à m'asseoir sur un tapis, sous lequel on avait mis un sac pour tenir lieu de siége. En effet, brisé comme j'étais, s'il avait fallu me poser à leur manière, j'aurais eu grande peine à me relever. On me présenta une pipe; je la pris et je fis semblant de fumer. Ayant vu une cruche, je la demande. On me l'apporte. Comme je l'avais prévu, elle contenait de l'eau, et, contre mon attente, elle était fraîche.

Pendant que je buvais, je vis passer, puis s'arrêter une procession d'ombres blanches : c'étaient les femmes et les filles de la tribu qui voulaient voir la mine de l'étranger. Je n'eus pas la fortune d'apercevoir la leur, je n'en puis donc rien dire.

Je n'avais pas oublié le but de mon voyage : le monument celtique. J'y tenais même beaucoup. Avoir fait cette découverte à la face de M. Berbrugger et de tous les savants passés et présents de l'Académie d'Alger, et ceci à ses portes, n'était pas une petite gloire. Il restait encore une heure de jour, car il dure longtemps dans ces montagnes ; je savais que le monument était fort près du village, et mon ami le Maure avait bien expliqué à ses correspondants bédouins ce que je désirais, du moins il me l'avait assuré. J'en parlai au chef, qui ne me comprit pas ; je priai l'Arabe qui entendait la langue franque de le lui expliquer. Il ne sut pas davantage ce qu'on voulait lui dire. Enfin, en vint un mieux renseigné qui s'offrit, tandis qu'on préparait le souper, de m'y conduire. Quelque bien que je me trouvasse sur mon sac, je n'hésitai pas : je me levai et je le suivis.

Après un quart-d'heure de marche, mon conducteur, d'un air de satisfaction, me montra quelques pierres placées d'une manière assez régulière, et je crus un moment que j'allais voir un autre spécimen du monument de Karnac. Hélas ! en approchant, mon illusion fut bientôt dissipée ; je reconnus que la main de l'homme n'était pour rien dans la position de ces roches et qu'il s'agissait seulement d'un éboulement, qui même ne pouvait être fort ancien. L'espèce d'arrangement qu'on avait pu y voir n'était qu'un jeu du hasard. Je retournai donc à mon gourbis l'oreille basse et ne croyant plus guère au monument druidique de l'Atlas.

En me rapprochant du logis, un fumet qui, dans la circonstance, n'était pas indifférent, me fit oublier ma mésaventure : c'était celui du souper. On a fait si souvent la description du repas des pasteurs arabes, depuis le festin de Laban, que je ne parlerai pas de celui-ci. D'ailleurs, quelques usages français commencent à s'y introduire, notamment le couteau et la fourchette. Ces meubles, qui auraient fort désenchanté un historien, un peintre de mœurs, un poète, plus avides d'impressions que de confortable, ne me contrarièrent nullement.

J'eus, pour la première fois, l'avantage de goûter du couscoussou ; je dis goûter, car soit sa couleur, soit que je n'eusse plus faim, je me contentai d'y avoir touché.

La présence de la fourchette avait élevé mon ambition jusqu'à l'espoir d'un matelas et d'une paire de draps : j'eus le matelas, mais de draps point. N'importe ! j'avais plus que je ne devais attendre. Après avoir eu à choisir entre une tente de feutre et une maison de paille, je choisis la paille.

J'aurais tout aussi bien fait de prendre l'autre ; il pouvait s'y trouver autant de puces, mais, certes, il ne pouvait y en avoir davantage, aussi je dormis peu, et comme j'avais annoncé que je voulais partir au jour, je fus sur pied de bonne heure.

Mes guides étaient déjà prêts et nos montures aussi, parmi lesquelles, grâce à Dieu, je ne voyais ni cheval ni chameau. Je pris congé de mon hôte qui voulait refuser mon offrande, mais c'était pour la forme, car elle avait été discutée et réglée d'avance par mon introducteur maure, ainsi que les honoraires des guides et le louage des animaux. A chaque paiement j'ajoutai quelque chose, et tout le monde parut content.

CHAPITRE XLVI.

—

Retour de la montagne. — Jardin d'essai. — Les Mauresques.

—

Nous mîmes bien moins de temps à revenir, parce que notre caravane ne se composait plus que de mes deux guides et moi; puis, au lieu de monter, nous descendions.

Nous devions trouver un relais au village où j'en avais changé la veille, car la course était dure pour des ânes. Ici, je comptais sur un cheval, et mon étonnement fut grand en voyant que c'était encore un chameau qui m'attendait. Mes conducteurs, qui n'avaient pas oublié que j'avais préféré cet animal et qui m'avaient entendu me plaindre beaucoup du cheval, avaient cru me causer une agréable surprise en me procurant celui-ci. Envoyer chercher une autre monture eût demandé trop de temps, je me résignai donc; je fus hissé sur la bête bien moins haute que l'autre. Soit qu'elle fût aussi moins dure ou que l'habitude commençât à venir, elle ne me fatigua pas trop.

Quant à affronter encore les rires des passants et à faire ainsi mon entrée à Alger, je n'y étais pas disposé, et comme j'avais l'intention de visiter le jardin d'essai, je pris la route qui y conduisait. Arrivé à la porte, certain de trouver une voiture qui me ramènerait chez moi, je congédiai mes guides.

Ce jardin est une des belles créations de l'administration française; ses résultats sur l'horticulture de l'Algérie et même celle de la France peuvent être immenses. C'est par des expériences suivies qu'on arrivera ici à l'acclimatation des productions tropicales, et, dans nos départements du midi, de celles de l'Algérie.

Cet établissement est à la fois une pépinière et un jardin botanique, où presque toutes nos plantes de serre viennent en pleine terre. Il y a là des bosquets d'orangers, de citronniers, de ricins, de palmiers, de bananiers, etc. Ces derniers, jeunes encore, ont une végétation vigoureuse et produisent en tout temps.

Une description détaillée des végétaux qu'on y cultive et qui y réussissent n'est pas de mon sujet, mais leur examen et surtout leur provenance des latitudes les plus diverses m'ont fait comprendre à quel point de richesse peut arriver notre colonie d'Afrique; nous devons y trouver un jour, avec les produits naturels au sol, une grande partie de ceux qu'on a cru exclusifs à l'Asie, à l'Amérique, à l'Australie. Que les efforts du gouvernement et des colons continuent donc à se porter vers la culture; je ne parle pas seulement de celle du coton, du tabac, du nopal à cochenilles, etc., qui bientôt nous affranchiront du tribut que nous payons à l'étranger, mais de celle de la canne à sucre, du café, du thé et de certaines épiceries : tôt ou tard, elles dédommageront les colons de leurs avances.

Quant aux fruits, aux légumes et aux primeurs de

toute espèce, on sait combien l'Algérie en fournit à la capitale; elle pourrait y ajouter les fleurs. Un fleuriste habile ferait fortune en expédiant en France non seulement des fleurs en pots et en caisses, mais en bouquets. On connaît le commerce qui s'en fait à Gênes et les moyens de conservation qu'on y emploie. Je sais qu'on peut, chez nous, avoir en serres des fleurs de tous les pays, mais elles coûtent dix fois plus que leurs analogues cultivées en Afrique, et si l'on se rappelle qu'une fleur, quelle qu'elle soit, se vend toujours à Paris et à Londres, on ne doutera pas de l'immense profit de cette culture.

Cette exploitation n'a rien, d'ailleurs, que d'agréable; c'est la plus innocente de toutes, et je ne pense pas qu'à la Bourse on ait jamais joué sur les fleurs.

Si j'avais à recommencer ma carrière, je ne serais ni homme d'armes, ni homme de finances, ni homme de lettres, je me ferais homme de fleurs; oui, je voudrais être jardinier producteur et inventeur de plantes nouvelles, je pousserais même mon ambition jusqu'aux fruits et aux légumes. Quel champ immense de découvertes! On connaît les progrès qu'a faits l'horticulture depuis un demi-siècle, eh bien! ces progrès ne sont qu'un premier pas, mais ce pas nous indique ceux qui sont encore à faire, et tout ce qu'en fruits, racines, bulbes, graines, feuilles, tiges, bourgeons, nous pouvons ajouter à nos ressources nourricières.

Les animaux sont nos maîtres à cet égard. Les herbivores sont les mieux partagés des êtres sous le rapport de la table; partout ils la trouvent mise, et il est difficile de dire combien de mets à saveurs différentes elle leur offre. Étudions leur goût, il pourra nous aider à éclairer le nôtre, puis à le satisfaire.

L'Algérie est aussi très-propre à l'éducation des gallinacés, et celui qui y éleverait en grand des dindons, des poulets, des pintades, des faisans, et même des cailles et des perdreaux, pourrait en tirer un bon parti, quand la volaille se vend en France deux ou trois fois plus cher qu'en Espagne et en Italie. J'insiste d'autant plus sur ce point que la nourriture animale devient de jour en jour, dans notre pays, moins à la portée du pauvre. Non seulement il ne met pas le dimanche la poule au pot, mais il ne l'y met jamais, et sur dix artisans vous en trouverez cinq qui n'ont, de leur vie, goûté ni poule ni poulet. Il est triste de penser que ce qui est, dans les autres contrées, une nourriture presque usuelle, soit devenu en France un objet de luxe.

Il en sera bientôt ainsi de la viande de bœuf et de toutes les autres. Déjà, la plupart des ouvriers en mangent à peine deux fois par semaine, et bien des femmes et des enfants n'en mangent pas deux fois par mois: après cela, étonnez-vous de l'étiolement de la population!

On a commencé au jardin d'essai à élever des autruches qui, par leurs plumes, pourront devenir un riche produit. On assure aussi que leur chair est très-bonne à manger. Quant à leurs œufs, la chose n'est pas douteuse.

Lorsque j'eus parcouru l'établissement dans toutes ses parties, j'allai joindre un omnibus où j'avais fait retenir une place pour Alger. Il était entièrement rempli de femmes mauresques ou bédouines, venues des villages voisins et allant faire leurs emplettes à la foire. Ces femmes n'étaient pas plus embarrassées que nos Parisiennes se rendant de Paris à Saint-Cloud. En s'adressant au conducteur, elles mêlaient fréquemment à leurs phrases arabes des mots français. L'une d'elles le parlait même assez bien; elle me demanda si j'allais voir la *fantasia*, et c'est par elle que j'appris qu'il y en avait une ce jour même au champ de manœuvres, devant lequel nous allions passer. Elle devait être précédée par une course d'essai entre Arabes et Français. Ma voisine était si bien renseignée que j'en tirai la conséquence que son mari ou son père, ou enfin quelques gens de sa tribu devaient figurer dans la répétition du jour. En effet, elle se fit descendre comme moi près du champ de manœuvres.

Les courses définitives étaient annoncées pour les jours suivants et affichées dans toute la ville; c'étaient elles, bien plus encore que la foire, qui attiraient cette affluence d'Arabes et de chevaux de toutes les parties de l'Algérie. Beaucoup venaient de fort loin, mais l'Arabe ne compte ni le temps ni la distance dès qu'il peut arriver.

Voici quel était le programme :

Premier jour. — Défilé des étalons; courses entre Européens; carrousel du 7e hussards; exercice équestre des Arabes.

Deuxième jour. — Courses des agas, des caïds, des cheiks, des cavaliers.

Troisième jour. — Course entre indigènes et Français, vingt kilomètres à parcourir, maximum du temps accordé : une heure. Revue des troupes françaises et indigènes; défilé; *fantasia* entre les goums.

J'avais déjà vu, en Orient, quelques-unes de ces *fantasia,* mais elles n'approchaient pas de celle qui s'exécuta ici, bien qu'elle ne fût qu'une mise en scène. Les Arabes, dans ces circonstances, ont de fort beaux costumes; je ne parle pas de leurs chevaux, auxquels, avec raison, ils attachent un grand prix.

Quant aux courses ordinaires, elles diffèrent peu de celles que nous voyons en France; ici, seulement, les sommes que risquent les parieurs sont moins considérables.

Ce qui a vraiment un intérêt très-grand, parce qu'il

nous montre deux nationalités aux prises, sont les courses entre Français et indigènes.

Pendant le peu de temps que je suis encore resté en Afrique, j'ai pu, avec la foule, assister à ce beau spectacle. Comme il est chaque année décrit par les journaux de la localité et répété par ceux de Paris, je n'en parlerai pas.

Les yeux bien saturés d'uniformes, de cavaliers et de chevaux, et la gorge de poussière, je suis rentré à Alger fort satisfait de ce que j'avais vu.

Ce champ de manœuvres qui est aussi celui des courses, entouré de maisons, de cafés, de guinguettes et autres lieux de divertissements, est au bord de la mer et dans une position admirable, mais il a l'inconvénient d'être un peu éloigné d'Alger. On m'a dit qu'il y avait là un établissement de bains de mer bien supérieur à celui de Bab-el-Oued : je l'ai su trop tard, et je ne l'ai pas vu.

J'appris, à mon retour à l'hôtel, que, pendant mon absence, deux personnes étaient venues me demander. La première était un homme; il n'avait pas laissé son nom : je m'imaginai que c'était M. Berbrugger, mais je me trompais. La deuxième était une femme, qui avait dit que son père avait retrouvé des objets de pierre qu'il m'engageait à aller voir. Je ne doutai pas que ce ne fût un des marchands israélites dont j'avais été visiter la boutique, mais lequel? C'était difficile à deviner. Néanmoins, à la description que l'on me fit de la messagère, je crus reconnaître une jeune fille dont j'avais remarqué la bonne éducation, due aussi à nos écoles françaises. Ce qui m'avait surtout frappé, c'est qu'elle m'avait parlé antiquité : or, une Juive algérienne connaissant les Grecs et les Romains n'était pas une chose vulgaire.

Revoir une si gracieuse et savante personne ne pouvait donc qu'être un plaisir. Néanmoins, j'avoue que la découverte de quelqu'arme, signe, outil ou figure de pierre de l'époque antéhistorique et provenant de la vieille Afrique, me tenait bien autrement à cœur. J'en avais de toutes les parties du monde, excepté de celle-ci, et croyant cette fois être plus heureux que dans la montagne, je pris à peine le temps de m'habiller, pour courir chez le marchand.

Je trouvai la jeune Israélite travaillant à une broderie. J'étais venu fort vite, et l'espoir d'obtenir quelque morceau inédit me causait une certaine émotion. Elle la remarqua. Il est bien entendu que je ne lui dis pas que c'était pour les pierres que battait mon cœur. J'attendais donc avec impatience que son père parût ou qu'elle me montrât ces objets si désirés, mais il n'en fut pas le moindrement question; elle ne me parla que de la pluie et du beau temps, et de cousines qu'elle avait à Livourne et qu'elle aimait beaucoup. Puis, sur quelques questions que je lui fis au sujet de ces parentes si chéries, elle convint qu'elle ne les avait jamais vues.

Cependant le père ne paraissait pas et les pierres non plus; je n'y pus tenir et je la priai de les chercher. Elle me répondit qu'elle ne savait pas où elles étaient, mais que son père ne pouvait tarder. Je lui demandai alors quelle forme elles avaient? Hélas! il en était des pierres comme de ses cousines : elle ne les avait pas vues.

Je commençai à croire qu'il n'y en avait pas, et que la maligne fillette n'avait voulu que se distraire un instant et faire une petite causerie française. Assez désappointé, j'allais m'en aller, mais elle insista si gentiment pour que j'attendisse, que je me rassis.

Je n'eus pas à m'en repentir. A défaut de l'étude des pierres, je pus faire celle des Juives, car bientôt j'en vis arriver deux autres : c'étaient deux voisines, ses amies, la mère et la fille. Elles étaient richement mises. La mère avait dû être fort belle. La fille n'était qu'une enfant, mais on remarquait déjà, dans sa tournure, l'influence française. Malgré son costume étranger, elle avait quelque chose d'Européen : les Israélites, comme les Mauresques, offrent à la civilisation plus de prise que les hommes. Ce sont les femmes qui franciseront l'Algérie.

Je ne sais si les nouvelles venues savaient le français, elles n'en dirent pas un mot, et pourtant elles comprenaient ce que je disais à Rachel, car tel est le nom de la fille du marchand ; elles rirent de bon cœur quand je racontai mon excursion à chameau.

En quelle langue causaient-elles? était-ce en arabe ou en hébreu? — Je ne pus le deviner ; seulement l'accent de Rachel était moins doux que lorsqu'elle parlait français ; peut-être était-ce aussi de ma part un effet de nationalité. Il est rare qu'une langue que nous n'entendons pas nous flatte l'oreille, elle est pour nous un gazouillement qui fatigue, parce qu'il nous semble hors nature. Presque tous les petits enfants prennent en prévention les étrangers dont ils ne saisissent pas les paroles : ils en ont peur ou ils les trouvent ridicules.

Les pierres ne venant pas plus que le papa, je pris le parti de me retirer, non sans que la jeune fille ne m'eût fait promettre, pour ne pas mécontenter son père, ajoutait-elle, de revenir le lendemain.

Les femmes de tous les pays et de toutes les religions sont les mêmes ; quand on les écoute avec attention, qu'on leur parle avec déférence, surtout quand on a l'air de leur montrer de la confiance, elles vous en savent gré, et eussent-elles de l'antipathie, de la haine même contre votre nation et votre croyance, elles deviennent bonnes et aimables par cela seul que vous semblez les considérer comme telles. Il m'est arrivé de rendre gracieuses des furies qui m'auraient arraché les yeux si j'avais eu l'air de m'apercevoir de leur laideur, de leur mauvais caractère ou seulement de leur âge. Une femme ne veut jamais être vieille, jamais être laide, jamais être méchante. Tenez-vous-en pour averti et agissez avec elle comme si elle avait toutes les qualités qui lui manquent, alors elle croira que vous lui rendez justice. Ce point gagné, vous ne lui aurez rendu ni sa jeunesse, ni sa beauté, mais vous aurez pu la rendre meilleure, parce qu'elle ne voudra pas perdre la bonne opinion que vous seul avez eue d'elle.

Ne comptant guère sur les reliques de mon Israélite, j'allai faire une tournée dans les bazars avec l'espoir que quelque objet aurait échappé à mes premières investigations. Cependant, il me semblait dur d'en être réduit, sur cette terre classique, sur cette poussière de Carthage et de Rome, à des fouilles dans les greniers israélites.

Je crus enfin avoir mis la main sur un morceau capital, mais bientôt je reconnus une de ces imitations qui, de France ou d'Italie, était venue chercher une dupe en Afrique. Les temps sont durs pour les archéologues : heureux celui qui, au milieu de tous les piéges que lui tend la falsification, s'en tire sain d'esprit. Comment nos neveux se reconnaîtront-ils dans cette confusion du vrai et du faux? Hélas! ces détestables faussaires n'ont-ils pas fabriqué, pour tromper Cuvier, de nouvelles espèces fossiles! Et ne les ai-je pas vus, moi, faire passer pour antédiluviens, au moyen d'un procédé à eux connu, des os qu'ils avaient été chercher à l'abattoir!

Les bazars d'Alger sont certainement fort commodes pour le public qui y a sous la main des ouvriers de tous les états, mais ils sont fort malsains pour ceux qui les habitent : l'air n'y circule pas.

J'avais laissé le *San-Antonio* et son équipage à Cherchell et je ne comptais plus les rencontrer, lorsque, traversant la place de Chartre, je fus abordé par le capitaine Rodriguez et plusieurs de ses matelots. Tous parurent heureux de me revoir. Le capitaine était émerveillé d'Alger et très-content de son voyage; il avait vendu son vin avec un beau bénéfice.

Tandis que je causais avec lui, quelque chose me touchait les mollets: c'était Leone qui me flairait, en ayant l'air de dire: « J'ai senti cela quelque part. » Quand je me baissai, il me reconnut et se mit à sauter en remuant la queue. A ce témoignage de souvenir, je lui pardonnai tous les ennuis qu'il m'avait causés, et je lui donnai ma main qu'il lécha.

Leone présent, Tony ne pouvait être loin; en effet, je le vis paraître. A ma grande surprise, de blanc que je l'avais vu il était devenu noir comme un nègre du Congo. Le capitaine m'expliqua qu'il avait aidé le calfat au goudronnage du navire, et qu'il avait profité de l'occasion pour se goudronner un peu lui-même, sans bourse délier. A ceux qui ne répugnent pas à un changement de couleur, je conseillerai ce procédé aussi simple que peu dispendieux, et qui est souverain contre les piqûres des moustiques, puces, punaises et autres insectes plus ou moins désagréables.

Les Arabes que j'avais vus jusqu'alors étaient en burnous blanc ou rouge; j'en remarque plusieurs en burnous noir dentelé de blanc. Est-ce le vêtement d'une tribu ou la fantaisie de quelque fashionable? Dans tous les cas, je trouvai ceux-ci fort élégants.

Le costume des femmes arabes ne ressemble en rien à celui des Turques de Constantinople et de l'Asie. Les Arabes, hors de chez elles, sont toujours habillées de laine blanche; elles ont un burnous comme les hommes, mais assez court et qui laisse voir un large pantalon également de laine blanche. Elles vont sans bas et les pieds nus dans leurs babouches. Ce costume est peu avantageux; toutes semblent être vieilles. Elles sont, en général, plutôt petites que grandes. Comme les Turques, elles marchent lentement, mais elles se dandinent moins; dans une demi-obscurité, elles ont tout-à-fait l'air de fantômes.

Nous avons dit qu'à leur démarche on les croirait tristes et ennuyées, cependant j'en ai entendu rire de très-bon cœur, et l'on en rencontre dont les regards n'annoncent certainement pas la haine et la mauvaise humeur. Elles sont, à de rares exceptions près, voilées plus sévèrement que les Asiatiques et l'on ne peut pas distinguer leurs traits. J'avais vu, en Turquie, des filles grandelettes, c'est-à-dire de sept à huit ans, sortir sans voile; chez les Bédouines, des enfants, qui semblaient à peine avoir six ans, étaient habillées comme leurs mères. Je n'ai aperçu de femmes arabes sans voile que deux à trois mendiantes fort âgées.

Les enfants sont très-nombreux ici; on rencontre partout de jeunes Maures au fez rouge, à la tête rasée et les jambes nues. Ils sont généralement beaux et robustes; ils ont une gaîté et une turbulence qui contrastent avec le sérieux et la laideur de beaucoup de Bédouins.

Parmi les Mauresques, il y en a de vraiment jolies. Le Maure dont j'ai parlé et qui attendait de moi une recommandation qui pouvait lui être pécuniairement utile, me conduisit dans une maison maure qu'habitait une de ses parentes, ayant un fils et deux filles. Nous trouvâmes la famille réunie. Elle était, quant à la couleur, d'une teinte se rapprochant du café au lait; mais une des filles n'en était pas moins d'une beauté remarquable. Son vêtement était une espèce de veste avec un pantalon de soie à raies de couleur. Elle avait les pieds nus et en partie teints en rose, ce qu'il était facile de voir, car elle était assise sur un divan les jambes croisées. On apercevait, mais je ne puis me rappeler si c'était au bras ou au front, un tout petit tatouage dont le dessin était un chiffre ou une lettre arabe. Ses ongles et ses doigts étaient aussi teints en rose; elle portait, sur ses cheveux noirs, un petit fez rouge; elle avait de fort belles dents, paraissait bien faite et pouvait avoir seize ans.

Près d'elle étaient sa sœur, un peu plus âgée, moins jolie, mise à peu près de même, et son frère, enfant de douze à treize ans. La mère avait pu être belle, mais il n'en restait rien.

Dans toute cette famille personne ne sachant le français, ma visite fut courte.

Je ne sais si Alger est bien approvisionné d'eau, mais les trois quarts des fontaines que je rencontre sont à sec, et l'eau que je bois à l'hôtel est saumâtre.

Ce jour-là l'élément africain dominait dans la salle à manger. Parmi les nombreux officiers, j'y remarquai un Arabe, jeune encore, vêtu d'un beau burnous blanc et portant au cou la croix de commandeur de la Légion d'honneur; il paraissait fort connu de nos officiers qui venaient tous le saluer. Deux dames même y allèrent. Il leur donnait des poignées de main et embrassait leurs enfants. Il avait une nombreuse suite. C'était quelque chef de tribu, mais je n'ai pas su son nom.

Le salon de l'hôtel d'Orient, par le spectacle qu'on y trouve, mériterait seul le voyage d'Alger.

CHAPITRE XLVII.

—

Départ d'Alger. — Premier jour de traversée. — Les passagers. — Les poissons. Le mal de mer.

—

Les quelques jours que je passai encore en Algérie furent employés en excursions, dont les détails, rentrant spécialement dans mes études archéologiques, pourront trouver place ailleurs, mais qui, isolés de leurs précédents, seraient ici sans intérêt.

La veille de mon départ j'allai au commissariat chercher mon passe-port, seule démarche administrative que j'ai eue à faire à Alger, où l'étranger comme le régnicole est traité avec une hospitalité parfaite.

En attendant qu'on expédie la série assez longue des voyageurs qui m'avaient précédé, je vais m'asseoir dans le bureau du commis chargé de répondre aux survenants et de leur indiquer les formalités qu'ils ont à remplir. Quel métier, grand Dieu ! celui de manœuvre n'est que rose à côté : pas un moment pour respirer.

En voyant les angoisses de ce malheureux employé, je ne m'expliquai pas comment il pouvait y tenir et ne pas envoyer promener tous ces questionneurs. Interpellé à la fois en français, en arabe, en anglais, en allemand, en espagnol, en italien, et ne sachant de langue étrangère que le provençal, le pauvre homme, après y avoir mis une patience de saint, poussé à bout, se prenait la tête dans les mains et exhalait sa douleur par un *tron-de-Diou* formidable qui, pour un instant, ramenait le silence. Hélas ! il durait peu, bientôt les clameurs de nouveaux arrivants recommençaient ses tortures. Je n'y pus résister, je souffrais presque autant que lui ; je me réfugiai dans un autre bureau. Enfin, mon tour vint, on me remit mes papiers signés et paraphés, et je n'eus plus qu'à songer au départ.

Quoique les passagers fussent nombreux à bord du paquebot, il y avait peu de monde aux premières, j'eus donc une cabine pour moi seul, ce qui n'est pas un petit avantage. J'étais sur le pont quand arriva à bord un officier-général qui recommanda au capitaine un garçon de treize à quatorze ans, qu'il annonça comme son parent. Ayant demandé les noms des personnes qui étaient aux premières, on lui en fit voir la liste ; il tomba d'abord sur le mien. Alors il me présenta son jeune parent, qu'il me dit être fils du lieutenant-général d'Armandy, membre du comité d'artillerie, et il ajouta qu'il me le confiait jusqu'à Marseille, où probablement son père l'attendait. Je lui répondis que je m'en chargeais, et que si nous ne trouvions pas le général, je conduirais mon nouveau pupille jusqu'à Paris, où j'allais. Nous causâmes ensuite quelques instants, puis il invita le jeune homme à continuer de bien travailler ; il lui promit de lui envoyer un cheval arabe s'il recevait de bons témoignages de sa conduite, et quitta le bord.

Quand il fut parti, je demandai son nom au jeune d'Armandy : il me répondit que c'était le général Yousouf. Cet officier est de taille moyenne ; il doit avoir de quarante-cinq à cinquante ans, mais il paraît plus jeune ; il a de beaux yeux noirs, des traits réguliers, la barbe et les cheveux noirs un peu grisonnants, un air décidé mais sans jactance et qui plait ; la taille bien prise et leste. Il parle français sans beaucoup d'accent ; il sait l'arabe, le turc, l'espagnol. Il a épousé la nièce du général.

Le jeune d'Armandy est grand, élancé, il a une figure distinguée et l'air intelligent ; malheureusement, il boite par suite d'une affection au genou.

De la mer, la vue d'Alger est fort belle, la ville se développe tout entière. Ses habitations blanches, ses terrasses superposées et placées en éventail, ses environs semés de fermes, de maisons de plaisance ou d'édifices publics, ses forts, ses fortifications, son port, ses vaisseaux, et l'Atlas qui domine le tout, présentent, sous ce soleil oriental, un brillant tableau.

La dernière chose qui me frappe en quittant l'Afrique est une femme maure, se promenant avec deux petits enfants sur une tour ronde qui, à l'extrémité du môle, couronne la batterie. Son costume pittoresque, sa solitude sur cette tour où l'on ne peut aborder que par mer, tranchent bien avec l'activité et le mouvement du port et de la ville.

Nous avons à peine fait deux lieues que la différence de température devient sensible ; le vent du nord qui souffle est presque frais. La mer n'est pas mauvaise et tout annonce une bonne traversée, chose à désirer, car le pont est encombré de passagers de troisième classe, militaires et autres. Il y a aussi bon nombre de femmes qui, déjà, sont malades. Quelques hommes même commencent à s'étendre sur les bancs, ce qui n'est pas commode pour les autres, car on ne sait où s'asseoir. Notre vapeur est un beau bâtiment, mais il roule beaucoup et me semble être de l'espèce du *Pelayo :* gare aux estomacs délicats.

J'avais rencontré sur le *Pelayo* un homme qui écrivait toujours; je trouve ici son pendant dans un passager pâle et barbu, d'environ trente ans. A peine à bord, il s'est assis, un cahier dans une main et un crayon dans l'autre, avec un canif ouvert placé sur le banc à côté de lui, ce qui prouverait qu'il n'a pas peu de chose à dire. En effet, les lignes et les pages jaillissent de ses doigts; il va avec une rapidité électrique. Par instant, il s'arrête pour réfléchir, mais ces poses sont courtes; bientôt il reprend sa course et sa main marche plus vite que jamais. Cet homme m'intrigue. Est-ce un poète? un historien? un avocat qui rédige un mémoire, ou un négociant en faillite qui fait le résumé de son actif? Non, je ne vois pas de chiffres. Alors pourquoi tant de phrases? les phrases ne touchent guère les créanciers. Voilà qu'il se frotte le front; il cherche à se rappeler quelque chose ou bien il court après une période. Il l'a trouvée; il taille son crayon d'un air satisfait, et sa main recommence à courir.

J'ai presque envie de faire comme lui. Je tire mon agenda, mais je me ressens encore du siroco, bien qu'ici il n'en soit plus question : il s'appelle *mistral.*

Le temps me paraît plus long que lorsque j'étais sur le *San-Antonio;* cependant je n'y pouvais pas remuer, et ici j'ai la faculté de circuler, non sans faire quelques zigzags : le navire a le trot dur, il ressemble à mon chameau.

Je fais connaissance avec un colon de Blidah, M. de Lescanne. C'est un homme de trente-six ans, petit, maigre, basané comme un Arabe, et dont la figure annonce une grande énergie. Il est du Bourbonnais. Son domaine, situé près de Blidah, est de cinq cents hectares, qu'il exploite avec des domestiques, la plupart arabes. C'est par vocation que M. de Lescanne s'est fait colon et cultivateur, car il est garçon et appartient à une famille aisée, et il a reçu une fort bonne éducation. Il parle avec facilité et raisonne juste.

Il me disait que si beaucoup de colons ne réussissaient pas et se plaignaient du peu d'aide qu'ils recevaient de leurs serviteurs, c'est qu'ils ne savaient pas appliquer chacun à ce qu'il était propre à faire. Chaque nation a ses instincts, ses goûts, ses habitudes, il faut donc savoir s'y plier, ne pas forcer sa nature, mais au contraire apprendre à en tirer parti, ce qui est toujours possible. Par exemple, le domestique français aime ce qui exige du mouvement, de la résolution et de l'intelligence; si vous l'attachez à un travail sédentaire et abrutissant, il le fera avec répugnance, conséquemment fort mal. Mais faites-le voiturier; envoyez-le au marché vendre, acheter, et employez-le comme chargeur, aide-charpentier, enfin confiez-lui ce qui demande de l'adresse et présente quelque danger, il sera flatté, s'en tirera bien et restera avec vous.

Les Allemands sont d'excellents faucheurs, et cette besogne leur plait. Les Espagnols piochent volontiers la terre, ils deviennent bons terrassiers. L'Arabe se plait à conduire une charrue; comme la sienne ne fait que gratter la terre, il a le temps de songer et de ruminer tandis qu'elle marche. On leur fait recommencer un labourage jusqu'à dix fois, sans qu'ils paraissent le moins du monde s'en ennuyer.

L'Arabe respecte le propriétaire; celui qui l'emploie a sur lui non seulement l'autorité de fait, mais une sorte d'autorité morale qui rentre dans sa croyance religieuse. M. de Lescanne me disait que, pendant longtemps, il n'avait pu décider ses métayers indigènes à planter du tabac dans la plaine, et cela parce qu'un marabout leur avait dit que ceux qui en planteraient mourraient dans l'année. Après avoir combattu cette sottise par le raisonnement, il leur avait offert une prime ou une partie de la production, sans pouvoir les décider: ils lui disaient: « A quoi bon, si nous mourons? » A cela il répondait qu'ils n'en mourraient pas, puisque lui, qui en plantait depuis bien des années, était vivant. « Eh bien! lui dirent-ils, nous en planterons si tu veux prendre la responsabilité de la chose et dire que le mal en retombe sur toi. — Je le veux bien, reprit M. de Lescanne. » Dès ce moment, ils cultivèrent du tabac dans la plaine. Ils y gagnèrent de l'argent; et, tout-à-fait rassurés, ils conviennent aujourd'hui que le tabac en plaine est bon.

C'est aussi par ce colon que j'eus l'explication de ces allées et venues que j'avais remarquées dans quelques-unes de mes promenades. Lorsque j'arrivais près d'une habitation d'Arabes, il me semblait qu'ils me suivaient et m'épiaient. J'avais attribué ceci à un sentiment de défiance ou de jalousie, mais ce n'est pas là leur motif: ils craignent, quand vous êtes sur leur territoire et par cela même leur hôte, qu'il ne vous arrive quelque chose, une chute, un accident, du mal enfin, et qu'on ne les en accuse. Dès qu'ils se croient en dehors de cette responsabilité, ils ne s'occupent plus de vous. C'est cette espèce de surveillance inoffensive qui a parfois inquiété des promeneurs et leur a fait voir des projets de vol ou de meurtre qui n'existaient pas.

Vers cinq heures, nous rencontrons une douzaine d'énormes poissons, qui passent fort près du navire; la partie qu'ils laissent apercevoir hors de l'eau a bien quatre à cinq mètres de longueur. Ces cétacés, dont je ne puis déterminer l'espèce, doivent avoir une taille de sept à huit mètres au moins.

D'autres poissons du genre dauphin, d'un à deux mètres de long, viennent bientôt après bondir autour du paquebot, qu'ils suivent assez longtemps. J'en ai vu sortir entièrement de l'eau en s'élevant à près d'un mètre au-dessus de sa surface; rien n'était resplendissant comme leur couleur d'azur avec un reflet pourpré.

D'autres plus petits s'élèvent jusqu'à deux mètres, et ce ne sont pas des poissons volants; il faut une puissance musculaire bien extraordinaire pour faire de tels bonds, nonobstant la résistance du liquide. Ces poissons sans défense, partout poursuivis par les autres, sont des êtres fort à plaindre: ils vivent et meurent dans les convulsions de la peur, tandis que les gros, qui, en raison de leur taille, ont fort peu d'ennemis à craindre, ne bondissent que de joie. Il semble que la vue d'un navire les égaie; ils tournent, ils folâtrent autour et ne l'abandonnent que lorsqu'ils sont fatigués de pirouettes et de jeux. Ils font partager aux passagers le plaisir qu'ils prennent, et souvent, dans de longues traversées, les ébats des poissons ont adouci pour moi les ennuis du voyage.

Malgré la nombreuse société du pont, il n'y avait que neuf personnes au dîner des premières, y compris le capitaine et le docteur. Ce capitaine est un homme à figure franche, qui est aux petits soins pour tout le monde et charitable envers les femmes, les enfants et les passagers pauvres. Il eut bientôt l'occasion de déployer cette charité.

Le dîner était parfaitement servi. J'avais pour voisine, à droite, une dame que le mal de mer força bientôt à quitter la table, et, à gauche, M. Gelyot, enseigne de vaisseau du *Cerbère,* bâtiment de l'État qui fait le service entre Alger et Oran. Cet officier, jeune et aimable, se faisait un grand plaisir de revoir Paris qu'il n'avait pas visité depuis bien des années. Le dîner se passa bien, et, sauf la dame, chacun fit honneur au repas.

Remonté sur le pont, je m'aperçus tout d'abord que la houle avait fait son office: Une partie des convives de la table des secondes n'avait pas pu aller au-delà de la soupe, quelques-uns même n'avaient pas eu le temps de s'asseoir. Tous les soldats étaient sur le flanc, les officiers en tête: il semblait que le mal eût frappé sur chacun en raison du grade; les plus avancés étaient les plus entrepris. Les nausées démoralisent l'homme cent fois plus que le canon ; si les bombes lancées donnaient le mal de mer, on serait bientôt maître de la ville assiégée. Il y avait là des zouaves, des chasseurs d'Afrique, des hussards, des artilleurs, des tirailleurs de Vincennes, qu'à leur teint bronzé on reconnaissait pour des habitués de la guerre, eh bien! tous ces braves, qui allaient le front haut au-devant des balles, étaient comme foudroyés par ce jeu d'escarpolette: pâles, défaits, étendus sur le pont, on leur eût marché sur le ventre qu'ils n'auraient pas bougé; et chose plus étrange, ceux que la mer épargnait tremblaient de peur.

Je ne sais si je me trompe, mais je crois qu'il y a, proportionnellement, plus de malades à bord des vapeurs que sur les navires à voiles. Les marins, qui n'ont navigué que sur ces derniers, se trouvent souvent pris lorsqu'ils s'embarquent sur les autres. On a indiqué contre le mal de mer presque autant de remèdes que contre la goutte, c'est-à-dire par centaines: jusqu'à présent on n'en a guéri ni préservé personne. S'étendre horizontalement ou se serrer le ventre est ce qui semble apporter le plus de soulagement. On parle maintenant du chloroforme délayé dans beaucoup d'eau, ou bien encore de sel de cuisine bien sec renfermé dans un sachet de toile de la grandeur de la main et placé sur l'estomac. Il ne s'agit plus que de savoir si ces remèdes sont efficaces pour tous, ou bien seulement pour celui qui les préconise.

En résumé, je ne pense pas que les remèdes internes puissent ici être d'un grand effet, et pas davantage les frictions ou les applications extérieures. Je ne comprendrais de préservatif qu'un appareil suspendu qui, par son mouvement régulier, nous garantirait des secousses anormales de la mer. Cet appareil, cette balançoire si vous voulez, n'est pas d'une exécution impossible. Sans doute il ne guérirait pas tout le monde, parce qu'on ne pourrait en avoir autant que de passagers, mais il servirait à soulager les plus souffrants.

L'imagination a aussi quelque influence sur le mal de mer : la vue ou simplement le souvenir des malades suffit pour le donner. Moi qui résiste au plus gros temps, qui ne suis pas malade même quand chacun l'est, il m'est arrivé, pendant le calme et même à terre, en causant ou écrivant sur les effets du mal de mer, de me sentir très-disposé à avoir des nausées.

Le jeune d'Armandy, malgré la faiblesse apparente de sa constitution, n'était pas malade; il avait dit qu'il ne voulait pas l'être, et il ne le fut pas.

Je retrouvai sur le pont la dame qui avait été forcée de quitter la table: l'air l'avait soulagée. Elle est de Bayonne et de la connaissance de M. l'intendant Boquet.

J'avais, dès le départ, remarqué un homme grand et maigre, annonçant par ses manières l'usage du monde, mais je n'avais pas eu occasion de causer avec lui. Il paraissait avoir l'habitude de la mer, bien que je l'eusse entendu dire à un de ses voisins: « Si je voulais, je ferais comme les autres, mais je ne sais si vomir me ferait du bien ou du mal, je préfère me tenir comme je suis. » Pour raisonner ainsi et du plus grand sang-froid, il faut, si l'on est malade, ne pas l'être beaucoup, même ne pas l'être du tout. Je fus donc étonné de voir ce monsieur, si calme d'ordinaire, allant et venant sur le pont, regardant sous tous les bancs et faisant déranger jusqu'aux dormeurs pour savoir s'il ne s'étaient pas couchés sur ce qu'il paraissait chercher avec tant d'inquiétude.

J'avais vu quelqu'un ramasser un trousseau de clefs et demander à ses voisins s'il n'était pas à eux, je pensai que c'était cette perte qui inquiétait ce voyageur. Je le dis à celui qui avait les clefs. Il s'empressa de les lui présenter. Elles étaient bien à lui, mais il ne savait pas les avoir perdues, et c'était après quelque chose de plus important qu'il courait. En perdant ses clefs, il avait aussi perdu sa bourse, probablement en s'étendant sur un banc où je l'avais aperçu quelques heures avant, il l'y avait cherché, mais il ne l'avait pas retrouvée. Il crut qu'elle pouvait être tombée ailleurs, et nous nous empressâmes de nous joindre à lui pour explorer toutes les parties du pont.

Le capitaine, de son côté, fit faire des perquisitions. Tout fut inutile. Il y avait à bord des gens de plus d'un état et de bien des nations, il est à croire qu'il en était un qui avait besoin d'une bourse.

Celle-ci, nous le sûmes bientôt de ce voyageur lui-même, contenait tout son argent de route. Il ne connaissait personne à bord et pas davantage à Marseille, et comme il habitait au centre de la France, il allait, à son débarquement, se trouver dans un grand embarras.

Il m'était aussi complètement inconnu, mais, dans sa figure et sa tenue, tout annonçait un honnête homme. Me mettant à sa place, j'étais vraiment peiné de sa situation; je le lui dis, et j'ajoutai qu'étant du même corps (il était légionnaire) je réclamais le droit de lui offrir le premier mes services; qu'ayant plus d'argent qu'il ne m'en fallait pour terminer mon voyage, je lui proposais de partager et d'accepter ce qui lui était nécessaire pour achever le sien.

Il ne me connaissait pas plus que je ne le connaissais moi-même: il parut hésiter. Je me nommai. Alors il me dit qu'il était ancien officier de cavalerie; qu'il habitait Tours, et qu'il acceptait mon offre aussi franchement que je la lui faisais. Je dois dire qu'aussitôt son arrivée, il s'empressa de s'acquitter. J'ai eu, dans mes longs pèlerinages, l'occasion de tirer ainsi de peine plusieurs voyageurs ou voyageuses arrêtés faute d'un peu d'argent, et toujours, sauf une fois, j'ai été exactement remboursé de l'avance que j'avais faite.

Parmi nos passagers est le capitaine des douanes d'Alger, qui revient en France avec sa famille. Sa femme, violemment prise du mal de mer, l'est aussi de spasmes nerveux au point de faire craindre un instant pour sa vie. Le médecin du bord, M. Enault, quoique indisposé lui-même, lui donnait les soins les plus empressés. M. Enault est frère de M. Louis Enault, l'un des rédacteurs du *Constitutionnel,* et publiciste distingué.

Un jeune prêtre à barbe, comme tous ceux de l'Algérie, avait aussi offert son ministère : heureusement que le danger de mort avait promptement disparu. On affecte de rire du mal de mer, et pourtant je l'ai vu causer de très-graves accidents.

Cet abbé qui, trois ans auparavant, servait encore dans l'armée, avait, sans toutefois sortir des convenances, autant l'air d'un zouave que d'un prêtre, et, mieux que les autres, il tenait bon contre les nausées.

Le temps, qui avait paru se gâter, se soutient. Au coucher du soleil, le vent est moins fort et l'on compte sur une nuit tranquille, si l'on peut compter sur le calme aux approches du golfe de Lyon, qui, chez nos marins, a la réputation du cap des Tourmentes.

Quand il ne resta plus de causeurs sur le pont, je rentrai chez moi; et bercé par la vague dans une bonne cabine, sans puces ni moustiques, je dormis plus paisiblement que je ne l'avais fait depuis longtemps.

CHAPITRE XLVIII.

Suite de la traversée d'Afrique.— La bourrasque.— Entrée à Marseille.

Quand je m'éveillai, la lune brillait d'un côté et le soleil se levait de l'autre : c'était un admirable spectacle.

Nous apercevons une terre, dont nous approchons jusqu'à deux kilomètres; on distingue les arbres, les champs, les maisons: c'est Majorque. Un peu plus tard, nous voyons Minorque. Le temps est clair, mais le mistral recommence et avec lui la houle.

A bord du *San-Antonio,* ma bête noire était le chien du bord; ici c'est une femme, une mégère provençale, au teint bis, aux yeux hardis, à la bouche dédaigneuse, au nez de chouette, à la mise délabrée. Je n'ai jamais vu de femme plus désagréable; elle voyage seule, et, quoiqu'elle soit des troisièmes, elle est venue s'installer aux premières. Si elle fût restée tranquille, on n'aurait pas fait attention à elle; mais, sous prétexte qu'elle est malade, elle change continuellement de place, et si vous laissez traîner un vêtement, elle s'en empare pour en faire un oreiller ou un tapis. Venez-vous le réclamer, elle vous accueille par quelque phrase comme celle-ci : « C'est bien là le riche ! » ou « Voilà pourtant comme on traite une femme malade ! » Voit-elle un banc libre, elle quitte sa place, s'empare du banc, s'y couche de son long ; s'il reste un coin vide, elle le couvre de tout ce qui lui tombe sous la main, puis, sous prétexte que le banc entier est retenu, refuse obstinément d'y laisser asseoir qui que ce soit. Lui en abandonne-t-on la jouissance, alors ce n'est plus celui-là qui lui convient ; si vous vous levez un seul instant, c'est à votre place où vous la trouvez.

Elle en fit tant, qu'on la renvoya aux troisièmes ; mais, une demi-heure après, elle était revenue aux premières, où elle recommençait à tourmenter tout le monde. Vingt fois elle en fut expulsée, vingt fois elle y revint et, en définitive, elle y resta. Elle tenait tête au capitaine, au second, aux matelots, et traitait tous les passagers civils ou militaires comme des valets. Je l'ai vue donner son chapeau gras à tenir à un officier de zouaves, qui éclata de rire et qui le prit en homme d'esprit qu'il était. S'il eût hésité, elle lui eût fait une scène et il en eût eu le ridicule. Cette femme, déjà âgée, sortait évidemment de la lie du peuple ; elle devait être d'une grande ville, de Marseille probablement, elle en avait l'accent, les manières et la figure. J'aurais donné beaucoup pour savoir son histoire, car ce n'est qu'après bien des vicissitudes qu'elle a pu arriver à cette invincible fermeté de caractère et à cette prétention à la domination universelle, car ce n'est rien moins qu'à cela qu'elle aspirait à bord : une impératrice n'eût pas été plus exigeante.

Il y a peu de monde au déjeûner ; j'y vois seulement

le capitaine, le docteur, un autre docteur appartenant aussi à la marine, M. Gelyot l'enseigne de vaisseau, un colon d'Oran, un négociant d'Alger, M. de Lescanne, le jeune d'Armandy et moi, plus un personnage que nous n'avions pas vu jusqu'alors et que le capitaine regardait de travers. Cependant il ne dit rien et laisse l'individu manger de bon appétit et boire très-sec. J'étais resté à lire le journal quand, en remontant sur le pont, j'entends le capitaine chapitrer vertement cet intrus qui, n'ayant payé qu'une place de troisième, était venu, sans invitation, s'installer à la table des premières. Il s'excusait assez maladroitement en prétextant son ignorance des usages. Je crois qu'il les connaissait mieux qu'il ne le disait, mais il avait calculé qu'on ne lui reprendrait pas le déjeûner qu'il aurait mangé. Si le capitaine n'avait pas fait attention à lui, nous l'aurions bien certainement vu reparaître au dîner. Il est en France une classe de gens ne doutant de rien et qui affronteraient Dieu lui-même : presque tous appartiennent aux départements du midi.

Aux diverses castes que l'on rencontre dans les rues d'Alger, il faut en ajouter une sur laquelle M. de Lescanne me donne des détails : ce sont les Biskris, ou les naturels de Biskara et des environs. On pourrait les nommer les Auvergnats de l'Algérie ; ils viennent à Alger comme ceux-ci à Paris, pour y exercer les fonctions de commissionnaires, de portefaix. Les plus jeunes sont ces décrotteurs qu'on rencontre partout, qui, quelque temps qu'il fasse, veulent vous décrotter quand même. C'est une race belle et forte, et ces enfants bruns à tête rasée, dont j'admire la bonne constitution, en sont presque tous.

Une partie des filles publiques ou des femmes entretenues sont bien, comme je l'ai dit, des Bédouines ou des Kabyles qui n'exercent cet état que momentanément; dès qu'elles ont quelqu'argent, elles retournent dans leurs familles : elles n'y sont pas plus mal reçues. Les femmes maures, au contraire, dès qu'elles ont adopté cette industrie, ne la quittent que lorsque le défaut de clients les y oblige.

L'infatigable annotateur, qui n'avait pas cessé d'écrire la veille, a repris son cahier et son crayon. Ses idées abondent plus que jamais; il ne s'arrête même plus pour réfléchir, seulement il se retourne de temps en temps vers la mer pour payer son tribut, puis il continue avec plus d'entrain que jamais. Voilà certainement le plus intrépide écrivain que j'aie rencontré, et quelque soit le sujet dont il s'occupe, poème, histoire, mémoire ou compte-rendu, c'est le premier ouvrage qu'on aura écrit avec des nausées.

Ce n'est pas le seul homme de lettres que nous ayons à bord. Le baron Papion du Château, qui vient de voir son fils à Alger, me lit des fragments fort remarquables de sa traduction des *Satires de Juvénal*, dont une partie a été publiée.

M. du Château est beau-frère de l'amiral Gallois, que j'ai connu autrefois à Brest. On voit que nous avons à bord tous les éléments d'une bonne causerie, et qu'on y aurait pu passer agréablement le temps sans cette abominable houle qui a mis sur le flanc les dix-neuf vingtièmes des passagers et qui ennuie fort les autres, ayant à se préserver à la fois des coups de mer et des haut-le-corps de leurs voisins. Ce n'est pas tout-à-fait la faute des estomacs : notre paquebot est connu pour ses qualités purgatives. Le navire est bon, il marche bien, mais il a une machine trop forte pour son tonnage, ce qui le fait sauter à tout propos, comme ces individus à tête volcanique où il y a plus de feu que de cervelle, et qui sont toujours au moment de faire explosion. Aussi n'étions-nous sur le pont qu'une demi-douzaine de passagers non malades. M. Gelyot n'avait pas de nausées, mais il souffrait. Il me dit que, bien qu'il naviguât depuis quinze ans, il n'avait pu encore s'affranchir complètement de cette cruelle indisposition. Il connaît beaucoup M. Lejeune, officier de mon département, qui, de capitaine au long-cours, est devenu en peu d'années, par sa bravoure et sa capacité, capitaine de frégate et officier de la Légion d'honneur.

Nous apprenons, en ce moment, par M. Enault, une triste nouvelle: un enfant de huit à dix ans est mourant et il doute beaucoup qu'il puisse vivre jusqu'à l'arrivée à Marseille. Une mort à bord, quand elle n'est pas le résultat d'un accident fortuit, entraîne une quarantaine. On peut juger de la mine que faisaient les nombreux passagers, moi compris. Depuis ma réclusion d'Alicante, je ne pouvais, sans frémir, entendre le mot *quarantaine*.

Le vent augmente encore et le temps devient menaçant; on craint une mauvaise nuit; l'avant est couvert d'eau. Dès ce moment, la consigne est levée: il n'y a plus de distinction de rang. Le capitaine fait passer à l'arrière, c'est-à-dire à la première classe, toutes les femmes et tous les enfants; il les place lui-même. Les hommes sont ensuite réunis à leur famille. On met dans les chambres les plus malades ou ceux qui veulent y entrer; on distribue des couvertes à ceux qui restent sur le pont.

C'est dans cette distribution que je vois notre chipie marseillaise s'emparer pour elle seule de cinq de ces couvertes. A mesure qu'elle en recevait une, elle la cachait pour en avoir une autre. Une femme qui n'en avait pas en réclame une: elle la lui refuse. Celle-ci essaie de la lui prendre, mais le mal de mer lui en ôte la force. Bientôt l'indignation lui fait dompter sa douleur : elle menace l'accapareuse du poing et, chaque fois qu'une nausée le lui permet, elle lui lance une injure. La première veut lui répondre, quand le mal aussi la surprend; ses haut-le-corps sont tels qu'on croirait que sa poitrine va se rompre. Elle n'en retient pas moins ses cinq couvertes; mais, dans un moment où elle se baisse, l'autre lui en arrache une, et puis, foudroyée par le mal, elle tombe sur le pont enveloppée dans son trophée.

Il restait à la Marseillaise quatre couvertes, c'était la part de quatre, elle n'en recommença pas moins à se lamenter sur la manière dont on dépouillait une pauvre malade. Une jeune femme était étendue à côté, elle était presque nue ainsi que son enfant; elle n'avait pas de couverte et veut l'abriter sous une de celles de sa voisine. Cette méchante femme s'y oppose et menace de la frapper. Nous prenons le parti de la mère. L'autre ne tient compte de nos remontrances et veut la forcer à s'éloigner. Alors on avertit le capitaine. Il vient; il ordonne qu'on ôte trois couvertes à cette femme, qu'on en donne une à la mère et l'autre à l'enfant. Croiriez-vous que cette furie résiste à l'ordre du chef; elle s'étend sur les couvertes en poussant des cris et ne veut pas les lâcher. On appelle deux matelots : ses cris redoublent, elle les traite de brigands, d'assassins, et menace de les dénoncer à l'arrivée à Marseille. Ils haussnt les épaules et exécutent leur consigne, et ils le font aussi doucement qu'ils le peuvent. Elle ne nous en prend pas moins à témoins qu'ils l'ont abymée de coups, puis qu'ils ont essayé de l'étrangler : et là-dessus elle fait la morte. Cela ne dure pas longtemps : à peine sont-ils partis, qu'elle ressuscite pour agonir d'injures la pauvre mère, en disant que c'est elle qui l'a fait massacrer. Dans le paroxisme de la fureur, elle se lève, se rue dessus et la bat; si nous n'avions pas été là pour la protéger, elle lui reprenait les deux couvertes.

Un terrible coup de mer, qui aurait pu emporter une partie de l'avant, mais qui, grâce à Dieu, ne causa qu'une avarie sans importance, vint détourner notre attention de ces querelles de ménage. Alors je vis des vagues qui valaient celles qui faisaient si bien danser le *San-Antonio*, mais j'étais ici sur un bon navire et je ne m'en inquiétais pas. Cependant le capitaine m'a dit, en arrivant à Marseille, qu'en cet instant il avait eu des inquiétudes sérieuses: le temps tournait à la bourrasque.

Cette année, j'avais vraiment du guignon en navigation, je ne pouvais plus poser le pied sur un navire que la tempête ne m'y suivît. Les soins paternels que le commandant met à loger tout le monde, en commençant par les plus faibles et les plus pauvres, me rappelaient le capitaine Rodriguez emballant dans un trou de sa cabine le chien, le chat et le mousse, qui se laissaient faire sans mot dire: ils savaient que c'était pour leur bien. Ici, tous les passagers n'ont ni la même conviction ni la même impassibilité; il y en a qui sont prêts à taxer de tyrannie ce qu'on fait pour les empêcher de se noyer; il fallut presque employer la force pour les arracher de la place qu'ils avaient choisie, où ils risquaient d'être emportés par la mer. Le Français est raisonneur, même en face de la mort, et il se prendrait aux cheveux avec elle si elle en avait.

Ces arrangements terminés, il ne règne plus sur le pont d'autre trouble que celui des estomacs dont on entend les efforts convulsifs, quand, par intervalle, le vent cesse de hurler et la mer de tonner. Ce trio, vent, mer, feu ou machine, qui rugissent à l'envi, a quelque chose d'infernal, et ces sons doivent ressembler fort à ceux qu'on entend dans le séjour des damnés.

Au dîner il y eut moins de monde encore qu'au déjeûner; bientôt j'y restai seul avec le capitaine et le médecin d'Alger, et encore mangeai-je du bout des lèvres. Le roulis était si fort, que la tempête semblait avoir gagné mon assiette à soupe; le bouillon y avait ses vagues et ses brisants; j'y renonçai, craignant qu'un coup de tangage ne me l'envoyât sur les genoux. Le sacrifice était petit; sans être malade jusqu'à en avoir des nausées, je me sentais le cœur affadi. Je crois qu'avec de pareils temps, c'est-à-dire lorsqu'il faut combattre le vent par la vapeur, il n'est personne, pas même parmi les plus anciens marins, qui se trouve dans son assiette ordinaire.

Comme le pont n'était guère tenable pour ceux qui n'aiment pas à être mouillés, je me couchai de bonne heure. Le bruit qui sortait des cabines n'était pas plus agréable que celui du pont: on n'entendait que lamentations et haut-le-corps. Cependant je finis, malgré l'effroyable vacarme des éléments déchaînés, par m'endormir, et je ne m'éveillai qu'au jour.

Avant six heures, j'étais sur pieds: la mer était moins grosse et le ciel était pur. Comme la veille, le soleil se levait d'un côté et la lune brillait de l'autre; déjà le pont était débarrassé en partie, il y avait moins de malades, et beaucoup avaient fini par s'endormir. Dans ce nombre était la femme aux cinq couvertes. Je la regardai; c'était la première fois que j'apercevais cette figure dans son état de calme ou n'étant plus agitée par la nausée, la colère ou l'envie. Cette femme avait dû être belle, mais à certain plissement du front que le sommeil n'avait pu faire disparaître, on soupçonnait que jamais elle n'avait pu être bonne. Je ne sais pourquoi, cette face m'a toujours poursuivi depuis, et dans ce moment même il me semble voir ses yeux noirs et sinistres fouiller dans mes entrailles. Elle personnifiait pour moi cette Provence féroce que j'ai vue en 1815 se baignant dans le sang.

Rien de plus charmant que la Provençale quand elle n'est pas surexcitée par un fanatisme quelconque; mais si sa tête se monte, si la rage de sang s'empare d'elle, c'est une bête fauve. Remarquez bien qu'elle n'est jamais ainsi dans la vie privée et pour des intérêts qui lui sont personnels, ce n'est qu'en temps de révolution et lors des troubles politiques ou religieux que cette incroyable frénésie la saisit. L'histoire des insurrections du midi et du rôle que les femmes y ont joué reste à faire, et c'est là que le vrai pourrait bien ne pas paraître vraisemblable: ce sont elles qui ont fait tuer Brune à Avignon, et, si on les avait laissé faire, elles l'auraient mangé.

A sept heures, nous apercevons la terre de France. Il n'y avait pas longtemps que je l'avais quittée, et pourtant je la salue comme une vieille amie.

Je reconnais la côte de Cassis, de la Ciotat et ce développement du littoral qui conduit à Toulon; à notre gauche, sont Arenc et le Château-Vert. Combien de fois n'ai-je point parcouru ces rivages? J'étais enfant quand je les abordai pour la première fois. Dix ans après je les revis: c'était dans cette année néfaste, 1815. L'Anglais occupait Marseille, un régiment anglo-sicilien tenait la campagne, mais les sicaires régnaient partout. Avignon, Nîmes, Marseille, tremblaient aux seuls noms de Truphemy, de Trestaillon et de leurs janissaires: là, ils dominaient à la fois la France et l'Angleterre. Je n'avance rien de trop. J'ai vu ces bandes huer et siffler un régiment anglais rangé en bataille, et, s'il eût fait la moindre démonstration hostile, il était écharpé. Or, elles avaient été chercher ces mêmes soldats en rade et ils étaient entrés à Marseille sous des arceaux de fleurs. Deux mois plus tard, ils étaient reconduits à leurs vaisseaux à coups de pierre. C'est une terrible association que celle des portefaix du midi. Ces gens-là ont leurs jours de sang, il faut qu'ils s'accomplissent. Heureusement qu'ils ne se renouvellent qu'à des périodes assez éloignées. On dit, qu'en dehors des révolutions et d'une surexcitation politique ou religieuse, ils ne sont pas méchants.

Nous dépassons le château d'If. Voici l'antique *Massilia* avec son auréole de bastides; c'est une vue magnifique, mais non pas plus riche que celle d'Alger, car ici il nous manque l'Atlas.

Nous entrons dans le port de la Joliette, création du dernier règne, et nouvelle pour moi. Là, nous prenons rang au milieu d'une flotte de navires à vapeur.

C'est encore la femme aux couvertes qui se présente la première à l'échelle et qui prétend descendre avant même que la commission sanitaire ait accordé la libre-pratique. La décision à intervenir inquiétait tout le monde. Grâce à Dieu, l'enfant malade n'était pas mort, et notre débarquement fut autorisé.

Nous vîmes alors ceux qui attendaient un parent ou un ami se précipiter dans les embarcations pour venir à bord. Le premier qui y arriva fut le général d'Armandy, que son fils m'avait montré à terre et à qui il me nomma. Le général vint aussitôt à moi comme à une ancienne connaissance, mais il s'arrêta : il m'avait pris pour mon frère qu'il avait connu en Corse. Je lui fis compliment sur la conduite de son fils, qui avait bravement supporté le mal de mer et ne s'était pas troublé devant la tempête.

Parmi les nombreux bagages, on eut assez de peine

à retrouver le mien, et quand je voulus gagner le quai il ne restait plus qu'un canot où étaient un homme, une femme et un enfant misérablement vêtus. La femme tenait sur elle un paquet assez fort; tous les passagers, je l'avais remarqué, avaient évité d'entrer dans ce canot: je l'attribuais à l'état de délabrement de cette famille. Je ne m'arrêtai pas à cette considération, j'y fis déposer mes hardes et j'y descendis moi-même. En attendant qu'on partît, je causai avec l'homme. Il était Français, il n'avait pas fait fortune en Algérie. Je lui demandai s'il avait beaucoup d'enfants. Il me répondit qu'il en avait deux. N'en voyant qu'un d'environ quatre ans, je voulus savoir quel âge avait l'autre. Neuf ans, me dit-il, et aussitôt la femme écarta un vieux châle qui couvrait le paquet placé sur ses genoux: c'était l'enfant de neuf ans, celui-là même dont la mort pouvait nous faire mettre en quarantaine. Je n'ai rien vu de plus triste; c'était un squelette vivant, une peau collée sur des os. A peine devait-il peser quelques kilos, car sa mère, petite et débile, le soulevait comme elle l'eût fait d'un nourrisson. A un râlement presque insensible, on reconnaissait qu'il était dans la dernière période de l'agonie et qu'il n'avait plus que quelques instants à vivre. Néanmoins, je recommandai aux parents de le conduire sans retard à l'hospice, et dès que nous fûmes à terre j'appelai un fiacre; j'y plaçai toute la famille, je payai le cocher, et il partit pour la destination indiquée. L'enfant y arriva-t-il vivant? C'est ce que je n'ai pas su.

CHAPITRE XLIX.

Marseille. — Son jardin zoologique.

Il est impossible d'être plus honnête que les agents de la douane à Marseille; mais, en vérité, je ne puis pas dire qu'ils soient expéditifs. Arrivé à onze heures, ce ne fut qu'à trois heures que je fus quitte des formalités. Je m'étais plus d'une fois impatienté de l'octroi de Paris, qui m'avait retenu trois quarts-d'heure pour visiter une valise de trente kilos, et comme c'était précisément la même, ma mauvaise humeur aurait pu augmenter des deux tiers; mais je la contins, me réservant d'en parler à mon excellent ami M. Marcotte, le directeur des douanes, ce que je fis en effet, non pour moi qui, d'un mot, aurais pu m'exempter de cet ennui, mais pour les voyageurs à venir.

Je descendis à l'hôtel des Colonies, où je trouvai un restaurant établi autour d'une cour ayant sa fontaine au milieu avec son jet d'eau. Cette réminiscence de l'Espagne et de l'Algérie me fit plaisir, mais un vent piquant qui circulait dans les galeries m'en fit moins.

A une table voisine de la mienne, était un groupe d'officiers avec qui j'avais fait la traversée: ce n'étaient plus les mêmes hommes. Pendant quarante-huit heures je les avais vus demi-pâmés, étendus sur le pont, luttant contre le mal et jurant que, fût-ce même pour devenir général, ils ne mettraient plus le pied sur un navire. Maintenant allègres et dispos, ils n'eussent pas hésité une minute à traverser l'Océan pour passer capitaine.

Ils étaient servis par leurs domestiques. L'un d'eux était une espèce de jocrisse, Arabe ou Kabyle, que j'avais déjà remarqué, à cause de sa drôle de mine; son maître l'avait nommé Fanfan Siroco. Ce garçon qui pouvait avoir dix-huit ans, né et élevé dans les montagnes, n'en était sorti que pour traverser Alger et s'embarquer. N'ayant aucune idée de l'Europe et de ses usages, on peut juger de quels yeux il regardait ce qui l'entourait, notamment les dames, dont il y avait bon nombre et même d'assez gaies.

Après le dîner, je voulais aller à l'Opéra, mais il y avait relâche; je vais au Gymnase. On y donne une pièce intitulée: *la Noce de Venise,* où figure une danse bohémienne tant soit peu échevelée. Les acteurs et les actrices sont médiocres, néanmoins on leur jette des bouquets, les plus volumineux que j'aie vus. Sous ces redoutables projectiles, je crains toujours qu'on ne brise quelque tête. Marseille, même dans ses amitiés, se tient rarement dans la mesure du rationnel, et ses baisers ressemblent à ceux de l'ours. Je me souviens, entre autres, de son engouement pour certains missionnaires ou soi-disant tels, qui, sous la Restauration, prêchaient dans les rues montés sur des tréteaux, entourés d'une foule immense. Quand la populace était satisfaite du sermon, ce qui arrivait d'ordinaire s'il avait été prononcé en provençal, elle empoignait le prédicateur, qu'il le voulût ou non; elle le portait en triomphe et processionnellement par la ville en chantant des cantiques, comme elle l'eût fait d'une châsse ou d'une image de saint. Ces ovations duraient des heures, car on faisait stationner le malheureux triomphateur devant toutes les églises, souvent au grand soleil, sans plus se préoccuper de sa santé que s'il eût été de bois. Est-ce qu'un bienheureux peut être malade! Un jour ils laissèrent tomber leur orateur chéri, celui même qui prêchait en patois, et il fut grièvement contusionné. Il s'en fallut de peu qu'ils ne l'achevassent pour avoir ses reliques.

Le lendemain, en me levant, je vais au port et je prends un canot pour aller à mon ancien bain du Fareau. Je ne retrouve plus qu'une partie de cette plage et de ces rochers où je m'étais si souvent reposé. L'industrie envahit tout, et de ce lieu, jadis si calme, on a fait un atelier de construction, où les coups de marteau des charpentiers et des chevilleurs font un vacarme à assourdir.

Mon conducteur est un vieux matelot à la mine respectable. Son bateau, propre et bien meublé de coussins et de rideaux, sans oublier l'échelle de rigueur, est sa propriété: cependant il a de la peine à vivre. Il n'avait qu'une fille, il la maria à un jeune homme qui allait s'établir aux colonies. Il y resta quelques années et il y eut quatre enfants; mais n'y faisant pas ses affaires, il voulut revenir en France avec sa famille. Pendant la traversée, sa femme mourut, et il arrriva à Marseille avec ses enfants, dont le plus âgé n'avait pas sept ans; il les conduisit chez son beau-père, qui se chargea de les garder jusqu'à ce qu'il eût de l'ouvrage. Il sortit pour en chercher; depuis il n'est plus revenu. Or, de cela il y a trois ans. — C'est probablement, disait le brave homme, qu'il n'en a pas encore trouvé.— En attendant, le pauvre vieux a soigné les orphelins; il aurait pu les mettre à l'hôpital, il ne l'a pas voulu: il les a logés, il les a nourris. Aujourd'hui l'aîné commence à l'aider, et tant bien que mal il vivait. Cet homme, avec sa figure placide, aurait mieux personnifié la philosophie que tous les philosophes réunis.

Après le bain, je fis un excellent déjeûner de langouste, de coquillages et d'aubergines, auquel j'invitai le bonhomme, qui préféra une côtelette. Je ne connais pas de pays où la vie soit meilleure qu'à Marseille.

Quoique les affaires y soient prospères, on s'aperçoit, aux figures allongées et aux draps qu'on voit aux portes, que la ville est dans une crise douloureuse: le choléra y sévit cruellement et le nombre des décès s'y élève jusqu'à soixante par jour. Les réminiscences de peste sont plus pénibles qu'ailleurs dans cette cité si maltraitée à une époque qui n'est pas encore éloignée de nous.

On s'explique peu cette loi physique qui veut, qu'à certaines périodes, chaque espèce animale et végétale, et la race humaine comme les autres, soit décimée par un mal qui vient on ne sait comment, qui s'en va de même; mal qu'il serait probablement aussi impossible de faire naître et de propager quand l'heure n'en est pas venue, qu'il l'est de l'arrêter lorsque cette heure a sonné. La preuve, c'est que jamais quarantaine ni précaution quelconque n'a préservé un pays du choléra, et que le passage même d'une armée de cholériques n'a pu infecter celui où il ne devait pas naître.

Mais Dieu, ou la nature qui est sa main, ne détruit pas pour détruire; sous cette destruction apparente, il ne faut donc voir qu'une crise de la vie qui va reparaître plus jeune et plus forte. Si ces pestes qui, depuis un temps immémorial, se renouvellent de siècle en siècle, tendaient réellement à l'anéantissement des hommes, aujourd'hui il n'y en aurait plus, ou du moins le nombre en serait considérablement réduit; cependant rien ne nous indique cette diminution: la population a pu être déplacée, mais sans autre mal: depuis vingt-cinq ans que le choléra règne en Europe, non-seulement elle n'a pas décru, mais elle est augmentée.

Membre de quelques sociétés savantes marseillaises, je vais faire visite à mes confrères et je finis par un ami, M. Marcotte. Nous allons ensemble voir le jardin zoologique; c'est un établissement nouveau, dont il est un des fondateurs.

Il est difficile de voir une plus belle situation que celle qu'on a choisie pour ce jardin: c'est un terrain tourmenté où l'on a planté des collines et creusé des étangs. Au moyen d'un choix d'expositions, et de travaux habilement combinés, on a obtenu le climat du nord à côté de celui du midi. Tel animal veut du soleil; tel autre, de l'air, de l'eau, de la fraîcheur. Marseille, par sa situation, est plus propre que Paris à l'acclimatation des mammifères du midi; aussi y sont-ils plus beaux, plus vifs et mieux portants que ceux du Jardin-des-Plantes.

M. Marcotte venant souvent s'assurer des soins qu'on leur donne, ils le connaissent parfaitement. Rien n'était plus curieux que les bonds que faisait une jeune lionne à son approche; dans sa joie, elle s'élançait jusqu'au plafond de sa loge, aussi élevé que celui d'un appartement ordinaire. C'est alors que j'ai compris de quelle énorme distance cette bête peut atteindre sa proie. M. Marcotte passa sa main à travers les barreaux pour la carresser, ce qu'elle attendait impatiemment; comme une chatte favorite, elle baissait la tête pour l'engager à continuer. Un magnifique guépart, une hyène et deux chacals témoignaient la même satisfaction et lui léchaient la main quand il la leur confiait. Celui qui me parut le plus intelligent et aussi le plus impressionné à l'aspect de M. Marcotte, fut un jeune éléphant. Comme il était libre dans son étable, il vint à lui, puis sur l'ordre qu'il lui en donna, il poussa deux cris en manière de vivat ou de salutation, présenta sa trompe, lui fit mille câlineries et enfin réclama un morceau de sucre qu'il savait qu'on lui apportait.

Un jeune lion de quinze mois et d'une taille remarquable était, ainsi que la lionne sa sœur, un don du général Pélissier. Près de la cage du lion était la chienne qui l'avait nourri ; quoiqu'il lui montrât de l'amitié, on n'avait pas osé les mettre ensemble. J'ai su depuis que le maréchal Pélissier avait témoigné le désir que la réunion eût lieu, et que le lion avait accueilli la chienne avec de grandes démonstrations de joie.

M. Marcotte avait avec lui son fils âgé de six à sept ans, dont il se faisait souvent accompagner ; ces animaux le reconnaissaient immédiatement et témoignaient le désir qu'il s'approchât de leur cage. Lorsque le père y consentait, sans lui permettre pourtant de les toucher, tous, et notamment la lionne et l'hyène, semblaient l'y inviter en lui faisant les agaceries qu'elles eussent fait à leurs propres petits.

Je pense qu'il n'est aucune créature que l'homme ne puisse apprivoiser ; mais comme il en est de fantasques, d'irascibles, de jalouses, il ne faut donc pas trop s'y fier. Ce n'est probablement qu'après un grand nombre de générations et par une éducation successive qu'on est parvenu à ôter au chien et au chat leurs penchants féroces ; encore renaissent-ils par instant. J'ai vu tel chien fort attaché à son maître et qui se serait fait tuer pour le défendre, lui montrer les dents et même le mordre parce qu'il avait caressé un autre chien. La jalousie rend également furieux l'écureuil, le perroquet, le moineau franc, qui pincent de toute leur force l'animal ou l'être humain à qui la personne qu'ils aiment semble montrer de la prédilection. On peut juger par là combien ce sentiment, qui naît souvent sans qu'on s'en doute, devient redoutable dans un lion, un tigre, une hyène et autres grands carnassiers.

La vue, du jardin zoologique, s'étend sur la ville et la campagne; on a en face la montagne dite: *la Tête du géant,* et puis la mer. Tout ceci était éclairé par un beau soleil couchant, et je ne pouvais en rassasier mes yeux. Ce pays me rappelle bien des souvenirs: c'est là où, pour la première fois, j'avais compris la vie.

Dans une autre partie du jardin, nous voyons un dromadaire blanc, le plus beau que je connaisse. C'est un don du général Yousouf. Un rhinocéros énorme avait été acquis par la société; malheureusement il avait fallu le dépouiller de son plus bel ornement, en lui sciant une corne haute de soixante centimètres qui décorait très-bien son nez, mais dont il faisait un fort mauvais usage en démolissant sa cabine. Nous dirons, à sa décharge, qu'il avait bien quelque raison pour cela: il sentait sa position. C'est, pour les animaux, un cruel honneur que celui qui les admet dans un musée ou un jardin public pour y être en cage pendant leur vie et empaillés après leur mort. S'il existe dans quelque globe une espèce supérieure à l'homme, c'est le sort qu'elle nous réserverait si elle pénétrait sur la terre; à moins qu'elle ne nous trouvât commodes comme monture, ou d'agréable saveur comme aliment.

Au retour, M. Marcotte me fait voir le plan d'une promenade projetée, qui se terminerait par une belle cascade qu'on apercevrait des allées de Mailhan.

Parmi les curiosités nouvelles de Marseille, on m'avait engagé à visiter le café de l'Univers. Décoré de trophées et de médaillons de grande dimension, c'est un des beaux cafés qu'il y ait en France. La pièce principale a coûté six cent mille francs, mais les bénéfices de la première année ont couvert la moitié des frais. Cela s'explique en voyant le concours des amateurs : à quelqu'heure qu'on s'y présente, on a peine à y trouver place.

Un autre café, moins riche mais non moins curieux, est le café Turc. Les lambris sont en glace ; le plafond l'est également, de sorte que tous ceux qui y circulent semblent, quand on regarde en haut, marcher la tête en bas. Cette bizarrerie et celle du vêtement des garçons, attirent aussi beaucoup d'étrangers.

A dîner, je voulus renouveler connaissance avec le mets provençal par excellence : la *bouillabez;* c'est tout simplement une soupe composée de bouillon, de tranches de pain et du poisson qui a servi à faire le bouillon. Ce plat, des plus simples et que tout matelot provençal sait faire, est excellent, mais sortez de la Provence, ou n'ayez pas un cuisinier provençal, il ne sera plus bon. J'ai essayé dix fois d'en faire faire chez moi, sans qu'on pût réussir : peut-être aussi l'imagination est-elle là pour quelque chose.

Je voulais aller passer quelque temps au château du Castelet, près Tarascon, chez Madame de Crèvecœur, ma belle-sœur, que je désirais fort revoir ainsi que sa fille, ma pupille. Malheureusement elles étaient absentes; je me décidai donc à partir pour Paris dès le lendemain.

CHAPITRE L.

—

Départ de Marseille. — Route de Paris.

—

Après déjeûner, je prends la voie de fer. Les environs de Marseille sont pittoresques et bien cultivés. Le tunnel où l'on entre en quittant la ville, est un des plus longs que j'aie traversés.

A neuf heures et demie, nous sommes à la station d'Aix. Nous trouvons ensuite un bel étang entouré de collines et de plantations de mûriers et d'oliviers. Des salines, d'un sel blanc et brillant au soleil, font l'effet d'une plaine de neige.

Bientôt après nous rencontrons un autre étang, plus vaste que le premier. La campagne est toujours belle: des mûriers, des oliviers, peu de vignes, quelques pépinières d'orangers, des maisons partout : cette côte est charmante. Je ne sais si elle est aussi salubre : le voisinage des étangs l'est rarement.

Je n'avais pas vu ce pays depuis fort longtemps, il

a beaucoup gagné; il était mal cultivé alors, il l'est très-bien aujourd'hui.

Nous passons Arles, dont les clochers défilent devant nous comme des ombres. Voici Tarascon, que je reconnais à son beau pont. Je songe au Castelet, dont le choléra a chassé ma belle-sœur, qui craint non pour elle, mais pour sa fille. Un médecin qui vient de Marseille nous dit que, depuis deux mois, la moyenne des cholériques y est de cinquante à soixante par jour; le 28 septembre, on en avait compté soixante-cinq.

Nous traversons Avignon, dont les portefaix nous regardent de l'œil du vautour qui voit passer une volée de pigeons sans espoir de les atteindre.

Nous sommes toujours dans cette vallée du Rhône que j'avais plus d'une fois admirée, mais dans une autre saison et des circonstances bien différentes. Les impressions changent selon les temps, même quand les choses ne changent pas.

J'ai pour compagnons de wagon le docteur, une dame et un capitaine d'état-major, lequel en accompagne une autre d'une beauté et d'une distinction remarquables. Il a tant de petits soins pour elle qu'il est difficile de croire que c'est sa femme, à moins qu'ils ne soient de nouveaux mariés. C'est, d'ailleurs, un homme aimable et instruit; il me montre autant de prévenances que s'il me connaissait. Il a demeuré en Afrique, nous causons archéologie.

Nous traversons plusieurs grands lits de torrents sans eau. Ce sont probablement des affluents de la Durance, la hargneuse, la quinteuse, la dangereuse Durance. Bientôt nous rejoignons le Rhône et ses embranchements avec leurs jolies passerelles en fer.

Partout des maisons blanches, petites, mais propres. Ces campagnes font honneur à leurs habitants; elles ne sont pas plus fertiles que bien d'autres, et pourtant pas un petit coin de terre qui ne soit productif. Pourquoi toute la France n'est-elle pas ainsi? C'est que tous les Français ne sont pas industrieux ou que la routine lie les bras de ceux qui le sont.

A Orange, l'officier me fait remarquer l'arc-de-triomphe de Marius, que je n'avais pas revu depuis quarante ans.

Il est une heure et demie, nous continuons à suivre le Rhône. Les deux chaînes de collines entre lesquelles nous marchons et qui sont distantes de quatre à dix kilomètres, devaient être les anciennes rives du Rhône, et cette vallée aujourd'hui si fertile, le lit où roulaient ses eaux. C'était alors un redoutable voisin : quand cette masse liquide s'échappait de ses rives, malheur au pays. Tels étaient aussi le Rhin, le Danube et tous les fleuves européens, mais le temps et les hommes les ont resserrés dans leurs lits actuels, et si parfois encore ils sont destructeurs, c'est sur une moins grande échelle et à des époques moins rapprochées.

Quant aux rivières, beaucoup ont disparu ou ne sont plus que des ruisseaux qui disparaîtront à leur tour. Il viendra un temps où il faudra réparer ces pertes par des rivières artificielles. Je ne sais pas pourquoi l'on n'en fait pas dès aujourd'hui, puisqu'on le peut au moyen des puits artésiens et de la concentration des eaux pluviales, qu'on laisse dans bien des terrains et dans toutes les villes couler en pure perte, et même au grand dommage des propriétés. En creusant des lits et des lacs d'attente destinés à recevoir la surabondance de ces eaux, on pourrait prévenir des inondations et, par une habile répartition, faire servir à des irrigations, à des usines, à des bassins de pisciculture, à des bains, à des lavoirs, enfin à des usages utiles ce qui est souvent une cause de ruine et de mort. Les eaux font vivre ou les eaux tuent, et la moitié de nos maladies pestilentielles naissent de leur stagnation. Nous avons fait de grandes découvertes, mais pour l'emploi rationnel des eaux et les précautions à prendre contre elles, nous sommes dans l'enfance. Avec le temps et l'argent perdus à façonner des jouets que nous avons nommés les grandes et les petites eaux, nous aurions pu créer des cascades et des chutes comparables à celles du Rhin et de Trollhata, ou des jets du volume et de la hauteur de la colonne de la place Vendôme. Mais il est temps encore; nous savons où est l'eau et nous avons pour nous aider à la mouvoir et à la dompter la vapeur et l'électricité. Tant de sociétés se forment pour propager des méthodes ou des inventions d'une utilité douteuse, qu'on pourrait bien en fonder une pour l'emploi des eaux et leur application à la navigation, à l'agriculture, à l'industrie, à l'hygiène, au luxe même. Est-il rien de plus utile qu'une fontaine et qu'un ruisseau dans une prairie, un champ, un jardin, une cour, une promenade? Toutes ces choses, une association, ayant les moyens convenables parce qu'elle en aurait fait sa spécialité, les exécuterait à un prix moitié moindre que ne pourrait le faire l'industrie privée.

Une telle entreprise, encouragée par le gouvernement et dirigée par d'habiles ingénieurs qui ne négligeraient pas l'emploi des eaux chaudes et thermales qu'on peut faire surgir d'un grand nombre de localités et distribuer au moyen de tuyaux suivant les voies ferrées et les rails eux-mêmes, cette entreprise, dis-je, pourrait en peu d'années changer la face de l'Europe et porter l'aisance là où n'existent que la stérilité, la misère et l'insalubrité.

Ajoutez que la société, en concentrant les eaux et desséchant ces marais, acquerrait des terres et aurait la chance de découvrir des mines et des gisements de combustible, lignite, houille, tourbe, etc.

A deux heures, les collines s'élèvent, ce sont presque des montagnes, et pourtant elles sont cultivées jusqu'à la cime. Tous ces petits champs, de couleurs diverses selon la nature de leurs produits, placés sur des pentes qui permettent d'en saisir toutes les nuances, ressemblent à une vaste mosaïque. Ce qui domine sont les vignes, car c'est de là que proviennent ces vins célèbres dits *de Côte-Rôtie.*

Nous voyons des bâtiments à vapeur se diriger comme nous vers Lyon, mais ils remontent le fleuve ; ils ont l'eau contre eux et nous n'avons que l'air. Nous les dépassons bientôt.

La campagne est toujours admirable. Dans la vallée, les arbres fruitiers alignés dans les champs de blé les font ressembler à de grands vergers. Les villages se succèdent, et l'on quitte un beau site pour en retrouver un plus beau. Nous approchons de Valence.

La dame qu'accompagne l'officier est une femme d'esprit ; quand elle se mêle à notre conversation scientifique, ce n'est jamais pour une remarque oiseuse ou puérile. En semblable compagnie, la route n'est pas longue.

Les environs de Valence offrent des points de vue non moins beaux que ceux que nous venons de quitter.

En culture et en perfectionnement agricole, la France a sans doute beaucoup à gagner, même dans ses parties où le sol semble être le mieux exploité ; néanmoins, il faut convenir qu'elle est en bonne voie et qu'en aucun temps, sauf peut-être pendant la période gallo-romaine, elle n'a donné plus de signes de prospérité.

Cette prospérité ne date que de nos jours : douze siècles d'ignorance et de barbarie ont pesé sur elle, et pourtant, à diverses époques de cette longue enfance, elle s'est crue aussi à l'apogée de la gloire et de l'industrie. Elle a même considéré son gouvernement comme le meilleur de tous, et plus d'une fois elle s'en est montrée fière. Nous nous en étonnons aujourd'hui. Il se peut qu'à leur tour nos descendants ne voient qu'orgueil et suffisance dans l'opinion que nous avons de nous, et qu'en science et en industrie ils nous regardent aussi comme des enfants.

Ils auront, sur ce point, à la fois tort et raison. En éloquence et en poésie, ils ne vaudront pas mieux que nos pères : ils vaudront moins peut-être. L'éloquence et la poésie ont des bornes ici-bas, parce que l'expression ou la langue en a. Les arts d'imitation, la sculpture, la peinture, l'architecture, en ont aussi, parce que la forme n'y est pas non plus infinie ou inépuisable dans ses applications. Mais ce que nous empruntons à l'ensemble de l'univers, à la lumière, à l'eau, à l'air, à la chaleur, à l'essence féconde qui fertilise la terre, à la force motrice, à la vapeur, à l'électricité, à la nature enfin ou à la puissance du Créateur, non, cela n'a pas plus de bornes que cette puissance elle-même, et ici l'homme, dans la combinaison de ces éléments et dans la science de leur application, peut progresser sans cesse.

L'attention que donnait la dame à ma conversation avec le capitaine, et ses observations judicieuses mêlées à quelques signes d'approbation, m'entraînaient plus loin qu'on ne le fait d'ordinaire dans une causerie de voyage, et il n'eût tenu qu'à eux de me prendre pour un bavard. Enfin, je ne sais où je me serais arrêté, si trois officiers d'artillerie n'étaient pas venus s'asseoir à côté de nous. Ce surcroît d'auditoire fit cesser l'entretien.

Il est quatre heures. Le Rhône, que nous perdons rarement de vue, serpente ici plus que jamais. Une vallée formant demi-cercle est devant nous, avec un bourg adossé contre les montagnes. J'aperçois une colonne, des maisons de campagne, des jardins, des vergers.

Nous approchons de Vienne. Le capitaine me fait remarquer une construction ancienne qu'on appelle le Tombeau de Ponce-Pilate. Exilé dans les Gaules, on prétend qu'il y a été enterré. Ponce-Pilate a presque autant de tombeaux que Trajan et qu'Attila; j'en connais trois ou quatre pour ma part. On ne lui en devait pas moins, car il a laissé bien des héritiers ou, si vous voulez, des imitateurs. La faiblesse et la peur ont fait plus de mauvais juges que l'or et l'ambition.

A cinq heures, nous entrons à Lyon, dont j'ai admiré les riches et brillants alentours. Je dis adieu à l'officier d'état-major et à sa belle compagne. Nous avons fait la route en huit heures; naguère il en fallait soixante.

Je quitte le train de Marseille pour aller prendre celui de Paris. Les deux administrations devraient bien s'entendre pour établir des communications un peu plus rapides: je parle pour ceux qui sont pressés. Je ne l'étais pas, heureusement. Nous mettons une grande heure pour traverser la ville en omnibus. Notre convoi se compose de six voitures qui ont ordre de marcher au pas et de conserve; quand une s'arrête, toutes s'arrêtent, ce qui arrive chaque cinq minutes; mes compagnons en sont comme fous d'impatience. Quant à moi, cela me donne le temps de voir. Le soleil est prêt à se coucher et laisse tomber sur Lyon ses derniers rayons; ils contribuent à embellir ses monuments, sa double rivière, ses doubles quais qui l'emportent sur ceux de Pise et de Florence. Le Rhône et la Saône valent bien l'Arno, mais Florence a son dôme, sa galerie et ses palais.

Je salue en passant la cathédrale; un peu plus loin, nous laissons à gauche une longue colonnade devant laquelle se déploie un régiment qu'on passe en revue et qui nous fait barricade. Les montagnes éclairées qui forment le fond du tableau, en encadrant la ville, complètent cet ensemble magnifique. Vingt fois j'étais venu à Lyon sans m'apercevoir que c'était une belle cité. Ce n'est qu'en voyant l'étranger qu'on apprend à apprécier son pays.

Je dîne à une table d'hôte qui est censée attendre les voyageurs, mais que, selon l'usage, on a bien soin de ne servir qu'un quart-d'heure avant le moment du départ. Encore si l'on pouvait bien employer ce quart-d'heure, mais l'entrepreneur du festin y a mis bon ordre : ce repas doit suffire à deux trains, à trois peut-être, il faut donc que l'on n'y mange pas trop, et même s'il se peut faire, qu'on n'y mange pas du tout. On commence par vous dire traîtreusement : *vous avez le temps, ne vous pressez pas.* Comme le moyen est usé et que, chez les voyageurs expérimentés, il amène un effet absolument contraire à celui qu'attend l'économe, on a renouvelé un ancien procédé, celui du dîner de Sancho : on vous montre les mets, avec invitation de n'y pas toucher. Allongez-vous la main pour découper ou saisir quelque bribe, un valet agile enlève le plat. — On va servir monsieur, vous dit-il. — Mais rien ne vient. A une seconde injonction : — Voilà, monsieur! je suis à vous. — Mais rien encore. A la troisième, arrive enfin la portion, et quelle portion ! C'est là que, pour la première fois, j'ai vu diviser en deux un goujon et du pilon d'une cuisse de poulet faire deux parts : l'os à l'un, la chair à l'autre. Tel est le régime culinaire du chemin de fer de Lyon. Si c'est celui des administrateurs, ils n'engraisseront guère.

Quoique ce train soit exclusivement des premières, l'affluence est telle que m'étant un peu trop longtemps acharné, pressé que j'étais par la faim, contre ma crosse de poulet, j'eus grand'peine à trouver l'entrée d'un wagon; il fallut même l'intervention de l'employé pour qu'on avouât qu'on n'était pas complet.

En face de moi est un Anglais très-complaisant, très-poli même, et qui ne me mit pas son sac de nuit entre les jambes et son chapeau sur les genoux. Près de lui trônait un courrier venant d'Egypte et allant en Angleterre, parlant anglais, français, italien. C'était un diplomate des plus expansifs; nous sûmes bientôt tous les incidents de sa route. Il était débarqué le même jour que nous à Marseille et avait éprouvé la même bourrasque; il avait été fort malade ainsi qu'une personne qui lui était bien chère, disait-il, et qu'il avait été obligé de laisser en route; enfin il ne tarissait pas sur ses infortunes de cœur et d'estomac.

Vers dix heures du soir, étant descendu à la station pour me dégourdir les jambes, car, dans ces secondes qu'on avait érigées en premières, nous étions fort mal, je ne puis retrouver mon wagon, dont j'avais oublié de prendre le numéro. Le temps pressait, il fallait me placer n'importe où, mais la scène du départ se renouvelle, on ne veut pas d'un huitième, partout on me crie: *complet*. Enfin, j'entre d'autorité dans une voiture où il n'y avait que six personnes qui ne prétendent pas moins être huit. Une dame entre autres qui doit poser sur le tapis, pour me faire place, ses deux pieds qu'elle tenait sur les coussins, était furieuse et me jetait des regards féroces; elle s'apprêtait même à réclamer et à démontrer à l'employé qu'il devait me déposer sur la voie pour qu'elle pût s'étendre plus à l'aise, quand le sifflet du départ se fit entendre.

J'étais casé, mais je n'en étais pas plus tranquille; j'avais laissé dans le wagon que je venais de quitter, en outre de mon surtout assez utile, car la nuit était fraîche, un petit sac contenant mes livres, mes cartes et mes notes.

A la première station, je me remis en quête, mais sans plus de succès : personne n'avait vu ni mon manteau ni mon sac. Force fut donc de revenir en face de ma dame boudeuse, dont les regards ne s'étaient adoucis que lorsqu'elle m'avait vu sortir. Comptant bien que je ne reviendrais plus, elle avait remis sur le coussin ses deux pieds qui, véritablement, méritaient d'être montrés, car ils étaient petits et bien chaussés. En reconnaissant à la porte ma face détestée, elle me regarda d'un œil qui signifiait : puisses-tu tomber dans les rails et y rester ! Aussi quand j'arrivai à ma place, faisant semblant de ne pas s'apercevoir de ma présence, elle ne retira pas ses pieds. Lorsqu'elle me vit disposé à m'asseoir, elle fit un petit mouvement comme pour me montrer qu'ils étaient là et me dire : — Osez donc y toucher. — J'osai mieux, je les pris, je les portai un peu à droite, et il me resta encore assez d'espace pour me placer sans les froisser. Durant mon opération stratégique, la dame avait eu l'air de dormir, mais elle ne dormait que d'un œil et me guettait de l'autre ; il me sembla qu'il n'était plus si méchant. C'était déjà quelque chose. Un instant après, elle me dit d'une voix toute câline : — Je crains bien, Monsieur, de vous gêner. — Lui ayant répondu tout aussi gracieusement que ses pieds tenaient une si petite place, qu'ils ne pouvaient prendre beaucoup sur la mienne, la paix fut faite, et elle le fut franchement. Quand, le jour venu, ayant retrouvé mon bagage et ma place, je pus lui annoncer qu'elle allait jouir du coussin sans partage, elle s'opposa à mon départ en me disant que si je la quittais elle croirait que ma rancune durait encore. Je me déterminai donc à rester et j'envoyai chercher mon manteau et mon sac, regrettant peu, d'ailleurs, d'abandonner des compagnons qui avaient manqué à l'hospitalité, car c'était pour être moins serrés qu'ils avaient feint de ne pas me reconnaître lorsque, pendant la nuit, j'étais venu à la portière. Certain rire que je me rappelai me prouva que mon soupçon était fondé.

Ici, comme aux rebuffades de la dame, bien des gens se seraient fâchés; à une impertinence ils auraient répondu par une autre, et ils me demanderont pourquoi je ne l'ai pas fait? Je vais le leur dire: comme eux je suis très-sensible aux procédés, un manque d'égards m'exaspère. Cette disposition, dans ma petite jeunesse, m'a fait échanger plus d'un coup d'épée: c'était la mode alors. Mais l'âge et l'expérience m'ont donné la preuve que la moitié des embarras et des chagrins de la vie venaient de cette susceptibilité, et depuis, quoique je n'ai jamais pu m'en guérir radicalement, je suis devenu assez maître de moi pour ne plus y céder d'office et en ajourner les effets à plus ample informé. Aujourd'hui je ne me fâche guère qu'à froid, c'est-à-dire après avoir discuté la chose avec moi-même et posé la question d'intention. Il résulte de ceci que je ne me fâche à peu près jamais, parce que tel fait ou tel mot qui m'a tout d'abord semblé une énormité, ne me paraît plus tel le lendemain; et le surlendemain, me le paraît moins encore.

Voilà donc une querelle, un procès ou une bouderie définitivement ajourné. Or, deux personnes au moins y gagnent: le boudeur et le boudé. Si j'avais dit des injures aux gens qui avaient pris ma place, ils me les auraient rendues. Si je m'étais formalisé des procédés de la dame, elle et moi aurions achevé désagréablement le voyage, et elle aurait conservé de ma personne, comme moi de la sienne, une très-fâcheuse opinion. Au lieu de cela, nous nous quittâmes bons amis. Elle me demanda mon nom, me donna son adresse, et nous nous promîmes de nous revoir. Je la revis, en effet: c'était une de nos célébrités artistiques.

Quand nous approchions de Paris, je voulus visiter les menus bagages qu'on m'avait rapportés. Je trouvai intacts mon sac, mes livres, mes notes; quant à mon surtout, on l'avait changé. Fatigué de plus d'une traversée, éprouvé par le soleil et l'eau de mer, il avait véritablement gagné ses invalides, tandis que celui qu'on m'avait remis, frais et lustré, était probablement à sa première sortie. Les poches non plus n'étaient pas vides, et dans l'une d'elles était un brillant porte-feuilles fermé à clef. J'en conclus que j'avais la dépouille d'un commis voyageur à son début ou d'un négociant en tournée de recouvrements. Je me mis à la place du malheureux propriétaire qui, dans ce moment, devait être cruellement tourmenté. Où le retrouver, s'il avait quitté le train?

Au premier arrêt, j'appelai le conducteur en lui disant de s'informer si un voyageur n'avait pas perdu un surtout et un porte-feuilles. Bientôt après il revint avec mon homme qui, lui-même, avait donné ce vêtement à l'employé quand on était venu réclamer le mien, et qui, profondément endormi, n'apprit l'échange que lorsque le conducteur le réveilla : de façon qu'il rentra en possession de son bien avant d'avoir eu l'inquiétude de la perte.

Je ne m'étais pas trompé sur sa profession, c'était bien un voyageur de commerce: il me le dit en me remerciant.

Quand nous arrivâmes à Paris, il était six heures du matin. Je fus effrayé de la multitude que je vis sortir de notre convoi et de deux ou trois autres qui arrivèrent coup sur coup. La gare entière était envahie et je compris que la délivrance des bagages ne serait pas chose facile. En effet, quand ils furent réunis, la masse en était réellement effrayante. Néanmoins, l'expédition fut plus rapide que je ne pensais, les malles seules furent ouvertes; les valises et les sacs, assimilés aux poches, ne furent que palpés. Un commissionnaire alerte m'ayant trouvé une voiture, je me croyais hors de passe, car j'avais d'avance fait retenir un logement rue du Mail, à l'hôtel de Bruxelles; mais, arrivé là, j'appris qu'on n'y avait pas reçu ma lettre et dès-lors qu'il n'y avait pas d'appartement pour moi. Il fallut chercher ailleurs. Je fus successivement dans neuf hôtels, sans trouver même un cabinet. J'étais au moment d'aller demander asile à la banlieue, quand le hasard me conduisit à l'hôtel des Sept-Frères, rue de Grenelle-Saint-Honoré, au moment où un voyageur en partait, et l'on me donna sa chambre. Lorsque je pus enfin dire: je suis logé, il y avait trois heures que je courais en maudissant l'Ancien et le Nouveau-Monde qui, attirés par l'exposition, s'étaient donné rendez-vous à Paris et qui n'en voulaient plus sortir.

C'était aussi l'exposition qui m'y retenait, je désirais la revoir. Sans ce motif, je serais parti à l'instant: il pleuvait à verse; depuis deux mois je n'avais reçu d'eau que celle de la mer, j'avais perdu l'habitude des gouttières et des ruisseaux, et pour comble de contrariété les voitures étaient devenues aussi rares que les logements. Les fiacres étaient inabordables; les omnibus vous renvoyaient au troisième ou quatrième départ sans même vous assurer une place; les remises se faisaient retenir deux jours d'avance. Cependant, un domestique que j'avais envoyé aux enquêtes m'en découvrit un disponible, mais seulement dans trois heures.

La spéculation, ordinairement si perspicace, a pourtant laissé perdre une belle occasion de gagner pendant l'exposition. Ce coup de commerce eût consisté à réunir toutes les bêtes réformées et tous les sapins hors d'âge, quels qu'en fussent la forme et le nom : coucou, cabas, pot-de-chambre, berlingot, litière, coupé, diligence, etc., qu'on eût pu trouver à trente lieues à la ronde, et de les diriger vers la capitale. Pour peu que les dites bêtes et machines eussent su y arriver, l'heureux entrepreneur aurait gagné des millions. Mais on ne s'avise jamais de tout.

Pour prendre patience en attendant la voiture, je me mis à écrire quelques lettres ; puis, j'allai déjeûner à la table d'hôte, dont la maîtresse de la maison et sa fille, charmante personne de seize ans, font parfaitement les honneurs, ce qui ne gâte rien dans un repas.

Il y avait là une très-honorable compagnie, composée presqu'exclusivement de riches exposants et de leur famille. Paris n'était plus qu'un vaste bazar et une grande lice où l'on se disputait la palme. On ne parlait qu'industrie et médailles : les mères et les filles mêmes paraissaient aussi ardentes à en voir décorer leur nom que le chef de la maison. C'était un combat tout national, on ne voulait pas être battu par l'étranger; aussi un digne Autrichien qui mettait sa patrie au premier rang industriel (il aurait approché davantage de la vérité en la mettant au dernier), avait-il fort à faire pour se défendre.

Enfin, la voiture parut ; je pus y offrir trois places à une de ces familles d'exposants qui, moins favorisée que moi, n'en avait pu avoir. J'arrivai au moment où la foule n'était pas encore trop compacte, je pus donc circuler assez à l'aise. Je fus frappé, comme la première fois, de la richesse et de la variété des produits exposés.

On ne disait plus que c'était une chose manquée : l'Europe entière applaudissait à cette vaste conception et à sa brillante réalisation.

J'espérais que, de cette grande expérience, sortirait la destruction du monopole et l'affranchissement du commerce et de l'industrie ; je me disais que pour couronner l'œuvre, brisant la chaîne antisociale, le gouvernement allait lever toutes les prohibitions. C'était son intention, mais l'intérêt privé, ce grand ennemi des masses, a ici encore une fois paralysé sa bonne volonté.

L'exposition des beaux-arts a fait aussi grand honneur à l'Europe, et à la France en particulier. Si l'on y cite peu de chefs-d'œuvre, on y voit beaucoup d'œuvres de talent ; c'est que les chefs-d'œuvre ne s'improvisent pas, ils viennent quand les talents persévèrent, mais ils ne viennent qu'à leur heure.

Mon séjour à Paris fut court, et, le 16 octobre 1855, j'étais rentré dans mon paisible Abbeville.

FIN.

VOYAGE
EN ESPAGNE
ET EN ALGÉRIE.

TABLE DES CHAPITRES

CONTENUS DANS CE VOLUME.

FIN DE LA TABLE.

Abbeville. — Imp. P. Briez.